CEREBRO, SEXO, DROGAS, VIOLENCIA Y ROCK AND ROLL

Los mitos y prejuicios que pesan sobre nosotros y el funcionamiento instintivo del cerebro.

DR. RAFAEL J. SALÍN-PASCUAL

Cerebro, sexo, violencia, y Rock and Roll

By Dr. Rafael J. Salin-Pascual - 2014.

Amazon.com and CreativeSpace.com

ISBN-13: 978-1499180299
ISBN-10: 1499180292

CEREBRO, SEXO, DROGAS, VIOLENCIA Y ROCK AND ROLL

Los mitos y prejuicios que pesan sobre nosotros y el funcionamiento instintivo del cerebro.

DR. RAFAEL J. SALÍN-PASCUAL

"We are all modernisers today. We have no idea what being modern means. But are sure thet it guarantees us a future."

STRAW DOGS – JOHN GRAY

Tabla de contenido

PREFACIO

El cerebro, ese órgano que en una época de la humanidad fue considerado como un mero desecho o una flema, en la actualidad se ha transformado en un continente fascinante. A quienes nos tocó vivir en la segunda mitad del siglo XX y en lo albores de este nuevo siglo, nos ha correspondido ser testigos de muchos de los avances. El como está estructurado, como funciona, como se enferma y de los diferentes recursos con que en la actualidad se dispone para curarlo, o aliviar sus enfermedades, repararlo o rehabilitarlo.
Las neurociencias han establecido puentes de comunicación con la psiquiatría, la neurología, la neuropsicología y la neurocirugía, y esta comunicación interactiva, ha resultado muy benéfica, para esas especialidades de la medicina en partícula, para el avance del conocimiento científico, pero sobre todo para iniciar la redacción del "Manual del usuario de su cerebro". El cerebro es, en ese sentido, como tener una supercomputadora, con el procesador más rápido, con memorias en disco duro y en RAM, muy amplias, con capacidad de generar sus propios programas y acoplarlos a otros. Ahora sabemos además, que en ciertas regiones del cerebro hay Neurogénesis, es decir se hacen nuevas neuronas, o chips, circunstancia que no es posible a nivel de un hardware (por lo menos que sepamos y hasta ahora) pero si no conocemos que es capaz de hacer, y únicamente la utilizamos como procesador de textos, estamos desperdiciándola el noventa y nueve por ciento de nuestra máquina, igual podría pasar con el cerebro. Y no es que no lo usemos todo. La mayoría de los seres humanos lo hacemos, pero no sabemos como funciona del todo, y el tener una idea de esto puede servir para muchas cosas.

En el presente libro, he tratado de hacer un enfoque horizontal, integrador de las áreas del funcionamiento cerebral, aún poco conocidas, pre juiciosa, sesgadas, y por lo tanto poco comprendidas. Aspectos como las opciones sexuales diversas, y el origen de la diversidad sexo genérica, de los mecanismos cerebrales que sustituyen otros dañados; las conductas de apareamiento; la masturbación: las enfermedades psiquiátricas y neurológicas, como un continuo entre lo existente que se hace deficiente (síntomas negativos), o aquello que se hace súper eficiente, o síntomas positivo. Incluyo también, ejemplos de afecciones cerebrales, en donde las emociones y sentimientos están afectadas, todo lo anterior se ha tratado de desarrollar, con un marco de referencia histórico, evolucionista, médico y filosófico. Además, cuando ha sido posible, con ejemplos de artistas, películas y libros.

En enfoque biológico y evolucionista es central, por ser esto, quien ha contribuido a tener un visión de conjunto y un poco más objetiva de lo que nos sucede a los seres humanos, como animales. Primates con móviles, ordenadores, telecomunicaciones, pero que no hemos logrado evolucionar , y seguimos con los mismos usos y costumbres de nuestros antepasados, cazadores y recolectores, solo que modulados por la cultura, que aparece en la mayoría de los casos, como un deformador y freno de nuestra verdadera naturaleza. Una muestra de lo anterior dicho, ocurre en los estadios de fútbol. Las llamadas porras o barras bravas, lo hooligans, que con el alcohol como diluyente cultural, hacen de sus rivales de equipo, los objetivos de sus ataques, ya si ganan o si pierden sus respectivos equipos. No importa si sus rivales son vecinos de barrio, usar la camiseta del Barcelona, en las calles de Madrid, puede ser una invitación gratuita a ser agredido.

La idea de conocerse así mismo sigue siendo válida, sobre todo si este conocimiento descansa, en lo posible, en la objetividad, y la libertad de prejuicios, que son las premisas con que el conocimiento científico maneja la realidad. Es posible que lo que ahora decimos del cerebro de los violadores, o de los pedófilos, así como de los adictos a las sustancias o alimentos, cambien con el tiempo, y que tengamos una mejor idea de los fenómenos subyacentes.

El hecho de hacer una integración histórica y cultural de estos temas tiene como finalidad el mostrar que no hay áreas que afecten, sólo de manera puntual a una persona, a su grupo familiar o social, a la larga y sobre todo en el mundo globalizado que nos toca vivir, las repercusiones de ciertas ideas y prejuicios llevan a resultados impactantes. Para ejemplo, la pandemia del virus del VIH, en donde la actitud homofóbica recalcitrante de la mayoría de las sociedades, dieron como resultado el ocultamiento, la marginación y el estigma, que llevó a su expansión.

Los problemas de un cerebro, son los de muchos cerebros. La gran belleza del estudio de este órgano, es que se realiza con otros cerebros, en cierto sentido, es como contemplar la imagen de un cerebro en un espejo, que refleja otro, y otro más hasta el infinito. Lo cual nos lleva al mito de Narciso. El ser humano tiene un desarrollo destacado de ciertas funciones cerebrales, sin embargo, nos diría, cualquier animal que pudiera hablar nos increparía: "Si son tan inteligentes ¿Por qué están exterminando la casa de todos?"

Nuestra especie se ha modificado por presiones culturales, pero esto le ha sido, a la larga más dañino que benéfico. Por 150,000 años, en la etapa de cazar y recolectar, desarrollamos una serie de hábitos adaptativos a nuestro entorno. Los episodios de sueño, eran dos, al anochecer, hasta las dos o tres de la madrugada. El ser humano se despertaba, comía, y narraba lo soñado. Después había un segundo episodio, hasta al amanecer. No hay reportes de insomnio, de muertes del recién nacido (los niños dormían junto a sus madres, en camas comunales de paja.

También, se comía cada que llegaban los cazadores, las conductas eran de tipo atracones, que se almacenaban en el magro tejido graso. El lapso entre una comida y la siguiente, marcaba la cantidad de grasa por almacenar.

Finalmente, entre otras muchas trasgresiones de nuestra especie, esta la vinculada a la reproducción. La razón por la cual, los saltamontes, hormigas, salmones, chimpancés, y el homo sapiens está en esta vida, es una y simple, reproducirse. Todo lo demás esta salpicado y horadado por la cultura y religiones, como parte de ella. Los hombres y mujeres, morían a edades tempranas. Las mujeres son multi orgásmicas, porque en las etapas pre-agrícolas, el modo de organización tribal era una mujer con varios hombres, sin asignar la paternidad, a alguno de ellos. EL resultado, era que aun cuando los hombres no regresaran de las cacerías, los niños no eran huérfanos.

La misma necesidad evolutiva de reproducción, bajo el deseo sexual, aumento el tamaño de los testículos en los machos, los pone fuera de la cavidad abdominal, ¿Para que 300 millones de espermatozoides en cada eyaculación? EL que tiene mas semen, logra embarazar a las hembras. La verdadera selección natural, se hacía en el canal de parto, en la vagina, en cérvix uterino, y era una carrera y competencia, en la que el mejor esperma llegaba a la gran célula del óvulo. Las mujeres y los niños, morían en el embarazo, y con más frecuencia, en el trabajo de parto.

El deseo sexual masculino le lleva a aparearse con las mujeres que pueda, y cuando estas escasean, las tribus hacen la guerra a los vecinos, para obtener como botín de guerra, de manera central, hembras. Esto se sigue haciendo en las tropas de primates, y en muchas tribus alrededor del mundo. Una de las explicaciones del fenómeno de la prostitución, de dimensiones universales, es la necesidad de tener parejas sexuales variadas, sin poner en compromiso el matrimonio.

¿Cuándo cambian las cosas? Al inicio de la agricultura. Las tribus se asientan. Los hombres por su fuerza muscular manejan el arado, los animales para fines de las cosechas, y entonces nace la propiedad privada. Mi arado, mis animales de labranza, mis terrenos y mi mujer. Esta acepta, a cambio de que ser su esposa, tener sus hijos, que estos sean nutridos, pero, que ella sea exclusiva. Si esto no se ha seguido cabalmente, ahora sabemos que tiene una base instintiva.

Mucho de lo que trato en este libro, está vinculado, a reconocer los instintos que nos dominan de manera regular, y que aunque podemos modular, siempre son como la arena o el agua, que al tratar de atraparlos se escapan por entre los dedos.

El desarrollo de las capacidades cerebrales, también ha dado paso al desarrollo de muchos otros defectos de nuestra raza: egoísmo, violencia, búsqueda irracional del poder, depredación, guerras, pobreza, genocidios.

Espero que al leer los ensayos que componen este libro, les lleve a meditar, como lo hice yo, en la posibilidad de un mundo mejor, a partir de los que somos, sin querer ser dioses, solo seres vivos, como todos los demás, en este planeta que es nuestra casa.

CEREBRO Y CONSCIENCIA

EL PROBLEMA MENTE-CEREBRO, SU RELEVANCIA EN LA PSIQUIATRÍA Y DE CÓMO TODOS PENSAMOS QUE HAY ALGUIEN EN NUESTRO INTERIOR.

Brain Damage
(Waters)

The lunatic is in my head.
The lunatic is in my head
You raise the blade, you make the change
You re-arrange me 'til I'm sane.
You lock the door
And throw away the key
There's someone in my head but it's not me.

Pink Floyd (The dark side of the moon).

Como hemos, existe un punto de vista diferente en la mayoría de la gente sobre la especialidad de psiquiatría, y el resto de especialidades médicas. Por ejemplo la cardiología y la neurología ocupan junto con la cirugía plástica, lugares muy altos en la demanda de los nuevos médicos que buscan realizar una especialidad. Pero si para los médicos existe una diferencia cuando quieren seleccionar su especialidad, ocurre algo más dramático en la comunidad, ellos ven a la psiquiatría como algo estrafalario, extraño, y amenazante. Alguna vez en un hospital psiquiátrico un enfermo que se encontraba ahí internado, me pidió que si se le podía dar una consulta, un "médico somático", porque añadió: "Usted es médico del alma doctor y yo necesito un médico somático, porque ando mal de mis anginas".

Creo que gran parte de este problema radica en la mala definición que existe entre las enfermedades del cuerpo y las enfermedades de la mente, o alma, como decía mi paciente. Voy a tratar de trazar algunos de los aspectos históricos de la relación cerebro (o cuerpo) y mente (o alma), que me permitirá, al final el mostrar cual serían las posiciones que toma la psiquiatría contemporánea ante este problema aún no resuelto del todo.

En Grecia, se podía ya distinguir, que existían dos posiciones, respecto al problema mente-cuerpo. Por un lado estaban los que suponían que el alma era una sustancia, que habitaba en un cuerpo, pero que esta cárcel era transitoria, y que tan pronto el cuerpo moría, el alma era liberada. Esta concepción fue sostenida por la mayoría de los pueblos previos y contemporáneos a los griegos, y es lo se denomina dualismo psicofísico, la cual podría ser la filosofía dominante.

Epicuro y el padre de la medicina Hipócrates, sostenían otra posición. Ellos sostuvieron que las enfermedades, no eran problemas sobrenaturales, sino condiciones físicas, que surgían de estructuras físicas, como el cerebro, estos constituyeron una minoría, y fueron lo que podríamos llamar monistas psicofísicos, como se encontraba radicalmente opuesto a la filosofía dominante y a las religiones, que sostenían la existencia del alma, pronto fue desechada esta posición recién nacida. El oponente más importante del monismo fue Platón, discípulo de Sócrates. Él incluyó en varios diálogos pero sobre todo en Crátilo y Fedón, la exposición de que: el hombre es una mezcla de ánima y cuerpo; el alma, es inmaterial e inmortal; el alma es lo que hace que el cuerpo se mueva y actúe; el alma está prisionera del cuerpo y se libra de él con la muerte; el alma puede saber la verdad absoluta y disfruta de la belleza absoluta. La tradición Judeo-Cristiana e inclusive el Islam, tomaron este tipo de posición que la daba coherencia a sus respectivas pociones religiosas.

Aristóteles, que tanto fue considerado por la Iglesia Católica, como el modelo a seguir, se desvió un poco de esa posición, para él el problema del alama y el cuerpo se resolvía de la siguiente manera: el hombre es un animal y el alma es una forma de organismo que lo habita, por eso para él la pregunta de si el alma y el cuerpo son una sola cosas o dos cosas diferentes no tenía sentido, es decir, resolvió el problema, negando que fuera un problema. El problema siguió estancado hasta el Renacimiento.

René Descartes (1596-1650), nació en la ciudad de La Haye, Francia y se convirtió en un filósofo, fisiólogo y matemático. La primera de sus grandes obras fue terminada en Holanda en 1633: De Homine. En esta obra Descartes, publica las primeras teorías de los reflejos. En su descripción hace una integración de lo que sería la información sensorial, cuyo ejemplo son los ojos, y el cómo esto puede influenciar el movimiento de los músculos.

En su libro: Meditationes de prima philosophia, in quibus Dei existentia, & animae à corpore distinctio, demonstratur (1641), cuestiona la existencia de todo, es decir utiliza a la duda como su instrumento de trabajo, de lo que único que no duda, en su reflexión dice él, es de que existe: "Cogito ergo suum" es decir: "Pienso por lo tanto existo". Aquí Descartes plantea por primera vez una explicación al dualismo metafísico entre la mente y el cuerpo. Para él hay dos sustancias distintas creadas: el cuerpo y el alma. Él propone que existe un sitio de interacción entre estas dos sustancias, y que este es la glándula pineal, estructura impar, situada en el centro del cráneo en: Les passions de l'ame (1649), hace una descripción de esto con bastante claridad. Es interesante el comprobar que en los esquemas que acompañan estas obras, Descartes, hace una asociación entre los ojos y la glándula pineal y de ahí a los músculos. En la década de los ochenta del siglo XX, Robert Moore y David C. Klein, en Estados Unidos de América, describieron una vía no visual que une a la retina con la glándula pineal, no exactamente como lo dibujó Descartes, pero finalmente si hay una influencia de la retina sobre la pineal, en donde esta última estructura, recibe la información de presencia o ausencia de luz. ¿Cómo le hizo René Descartes, para intuir esa conexión?

La pineal produce a la hormona melatonina, que se ha involucrado en una serie de funciones, una de ellas es la regulación de los ritmos circadianos (cerca de un día) y en algunos animales los circa-anuales, que tienen que ver aspectos de tipo reproductivo, hacia la optimización de las crías. En anfibios y reptiles, la pineal está muy cerca de la bóveda del cráneo, la cual es translúcida, y de esta manera se permite que la luz que se filtra, la estimula, es decir tiene funciones de un receptor a la luz, y de esta manera se produce la secreción de la hormona melatonina y otras sustancias. Esto dio lugar al mito del "tercer ojo".

Después de la muerte de Descartes, se empezó a hablar del llamado "punto muerto cartesiano", para referirse al sitio de relación entre las dos sustancias, alma y cuerpo. Figuras como Malebranche, Spinoza, Leibniz, La Mettrie y Cabanis, continuaron con una serie de reflexiones en el contexto matafísico, y trataron de resolver el problema de la dualidad, con una serie de alternativas como fueron el epifenomenalismo, interaccionismo, el monismo de aspecto dual y la teoría de la materia mental (ver más adelante la clasificación de todas las posturas respecto al problema cerebro-mente).

Por ejemplo Nicolás Melabranche (1638-1715), publicó Dela recherche de la vérité, en donde apunta que las dos sustancias de Descartes, no tienen una relación causal, la mente no es causa del cerebro, o viceversa, Dios es la única causa verdadera. Benedictus de Spinoza (1632-1677), tallador de lentes holandés, publica su obra de metafísica: De ethica (1677). En ella propone, lo que se conoce como la teoría del aspecto dual. La cual sostiene que no hay tal dualismo, sino que la mente y el cerebro (el cuerpo), son dos aspectos de una misma sustancia. La única sustancia que existe es Dios. Los acontecimientos mentales, pueden determinar solo otros fenómenos mentales; mientras que los acontecimientos físicos, solo pueden dar acontecimientos físicos.

Gottfried Wilhelm Leibnitz (1646-1716), propuso lo que se denomina, paralelismo psicofísico, que persiste en considerar dos sustancias diferentes: la mente y el cuerpo físico y esquiva cualquier posibilidad de interacción entre las dos, ya que dos sustancias tan diferentes no pueden interactuar.

Una posición en la cual no es necesario explicar como interactúan la material y lo mental, es el monismo, si las dos instancias son lo mismos no se requiere una interacción entre ella. El materialismo absoluto es una posición antigua, cualquier cosa que pueda existir, depende de la materia, y los fenómenos mentales son causa dependiente de los fenómenos físicos. Julien Offray de la Mettrie (1709-1751), en dos de sus obras: Historie naturelle de l'ame y L'homme machine, sostiene que el alma no existe, y que lo mental es una actividad dependiente de lo físico. Esto le ocasionó que tuviera que exiliarse en Holanda, que para entonces era el país de la tolerancia religiosa y de las ideas, sin embargo, aún ahí con la similitud que hacía de los animales y hombres como máquinas autómatas, tuvo muchos problemas, por lo que tuvo que acogerse bajo la protección del rey germano Guillermo II.

Shadworth Halloway Hodgson (1832-1912), propuso que los estados mentales eran productos del cerebro, pero que no había una capacidad causal de ellos sobre el cerebro. Thomas Henry Huxley (1825-1895), sugirió que los estados mentales, eran el resultado de las moléculas que componen al cerebro, con un nivel especial de organización, los seres humanos como los animales entonces, son "autómatas concientes".

Un aspecto fundamental, en las posiciones que surgieron en el siglo XIX es que se apuntaba al cerebro como el órgano de la mente, situación que se consolidó aún más por los trabajos de localización de las funciones cerebrales. Hasta entonces, el problema mente-cerebro, había sido dominado por más especulaciones que aspectos experimentales. Sin embargo las teorías localizacionistas, empezaron a tomar una posición diferente, en done la parte de observación y experimentación fueron ganando terreno. Gran parte de esta nueva vertiente de información surge a partir del trabajo de Franz Josepf Gall (1758-1828). Quien hizo los primero intentos de localización cerebral de funciones mentales. Él hizo la observación desde niño, que algunos de sus compañeros tenía rasgos faciales y de cráneo diferentes al resto de los alumnos menos distinguidos, y que esto se correlacionaban con tener inteligencia más elevada. Lo que hizo Gall, fue el desarrollar un método craneoscópico que se correlacionaba con las habilidades mentales. Fue en Viena en donde inició este tipo de trabajos, que le generaron una gran oposición, por lo que se trasladó a Paris, en donde llegó con Johan Gaspar Spurzheim (1776-1832), ambos publicaron: Anatomie et physiologie du sytème nerveux en general, una de las más importantes contribuciones a la neuroanatomía. La parte medular de la teoría de Gall era la de localizar, variaciones del carácter de las personas en función de signos externos situados en el cráneo de la persona (ver figura).

Marie-Jean-Pierre Flourens (1794-1867), produjo las primeras evidencias experimentales de la localización cerebral de las funciones mentales, las cuales fueron publicadas en su obra: Recherches experimentales sur les propriétés et les functions du système nerveux (1824). Flourens realizó cirugía experimental, a "cielo abierto", es decir descubriendo por completo las áreas operadas del cerebro, y cuidando en que otras áreas no estuvieran lesionadas. Los estudios de Fluorens se realizaron por la ablación, es decir el suprimir áreas completas y evaluar las funciones perdidas o modificadas. En sus conclusiones apuntó que las funciones sensorimotoras están diferenciadas y localizadas, pero otras funciones como la percepción, la voluntad y el intelecto, están en diferentes partes de los hemisferios cerebrales.

Las lesiones y ablaciones de Flourens, resultaron un método grueso para explorar funciones mentales, algunas de las cuales son el resultado de interacciones de varias regiones, de forma unilateral y bilaqteral, por lo que sus conclusiones, no fueron aceptadas de manera general. El siguiente paso en esta dirección lo dio Paul Broca (1824-1880). Las aportaciones de Broca, fueron el resultado de su interés por la neuroanatomía, y que conoció a un paciente hemipléjico y mudo, que únicamente podía pronunciar la palabra "Tan". Al morir Tan, Broca estudio su cerebro, reportando una lesión del lóbulo frontal izquierdo, misma que corroboró en el examen de otros casos similares. Estos datos apoyaron la existencia del un sitio del habla, que es una de las formas como finalmente podemos estudiar el pensamiento, es decir una de las funciones mentales. El artículo científico que surgió de sus observaciones se denominó: Remarques sur le siége de la faculté du langage articulé, suivies d'une observation d'aphemie (perte de la parole).

Broca abrió la posibilidad para el estudio de la superficie de los hemisferios cerebrales, con la utilización de técnicas más finas. Este trabajo lo realizaron Gustav Theodor Frisch (1838-1927) y Eduard Hitzig (1838-1907). Quienes emplearon la estimulación galvánica en el cerebro de perros. Ellos observaron que la estimulación de ciertas áreas daba como resultado, el movimiento de extremidades contralaterales en los perros, de tal manera que sus descubrimientos establecieron a la electrofisiología, como una nuevo método para explorar las relaciones del cerebro con la mente. Los trabajos clínicos y experimentales, de John Highlings Jackson (1835-1911), confirmaron no solo los aspectos de localización cerebral de las funciones mentales, sino que hace una integración de los aspectos sensoriales, con los motores. En : On the anatomical & physiological localisation of movements in the brain, el cual fue publicado en la revista Lancet en 1873, Jackson establece una concepción general de la organización funcional del sistema nervioso.

Aunque el monismo psicofísico, se ha perfilado como la corriente de pensamiento que domina en las neurociencias y en la psiquiatría en particular, no deja de ser notable que existen aún invesyigadores notables que siguen proponiendo diferentes variables del dualismo, como es el caso de Sir John Eccles, Wilder Penfield, Roger Sperry (todos ellos premios Nobel) y el filósofo Sir Karl Popper. Popper y Eccles, redactaron una obra importante, en donde defienden su posción y hablan de la existencia de un tercer mundo como un sitio en el cerebro, en donde hay un enlace entre lo mental y lo físico, al que ellos comparan con un lector, situado en él área premotora, y que está estructura se activa algunos milisegundos antes de que se inicie la actividad de ls neuronas del área motora, relacionadas con el movimiento. A las neuronas del área premotora, también se les conoce con funciones de planeación de los movimientos.

En la medida que se ha conocido más el funcionamiento del cerebro, y de que se tiene tecnología que permite correlacionar " en línea " es decir casi en el mismo momento que están ocurriendo las cosas en la mente de u sujeto fenómenos físicos, como es el aumento de la irrigación de las áreas visuales, cuando se le pide a una persona que se imagine un atardecer, es más difícil sostener posiciones dualistas, a menos que se tengan evidencias, de el sitio de intetracción entre lo mente y el cerebro, el cual no se ha demostrado claramente hasta el día de hoy. Finalmente en la tabla xxx, se comentan las principales posiciones del problema cerebro-mente.

EL CHAUVINISMO NEURONAL.

Parte de la confusión que hay en las ciencias cognitivas y neurociencias, se debe a una especie de mutación del dualismo cartesiano. En neurociencias se asume que el cerebro tiene una amplia variedad de funciones cognitivas, cogitativas y capacidades de voluntad. En varias reflexiones de divulgación científica, da la impresión de que es el cerebro, el que tiene la experiencia, las creencias, la generación de pensamiento e interpretación de las bases de la información e inclusive de previsión de eventos. La principal objeción a esto se hace desde el campo de la filosofía, y se afirma además que no es una posición contraria a la ciencia. Ellos le llaman una clarificación conceptual, y afirman que no está contradiciendo la investigación experimental. La principal crítica es si podemos entender el significado de lo que el cerebro está haciendo y entonces este tipo de evidencias si apoyaría el tipo de funciones del cerebro. Por ejemplo, no se puede lanzar una exploración para encontrar los polos terrestres, hasta que no definimos operativamente que es un "polo terrestre". Si no hacemos esto terminaríamos, lanzando una expedición que localice el polo este o el oeste de nuestro planeta.

Wittgenstein comentó: "sólo un ser humano o lo que se le parezca y actúe como tal, es a lo que podemos decir que tiene sensaciones, que ve, que está ciego, o que está sordo, que está consciente o inconsciente". Éste es el mejor ejemplo que los filósofos esgrimen para no caer en un reduccionismo funcional, en donde se hace a un lado a los otros órganos y sistemas del cuerpo humano, la interacción con otros seres humanos y con el entorno.

¿Por qué se adquirió este tipo de chauvinismo neuronal? La propuesta de los filósofos es que fue una contrapuesta al dualismo cartesiano, en este se escribe las funciones psicológicas como predicados de la mente y únicamente derivados de un ser humano. Sherrington y sus discípulos Eccles y Penfield, desarrollaron una forma de dualismo en su reflexión relacionada a sus descubrimientos neurológicos, habitualmente realizados en preparaciones de laboratorio, por ejemplo, en axones gigantes de calamar, y en el caso de Penfield, por la estimulación de zonas del cerebro en enfermos epilépticos. Los sucesores, es decir alumnos de estos investigadores rechazaron completamente esta postura dualista, y utilizan al cerebro como una metáfora de la mente, con lo cual se creo un nuevo dualismo metafórico.

Hay una oposición por parte de estos filósofos para adscribir las funciones psicológicas como exclusividad del cerebro. No quiere decir, comentan que el cerebri no tenga estas capacidades de pensar, y decidir, pero no tiene sentido suponer que esto ocurra como si un cerebro estuviera aislado en una cubeta. ¿Podría un órgano como el cerebro, realizar todas estas funciones que se le adscriben dentro de una cubeta?

No tiene caso hacer adscripciones de funciones cerebrales del tipo psicológico, a menos que sean metafóricas.

LA FALACIA MEROLOGICA

Se habla de mereologia, como la teoría que estudia las relaciones entre las partes o la teoría que habla de las partes contenidas en un todo, por ejemplo en neurociencias se dice que estamos contenidos dentro de nuestro cerebro. La falacia mereologia en neurociencias se concreta cuando se trata de adscribir las funciones psicológicas como atributos del cerebro. En neurociencias el error es atribuir a uno de sus constituyentes, un órgano en este caso, la función de todo el animal.

EL MALESTAR EN LA METODOLOGÍA NEUROCIENTÍFICA.

El empleo de términos utilizados metafóricamente y que en realidad no significan científicamente lo mismo crea problemas conceptuales. Las expresiones problemáticas fueron quizá utilizadas en un sentido especial, y se puede suponer incluso, que son sinónimos de las mismas expresiones que se usan comúnmente. Sin embargo las cosas no son realmente así. Esto es, terminaríamos utilizando palabras idénticas, pero cuando se emplean en descripciones científicas se tendría que utilizar una marca especial que siga la palabra, por ejemplo un*. De tal forma que se llegaría decir que el cerebro no piensa literalmente, ni cree, ingiere, interpreta o hace hipótesis, sino que se diría el cerebro piensa*, cree*, ingiere*, interpreta*o hace hipótesis*. Como puede verse el envés de facilitar la comunicación la entorpece. Otra objeción sugerida por los logros científicos es que lo que hacen es utilizar el vocabulario con analogías como se ha hecho con frecuencia en la historia de la ciencia por ejemplo para explicar la electricidad, se utiliza un lenguaje hidráulico. Sin embargo la corriente eléctrica, no sigue la misma dirección que el agua en un tubo; tampoco un cable eléctrico tiene las mismas propiedades de un tubo. Sin embargo se sigue utilizando esta analogía.

Lo anterior se menciona, porque es frecuente decir, por ejemplo, que celebró hace mapas, interpreta claves, que contiene representaciones internas, etc. Esta forma de hablar metafórica crea problemas filosóficos por ejemplo cuando se dice: "lo que se ve no era realmente lo que existe afuera, es lo que tu cerebro que está afuera". Los filósofos se preguntan, si la palabra creer, en este contexto tendría que ser enunciada como creer*. Es decir con una connotación especial. La falacia mereologia es contestada y rebatida sin embargo esto no es fácil. Cuando se dice que cerebro tiene representaciones internas y símbolos de esta representaciones en forma de mapas, y representación no significa lo que es habitualmente y sin símbolo es diferente del cerebro lo mismo que los mapas, se vuelve a caer en una serie de sinónimos que generan confusión.

Diferentes concepciones del problema mente-cuerpo Tabla	
Idealismo: Todo es mental	Autonomismo: Estados independientes
Monismo Neutral: lo mental y lo físico son manifestaciones de una sustancia neutra desconocida	Paralelismo: Dos entidades diferentes pero sincronizadas, como dos mecanismos de reloj.
Materialismo eliminativo: no existe la mente.	Epifenomenalismo: El cerebro secreta a la mente
Materialismo reductivo: la mente es un conjunto de estados físicos	Animismo: la mente dirige al cerebro
Materialismo emergentista: la mente es un conjunto de bioactividades emergentes	Interaccionismo: El cerebro es la base dela mente, aunque este está controlado por ella.
Tomado con modificaciones de: Mario Bunge: El problema mente-cerebro: un enfoque psicobiológico. Editorial Tecnos, 1988.	

EL ESTIGMA DE LA ENFERMEDAD PSIQUIÁTRICA: La enfermedad mental como enfermedad moral.

¿Por qué no podemos contarle al vecino o nuestros amigos que estamos deprimidos? ¿Por qué es frecuente que los niños y jóvenes con retraso mental luzcan tan pálidos? ¿Por qué algunas personas prefieren ir al psicólogo, al neurólogo antes que ir al psiquiatra? Por el estigma de la enfermedad psiquiátrica.

El enfermo mental es diferente a cualquier otro enfermo, porque la mente no es algo que se mida, cambie de color o se inflame cuando enfermamos de ella. Para aquellos que hemos visto el proceso de transformación de una persona que padece un padecimiento psiquiátrico, nos queda esa extraña sensación que acompaña a la incredulidad, la negación y no queda la menor duda, que debió de ser aterrador, para los seres humanos de otra época, el contemplar, como un familiar cambiaba tan radicalmente, que parecía ser otra persona.

Las formas severas de psicosis o locura, son así. Las personas se sienten perseguidas, cambian sus esquemas de referencia, se altera su juicio, hay trastornos en su percepción, como oír y ver cosas que no existen, duerme mal, se alimentan poco y están todo el tiempo aislados de los demás. Mucho tiempo se pensó que estaban poseídos por el demonio o espíritus. El miedo a lo desconocido, a lo extraño, al contagio, a la seducción, a la burla, marcó la línea divisoria real entre "el cuerdo" y "el loco".

El término antiguo de locura, no tiene un referente con el moderno, que llamamos psicosis. Muchas condiciones eran catalogadas dentro de ese nombre, y otras que posiblemente si correspondían a locura, se les veía como signos de comunicación celestial, llámense apariciones, revelaciones, sueños de anunciación, o de otras maneras. Por otro lado, si lo que se veía era aterrador, si lo que se oía eran blasfemias, si se profanaban los santos lugares, entonces esas criaturas eran masacradas. Las iglesias de diferentes credos, pero sobre todo la católica, fueron brutales con los enfermos mentales, con los epilépticos, con todos aquellos que, en su dolor alzaran la mano, la vista o la intención contra cualquier icono religioso.

¿Por qué la iglesia desprotegido a los locos? Porque decían cosas subversivas, heréticas, porqué cuestionaban los dogmas, pero sobre todo por ignorancia. La Dra. Ernestina Jiménez Olivares, en su libro "Psiquiatría e Inquisición: Procesos a enfermos mentales", nos proporciona numerosos ejemplos de los anterior, y de cómo no se examinó médicamente a los encausados, y cuando se hizo esto, no fue atenuante de sus condenas. Los casos bien documentados, nos llevan de la mano, por los procesos y acusaciones a los pacientes, como el de Don Guillén de Lampart (año 1659), quemado vivo por hereje, acusado de querer derrocar al Virrey, independizar a la Nueva España, y autonombrarse Rey. Sin embargo al repasar la descripción de que la Dra. Jiménez hace de Don Guillen, nos damos cuenta, de que se grataba de un trastorno bipolar, por momentos con franca psicosis, que aún siendo detectada y mencionada por algunos de los testigos, no se les hizo caso. También aleccionador es el caso de Don Manuel de Germainede Bahamonde (1738), a quien se le encarceló en San Juan de Ulua, por haber acuñado una moneda con su propia efigie, o Juan Luis de Torres, Cirujano (1700), quien es acusado al Santo Oficio, de haber comulgado dos veces, también hubo monjas maldicientes, y enfermos que decían ser Jesucristo, en todos los casos, el castigo, la excomunión o la muerte fueron el resultado.

Estos relatos que ocurrieron en México, bien se repiten en muchos otros lugares, y bajo diferentes circunstancias. Lo mismo la melancolía, que el alcoholismo, la homosexualidad, y la locura, la epilepsia y la sífilis del sistema nervioso, todos esos enfermos son arrojados fuera de la sociedad en gigantescos navíos metafóricos llamados "Naves de los Locos", sin puertos que los reciban, sin rumbo, solo a la deriva. Al disminuir los leprosos, los leprosarios, se convierten en manicomios, y ese sentido de marginalidad, hacia el enfermo mental se acrecienta. En el siglo XVIII aparecen los médicos que voltean hacia los enfermos mentales, y que proponen que sus afecciones sean consideradas como enfermedades cerebrales. Philippe Pinel en Francia y Vincenzo Chiarugi en Italia, se acercan y liberan a los pacientes de sus cadenas. Los médicos que se ocupan de los pacientes en los asilos son alienistas, y la voz popular, les etiqueta como "loqueros", "Hay que estar, igual de loco que sus pacientes, para poder convivir con ellos." ; "¿Estas seguro que no se contagia la locura?". Phillipe Pinel fue un médico-filósofo, que nació el 20 de abril de 1745 en Jonquieres, cerca de Castres (Tarn). Pasó por el sminario, sin llegar a ordenarse, y finalmente estudió medicina en Tolosa, en donde se recibió a los 28 años de edad. Tuvo varias trabajos como editor de revistas médicas y participó activamente en la Revolución Francesa. En el hospicio de Bicetre, observó el trabajo del celador Pussin, con los enfermos mentales, y se dio cuenta de que un manejo diferente de este tipo de pacientes era posible. Su obra clave en lo referente a este cambio de actitud es Traité médico-philosophique sur l'ali'enation mentale (1801). En donde hace un esquema clasificatorio de las enfermedades mentales, con énfasis especial en la manía. Gran parte de su trabajo se centró en el aspecto administrativo de los enfermos en los dos hospitales de enfermos mentales de París, Salpetriere y Bicetre, indicando la importancia de establecer una buena relación con el enfermo, los familaires y el emdio que rodea al enfermo. Su trabajo fue continuado por sus discípulos Esquirol y Georget.

El cambio de la concepción de la afección mental como un problema moral, a un problema biomédico, es conocido como la primera revolución en psiquiatría. No se dio solo por el alto de soltar las cadenas de los enfermos de Salpetriere, sino fue todo el cambio de mentalidad que se fue gestando, a lo largo del Siglo XVIII y XIX.

A fines del siglo XIX dos personajes surgieron en el campo de los trastornos mentales, que pusieron orden en el caos. Emil Kraepelin y Sigmund Freud.

Kraepelin nació el 15 de febrero de 1856 en Neustrelitz (Mecklemburgo), pero fue en Würzburg donde comenzó sus estudios de medicina. En 1876, en el curso de una estancia en Leipzig, donde asistió al laboratorio de psicología experimental de Wilhelm Wundt, decidió la orientación de su carrera. Dos años más tarde, presentó en Munich su tesis sobre el Lugar de la psicología en la psiquiatría, ante un tribunal presidido por Von Gudden, del que fue ayudante por cuatro años antes de regresar a Leipzig y al servicio de Flechsig.. Nombrado en 1886 profesor de psiquiatría de la Universidad de Dorpat (Estonia), dejó este puesto en 1890 a consecuencia, al parecer, de un incidente con el zar Alejandro III y llegó a Heildelberg, donde contó entre sus colaboradores a Gustav Aschaffenburg y al histopatólogo Aloïs Alzheimer, que lo seguiría a Munich. En efecto, fue en esta ciudad donde Kraepelin se encargó, en 1903, de la cátedra de psiquiatría y asumió la dirección de la nueva clínica universitaria, la Königlische Psychiatrische Klinik que, debido a su impulso, adquirió fama internacional. En la primavera de 1918, gracias a sus auspicios, se transformó en el Instituto Alemán de Investigaciones Psiquiátricas, cuya existencia, amenazada por la crisis económica de la posguerra, fue salvada gracias al apoyo financiero de la Fundación Rockefeller, algunos meses antes de la muerte de Kraepelin, el 7 de octubre de 1926.

Kraepelin se formó en la escuela organicista y neuropatológica alemana del siglo XIX cuyo espíritu formalista correspondía a su carácter lógico y riguroso. Lo esencial de su obra se halla contenido en las ocho ediciones del Tratado de psiquiatría que fueron apareciendo de 1883 a 1915 y en el cual, separándose de los criterios esencialmente sintomáticos de sus predecesores, propuso clasificaciones sucesivas y sin cesar completadas de las enfermedades mentales, fundadas en las nociones de evolución y de estado terminal.

A Kraepelin debemos el concepto de demencia precoz, al que confirió unidad y extensión particulares al agrupar tres tipos clínicos principales, la catatonia, aislada entre 1863 y 1874 por Kahlbaum; la hebefrenia, descrita por Hecker en 1871, y una forma delirante, a la que calificó de paranoide. Esta entidad nueva, muy claramente definida desde la sexta edición del Tratado (1899), tuvo rápidamente amplísimo éxito en el mundo psiquiátrico y preparó el camino para la esquizofrenia de Bleuler. La noción de delirio paranoide lo condujo, así pues, a limitar definitivamente el vasto concepto de paranoia a un sistema delirante restringida "durable e imposible de romper, que se instaura con conservación completa de la claridad y el orden en el pensamiento, en la voluntad y la acción".

Fue también él quien dio carta de ciudadanía a la psicosis maniaco-depresiva hasta entonces fragmentada en cierto número de formas clínicas independientes, pero en ningún momento se preocupó por las hipótesis psicopatológicas y se contentó con consideraciones descriptivas y clasificatorias, pensando que estas afecciones eran psicosis de causa "endógena", cuyo origen debía buscarse en la organización interna predisponente de la personalidad.

Mientras Kraepelin y su grupo hacían la separación y definición de las demencias, esquizofrenia y la enfermedad maniaco depresiva, en Munich, un psiquiatra austriaco se ocupaba de otro grupo de alteraciones mentales, las llamadas neurosis (Hoy conocidos como trastornos por ansiedad). Sigmund Freud (1856 – 1939) nació en Freiberg (Morovia hoy República Checa). Fue el primogénito de los siete hijos de Amalie Nathanson, tercera esposa de Jacob Freud, veinte años mayor que ella. Por nacimiento perteneció a la cultura judía, en la que se conjugan en silenciosa presencia casi tres mil años de tradición.

Su padre se dedicaba al comercio de la lana, pero en 1850 el negocio sufrió una crisis que obligó a la familia a trasladarse a Viena. La primera educación que recibió Sigmund fue de su madre y luego su padre fue su maestro, hasta que ingresó, a la edad de nueve años, al colegio particular Gimnasio Real Superior de la comunidad de Leopoldstadt.

Una vez terminado el bachillerato e influenciado por su amigo de juventud Heinrich Braun, siente el deseo de estudiar leyes y dedicarse a la política. Sin embargo, un día asistió a una conferencia dictada por Carl Brül, y al escuchar el poema Naturaleza de Goethe, quedó tan impresionado que optó por estudiar medicina. Ingresó a la universidad de Viena en 1873 y se graduó en 1881. Dos veces obtuvo becas de investigación como reconocimiento a su capacidad. Además siempre fue un voraz lector, cuyo acervo cultural era impresionante, así como su facilidad para el manejo de otros idiomas.

Al terminar su carrera continuó trabajando como investigador en histología y fisiología del sistema nervioso. En Mi vida y el psicoanálisis (1925) Freud escribe: "Atraído por la gran fama de Charcot, que había conseguido un enorme prestigio, tomé la decisión de dedicarme a la docencia en el terreno de las enfermedades nerviosas, por lo tanto, trasladarme a París durante un tiempo". Pero en la Viena de entonces la investigación suponía sacrificios económicos, por lo que sus maestros le sugirieron dedicarse a la medicina general y, al enamorarse de Martha Barnays, dejó el laboratorio e invirtió su tiempo en prepararse en las salas de clínica del Hospital General de Viena.

En 1884, durante el periodo de la coca, probó e investigó sobre los efectos de esta droga y terminó su trabajo que intituló Sobre la coca. Pero el oftalmólogo Carl Koller se le adelantó y descubrió los efectos anestésicos de la cocaína sobre el ojo. Freud fue el primero en recomendar, en 1885, el uso de la cocaína, lo que le ocasionó un verdadero problema. Resulta que un amigo suyo contrajo una infección mientras disecaba un cadáver y hubo que amputarle un pulgar, y como le salían tumores muy dolorosos, se recurrió a la morfina. Freud pensó que con la cocaína su amigo podría abandonar la morfina, pero no fue así. La cocaína le produjo una adicción más aguda que precipitó su muerte. Freud fue acusado de desatar un "tercer flagelo" contra la humanidad, después del alcohol y la morfina.

En septiembre de 1886 Freud obtuvo por fin el puesto de docente en patología del sistema nervioso y en octubre recibió un subsidio para viajar a París con propósitos de estudio. Allí, en la Universidad de La Salpetriere y en la clínica de Jean Martín Charcot, continuó sus investigaciones sobre anatomía cerebral. Charcot era el mejor neuropatólogo de la época. Había logrado ordenar toda la red de síntomas que presenta la histeria, al demostrar cómo, por medio de la hipnosis, se podían provocar "artificialmente" los síntomas de esta enfermedad. Durante año y medio, Freud usó los remedios comunes para pacientes nerviosos incurables: masajes, baños curativos y choques eléctricos. Pero como esto no le dio resultado, recurrió a la hipnosis, que aunque era mal vista, empezaba a tomar fuerza como procedimiento de terapia.

Después colaboró con Joseph Breuer, el especialista en enfermedades internas de mayor prestigio en Viena. Durante varios años Breuer había atendido a una paciente histérica, cuyo nombre era Bertha Pappenheim y que la pluma de Freud habría de inmortalizar con el nombre de "Anna 0". Breuer había descubierto que esa mujer era capaz de recordar detalles de situaciones traumáticas durante el trance hipnótico; cuando las emociones atrapadas se descargaban, mejoraban considerablemente los síntomas de la enferma. Breuer bautizó tal técnica con el nombre de "catarsis". En 1895 ambos publicaron un trabajo científico titulado Estudios sobre la histeria, que marcó los inicios del psicoanálisis, al convertirlo Freud en una técnica de tratamiento.

Pronto Freud comprobó que con el hipnotismo los síntomas desaparecían, pero no del modo deseado. Además, el pequeño número de personas que pueden ser sumidas en hipnosis profunda, era una limitante, lo que lo obligó a cambiar el método catártico por el psicoanalítico, que consistía en proponer al paciente que contara todo lo que le llegara a la memoria, a manera de "asociación libre". Con ello descubrió que cuando el paciente contaba sus problemas llegaba a un punto en que no podía seguir. A esto Freud denominó "resistencia", misma que dio lugar a la Teoría de la represión.

Posteriormente Freud señaló: "Minuciosas investigaciones realizadas estos últimos años, me han llevado al convencimiento de que las causas más inmediatas y prácticamente las más importantes de todo caso de enfermedad neurótica han de ser buscadas en factores de la vida sexual (...) en los sucesos acaecidos en la infancia del individuo, relacionados con las impresiones de carácter sexual".

Lo anterior, aunado a la muerte de su padre en 1896, la cual lo hizo sentirse desamparado, lo llevó a auto practicarse el psicoanálisis. Buscando comprobación y apoyo, comunicó sus hallazgos a su amigo, el otorrinolaringólogo Wilhelm Fliess quien, sin saberlo, se convirtió en el primer objeto transferencial de la historia. Este peculiar "tratamiento" duró tres años. La profusa correspondencia de estos dos hombres constituye el prólogo del psicoanálisis. El 15 de octubre de 1897, Freud escribió a Fliess: "También en mí comprobé el amor por la madre y los celos contra el padre, hasta el punto que los considero ahora como un fenómeno general de la temprana infancia (...), si es así, se comprende el apasionante hechizo de Edipo Rey".

Con la crisis causada por la muerte de su padre, el análisis de los sueños se le convirtió en una necesidad muy personal y no es casual que la redacción del libro La interpretación de los sueños avanzara unida a los dos primeros años de su autoanálisis (1897-1898). "Mi destino parece haber sido descubrir sólo lo que es evidente de por sí: que los niños tienen sensaciones sexuales, cosa que todas las niñeras del mundo saben, y que los sueños son una realización de deseos al igual que las fantasías diurnas". También, en 1898, publicó su ensayo El mecanismo psíquico del olvido, que en 1901 fue incorporado a su obra Psicopatología de la vida cotidiana.

Es así como el psicoanálisis hace del inconsciente el verdadero objeto de la investigación psicológica y reúne dos elementos básicos para convertirse en una ciencia: un nuevo objetivo para la investigación: el inconsciente; y un método para investigar: la asociación libre.

Freud también descubrió que la personalidad se divide en tres instancias psíquicas: el Ello, el Yo y el Súper Yo. El ello es la reserva libidinal y agresiva que, guiada por el "principio del placer", busca la satisfacción inmediata de los instintos. El Yo es la parte del Ello que está en contacto con la realidad. El Yo intenta canalizar el fuerte impulso del Ello y satisfacerle sus necesidades. El Yo controla las funciones del pensamiento, y la memoria posterga la satisfacción de las exigencias del Ello, de acuerdo con las posibilidades reales (substituye el "principio del placer" por el "principio de la realidad"). El Súper Yo está formado por la asimilación de los patrones morales que rigen la sociedad, se le podría considerar como "conciencia moral" porque aprueba o rechaza los actos, impulsos y pensamientos. Su desaprobación produce culpabilidad.

El análisis acerca de la lucha de estas tres instancias psíquicas, frente a la influencia que la sociedad ejerce sobre el individuo, era la preocupación de Freud en su última época, hasta que investigó la religión y los orígenes de la cultura. Escribió Totem y tabú, donde explica muchos de los fenómenos de la evolución cultural: el nacimiento de la religión, las instituciones y la moral; y El malestar en la cultura, donde hace una interpretación psicoanalítica de la cultura considerando la evolución cultural un proceso conflictivo entre el deseo de satisfacción individual y las imposiciones del grupo.

En 1902 los médicos Alfred Adler, Rudolf Reitler, Max Kahane y Wilhelm Stekel, junto con Freud, empiezan el movimiento psicoanalítico. Después se les adhieren Eugen Bleuler y Carl Gustav Jung. En 1908 se creó el primer periódico psicoanalítico, del que se editaron cinco volúmenes y que se suspendió al estallar la guerra. En ese mismo año se anuncia el Primer Congreso Psicoanalítico Internacional. Posteriormente, el grupo del movimiento psicoanalítico se desintegra por desacuerdos con Freud, a quien se le reprochó haber exagerado la influencia del sexo en la vida psíquica. Sigmund creó entonces El Comité, asociación que tiempo después también se disolvió.

En 1930 le fue otorgado el Premio Literario Goethe, como testimonio de su gran calidad como escritor. El Premio Nobel le fue negado y, si bien se le consideró candidato en 1928, la distinción la obtuvo Wagner von Jauregg por la malarioterapia en la sífilis del sistema nervioso.

Después de 1933 la situación en Alemania se puso truculenta, el psicoanálisis fue puesto en la lista negra y las obras de Freud fueron incineradas. Cuando en 1938 los nazis ocuparon Austria, Freud se vio obligado a abandonar el país.

A principios de junio ese año, en compañía de su esposa y de su hija Anna, Freud salió de Viena. Dos días después llegó a Londres. Un tumor en el maxilar lo iba minando y el 8 de septiembre se sometió a cirugía, pero nunca se repuso de la operación, y en 1939, el 23 de septiembre, poco antes de la medianoche, a los 83 años de edad, murió Sigmund Freud en su casa de Maresfield Gardens. Su vasta obra que continúa siendo debatida apasionadamente en nuestros días, ha modificado para siempre la concepción universal del ser humano.

Freud hizo el primer intento de dar una explicación etiológica a la enfermedades mentales, sin embargo estas no estuvo muy lejos de los aspectos morales. Esto porque los aspectos sexuales, de represión, de olvidos, etc., hacía que los sujetos volvieran a ser culpados de errores, omisiones o faltas. Un aspecto interesante del psicoanálisis, una vez que se hizo popular, es que modificó la percepción de las enfermedades psiquiátricas. Por lo menos las neurosis, que ahora se conocen como trastornos por ansiedad, fueron aceptadas como algo común. Las expresiones: "todos somos neuróticos", se ha utilizado por la clase media ilustrada, para connotar que no somos perfectos, o para clamar por un poco de tolerancia a nuestros excesos. Sin embargo, las enfermedades psiquiátricas mayores, como las psicosis, enfermedad maniaco-depresiva, y las adicciones a las sustancias, siguen hoy en día cargando con el estigma.

Otra posibilidad del estigma en el caso de las enfermedades mentales, es la relativa incurabilidad. Hasta hace relativamente poco (aproximadamente 50 años), no existían tratamientos eficaces para la mayoría de las dolencias psiquiátricas, y los tratamientos eficaces, eran vistos a los ojos de la gente como una brutalidad: la terapia electroconvulsiva (TEC) o electrochoque y los "choques insulínicos". La psicocirugía, había tenido sus éxitos, pero su abuso llevó a que perdiera popularidad a pesar del premio Nobel a su principal impulsor, el médico portugués Antonio Egaz Moniz.

Moniz observó que la mutilación de los lóbulos frontales en los monos de laboratorio producían un efecto tranquilizante, por lo que en 1935, operó a 20 pacientes psiquiátricos, considerados como agitados, con buenos resultados, en elo referente en a sus estados de "agitación". Posteriormente Walter Freeman y James Watts, introdujeron una técnica quirúrgica, mas sencilla, que la utilizada por Moniz, al introducir una especie de punzón por el techo de la órbita ocular (la cuenca de los ojos). En la década de los años 1940's se calcula que se opaeró a razón de 5000 pacientes por año. En el año de 1949, Egaz Moniz, recibió el premio Nobel por esta técnica.

La terapia electroconvulsiva, tuvo su origen en una serie de observaciones desde el tiempo de Hipocrates, en donde las persoans con trastornos mentales severos, del tipo de la psicosis, mejoraban cuando convulsionaban de manera espontánea, inducidas por fiebre o en enfermos epilépticos. En 1927 Manfre Sakel, introduce el "choque insulínico", que consistía en inducir crisis convulsivas, debido a la baja en los niveles de glucosa cerebral- Meduna, (1934) introduce al pentilen tetrazol o cardiazol, un agente convulsivante, con buenos resultados, pero con muchas dificultades para su aceptación por el paciente o sus familiares. Fue Ugo Cereletti, que después de trabajar con cerdos y perros, concluye que el tratamiento con electiricdad en el cerebro es seguro, y se inicia el tratamiento con enfermos esquizofrénicos, con resultados buenos, pero no excelentes, y después con los deprimidos y maniacos, en donde los resultados fueron realmente sorprendentes. En la actualidad, este procedimiento se prescribe con relajantes musculares y anestesia, de tal forma que no hay repercusiones mayores en el organismo del enfermo, y ha quedado muy limitado su huso a pacientes deprimidos sin respuesta antidepresiva en dos tipos de medicamentos, por tiempo y dosis adecuadas, y en enfermos con ideación suicida importante.

En 1917, Julius Wagner-Jauregg, introduce la malarioterapia, para enfermos con lesiones por sífilis en el sistema nervioso central. Esta malarioterapia consistía en inyectar a los pacientes con el plasmodium vivax, es decir el agente que produce el paludismo. Las altas temperaturas que presentan los pacientes con la malaria, hacen que se destruya la espiroqueta (agente etiológico de la sífilis) y de esta manera se limita la enfermedad. Este trabajo le valio a Wagner-Jauregg el premio Nobel, ya que vació los hospitales psiquiátricos de enfermos hasta entonces incurables.

Todos los tratamientos físicos, se utilizaron intensamente la primera mitad del siglo XX, y se utilizaron de manera empírica, no había explicaciones rigurosas que apoyaran la utilidad de los mismos, y en muchos de los casos fueron descubiertos por mentes que hicieron conexiones muy aventuradas. Sin embargo, el mito de que las enfermedades mentales eran incurables, ya no pudo ser sostenido.

Casi en paralelo a los trabajos clasificatorios de Kraepelin y a las explicaciones psicológicas de Freud, se fue dando un avanza en el conocimiento del cerebro. Esta intensificación del conocimiento fue gradual, sostenido y ciertamente menos espectacular que sus antecesores, pero con el tiempo sería quien diera pleno reconocimiento de factores etiológicos y el correlato anatomopatológico que pedía la psiquiatría.

Santiago Ramón y Cajal nació en Petilla de Aragón, España, el primer día del mes de mayo de 1852; su infancia y adolescencia están enmarcadas por la influencia paterna, la curiosidad ante los fenómenos de la naturaleza y un carácter egoísta y dominante. En esta época manifiesta su gusto por la pintura y la literatura, aficiones a las que no podía dedicar mucho tiempo porque debía desempeñar labores de ayudante de barbero, actividad impuesta por la familia, al mismo tiempo que estudiaba.

Al concluir el bachillerato, inició la carrera de Medicina en la Universidad de Zaragoza, más por orientación del padre, quien era médico, que por propia vocación, y al concluir sus estudios, manifestó sólo interés por la Anatomía y la Fisiología; en esta etapa un acontecimiento en la política de su patria lo obliga a ingresar en la milicia al decretarse el servicio militar obligatorio ante la situación caótica por la que atravesaba España. Participó en acciones bélicas en Cataluña y posteriormente salió en comisión de servicio a Cuba en donde permaneció poco tiempo, porque fue repatriado al enfermar de paludismo. A partir de 1888 se dedicó al estudio de las conexiones de las células nerviosas, para lo cual desarrolló métodos de tinción propios, exclusivos para neuronas y nervios. Gracias a ello logró demostrar que la neurona es el constituyente fundamental del tejido nervioso. En el año 1900 se le otorga en Paris el Premio Internacional de Moscú y en España, la Gran Cruz de Isabel la Católica y la Gran Cruz de Alfonso XII. En ese mismo año se publica su anuario "Trabajos del Laboratorio de Investigaciones Biológicas". Además, fue nombrado director del recién creado Instituto Nacional de Higiene Alfonso XII, donde estudió la estructura del cerebro y del cerebelo, la médula espinal, el bulbo raquídeo y diversos centros sensoriales del organismo, como la retina. Su fama mundial, es acrecentada a partir de su asistencia a un congreso en Berlín y gracias a la admiración que profesaba por sus trabajos el profesor Kölliker, se vio avalada con la concesión, en 1906, del Premio Nobel de Fisiología y Medicina por sus descubrimientos acerca de la estructura del sistema nervioso y el papel de la neurona, galardón que compartió con C. Golgi. En parte de su trabajo describió el modelo básico para la comprensión de la estructura del sistema nervioso y sentó las bases fundamentales para el estudio de su funcionamiento. El principal resultado de las investigaciones de Cajal fue la identificación de la individualidad de la célula nerviosa: la neurona, teoría que expuso en su obra fundamental "Textura del Sistema Nervioso del Hombre y de los Vertebrados", publicado entre 1899 y 1904. Hasta antes de Cajal, el sistema nervioso era visto como una "masa informe", en donde no había una clara delimitación, entre las estructuras, esto en parte por las limitaciones de las tinciones histológicas empleadas hasta entonces.

En el siglo XIX, nuevos microscopistas como Christian Gottfried Ehrenberg (1795-1876), Gabriel Valentin (181-1883) y Jan Purkyne (1787-1869), reconocieron cuerpos celulares en el sistema nervioso y algunas de sus prolongaciones, de hecho Purkine, dibujó la células en forma de pera o "piriformes", del cerebelo, que llevan su nombre (Células de Purkinje). Theodor Schwann (1810-1882), describió las cubiertas de mielina de las células nerviosas, y propuso que todos los órganos del cuerpo, estaban formados por células, a lo cual se le denominó "la teoría celular" , con excepción del cerebro. Al parecer, lo anterior motivado, porque se desconocía si las prolongaciones de las células nerviosas eran independientes o partes de las mismas células.

La necesidad para obtener mejores técnicas de observación de las células, fue satisfecha con Camilo Golgi (1843-1926), quien estando como médico en "Casa degli Incurabili", en el pueblo de Abbiategrasso cerca de Milan Italia, cuando desarrollo en método de tinción con nitrato de plata. El descubrimiento ocurrió en la cocina del hospital, que Golgi había transformado en su laboratorio, los contornos negros, sobre un fondo amarillo hacía que las células fueran vistas muy nítidamente. En 1873, Golgi publicó su primer figura de lo que él llamo "reazione nera" (rección negra), en donde se delimitaba todo el cuerpo celular, axones, y el árbol de dendritas. A estas últimas les asignó un papel de tipo nutricional, mientras que el axón lo visualizó, como formando una red, o retículo, y a las gentes que sostenían con él esta hipótesis se les denominó reticulistas, los cuales consideraban al cerebro con una serie de funciones no localizadas sino ampliamente distribuidas. Posteriormente cambió su manera de pensar, gracias a los trabajos de August Forel (1848-1931), quien sostenía que la fisión entre las prolongaciones neurales no era necesaria y que se podía dar comunicación aunque no fuera de manera directa.

Santiago Ramón y Cajal, utilizó la técnica de nitrato de plata y no encontró que las dendritas o axónes se unieran o formaran anastomosis, por lo que en 1889, publicó que las células nerviosas eran elementos independientes. Sus artículos permanecieron aislado, ya que se publicaron en español, y España, en el siglo XIX, estaba relativamente aislada del mundo científico, fue hasta que se hicieron traducciones al alemán, por Kölliker, Otro científico alemán que apoyo el trabajo de Cajal fue Wilhem von Waldeyer (1836-1921), quiebn desarrollo el nombre de neurona para las células nerviosas, y fortaleció la idea de Cajal, de que las neuronas eran células con arborizaciones dendríticas, axones, y un cuerpo celular llamado pericarion.

La conexión entrae las neuronas, siguió siendo un enigma: ¿Cómo se daba?, ¿Qué elementos intervenían en ella? Sir Charles Scott Sherington (1857-1952), reconoció que existían conexiones no solo entre las neuronas, sino también entre las neuronas y los músculos, y fue él quien acuño, el término sinapsis. En una carta a Fulton, escribe Sherrington:

Usted me pregunta sobre la introducción del término "sinapsis", Este sucedió de la siguiente manera. M. Foster me había pedido que escribiera la parte de "Sistema Nervioso", en la nueva edición de su "Texto de Fisiología". Yo había comenzado a hacerlo pero no llegue muy lejos, sin que sintiera la necesidad de dar algún nombre a la unión entre célula y célula nerviosas (porque este sitio de unión ahora entra en la fisiología y lleva una importancia funcional). Yo le escribí a él respecto a mi dificultad, y mi deseo de introducir un nombre específico. Yo sugerí usar "sindesm". Él Consultó a si amigo del "Trinity College" Versall, un erudito en Euripides, acerca del asunto, y Verrall sugirió en término "sinapsis" "

La importancia de haber reconocido a las neuronas como células del sistema nervioso, y que se comunicaran entre sí en las sinapsis, fue clave para entender el funcionamiento normal del sistema nervioso normal, y el como esa pequeña región de unión entre dos o mas neuronas puede hallarse descompuesta, en una serie de procesos neuropsiquiátricos.

LO QUE EL CEREBRO NO CONOCE DE SI MISMO

Wilder Pemfield y su equipo, operaron entre 1928 y 1947 un total de 400 pacientes con epilepsia. Se hacía la estimulación eléctrica de ciertas regiones de la corteza del paciente cuando este se encontraba despierto. Este procedimiento no es doloroso, porque no hay receptores para dolor en el parénquima cerebral. Así, al estimular las regiones cerebrales con el paciente consiente, se podían evocar fenómenos interesantes. Por ejemplo la estimulación de la corteza occipital daba como resultado manifestaciones visuales elementales: el destellos como de estrellas; si la corteza temporal era estimulada, se presentaban ruidos poco diferenciados. El paciente no sabía en qué áreas se les estimulaba, así de esta forma surgió uno de los experimentos más claros de eventos cognitivos y mentales.

En medicina, las neurociencias han iniciado el abordaje de problemas que antes eran terreno exclusivo de filósofos, que aplicando métodos racionalistas y deductivos, llegaban a una serie e conclusiones que tenían poco correlato en la vida diaria. Las neurofilósofos como Daniel C. Dennet, Patricia Cruchland, David Chalmers entre otros, han incursionado ya en esta disciplina de enlace entre la filosofía y las neurociencias.

El termino cognición, se refiere de manea colectiva a una variedad de procesos mentales superiores tales como pensamiento, percepción, imaginación, lenguaje, actuar y planear. En este capítulo abordaremos primero los aspectos filosóficos que han sido retomado como problemas de las neurociencias, luego pasaremos a los aspectos de las bases neurobiológicas de los procesos cognitivos, para terminar con aspectos integrativos que buscan aún respuestas en las áreas básicas y clínicas.

LA COGNICIÓN Y EL PROBLEMA-MENTE CUERPO

Dualismo y monismo en las neurociencias

Los principales científicos en el campo de las neurociencias en el siglo XX, por ejemplo Sir. John Eccles, Sir Charles Sherrington, lo mismo que filósofos de la ciencia como Karl Popper, tuvieron un enfoque dualista al aproximarse al problema mente-cuerpo. Esto es discriminaban dos entidades: la mente y el cerebro como fenómenos diferentes, con una gama de posibilidades en sus interacciones. En este sentido, continuaron siendo cartesianos. En un libro ya clásico "The Self and its Brain: an argument for interactionism KR Popper, JC Eccles - 1977 - Springer Verlag". Hacen alusión a una zona del cerebro, que corresponde al área premotora (área 6 en la carta de Brodman), como sitio de enlace con un "lector" que pudiera ser la psique o alma. Es notable que ambos autores fueran católicos y que estas creencias dominaron sus razonamientos.

Sin embargo, científicos de finales del siglo XX, los llamados tercera generación de neurocientíficos, repudiaron el dualismo, y adoptan monismos físicos, o emergentes. El cerebro, para estos últimos, tiene una amplia gama de funciones, que se habían atribuido a la mente, como son la cognición, percepción, capacidades volitivas, y otras más. El cerebro tiene la capacidad de experimentar, crear, interpretar, y almacenar información básica, que luego utiliza. Lo que se ha dicho previamente, puede llevarse a extremos, de decir que el cerebro conoce cosas, razona inductivamente, construye hipótesis y estima probabilidades. El cerebro puede decidir en cuestión de milisegundos, y estas decisiones pueden estar en el rango de lo voluntario e involuntario (reflejos). Esta capacidad es atribuible a todos los organismos que tienen actividad motora, en un mundo en donde las relaciones entre ser presa o ser predador son también factores que hacen de la predicción y anticipación, actividades de sobrevivencia.

SENSACIÓN Y PERCEPCIÓN

Una de las habilidades que tenemos los seres humanos como especie es la de percibir. Esta función se divide en dos ramas: sensaciones y percepciones. Las primeras son los elementos que componen la percepción. Podemos sentir comezón, dolor; que un objeto es frío, rugoso, o pesado. También podemos sentir aspectos generales de nuestro funcionamiento: contento, aburrido, interesado. Las sensaciones pueden tenerse y sentirse. Las sensaciones tienen una localización corporal. Las sensaciones se ubican y se sienten en un área del cuerpo, pero no son generadas en el órgano que las percibe. El cerebro percibe, con lo cual quiero subrayar que la función de percibir implica contextualizar lo que se está sintiendo y darle una lectura en el marco de la experiencia previa.

Las sensaciones pueden tener grados de intensidad, pero no cualidades, que estas son producto nuevamente de la experiencia previa. Podemos estimar la intensidad de un sonido, pero afinarlo en sus aspectos de nitidez, sólo con un equipo externo al cerebro. Los órganos preceptúales tienen receptores especiales para poder captar formas de energía específicas. Energía mecánica, como en el caso de las vibraciones del aire, que ingresan al pabellón auricular y producen el movimiento oscilatorio de la membrana timpánica, y de ahí se siguen la cadena de huesos: yunque, martillo y estribo, los cuales moderan la vibración del tímpano, y finalmente, activan un líquido que está en el oído interno (endolinfa), para movilizar un grupo de células que presentan vellosidades conocidos como cilios, y que son activados mecánicamente, para impeler los receptores (órgano de Corti), y en ese momento, la energía mecánica se transforma en energía electroquímica (corrientes de iones con cargas eléctricas, que pasan a través de la membrana celular).

La información, transformada en energía electroquímica, es conducida a la corteza cerebral. A la llegada a esa región es aún una sensación. Es sólo hasta que la información pasa a las llamadas áreas corticales de asociación (cortezas de asociación), cuando se tiene el fenómeno psicofisiológico de la percepción. La idea equivocada, que con más frecuencia se sostiene, es que las percepciones son activadas necesariamente por las sensaciones. Las raíces de esta concepción surgen desde el siglo XVII, y tiene que ver con una concepción causal. Las ideas, percepciones, y otros fenómenos adscritos a la mente, se explican como causados por las sensaciones. Las sensaciones, en este enfoque, son emuladas como las flechas, que hasta que se impactan en el blanco de las áreas primarias y de ahí a las secundarias, proporcionan la percepción, es decir activan una biblioteca de neuronas que de esta forma expresan movimientos o evocan situaciones específicas. Se verá más adelante, que las áreas secundarias, tanto sensoriales como motoras, tienen programas de eventos previos a la llegada de estímulos sensoriales, o a la ejecución de movimientos.

Los objetos tienen propiedades primarias como tamaño, forma, peso, movimiento, reposo. También hay cualidades secundarias de los objetos: colores, sonidos, olores, sabores y temperatura. Estas últimas son características que tienen los objetos, para producir ese tipo de cualidades en nosotros, los seres humanos con una determinada maquinaria sensoperceptiva, que no es eficaz desde el punto de vista evolutivo, pero que no es lo máximo, y que tienen limitaciones. Por ejemplo nuestro ojo, no detecta colores en la gama que el de una abeja (V., ultravioleta), nuestro oído, no nos permite navegar en el espacio en tres dimensiones como el murciélago. Lo cual nos indica que hay realidades particulares, en función del sistema sensoperceptivo y que además esto se condiciona por la experiencia previa, que se almacena en las cortezas secundarias. La contextualización se hace en nuestros cerebros ciertamente diferente a como se hace en los ordenadores. En estos, se forja un correlato de tipo postal. Mientras que en el ser humano y otros animales, el sistema nervioso funciona por correlatos contextuales, similitudes, repetición de formas, generación de conceptos y luego la generalización sobre esto que lleva a la síntesis y abstracciones.

En la concepción tradicional psicológica y neurocientífica, la forma en que tenemos experiencia del mundo, sólo está en nuestro cerebro, el mundo como lo percibimos, es dramáticamente diferente a como es en realidad. Lo que aprehendemos de un objeto, no es realmente tal, sino la idea que tenemos preformada de tal cosa. Por ejemplo, nosotros recibimos ondas electromagnéticas en la retina, entonces tenemos un sistema que las transforma a colores: rojo, azul, amarillo. En este tipo de razonamiento, los colores, los sonidos, las ondas electromagnéticas, son sólo constructos mentales, no existen en el mundo externo, sólo en nuestro cerebro.

Una discusión que es importante retomar, es aquella que tiene que ver con si la realidad es real. Si la percepción es una propiedad cognitiva, que se hace a partir de la experiencia, que tanto podemos confiar en nuestras apreciaciones. En una forma extrema se puede argumentar que vivimos en un mundo de ilusión, si es que lo que percibimos es realmente diferente a las propiedades primarias y secundarias de los objetos. Esta posición puede llevar a un relativismo que poco ayuda a entender la realidad.

La percepción es, a fin de cuentas, una manera de actuar. La percepción no es algo que nos sucede de manera pasiva, como si nuestra corteza cerebral, fuera una pantalla, en donde se forman imágenes. La analogía de la cámara fotográfica, con respecto a lo anterior, es que la imagen se forma en la parte posterior de la retina, la cual a todas luces es absurda según los conocimientos que se tienen en la actualidad respecto a la neurofisiología. En la retina no hay imágenes hay proceso bioquímicos ante la luz. Una imagen en la retina, necesariamente estaría acompañada de la red de arterias, venas, del punto ciego, etcétera. Ninguna persona ve las arterias de la retina. ¿Por qué?

Una persona que se mueve en un espacio, el cual va integrando gradualmente, no se va formando una imagen cerebral de la habitación como si esta fuera un rompecabezas, en donde va agregando las piezas que explora con sus sentidos. Lo que ocurre, es que él o ella, ya tienen una imagen integrada de la habitación, la cual van modificando, en la medida que descubren, mediante los sentidos, las cosas que los rodean. Este es el mejor paradigma respecto a cómo percibimos, mediante una proceso activo, en donde lo más relevante es lo motor.

Al mismo tiempo, esta actividad de percepción modifica el programa motor, con lo cual se establece una retroalimentación dinámica, entre el plan motor, lo que se detecta y lo percibido. A este fenómeno se le ha dado en nombre de Enactivar, para connotar el fenómeno de la acción en la percepción (Alva Nöe. The action in percepción, MIT Press, Cambridge, Massachussets, 2004).

Este fenómeno se puede entender de una mejor manera, por el ejemplo de la ceguera por cataratas congénitas (también llamada ceguera experimental), esto ocurre cuando un niño nace con este defecto, o son cataratas por excesos en la concentración de oxígeno, en las incubadoras (Fibroplasia retro lenticular). La vía visual está íntegra, lo mismo que la corteza visual (cisura calcarían, lóbulo occipital), perola persona no puede ver. Al retirar el cristalino, el cual es el sitio afectado y colocar un lente retro-ocular, el paciente recobra la función de sensación visual, pero no de la percepción visual. No puede integrar la información que recibe, esto ya era conocido en la clínica, cuando se advertía, que los niños operados seguían teniendo dificultades de movimiento, tropiezos y accidentes; sobre todo en situaciones en donde las tres dimensiones eran vitales (caminar, nadar, dibujar en perspectiva). La operación de la fibroplasia retro lenticular, en adultos, ha demostrado, que si bien hay la llegada de la luz y colores a la retina; lo mismo que de formas, toda esta información no se puede poner en el contexto de la experiencia, porque no se tiene el desarrollo de las áreas secundarias perceptuales, que como se ha dicho, forman el contexto e interpretan, casi siempre "A priori", lo detectado. Los pacientes con este tipo de problema, sufren la llamada "Ceguera por ausencia de experiencias". Los pacientes narran que al salir de la cirugía y recuperarse, pueden ver bultos y luz, al mismo tiempo pueden orientar su vista hacia el sitio de donde proviene la voz que les llama, pero no hay un reconocimiento de las caras, a menos que las toquen. El tacto es el sentido que se ha desarrollado en las áreas secundarias que ponen en contexto este tipo de información y ha suplido a la visión faltante. Es después de muchos meses, a veces años, que los pacientes puede desarrollar la percepción de lo que ven. Un joven operado narró que al quitarle las vendas de los ojos como unas salchichas enormes y rojas se aproximaban a sus ojos. Después supo que eran los dedos del cirujano.

En otro sistema sensorial ocurre lo mismo. Por ejemplo, en el sistema de la percepción de movimiento de músculos y articulaciones, que se conoce como popiocepción. Este sentido informa a los centros motores, del estado en el que se encuentran por ejemplo, las piernas y los pies. Esta información es vital para caminar y correr. El estado del terreno y la continuidad de los mismo (hoyos, grietas y desniveles), son evaluados para ajustar sobre la marcha cada paso. En una enfermedad que lesione la médula espinal en la región dorsal, como ocurre con la sífilis terciaria (Tabes Dorsal), ocurría una desconexión de la información sensorial propioceptiva, que es conducida por fibras nerviosas de esa región, y que producía problemas de coordinación motora, sin que los pacientes tuvieran problemas motores, es decir en la integridad de sus músculos, articulaciones y nervios motores, pero estas personas caían al suelo con mucha frecuencia en la oscuridad. La explicación de lo anterior residía en que no podían utilizar el llamado "Bastón óptico", es decir, suplir la información propioceptiva, que estaba cancelada por la lesión de las fibras nerviosas que van en el cordón posterior de la médula espinal, por la visual. Nuevamente, una función sin integración sensorial motora, lleva a problemas de ejecución, aun cuando la parte motora está intacta.

EL PROBLEMA MENTE-CEREBRO

En Grecia, se podía ya distinguir que existían dos posiciones respecto al problema mente-cuerpo. Por un lado estaban los que suponían que el alma era una sustancia, que habitaba en un cuerpo, pero que esta cárcel era transitoria, y que tan pronto el cuerpo moría, el alma era liberada. Esta concepción fue sostenida por la mayoría de los pueblos previos y contemporáneos a los griegos, y es lo se denomina dualismo psicofísico, el cual era la filosofía dominante.

Epicuro y el padre de la medicina Hipócrates, sostenían otra posición. Ellos mantenían la postura de que las enfermedades, no eran problemas sobrenaturales, sino condiciones físicas, que surgían de estructuras físicas, como el cerebro, los que se identificaron con esta posición constituyeron una minoría, y fueron, lo que podríamos llamar, monistas psicofísicos, como esta postura se encontraba radicalmente opuesto a la filosofía dominante, y a las religiones que proclamaban la existencia del alma, pronto fue desechada esa propuesta apenas recién nacida. El oponente más importante del monismo fue Platón, discípulo de Sócrates. Él incluyó en varios diálogos, pero sobre todo en Crátilo y Fedón, la exposición de que el hombre es una mezcla de ánima y cuerpo; el alma, es inmaterial e inmortal; el alma es lo que hace que el cuerpo se mueva y actúe; el alma está prisionera del cuerpo y se libra de él con la muerte; el alma puede saber la verdad absoluta y disfruta de la belleza absoluta. La tradición Judeo-Cristiana e inclusive el Islam, tomaron este tipo de posición, que les daba coherencia a sus respectivas pociones religiosas.

Aristóteles, el cual fue considerado por la Iglesia Católica, como el modelo a seguir, se desvió un poco de ese enfoque, para él, el problema del alma y el cuerpo se resolvía de la siguiente manera: el hombre es un animal y el alma es una forma de organismo que lo habita, por eso para él la pregunta de si el alma y el cuerpo son una sola cosas o dos cosas diferentes no tenía sentido, es decir, resolvió el problema, negando que fuera un problema. El problema siguió estancado hasta el Renacimiento.

René Descartes (1596-1650), nació en la ciudad de La Haye, Francia y se convirtió en un filósofo, fisiólogo y matemático. La primera de sus grandes obras fue terminada en Holanda en 1633: De Homine. En esta obra Descartes (Ver figura 1), publica las primeras teorías de los reflejos. En su descripción hace una integración de lo que sería la información sensorial, cuyo ejemplo son los ojos, y el cómo esto puede influenciar el movimiento de los músculos.

Matemático, fisiólogo, teólogo, se opuso a la coriente de filósofos solipsistas que llegaban a proponer que nada existía, con la la contundente afirmación:" Si pienso es que existo" (Cogito ergo sum). El Método Científico, como forma organizada de preguntar a la naturaleza surgió del cerebro de este superhombre.

En su libro: Meditationes de prima philosophia, in quibus Dei existentia, & animae à corpore distinctictio, demonstratur (1641), cuestiona la existencia de todo, es decir utiliza a la duda como su instrumento de trabajo, de lo único que no duda, en su reflexión dice él, es de que existo: "Cogito ergo suum" es decir: " Si pienso es que existo". Aquí Descartes plantea por primera vez una explicación al dualismo metafísico entre la mente y el cuerpo. Para él hay dos sustancias distintas creadas: el cuerpo y el alma. Él propone que existe un sitio de interacción entre estas dos sustancias, y que este es la glándula pineal, por ser una estructura impar, situada en el centro del cráneo. En Les passions de l'ame (1649), hace una descripción de esto con bastante claridad. Es interesante el comprobar, que en los esquemas que acompañan esas obras, Descartes, hace una asociación entre los ojos y la glándula pineal y de ahí a los músculos. Fue hasta la década de los años ochenta del siglo XX, cuando los doctores Robert Moore y David C. Klein, en Estados Unidos de América, describieron una vía no visual que une a la retina con la glándula pineal, no exactamente como lo dibujó Descartes, pero finalmente si hay una influencia de la retina sobre la pineal, en donde esta última estructura, recibe la información de presencia o ausencia de luz. ¿Cómo le hizo René Descartes, para intuir esa conexión? La genialidad es también una de las áreas de la neurocognición, y Descartes sigue siendo un paradigma de estudio relevante para los neurocientíficos como doctor Antonio Damasio y su libro "El Error de Descartes".

La pineal produce la hormona melatonina, que se ha involucrado en una serie de funciones, una de ellas es la regulación de los ritmos circadianos (cerca de un día) y en algunos animales los circa-anuales, que tienen que ver aspectos de tipo reproductivo, hacia la optimización de las crías. En anfibios y reptiles, la pineal está muy cerca de la bóveda del cráneo, la cual es translúcida, y de esta manera se permite que la luz que se filtra, la estimula, es decir tiene funciones de un receptor a la luz, y de esta manera se produce la secreción de la hormona melatonina y otras sustancias. Esto dio lugar al mito del "tercer ojo". (Ver el capítulo de cronobiología)

Después de la muerte de Descartes, se empezó a hablar del llamado "punto muerto cartesiano", para referirse al sitio de relación entre las dos sustancias, alma y cuerpo. Figuras de la talla de Malebranche, Spinoza, Leibniz, La Mettrie y Cabanis, continuaron con una serie de reflexiones en el contexto metafísico, y trataron de resolver el problema de la dualidad, con una serie de alternativas como fueron el epifenomenalismo, interaccionismo, el monismo de aspecto dual y la teoría de la materia mental (ver más adelante la clasificación de todas las posturas respecto al problema cerebro-mente).

Por ejemplo Nicolás Melabranche (1638-1715), publicó De la recherche de la vérité, en donde apunta que las dos sustancias de Descartes, no tienen una relación causal, la mente no es causa del cerebro, o viceversa. "... Dios es la única causa verdadera...". Benedictus de Spinoza (1632-1677), tallador de lentes holandés, publica su obra de metafísica: De ethica (1677). En ella propone, lo que se conoce como la teoría del aspecto dual. La cual sostiene que no hay tal dualismo, sino que la mente y el cerebro (el cuerpo), son dos aspectos de una misma sustancia. La única sustancia que existe es Dios. Los acontecimientos mentales, pueden determinar sólo otros fenómenos mentales; mientras que los acontecimientos físicos, sólo pueden dar acontecimientos físicos.

Gottfried Wilhelm Leibnitz (1646-1716), propuso lo que se denominó, "paralelismo psicofísico", que persiste en considerar dos sustancias diferentes: la mente y el cuerpo físico y esquiva cualquier posibilidad de interacción entre las dos, ya que dos sustancias tan diferentes no pueden interactuar, porque si lo hacen, surge un nuevo problema: ¿Cómo sucede esta interacción de dos sustancias?

Una posición, en la cual no es necesario explicar cómo interactúan la material y lo mental, es el monismo, si las dos instancias son los mismos no se requiere una interacción entre ella. El materialismo absoluto es una posición antigua, cualquier cosa que pueda existir, depende de la materia, y los fenómenos mentales son causa dependiente de los fenómenos físicos. Julien Offray de la Mettrie (1709-1751), en dos de sus obras: Historie naturelle de l'ame y L'homme machine, sostiene que el alma no existe, y que lo mental es una actividad dependiente de lo físico. Esto le ocasionó que tuviera que exiliarse en Holanda, que para entonces, ya era el país de la tolerancia religiosa y de las ideas, sin embargo, aún ahí con la similitud que hacía de los animales y hombres como máquinas autómatas, tuvo muchos problemas, por lo que tuvo que acogerse bajo la protección del rey germano Guillermo II.

Shadworth Halloway Hodgson (1832-1912), propuso que los estados mentales eran productos del cerebro, pero que no había una capacidad causal de estos, sobre el cerebro. Thomas Henry Huxley (1825-1895), sugirió que los estados mentales, eran el resultado de las moléculas que componen al cerebro, con un nivel especial de organización, los seres humanos como los animales entonces, son "autómatas concientes".

Un aspecto fundamental, en las posiciones que surgieron en el siglo XIX es que se apuntaba al cerebro como el órgano de la mente, situación que se consolidó aún más por los trabajos de localización de las funciones cerebrales. Hasta entonces, el problema mente-cerebro, había sido dominado por más especulaciones que aspectos experimentales. Sin embargo las teorías" localizacionistas", empezaron a tomar una posición diferente, en donde la parte de la observación y experimentación fueron ganando terreno. Gran parte de esta nueva vertiente de información surge a partir del trabajo de Franz Josepf Gall (1758-1828). Quien hizo los primero intentos de localización cerebral de funciones mentales. Él hizo esas observaciones desde que era niño, con respecto a que algunos de sus compañeros tenían rasgos faciales y de cráneo diferentes al resto de los alumnos menos distinguidos, y que esto se correlacionaban con tener inteligencia más elevada. Lo que hizo Gall, fue el desarrollar un método craneoscópico, el cual se correlacionaba con las habilidades mentales. Fue en Viena en donde se inició este tipo de trabajos, que le generaron una gran oposición, por lo que se trasladó a Paris, en donde llegó con Johan Gaspar Spurzheim (1776-1832), ambos publicaron: Anatomie et physiologie du sytème nerveux en general, una de las más importantes contribuciones a la neuroanatomía. La parte medular de la teoría de Gall era la de localizar, variaciones del carácter de las personas en función de signos externos situados en el cráneo de la persona (ver figura 2).

Figura 2

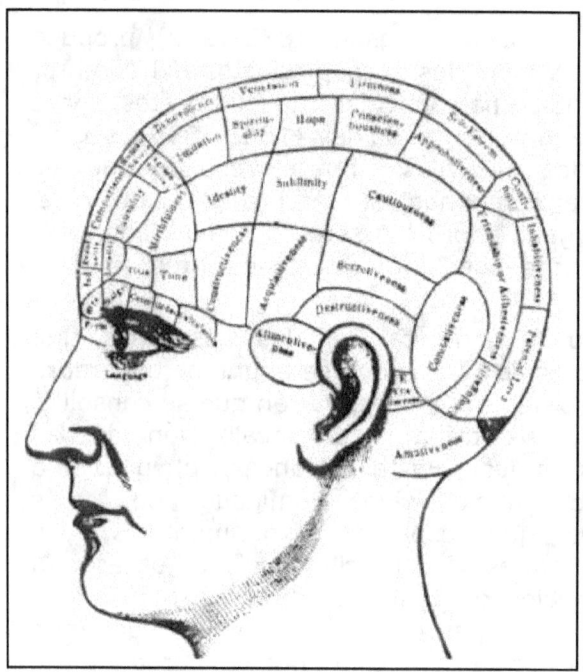

Marie-Jean-Pierre Flourens (1794-1867), produjo las primeras evidencias experimentales de la localización cerebral de las funciones mentales, las cuales fueron publicadas en su obra: Recherches experimentales sur les propriétés et les functions du système nerveux (1824). Flourens realizó la primera cirugía experimental, a "cielo abierto", es decir descubriendo por completo las áreas operadas del cerebro, y cuidando de que otras áreas no estuvieran lesionadas. Los estudios de Fluorens se realizaron por la ablación, es decir el suprimir áreas completas y evaluar las funciones perdidas o modificadas. En sus conclusiones apuntó, que las funciones sensorimotoras estaban diferenciadas y localizadas, pero otras funciones como la percepción, la voluntad y el intelecto, estaban en diferentes partes de los hemisferios cerebrales.

Las lesiones y ablaciones de Flourens, resultaron ser un método grueso para explorar funciones mentales, algunas de las cuales son el resultado de interacciones de varias regiones, de forma unilateral y bilateral, por lo que sus conclusiones, no fueron aceptadas de manera general.

El siguiente paso en esta dirección lo dio Paul Broca (1824-1880). Las aportaciones de Broca, fueron el resultado de su interés por la neuroanatomía, y el porqué conoció a un paciente hemipléjico y mudo, que únicamente podía pronunciar la palabra "Tan". Al morir el "Señor Tan", como se la había bautizado, Broca realizó la autopsia y estudio el cerebro de su paciente, reportando una lesión del lóbulo frontal izquierdo, misma que corroboró en el examen de otros casos similares. Estas evidencias aportadas por Broca y otros, apoyaron la posibilidad de que existiera un sitio cortical del habla; la cual es una de las formas como finalmente podemos estudiar el pensamiento de otras personas, esto es una de las funciones mentales. El artículo científico que surgió de las observaciones de Broca se denominó: Remarques sur le siége de la faculté du langage articulé, suivies d'une observation d'aphemie (perte de la parole).

Broca abrió el campo del estudio de la superficie de los hemisferios cerebrales, con la utilización de técnicas más finas. Estos trabajos los realizaron Gustav Theodor Frisch (1838-1927) y Eduard Hitzig (1838-1907). Quienes emplearon la estimulación galvánica en el cerebro de perros. Ellos observaron que esta maniobra, en ciertas áreas, se producía el movimiento de las extremidades contra laterales en los perros, de tal manera que sus descubrimientos establecieron a la electrofisiología, como un nuevo método para explorar las relaciones del cerebro con la mente. Los trabajos clínicos y experimentales, de John Highlings Jackson (1835-1911), confirmaron no solo los aspectos de localización cerebral de las funciones mentales, sino que hace una integración de los aspectos sensoriales, con los motores. En : On the anatomical & physiological localisation of movements in the brain, el cual fue publicado en la revista Lancet en 1873, Jackson establece una concepción general de la organización funcional del sistema nervioso.

Aunque el monismo psicofísico, se ha perfilado como la corriente de pensamiento que domina en las neurociencias y en la psiquiatría en particular, no deja de ser relevante que investigadores notables hayan propuesto diferentes variables del dualismo, como fue el caso de Sir John Eccles, Wilder Penfield, Roger Sperry (todos ellos premios Nobel). La obra del filósofo Sir Karl Popper   y Sir J.C. Eccles, que ambos redactaron, defendiendo su posición dualista y la conceptúan como la existencia de un tercer mundo, un sitio en el cerebro, en donde hay un enlace entre lo mental y lo físico, al que ellos comparan con un lector, situado en el área premotora (lóbulo frontal), y además, que el hecho de que esta estructura se activa, algunos milisegundos antes de que se inicie el funcionamiento de las neuronas del área motora, relacionadas con el movimiento, es una evidencia de que está es la zona de enlace entre lo mental (espíritu) y lo físico. A las neuronas del área premotora, también se les conoce que tienen funciones de planeación de los movimientos. La intención de ejecutar un movimiento, no surge entonces, de manera exclusiva, de las zonas motoras, sino que hay otras áreas que participan.

En la medida que se ha conocido más el funcionamiento del cerebro, y de que se tiene tecnología que permite correlacionar " en línea " es decir casi en el mismo momento que están ocurriendo las cosas en la mente de un sujeto apareado a fenómenos físicos, como es el aumento de la irrigación de las áreas visuales, cuando se le pide a una persona que se imagine un atardecer, es más difícil sostener posiciones dualistas, a menos que se tengan evidencias, del sitio de interacción entre lo mente y el cerebro, el cual no se ha demostrado claramente hasta el día de hoy. Finalmente en la tabla 1, se comentan las principales posiciones del problema cerebro-mente

Diferentes concepciones del problema mente-cuerpo Tabla 1	
Idealismo: Todo es mental	Autonomismo: Estados independientes
Monismo Neutral: lo mental y lo físico son manifestaciones de una sustancia neutra desconocida	Paralelismo: Dos entidades diferentes pero sincronizadas, como dos mecanismos de reloj.
Materialismo eliminativo: no existe la mente.	Epifenomenalismo: El cerebro secreta a la mente
Materialismo reductivo: la mente es un conjunto de estados físicos	Animismo: la mente dirige al cerebro
Materialismo emergentista: la mente es un conjunto de bioactividades	Interaccionismo: El cerebro es la base de la mente, aunque este está controlado por ella.

emergentes	
Tomado con modificaciones de: Mario Bunge: El problema mente-cerebro: un enfoque psicobiológico. Editorial Tecnos, 1988.	

¿QUÉ ES LA CONCIENCIA?

Se tiene la idea de que mente y conciencia son sinónimos, pero la conciencia es sólo una de las actividades de la mente. El término conciencia puede ser ambiguo, ya que es referido a la capacidad para experimentar introspección, autor reflexión, esto es, un estado parecido a un monólogo. Se le usa como sinónimo de estar despierto. "El estar consciente de algo", se emplea también como sinónimo de "conocer algo". También puede tener la acepción de no estar en un estado de coma, anestesiado o en sueño profundo.

En este capítulo, conciencia tiene el significado subjetivo de la experiencia, pero también el de estar despierto y reaccionando a los estímulos (posición de la neurología).

En la conciencia tenemos de manera constante una serie de experiencias, por ejemplos visuales, auditivos, táctiles. Las experiencias visuales, tienen que ver con el color, tamaño, formar, brillo y otros aspectos de las cosas del mundo que nos rodea. Es el sentido que se integra en nuestro cuerpo como el mundo externo. La experiencia auditiva, es un poco más interpretativa del mundo externo y llega a tener un grado extremo de sofisticación y abstracción, que se ejemplifica en el lenguaje y la música. Otro tipo de experiencias que contribuyen a la experiencia de la conciencia proviene de fuentes táctiles, olfatorias, del gusto, de la información térmica, dolor, imaginería mental, de las emociones, de las ensoñaciones, y estados patológicos como las intoxicaciones.

La experiencia consciente, no se encuentra toda en la mente. El concepto de mente tiene dos acepciones. Por un lado está el concepto fenomenológico, en el cual la mente es la experiencia que se tiene de un estado mental. El segundo concepto es el de la mente como algo psicológico, en donde constituye un elemento causal de la conducta. En el concepto fenomenológico, la mente se caracteriza por "el cómo me siento"; Mientras que el lado psicológico, la mente se caracteriza por lo que es capaz de hacer. Ninguno de estos dos conceptos entra en competencia, ninguno de los dos propone la explicación completa de la conciencia, y es posible que sean aspectos integrales de un mismo fenómeno.

La definición rigurosa de ciencia se hace basados en la búsqueda de factores que en común para los elementos participantes. La experiencia consciente proporcionada por las sensaciones y percepciones, es un primer elemento. Otra lista de experiencia consciente que no está ligadas a órganos sensoriales precisos. En este grupo están los aspectos de la evocación o recuerdos; la imaginación, el detectar los sentimientos de generación interna; lo mismo que las emociones como miedo.

También podemos tener estados de conciencia, llamada de alertamiento, que no son consideradas como experiencias controladas por las vías o sistemas senoperceptivos. Se pueden recordar cosas, tener el programa cerebral para poder manejar una bicicleta. Estados emocionales como miedo, tristeza, o estados con motivación psicológica como hambre, sed, deseo sexual, necesidad de afecto.

Una forma de poder contestar que es la conciencia, como una parte de la mente, es definir antes a que le denominamos mente. Sólo por tener un punto de partida, diremos que cerebro y mente son conceptos equivalentes. Una de las posibilidades del funcionamiento del cerebro es la mente. La siguiente pregunta que se podría hacer es ¿Cómo funciona el cerebro?

El funcionamiento del cerebro puede ser visto desde muchas propuestas. Expondré sólo dos. William James propuso un concepto reflexológico (1890), según el cual la afluencia sensorial, lleva a una integración y elaboración de una respuesta, la cual puede ser motora o endocrina. Otra propuesta desarrollada por Brown primero, y más adelante por Roberto Llinás, propone que el sistema nervioso funciona como una estructura que posee una serie de "programas", con los cuales elabora respuestas ante situaciones del medio ambiente, y en donde las aferencias sensoriales, sólo son información que permite ajustar el patrón de respuestas. Brown efectuó un trabajo experimental en el cual suprimía de información sensorial a los animales de laboratorio, y sin embargo, estos no tenían problemas para la marcha. Lo anterior llevó a proponer que el medula espinal tiene programas motores intrínsecos, y que el aprendizaje facilita ciertas tareas.

¿Es necesario el sistema nervioso en los seres vivos multicelulares? La respuesta es no. Las plantas, no tienen un sistema nervioso, y algunas de ellas son evolutivamente más jóvenes que algunos animales. Hay datos claros que apoyan el que el sistema nervioso evolucionó, únicamente en seres vivos en los que era necesario el desplazamiento es decir la motricidad. Para Llinás, esta es una estrategia evolutiva exitosa, ya que permite desarrollar una táctica de respuesta de tipo predictiva. Al referirse como predictivo, no se refiere a adivinación, es una capacidad de anticiparse a situaciones que se pueden calcular con antelación, a escala consiente e inconsciente, y para las cuales la información sensorial es de gran importancia para poder ajustar los cambios de último momento.

El lóbulo pre frontal tiene una función en ese sentido mucho más cercana a la interacción con otros individuos de la especie. Esta parece ser una de sus muchas funciones, para la cual se entrena de manera continua durante el sueño de movimientos oculares rápidos.

AUTOCONCIENCIA O AUTOCOGNICIÓN

Las herramientas para el estudio del sistema nervioso central (SNC) han permitido que el observador coloque una distancia relativa de lo que observa: su propio cerebro, porque lo que se analiza, ahora puede ser comparado, gracias a los recursos de almacenamiento y rapidez de cálculos estadísticos, de estas nuevas tecnologías que al promediar con bases de datos de parámetros de normalidad, emiten las diferencias de las muestras, como deltas de aumento o decrementos. Los empiristas se dan cuenta que pueden planear sus nuevos asaltos desde el racionalismo. Los filósofos parece que no estaban en posiciones tan polarizadas. Una serie de crisis les hicieron suponer lo contrario. Primero fue la crisis del razonamiento, cuestionada desde las posiciones que suelen ser adoptar cuando están cargados de teoría. Darwin, Kant, Hume, Locke y muy al final del siglo XIX, Sigmund Freud cuestionaron la validez de la racional como una herramienta adecuada, o por lo menos no cargada de teoría (del prejuicio de lo pensado con antelación). Pero igual destino ha seguido el empirismo, que ha sido regulado y contenido dentro de un método científico que se basa en el rechazo de las hipótesis llamadas nulas y sólo después de la colección de muestras numerosa de la población en evaluación, se emite una respuesta cautelosa, ya que aún cuando la muestra sea elevada, siempre será una reducción necesaria, aunque artificial de la realidad.

La auto-cognición es una nueva herramienta conceptual que en mucho surge de la unión de filósofos, neurocientíficos y neuropsiquiatras. En una forma muy sucinta, cognición es darme cuenta, de que me estoy percatando. Percatarme de que me observo en el proceso de reflexionar. En este artículo expondré algunas de las implicaciones que tiene este concepto en el campo de la salud mental y por otro lado la descripción de un extremo de auto-cognición que se denomina autoscopía.

LA PERCEPCIPON DEL UNO-MISMO (SELF- AWARNESS)

Un concepto útil y operativo de la conciencia, es el darme cuenta de lo que ocurre. Esto puede ocurrir a diferentes niveles de mi entorno en el mundo. Lo que ocurre en mi país, la ciudad, la casa, mis relaciones con los elementos de mi familia extensa y nuclear. Al mismo tiempo en un nivel más íntimo y personal, es decir el percatarme de la serie de procesos mentales que utilizo, y de esta forma ejercer una serie de funciones como es el caso de libre albedrío. Esta actividad consiente es producto de la evolución del cerebro y por lo tanto puede ser enmarcada como una actividad emergente, que al parecer requiere de una serie de funciones que se adquirieron durante la evolución de nuestra especie, una de ellas, central: el lenguaje.

El funcionamiento del cerebro se ha ido especializando en una suerte de anticipación o predicción, de las secuencia de eventos a las que se tiene que enfrentar una animal que se mueve y que es predador y al mismo tiempo presa de animales físicamente más poderosos. Esto explica el porqué se desarrollaron una serie de programas PRE-motores, que anticipan esquemas de acción motora, ante una serie de eventualidades que según ciertos elementos de la experiencia previa se presentan como "claves" que permiten anticipar el ataque o la huída. La región promotora (Área 6 en la carta de Broadman) en el lóbulo frontal, ha sido objeto de estudios en esa dirección. Se pueden resumir los hallazgos en esa dirección, diciendo que esta zona se activa antes de cualquier actividad motora que despliegue el sujeto y que incluso se observa una activación de esta zona, por evidencias de tipo electrofisiológico (registro de potenciales de acción) o actividad metabólica, que ocurren aún cuando NO se dé finalmente el movimiento, pero si la intensión para ejecutarlo, esto es, que se pude evaluar la intencionalidad que precede a la ejecución motora.

Para que el cerebro tenga ese proyecto de ejecución tiene que tener una concepción previa del propio cuerpo, y no ser la planeación del movimiento el resultado de una información que se está apenas recabando. Por esto la percepción se convierte en un fenómeno activo, regulado por las mismas estructuras que reciben la información y crean por esto, una especie de ballet motor que busca aclarar lo que se recibe, disminuyendo el ruido de fondo. A este proceso de percepción activa Alva Noë le denominó ENACTIVAR. Ahora bien, si el cerebro se anticipa a la ejecución motora, también lo hace en cierta medidla a la información propioceptiva, la cual no es determinante, en un inicio del evento motor, ya que sólo sirve para modular el programa de ejecución de tal o cual función motora.

La concepción arcaica de que en la retina del ojo se forma una figura invertida de lo que vemos, como una cámara fotográfica de cajón, es totalmente inexacta. La retina auto genera y activa la información sensorial, en un fenómeno totalmente diferente al de una mera reflexión de una imagen invertida. Esta estructura ectodérmica, ya está elaborando y organizando la información que transluce con la ayuda de seis capas celulares y los receptores, que en este caso son células especializadas que contienen pigmentos de rodopsina (Cono, bastones), de manera conjunta con las célula amácrinas y las horizontales, que ejercen fenómenos del tipo de inhibición centro a periferia, lo cuales llevan a dar nitidez y contornos diferenciados a lo que vemos, removiendo los cruces de arterias y venas, manipulando "el punto ciego" (sitio de entrada y salida del paquete vasculo-nervioso al globo ocular), del tal manera que lo "rellenan" de lo que predicen debe de in en esa parte del aretina, dependiendo de los campos visuales (recuérdese que a aprender a manejar un vehículo automotriz, una de las primeras indicaciones del instructor es, el no hacer caso totalmente a la visión lateral, que es el campo nasal ipsilateral y temporal contraleteral, porque se está utilizando el punto ciego, y no se ve enteramente lo que se supone se está detectando, por lo que se aconseja como mejor es la detección visual a través de los espejos retrovisores. Además los músculos extrínsecos e intrínsecos al globo ocular están colaborando para que finalmente se ajuste la información que llegará a la cisura calcarían del lóbulo occipital. Esto se ha descrito en forma detallada en secciones previas de este capítulo.

La auto cognición Es una propiedad emergente de los cerebros humanos sanos. La implementación de esta función adaptativa es espontánea y generalmente transparente en los sujetos. El cerebro tiene una serie de circuitos que se utilizan para el aprendizaje y el conocimiento acerca de si mismo y esos circuitos son multidimensionales y sus cogniciones entre si son muy complejas, sin embargo la integración de varias etapas de conocimiento a lo largo de la evolución, dio como resultado diferentes niveles de funcionamientos cerebral.

El estudio formal de los mecanismos del auto cognición es una investigación sistemática en donde se trata de descubrir cuáles son los circuitos que son determinantes para este tipo de función. La información básica acerca de los mecanismos que están involucrados en esta función se han obtenido del análisis de la función cerebral adapta o en procesos patológicos como son los accidentes o enfermedades, también con animales experimentales en donde se desarrollaron modelos que tienen una similitud a lo que se podría llamar una auto cognición (principalmente en primates superiores). Esta línea de investigación debe proporcionar una base sólida para el entendimiento del cómo se origina la auto cognición en el cerebro humano.

LA AUTOPERCEPCIÓN COMO UNA PARTE DE LA CONCIENCIA Y SUS REPERCUSIONES EN LA NEUROPSIQUIATRÍA

Las herramientas modernas, para el estudio del sistema nervioso central (SNC) han permitido que el observador coloque una distancia relativa con respecto al objeto que observa: un cerebro. Este es estudiado por otros cerebros, similares en el funcionamiento general, pero diferentes en muchos aspectos, por ejemplo: género, herencia, experiencia, educación y las enfermedades que la persona ha tenido a lo largo de la vida. Lo que se analiza del sistema nervioso, ahora puede ser comparado, gracias a los recursos de almacenamiento y rapidez de cálculos estadísticos, de estas nuevas tecnologías que al promediar inmensas bases de datos, con respecto a parámetros de normalidad, emiten las diferencias de las muestras, como deltas de aumento o decrementos.

Los empiristas se dan cuenta que pueden planear sus nuevos asaltos desde el racionalismo. Los filósofos parece que no estaban en posiciones tan polarizadas. Una serie de crisis les hicieron suponer lo contrario. Primero fue la crisis del razonamiento, cuestionada desde las posiciones, que suelen ser adoptar cuando están cargados de teoría. Darwin, Kant, Hume, Locke y muy al final del siglo XIX, Sigmund Freud cuestionaron la validez de la racional como una herramienta adecuada, o por lo menos no cargada de teoría (del prejuicio de lo pensado con antelación). Pero igual destino ha seguido el empirismo, que ha sido regulado y contenido dentro de un método científico, que se basa en el rechazo de las hipótesis llamadas nulas y sólo después de la colección de muestras numerosa, de la población en evaluación, se emite una respuesta cautelosa, ya que aún cuando la muestra sea elevada, siempre será una reducción necesaria, aunque artificial de la realidad (5,7).

La auto-cognición es una nueva herramienta conceptual, que en mucho surge de la unión de filósofos, neurocientíficos y neuropsiquiátras. En una forma muy sucinta, cognición es darme cuenta, de que me estoy percatando de mi entorno y de mi mismo, el elementp central es el proceso de atención. Percatarme de que me observo es el ejercicio de reflexionar. En este artículo se exponen algunas de las implicaciones que tiene este concepto en el campo de la salud mental y por otro lado la descripción de un extremo de auto-cognición que se denomina autoscopía (12,15,30).

AUTO-COGNICIÓN

Un concepto útil y operativo de la conciencia es el darme cuenta de lo que ocurre. Esto puede ocurrir a diferentes niveles de mi entorno en el mundo. Lo que ocurre en mi país, la ciudad, la casa, mis relaciones con los elementos de mi familia extensa y nuclear. Al mismo tiempo en un nivel más íntimo y personal, es decir el percatarme de la serie de procesos mentales que utilizo, y de esta forma ejercer una serie de funciones como es el caso de libre albedrío. Esta actividad conciente es producto de la evolución del cerebro y por lo tanto puede ser enmarcada como una actividad emergente, que al parecer requiere de una serie de funciones que se adquirieron durante la evolución de nuestra especie, una de ellas, central: el lenguaje (3, 4, 16, 21).

El funcionamiento del cerebro se ha ido especializando en una suerte de anticipación o predicción, de las secuencia de eventos a las que se tiene que enfrentar una animal que se mueve y que es predador y al mismo tiempo presa de animales físicamente más poderosos. Hay especies de hidras acuáticas que presentan un grupo de células que se pueden calificar como "cerebro", solo en la fase en que este ser vivo se mueve. Una ves que se fija en una colonía de su misma especie, esas neuronas desaprecen. No las necesita. El cerebro parece evolucionar para manejar información, almacenarla y predecir, esto es relevante en el momento que el animal se desplaza. Esto explica el porque se desarrollaron una serie de programas PRE-motores, que anticipan esquemas de acción motora, ante una serie de eventualidades que según ciertos elementos de la experiencia previa, se presentan como "claves" que permiten anticipar el ataque, la huída, la inmobilidad, el mimetismo. La región promotora (Área 6 en la carta de Broadman) en el lóbulo frontal, ha sido objeto de estudios en esa dirección. Se pueden resumir los hallazgos en esa dirección, diciendo que esta zona se activa antes de cualquier actividad motora que despliegue el sujeto y que incluso, se observa una activación de esta zona, por evidencias de tipo electrofisiológico (registro de potenciales de acción) o actividad metabólica, que ocurren aún cuando NO se de finalmente el movimiento, pero si la intensión para ejecutarlo, esto es, se pude evaluar la intencionalidad que precede a la ejecución motora (3,4, 25, 31).

Para que el cerebro tenga ese proyecto de ejecución tiene que tener una concepción previa del propio cuerpo, y no ser la planeación del movimiento el resultado de una información que se está apenas recabando. Por esto la percepción se convierte en un fenómeno activo, regulado por las mismas estructuras que reciben la información y crear con esto, una especie de ballet motor que busca aclarar lo que se recibe, disminuyendo el ruido de fondo.

A este proceso de percepción activa Alva Noë, neurofilósofo de la Universidad de California San Diego, le denominó ENACTIVAR (22). Ahora bien, si el cerebro se anticipa a la ejecución motora, también lo hace en cierta medida a la información propioceptiva, la cual no es determinante, para el inicio del evento motor, ya que sólo sirve para modular el programa de ejecución de tal o cual función motora.

La concepción arcaica, de que en la retina del ojo se forma una figura invertida de lo que vemos, como una cámara fotográfica de cajón, es totalmente inexacta. La retina auto genera y activa la información sensorial, en un fenómeno totalmente diferente al de una mera reflexión de una imagen invertida. Esta estructura ectodérmica, ya está elaborando y organizando la información que transduce con la ayuda

---

[1] Lo anterior tiene porfundas implicaciones filosóficas. Por ejemplo en el razonamiento inductivo. David Hume, argumentaba que este es el estilo de razonamiento más empleado en la vida cotidiana o en el pensamiento científico. Parte de lo que él llamó el prncipio de la uniformidad universal. Si el sol sale cada maána, no hay motivos para sospechar de que no lo haga al día siguiente. Por ejemplo, en el Síndrome de Down, hay en la mayoría de los pacientes un cromosoma de más del par 21. No es necesario, se pensaba, que si un niño tiene datos clínicos del Síndrome de Down, no tenga este cromosoma extra. En algunas ocasiones, el cromosoma 21 adicional, o una porción de ella, se adhiere a otro cromosoma del óvulo o el espermatozoide; esto puede conducir a lo que se denomina síndrome de Down por "translocación" (el 3 a 4 por ciento de los casos). éste es el único tipo de síndrome de Down que puede, a veces, heredarse de alguno de los padres. Algunos padres tienen un reordenamiento que no afecta su salud denominado translocación balanceada, donde el cromosoma 21 se adhiere a otro cromosoma.

de seis capas celulares que contienes a sus receptores, que en este caso son células especializadas que contienen pigmentos de rodopsina en diferentes formas estructurales, que nos dan la posibilidad del color, dentro de un rango del espectro óptico, de luminosidad, de movimiento (cono, bastones), de manera conjunta con las célula amácrinas y las horizontales, que ejercen fenómenos del tipo de inhibición centro a periferia, llevan a dar nitidez y contornos diferenciados a lo que vemos. Además hay fenómenos de fabulación, en ellos se está removiendo los cruces de arterias y venas, se está manipulando "el punto ciego" (sitio de entrada y salida del paquete vasculo-nervioso al globo ocular), del tal manera que al hacerlo, complementan prediciendo lo que debe de regustrarse en esa parte de la retina, dependiendo de los campos visuales (recuérdese que al aprender a manejar un vehículo automotriz, una de las primeras indicaciones del instructor es el no hacer caso total a la visión lateral, que es el campo nasal ipsilateral y temporal contraleteral, porque se esta utilizando el punto ciego, y no se ve enteramente lo que se supone se está detectando, por lo que se aconseja la detección visual a través de los espejos retrovisores). Además los músculos extrínsecos e intrínsecos al globo ocular están colaborando para que finalmente se ajuste la información que llegará a la cisura calcarían del lóbulo occipital. Este es uno de lo sejemplos más claros de lo que se ha denominado conptrol sensoperceptivo de "arriba hacia abajo". Las áreas occipitales de panera centrífuga, modulan y completan la información visual[1].

Lo que ahí sucede no es aún la formación de la imagen, sino un código de frecuencias, que será descifrado en las áreas secundarias o de asociación. Es importante mencionar que ahora es cada vez más claro que la información que llega a la corteza cerebral, poco tiene que ver con el código de frecuencias y el potencial del receptor. Esto es, si hay algo afuera que veo, que escucho, que huelo, pero no es exactamente lo real. Esto vuelve a colocar a la pregunta. "¿Es real la realidad?"en el centro de la epistemología que incursiona en las neurociencias o neuro epistemólogos.

En la llamada "Ceguera Experimental" Alba Noë, nos ilustra con ejemplos, de cataratas congénitas, del hecho de que tener ojos y retina intactos (una vez que se remueve las cataratas) no es igual a ver bien. Los jóvenes operados después de esta experiencia tienen que llevar un proceso de neuro-rehabilitación, ya que aun cuando están viendo, una vez que se remueve el cristalino opaco, no hay áreas secundarias desarrolladas.

LA PLASTICIDAD CEREBRAL.

Todo fluye y todo pasa, cambia, nada es como fue. Fellini se decía "Un gran mentiroso", cuando evocaba su ciudad natal de Rimini, esa de que ya no existe como él la añoraba, por ejemplo en la película Amarcord, en donde el recuerdo de su infancia alegre, se sobrepone el de la muerte de la Mama. Heráclito decía que no nos bañamos en el mismo río, aunque eso nos parezca lo más obvio. Ahora sabemos que el cerebro se modifica con la experiencia. Si leemos "El Quijote" nuevamente, sólo por el placer y no por la obligación escolar, nos asombramos de lo equivocados que estábamos de nuestros juicios críticos de pubertad. El cerebro, y con esto englobo al sistema nervioso en general, cambia, todo el tiempo, se adapta, tratando de hacerse más rápido y eficiente. Sus estrategias empiezan a ser conocidas, y utilizadas en nuevas avenidas terapéuticas. Por ejemplo los eventos claves de la plasticidad cerebral son: (1) Potenciar o hacer mas eficiente la comunicación entre las sinapsis, en un proceso que se llama Potenciación a Largo Plazo (LTP); (2) Aumenta el número de conexiones, llamado también sinaptogénesis; y (3) Aumenta el número de neuronas (Neurogénesis), fenómeno que era desconocido hasta hace pocos años.

¿QUÉ ES LA PLASTICIDAD CEREBRAL?

Las comparaciones entre en cerebro y las computadoras son frecuentes. Pero, aún cuando hay maquinas muy potentes, sigue siendo aún terreno de la ciencia ficción. El equiparar la capacidad cerebral a la de una máquina con capacidades equivalentes, dista mucho en la actualidad, pero menos que antes. La imperfección de las máquinas pensantes, y los peligros que esto podía tener ha sido parte de la obra de creadores en el terreno del arte. Stanley Kubrick, en la película 2001, Odisea del Espacio.

Y sin embargo, el cerebro de varios animales, digamos el ratón de campo, es muchas órdenes de magnitud mas plástico, que cualquiera de nuestras máquinas. Por ejemplo, se puede adaptar a los cambios de medio ambiente. Una maquina, tendría que utilizar infraestructura adicional. Si las computadoras fueran desarrolladas con la capacidad de plasticidad, sería el equivalente a un auto-gol, para las empresas que fabrican estas máquinas, No se necesitaría actualizarlas, agregar memoria, procesadores. Todo el cableado y la capacidad de procesar señales seria auto gestada.

LAS ENFERMEDADES DEL SISTEMA NERVIOSO POR AUSENCIA DE CIERTAS FORMAS DE PLASTICIDAD.

Cuando una persona se enferma del cerebro, por ejemplo, de la Enfermedad de Parkinson , es porque ya el cerebro no pudo seguir este proceso de adaptación a la muerte de 70 a 80 % de las neuronas que se localizan en un sitio del cerebro que se llama sustancia negra. Está de ese color, porque los anillos de la molécula que se produce en ese sitio, la dopamina, tienden a ser oscuros.

Pero, el proceso de destrucción neuronal, no ocurrió hace poco, de hecho tuvo un inicio quizás 10 o 20 años antes de las manifestaciones clínicas, que fueron minimizada por otras estrategias, otras conexiones alternas. Hasta que estas se lesionan también, y de pronto vemos emerger la sintomatología completa. Algunos pacientes han tenido síntomas poco claros, por ejemplo depresión, angustia, pensamientos obsesivos, etcétera. El problema fue que se encasilló al pacientes y no se volvió a evaluar otra posibilidad diagnóstica.

El nacimiento de algunos animales, como los primates, suele ser un evento traumático. El atravesar el canal del parto (pelvis y vagina), impulsados por las contracciones uterinas, es la principal causa. Pero los huesos del cráneo son elásticos, no están cerrados del todo (por eso la fontanelas o molleras), y el cerebro tampoco está terminado. Es por eso que los recién nacidos de nuestra especie son desvalidos y requieren un largo proceso de entrenamiento y desarrollo. La plasticidad, es la adaptación, que nos permite sobrevivir.

PLASTICIDAD Y NEUROGÉNESIS

La plasticidad en el terreno del sistema nervioso, es potenciar o reforzar la actividad de una sinapsis, es decir la conexión entre dos mas neuronas. La sinapsis química es un estructura compleja, que puede ser equiparada a una sistema de comunicación inalámbrico entre dos mas neuronas. La neurona pre sináptica, transporta una descarga eléctrica, es decir un potencial de acción. Si nos imaginamos un cable de electricidad de cobre,, por ejemplo veríamos como la energía eléctrica avanza, pero a diferencia de la fibra nerviosa, la amplitud o intensidad de la señal van disminuyendo, por lo que se usan estaciones de relevo, que levantan la tensión de la corriente. En las fibras nerviosas esto no ocurre, porque la corriente avanza renovándose, en cada segmento, por que se abren y cierran unos poros en las membranas llamados canales iónicos, porque por ellos pasan corrientes de sodio, potasio, calcio, cloro, entre otros. Al llegar al punto extremo del cable o axón, la entrada de calcio moviliza unas bolsas, llamadas vesículas presináticas. Estas derraman a la hendidura sináptica el neurotransmisor, que llega ala célula vecina. Esta última tiene en su membrana aditamentos especiales de proteínas, que se llaman receptores. Estos captan al neurotransmisor específico. Se dice que los receptores son como una cerradura, y el neurotransmisor es la llave. Para cada cerradura hay una llave, estos receptores, también pueden ser vistos como antenas de televisión o como orejas. Si la neurona de enfrente habla el lenguaje de la dopamina, y la otra neurona tiene receptores a dopamina, estos se unen (dopamina y su receptor) y producen un efecto biológico en el interior de la neurona, por ejemplo, mayor cantidad de receptores, fabricación de otras sustancias que viajan hacia el núcleo

GLUTAMATO.

En el SNC los amino ácidos excitatorios, posiblemente representan una de las fuentes de neurorregulación, más importante aún que otros NTs como las catecolaminas y acetilcolina. Como aminoácidos excitatorios, habitualmente nos referimos al L-glutamato o L-aspartato, aunque en realidad, la mayoría de la investigación se ha centrado en el L-glutamato.

El glutamato está presente en todas la sinapsis excitatorias del sistema nervioso central, y estas se encuentran virtualmente en cada neurona, con lo cual se explica el gasto de energía cerebral. El glutamato participa en una serie de procesos fisiológicos como son: información sensorial, coordinación motora, emociones y cognición. Respecto a las funciones de glutamato este se relaciona con los procesos de memoria y aprendizaje; aproximadamente el 90% de las neuronas utilizan al neurotransmisor glutamato como el principal sistema de comunicación. La concentración de glutamato del cerebro, y concretamente en la sustancia gris varía entre 10 y 15 micro Mol. Debido que glutamato interviene en muchas acciones del cerebro, y también a que es precursor del ácido gama amino butírico (GABA, que es lo opuesto un NTs inhibitorio), se tendrá una idea de lo complejo que es la regulación de los amino ácidos excitatorios e inhibitorios y lo ubicuo de ellos al mismo tiempo. El sitio receptor para glicina, ha atraído un gran interés, como un lugar para la acción de nuevas drogas antiepilépticas. Las cuales además pueden ser útiles, para prevenir el daño cerebral, como producto de la isquemia.

POTENCIACIÓN A LARGO PLAZO (LTP)

Este es uno de los procesos de plasticidad en la sinapsis que más se han estudiado, junto con su contraparte la depresión a largo plazo (LTD). El primero lleva a facilitar el efecto de los neurotransmisores, el segundo los inhibe. La LTP, fue estudiada en la región de los lóbulos temporales conocidas como hipocampo. La activación de este sistema se conoce en detalle. Se han propuesto que en la post sinapsis existan dos tipos de receptores para los aminoácidos excitatorios, el primero se abrevia con las letras AMPA, este permite el paso de corriente eléctrica, con lo cual se genera un potencial de acción. El segundo receptor que interviene en el LTP se llama NMDA (N-Metil D-Aspartato), el cual se activa con los cambios de voltaje, y con la unión a neurotransmisores. El glutamato y la glicina. El canal iónico del receptor NMDA, tiene un "tapón" de magnesio, este sale del canal por acción del cambio de la corriente, el segundo evento es la unión de los dos neurotransmisores. El calcio que ingresa por el canal que ya no tiene el tapón de magnesio, activa una proteína, que se llama calmodulina, y este binomio: calcio-calmodulina, se comporta como un mensajero intracelular (Segundo mensajero, el primer mensajero es el propio neurotransmisor) que activa al genoma, para fabricar mas receptores AMPA y NMDA, además de que en la pre sinapsis hay mas liberación de glutamato. La instalación de LTP favorece incluso procesos de formación de nuevas sinapsis (sinaptogénesis). La sinapsis que se activa con LTP, se mantiene con una frecuencia de activada más haya de la estimulación inicial.

A nivel de la pre sinapsis se ha propuesto que cambios en la continuidad de la membrana puedan ser los responsables de la liberación elevada de glutamato, u otro mecanismo de señalización neuronal.

Algunas enfermedades, en donde algunos de aspectos de la plasticidad están comprometidos son la esquizofrenia, el autismo, la Enfermedad de Parkinson, y otras más, en donde hay movilidad e inmovilidad de ciertos procesos de adaptación y otros no existe. Lo anterior, incluso hoy en día no implica que no podemos hacer nada por los enfermos, la neuro-rehabilitación y la colocación de electrodos de estimulación profunda o en el nervio vago, son sólo pocos ejemplos de lo que se podrá hacer en el futuro. Gracias a que entendemos que el cerebro, no es una computadora, pero estas últimas si pueden ser las "muletas" o "sillas de ruedas" de algunas funciones.

REFERENCIAS

1. Di Filippo M, Tozzi A, Costa C, Belcastro V, Tantucci M, Picconi B, Calabresi P. Plasticity and repair in the post-ischemic brain. Neuropharmacology. 2008 Feb 13.

2: Thomas MJ, Kalivas PW, Shaham Y. Neuroplasticity in the mesolimbic dopamine system and cocaine addiction. Br J Pharmacol. 2008;154(2):327–42

3: Ruediger T, Bolz J. Neurotransmitters and the development of neuronal circuits. Adv Exp Med Biol. 2007;621:104–15. Review.

4: Neves G, Cooke SF, Bliss TV. Synaptic plasticity, memory and the hippocampus: a neural network approach to causality.

Nat Rev Neurosci. 2008;9(1):65–75.

EL DIÁLOGO CON UNO MISMO: LA ENSOÑACIÓN Y SUS POSIBLES FUNCIONES

Las mitologías de las grandes civilizaciones, a menudo hablaban de voces de mensajeros divinos y celestiales, o de los mismos dioses, que en formas humanas se hacían presentes para avisar, ordenar o predecir algo. El diálogo con uno mismo, puede sonar extraño, pero es una de las explicaciones plausibles de esos fenómenos que generaron la cosmogonía habitada por entes extraordinarios.

La narración se desarrolló como una necesidad de explicar el mundo, aunque el sentido común, el pensamiento mágico, o lo que queremos creer, nos juegan una mala pasada. Soñar cada noche, y darle coherencia a las imágenes y sensaciones soñadas, son la base de entrenamiento cotidiano para llevar a cabo la tarea humana de entender lo que nos rodea.

Dormir y soñar

El dormir es una actividad cíclica, que en los humanos ocurre en el periodo de oscuridad, ocupando un promedio de la tercera parte de nuestra existencia. En el siglo XX, se descubrieron varios eventos centrales para entender lo que sucede cuando dormimos.

Primero, el simple acto del dormir es un proceso heterogéneo, situación que se detectó con el uso del electroencefalógrafo, que mide las variaciones en la actividad eléctrica del cerebro a lo largo del sueño, el cual, se compone de cinco etapas, bien definidas por la suma de la actividad neuronal que se registra en el electroencefalograma (EEG), por el tono muscular, y los movimientos oculares rápidos (SMOR). Éstos últimos fueron descubiertos en 1952 por el doctor Eugene Aserinsky, alumno del doctor Nathaniel Kleitman, en la Universidad de Chicago.

Otro estudiante de Kleitman, el Dr. William C. Dement, describió que cuando se despierta a las personas en el SMOR, son capaces de narrar, muy claramente, sus sueños. Esto llevó a una idea equivocada, con respecto a que sólo se soñaba durante el SMOR.

Ahora sabemos que fuera del SMOR, persiste el monólogo interno, sólo que éste circula, como si fuera un pensamiento obsesivo y con temas relacionados a lo sucedido en días previos: "la calle de mi casa no tiene luz... la calle de mi casa no tiene luz... la calle de mi casa no tiene luz...". En esta fase de ondas lentas, es cuando se produce la hormona del crecimiento, bajan los niveles de adenosina, y se restauran los niveles de energía del cerebro. Debido a que en la corteza cerebral existen áreas activas y otras inactivas, es decir, columnas "apagadas" y otras "encendidas", es posible tener esta fase de ensoñación aunada a temáticas cotidianas.

Pero las ensoñaciones que desafían nuestra lógica, ocurren durante el SMOR. Nos vemos en una caída libre, y luego caminar por la calle sin un solo rasguño; platicamos con personas que ya fallecieron; tenemos la visión de nosotros mismos (autoscopía); ganamos el premio mayor de la lotería con un número que tratamos de memorizar, pero que nunca recordamos al despertar, etc. Por esas características ilógicas, con poco juicio de realidad, se ha propuesto que en el SMOR, tenemos lo que equivale a un episodio psicótico. Lo interesante es que al despertar recobremos la cordura.

Los estudios con resonancia magnética cerebral (de la variedad funcional), en donde se miden los flujos de sangre que cambian en función de la zonas del cerebro con mayor actividad, han demostrado que durante el SMOR, las áreas que reciben información visual, auditiva y la corteza de asociación situada entre los lóbulos parietal, occipital y temporal (parieto, temporo, occipital), están muy activas, mientras que la parte orbito-frontal, tiene poca actividad. Ésta última es una estructura que nos da el juicio de realidad.

¿PARA QUÉ SIRVE SOÑAR?

En la biología y psicología evolucionista, una función o conducta que persiste, se supone tiene una utilidad para la especie, casi siempre en el terreno reproductivo. Pero, ¿para qué sirve tener un sistema generador de ensoñaciones? Hay varias posibilidades al respecto, no todas excluyentes entre sí.

Activación y quietud de zonas cerebrales

Al dormir, el cerebro descansa de manera parcial, pues el monólogo interno (pensamiento una de las partes de la conciencia, sigue su curso. Para algunos investigadores, soñar es algo así como un ruido cerebral, un epifenómeno. Lo que ocurre en el sueño es semejante a los sonidos creados por los latidos del corazón, los cuáles son producto de la apertura y cierre de válvulas. Dichos "ruidos" no sirven para nada en la fisiología, aun cuando el ser humano les ha dado un significado de funcionalidad clínica, al colocar un estetoscopio y evaluar si está funcionando correcta o incorrectamente el corazón. Así, soñar equivaldría a la activación, de manera aleatoria, de células nerviosas que evocan sensaciones y recuerdos. Al despertar por la mañana, organizamos esa información nocturna, a manera de la edición cinematográfica, y nos contamos una historia. Los sueños serían entonces, un acto interpretativo, sin funciones específicas.

¿Habrá gente que no sueñe? La respuesta es no, todos soñamos, aunque no muchos lo recuerden. Los monistas apoyan esta explicación, sostienen que la mente y el cerebro son lo mismo. Al ingresar al SMOR, desde una parte del tallo cerebral, llamada puente o protuberancia, se genera una actividad eléctrica, descubierta por el investigador francés, Michel Jouvet, a la cual llamó Ponto Genículo Occipital (PGO), haciendo alusión a las zonas del cerebro que la corriente eléctrica recorre.

Se ha propuesto que el impacto del PGO, activa a un grupo de neuronas que a su vez, accionan a una cadena de otras que almacenan memoria visual, el resultado es la evocación de una imagen al azar de nuestro pasado inmediato o remoto. Podríamos pensar que fueran pequeñas películas de unos segundos de duración, pero no necesariamente con la linealidad de lo que vemos al estar despiertos. Vemos a una madre que lleva un niño de la mano (quizás nosotros), luego un paracaídas, luego la chica más bella de la secundaria, etc.

Otro grupo de ondas PGO, se dirige al complejo de núcleos ubicados en ambos lóbulos temporales, llamadas amígdalas de los lóbulos temporales; al impactar las PGO en éstas, se induce la evocación de emociones. Ésta fue la gran aportación de uno de los muchos investigadores mexicanos que han trabajado en la neurofisiología del sueño, el doctor José Ma.Calvo Otarola.

El Dr. Calvo descubrió que la relativa simultaneidad de las PGO que van a las zonas visuales y las que van a las emocionales, es lo que da, a veces, un tono incoherente a las ensoñaciones: "soñé con un perro dormido, ¿por qué me levanté con tanta tristeza?" "Veía el mar y me dieron muchas ganas de reír, desperté riéndome y mi esposa no dejaba de verme como diciendo 'a éste ya se le zafó un tornillo...'"

La actividad onírica y la psicología profunda.

Esta postura sobre la función de los sueños, sostiene que tienen un significado psicológico y profundo. Se trata de la corriente de pensamiento más antigua al respecto; aspectos como la adivinación, premonición y otro tipo de significados mágicos y psicoanalíticos, pertenecen a ella. La tendencia a priori, es considerar esto absurdo, sin embargo, existe algo rescatable: el soñar es un mecanismo que disminuye la tensión o ansiedad cotidianas. En este sentido, se trata de una especie de realidad virtual controlada - basta despertar para terminar el sueño - en la cual podemos enfrentarnos a situaciones sin salir dañados. Por ejemplo, si tenemos problemas con el jefe en el trabajo, no sería biológicamente adaptativo, ni tampoco ético desobedecerle, ignorarlo o eliminarlo, porque nos costaría desde el empleo, hasta la prisión, pero si soñamos cualquiera de las opciones dichas, hay un alivio, o tal vez la visualización de un plan de acción que nos permita ser más asertivos en el trabajo y con el jefe.

FUNCIÓN DE "REALIDAD VIRTUAL"

Otra de las funciones tiene que ver con el desarrollo de estrategias de interacción con los demás. En la convivencia diaria, tenemos que decodificar, no sólo el lenguaje verbal, también el no verbal: movimiento corporal, expresión de cara, manos y ojos, éstos funcionan de manera constante y repetida, de tal modo que, en cierta manera, podemos "leer la mente" de los demás. Si yo me acerco a una mujer desconocida, y me sonríe, está mostrando datos de permisividad, por lo que me podré seguir acercando a ella, por ejemplo, para sacarla a bailar. Si al contrario, su cara se endurece, su boca se aprieta y mira hacia otro lado, deberé detener mi avance, o de lo contrario estoy a riesgo de sufrir unas respuesta hostil.

La información descrita es procesada en la porción más anterior del cerebro, en el lóbulo frontal. Cuando dormimos, dicha zona se enciende, y esto se ha interpretado nuevamente, desde un contexto de una realidad virtual, en que al soñar, estamos recreando situaciones y desarrollando estrategias o programas para resolver esas interacciones. En el lóbulo frontal, a fin de cuentas, estaríamos creando programas de acción ante determinadas respuestas no verbales de los demás. En este sentido, mientras se duerme, se está en un simulador de realidad virtual que nos entrena para desarrollar estrategias adecuadas de relación social.

La necesidad de explicar lo que sucede, es parte de los programas cerebrales. Las explicaciones generadas por el soñar, pueden no ser totalmente ciertas, pero crean un sistema social de interacción que parece ser central en todo este proceso. En muchos sentidos, somos seres que nos preocupamos por la imagen que tienen los otros de uno mismo, esto facilita nuestra inserción en el grupo. Sin embargo, el conocimiento y aceptación de la persona misma, no está de más, pues podría ser una buena forma de interactuar. El monólogo que sostenemos, casi todo el tiempo, no es necesariamente cierto, y concederle el beneficio de la duda, en un modelo dialéctico o si se prefiere socrático, nunca está de sobra.

LA ACTIVIDAD ONÍRICA Y EL SMOR NO SON SINÓNIMOS.

Una de los mejores ejemplos de las generalizaciones en ciencia, que eventualmente crean una gran cantidad de información poco confiable, es el argumento en el cual se hacen similares o por lo menos contextuales, el soñar con el SMOR. La ecuación "SMOR = ensoñaciones" se ha ido dejando atrás gradualmente. Sin embargo, hay que tener claro el contexto en que esta ecuación se gestó.

El SMOR, como se ha narrado previamente, se observó primero en niños, los hijos de Eugene Aserinsky, alumno de doctorado en la Universidad de Chicago en 1952. Su maestro y mentor Nataniel Kleitman, pionero en muchos de lo que hoy sabemos sobre sueño y ritmos circadianos, quiso saber si los adultos presentaban también el SMOR. Él se ofreció como voluntario para ser registrado con señales neurofisiológicas y en efecto, mostró los mismos trazos que los niños. Esa era una costumbre del distinguido investigador, que ya había pasado meses en cavernas, aislado del mundo, para el estudio de los ritmos circadianos. En contra de lo que él mismo pensaba, también los adultos y viejos, presentan cada 90 a 120 minutos, después de iniciado el episodio de sueño, una activación electroencefalográfica, movimientos oculares conjugados, ausencia del tono muscular, erección de pene, fluctuaciones en la frecuencia respiratoria y cardiaca, entre otras manifestaciones observables con el registro eléctrico de esas estructuras.

Otro alumno de él, en ese tiempo, un residente de psiquiatría, William C. Dement, hizo el primer experimento de privación selectiva de SMOR. Este consistió en despertar a los voluntarios sanos, tan pronto ingresaban a esta fase del dormir. Lo primero que Demento observó fue que, en el transcurso de la noche, en la medida que trataba de que sus sujetos experimentales no ingresaran al SMOR, la frecuencia de despertares para impedir que lo hiciera aumentaba, lo cual le indicaba una "presión para ingresar al SMOR". Esto es, si la primera noche se despertaba a un voluntario 8 veces, la segunda eran 20, la tercera 30 y así subsecuentemente. Luego, cuando se le permitía dormir sin interrumpir el sueño, la cantidad de SMOR que se observó, fue muy superior al que presentaron en la primera noche sin privación de SMOR, a este fenómeno se le conoce como "Rebote de SMOR". Finalmente, las personas a las que se despertaba cada que intentaban ingresar al SMOR, recordaban sus ensoñaciones vívidamente, incluso las confundían con la realidad.

La pregunta central que motivo ese experimento, no estaba contestada. El doctor Dement, estaba muy influenciada por la corriente psicoanalítica, que era una moda seudocientífico entre los psiquiatras y psicólogos, de muchas escuelas de medicina y psicología del mundo en la década de los años cincuenta, del pasado siglo. Él trataba de observar, si la privación del recién descubierto SMOR, producía alteraciones psicológicas o incluso psicosis de algún tipo en los voluntarios sanos. Su pregunta central, motivo del estudio, se basaba en la vaga propuesta de Sigmund Freud sobre las ensoñaciones, que eran para el médico de Viena, como el "camino principal al inconsciente". Sin embargo, no les sucedió nada a esas personas, fuera de la irritación por los frecuentes despertares. Los investigadores que descubrieron el SMOR, en la década de los años cincuenta, de inmediato sospecharon que esta fase estaba conectada a las ensoñaciones. Algunas de las observaciones apuntaban en esa dirección: En esta etapa del dormir, hay una activación cortical y neurovegetativa intensa, después de que el cerebro ha estado en una fase de relativa calma, con un ritmo EEG lento y sin activación neurovegetativa, sin que aparentaran tener ningún proceso mental. En el SMOR hay, además de los comentado previamente, atonía muscular, no total ya que los músculos extrínsecos del ojo están activos y moviendo los globos oculares de manera conjunta (lo mismo ocurre con los músculos tensores del martillo y el yunque en el oído medio). Todo lo anterior, además de lo recabado por Dement y Kleitman, apuntaron a una aparente correlación entre el SMOR y la actividad onírica. En ese momento de las investigaciones pioneras de esta fase del dormir, se equiparó el SMOR con la actividad onírica, los científicos de la época pensaron que ya se tenía un escalón avanzado para explorar la relación entre la función cerebral y la cognición. El hecho de que el SMOR estuviera presente no solo en humanos, sino también en mamíferos y aves, proporcionó de inmediato modelos animales para explorar aspectos de neuroanatomía y neurofisiología del SMOR, y por lo tanto de la actividad onírica.

El Profesor Michel Jouvet y su grupo en Lyon Francia, en el laboratorio de sueño molecular, efectuaron experimentos claves, con el objeto de determinar la localización anatómica de las estructuras "suficientes y necesaria" para iniciar y mantener el SMOR. Fue el gato el animal más estudiado en este sentido. Primero por haber una tradición en los neurofisiólogos en el estudio del cerebro de este animal, quien presenta cráneos relativamente constantes (Con excepción de los gatos siameses), lo cual permitió desarrollar mapas estereotáxicos precisos, para estudiar las estructuras claves del encéfalo, para determinadas funciones. En segundo lugar, por ser un animal cuyo patrón de sueño es diurno y esto permite al investigador que trabaja con estos animales, no sacrificar su propio sueño (situación privilegiada que no comparten los investigadores que estudian a los Homo Sapiens)..

Jouvet y cols., encontraron que si se hace una lesión en el gato, conocida como "encéfalo aislado", para la cual se hace una sección entres médula oblongada y médula espinal, el animal sigue presentando SMOR rostralmente, con excepción de la atonía muscular. Pero si la lesión se hace por arriba de los tubérculos cuadrigéminos, a nivel del mesencéfalo, y se obtiene así la preparación conocida en neurofisiología como "cerebro aislado", el animal únicamente presenta datos atonía muscular, pero no hay desincronización electro encefalografía, ni movimientos oculares rápido.

Finalmente, la zona que demostró suprimir el SMOR se localiza en el puente, en la zona de la formación reticulada pontina, conocida como "reticularis pontis oralis". Estos estudios demostraron la existencia de un generador del SMOR. Esta serie de trabajos, de inmediato cuestionaron que la actividad onírica tuviera algún tipo de significación psicológica. Ya que no se estaba gestando en la corteza cerebral, sino en tallo cerebral, el cual es asiento de funciones neurovegetativas, que son totalmente ajenas a la conciencia.

DOS TIPO DE FENÓMENOS EN EL SMOR Tabla 1

Fenómenos Fásicos

Movimientos oculares rápidos

PGO (en animales)

Respiración irregular

Están presentes en forma de ráfagas o trenes de actividad

Fenómenos Tónicos

Desincronización EEG

Atonía muscular

Erección de pene

Ensoñaciones

Están presentes durante todo el tiempo que la persona está en SMOR.

Estos fenómenos se pueden disociar y presentarse aisladamente.

Sin embargo, las ensoñaciones presentan fenomenológicamente, un estado de conciencia alterado y están con un componente emocional intenso, el cual puede ser coherente o incoherente. Para algunos investigadores las ensoñaciones son: "Experiencias de conciencia alterada, cargada de emociones". Lo anterior promovió un nuevo paradigma de las ensoñaciones: estas eran solo un epifenómeno. Ráfagas de actividad eléctrica se generan por un grupo de osciladores neurales, localizados en el puente, con un intervalo de 90 a 120 minutos. son las responsables de la activación. Ante la ausencia de actividad sensorial, esta actividad que se enciende en el puente, sube a los tálamos, a una estructura conocida como cuerpos geniculados laterales (ver la figura 3), y de ahí continúan a varias zonas de la corteza cerebral y el sistema límbico. Michel Jouvet y su grupo, cuando identificaron esta actividad en el gato, las bautizaron como ondas ponto-Genículo-occipitales y se les abrevió como PGO. En el felino se observan estas ondas PGO, unos segundos antes de la aparición del SMOR, se arriban hasta manifiesta de la desincronización electroencefalográfica, y por este hecho, se les colocó un apellido: PGO heráldicas. Porque parecen estar avisando de que ya viene "su majestad el SMOR". Además, todo el tiempo que el animal está en esta fase del dormir tiene este tipo de actividad. La actividad PGOs tiene una correlación significativa con los movimientos oculares, pero no todas las PGOs intervienen en ellos. Hay un grupo de estos potenciales de campo que viajan a la amígdala de los lóbulos temporales.

En este punto, es importante hacer mención que es muy frecuente que el soñador al referir el contenido de uno de sus sueños, se asombre por la incoherencia que pueda existir entre lo que evoca y la sensación que presentó en el sueño y al despertar. Para los que sostiene que las ensoñaciones son un epifenómeno, la secuencia de eventos sería la siguiente:

1.   La persona se encuentra en sueño delta
2.   Hay un patrón de activación en la zona del tallo cerebral, conocida como puente. Se gestan los potenciales PGOs.
3.   Estos potenciales de campo PGO, toman varias vías sensoriales, en especial la visual.
4.   Los cuerpo geniculados laterales del tálamo, están involucrados con la vía visual.
5.   Las PGOs llegan a la cisura calcarina en la corteza occipital, y activan aleatoriamente las neuronas de áreas primarias y secundarias.
6.   Otro grupo de neuronas van a la amígdala baso lateral y al septum, del sistema límbico y también activan esta zona.
7.   Toda la corteza cerebral, con excepción de la prefrontal está con un nivel de actividad equivalente al estar despierto. Y sin embargo hay atonía muscular generalizada, menos en los músculos extrínsecos de los ojos.
8.   Al despertar tratamos de hacer coherente lo soñado, como en un tipo de edición cinematográfica, con una contextualización autobiográfica.

El intentar enmarcar lo narrado con respecto de las ensoñaciones se hace una fabulación total. Una actividad que es cotidiana para el sistema nervioso. ¿Para que sirve soñar? Es una pregunta que puede parecer ociosa. Al igual se podría decir que para que sirven los ruidos cardiacos. Evolutivamente no surgieron con la finalidad de que los médicos se colocaran un estetoscopio y diagnosticaran. Algo parecido podríamos decir de las sensaciones, imágenes y actividad neurovegetativa que todos tenemos el soñar.

La relación entre la actividad onírica y el SMOR se convirtió en un dogma. Pero pronto aparecieron resultados contradictorios. En un estudio de 1997 se reportó que 6 pacientes, con daños por diferentes eventos o enfermedades de la zona descubierta por Jouvet y su grupo, "núcleo reticularis pontis oralis", se les preguntó sobre si continuaban soñando y en todos la respuesta fue afirmativa. Mientras que a 40 pacientes con lesiones en otras zonas del cerebro referían tener total ausencia de ensoñaciones.

Otros reportes del grupo de David Foulkes encontraron que de hecho las ensoñaciones que ocurren fuera del SMOR son idénticas a las reportadas en esta fas. Las ensoñaciones similares a las del SMOR se observan al inicio del sueño y al finalizar el episodio de sueño nocturno, sin estar en SMOR. El error principal de los neurofisiólogos y psicólogos avocados a estudiar las ensoñaciones fue el hacer similar el soñar al SMOR. Los datos que se han consignado sobre los mecanismos de SMOR son únicamente válidos para esta etapa del dormir, y tienen poco que ver con las ensoñaciones en general, sobre todo si tomamos en cuenta que es muy probable que exista más porcentaje de ensoñaciones fuera de SMOR, solo por la probabilidad de que el sueño sin movimientos oculares rápidos es más abundante.

La herramienta que se ha empleado para averiguar las estructuras relacionadas con el soñar es la correlación anatómica y fisiológica con las evidencias clínicas. Esto es un método utilizado desde el siglo XIX por anatomopatólogos. Por ejemplo Pierre Paul Broca, médico francés, localizó una región en el lóbulo frontal que lleva su nombre. Un paciente con afasia Monsieur Tan, presentó en el estudio anatomopatológico una zona de gliosis, como resultado de una lesión en esa área.

Utilizando es mismo método hay dos líneas de evidencias que han permitido moverse desde el tallo cerebral a los hemisferios cerebrales para localizar los generadores de las ensoñaciones. La primera evidencia fue aportada del estudio de la epilepsia en el sueño. Hay una forma de epilepsia parcial que se localiza en el sistema límbico. Si está forma de epilepsia parcial se localiza en la amígdala o el hipocampo, las manifestaciones clínicas son experiencias mentales complejas que pueden expresarse incluso como psicosis.

Si las crisis ocurren durante el sueño, estas se expresan con más frecuencia en los estadios de sueño dos. En esta fase, la más abundante del dormir, hay una actividad eléctrica en el EEG, llamada uso de sueño, la cual es una actividad de 12 a 14 ciclos por segundo, que se genera en los núcleos intralaminares de los tálamos, y producen una facilitación de las crisis epilépticas. En los pacientes con este tipo de epilepsia, se presentan pesadillas recurrentes y estéreo típicas. Estas dos evidencias han hecho proponer que las ensoñaciones repetidas que presentan, en forma de pesadillas, sean en si la expresión de este tipo de epilepsia. Estos estudios clínicos, en donde ya no se requiere que la persona muera para hacer su autopsia, apuntan a que el tallo cerebral no es el sitio que produce los sueños.

En una serie de estudios del tipo casos y controles, o de reportes de casos clínicos, se ha puesto en evidencia que si hay pacientes en quienes se suspenden totalmente las ensoñaciones. Una de estas zonas corresponde a las áreas de la corteza occipital, parietal y temporal, una de las mayores zonas de asociación cortical, en donde se recibe, analiza y se almacena la experiencia a lo largo de la vida. La del lado derecho, por ejemplo, se ha vinculado con la experiencia de identidad y corporeidad individual. Es el centro de la autopercepción. Lesiones en esa zona, en cualquiera de los hemisferios cerebrales, producen una ausencia de actividad onírica

La fuente primaria de la neuropsicología de los sueños son los estudios de Solms, quien examinó a 361 pacientes neurológicos y les preguntó en detalle sobre sus sueños. En general, los estudios indican que el cambio o ausencia de ensoñaciones depende de regiones del cerebro específicas, en lugar de la activación del generador de SMOR en el tallo. En la mayoría de los casos, una ausencia global de los sueños fue secundaria a un daño en la unión temporo-parieto-occipital de la corteza cerebral (en torno al área de Brodmann 40), más a menudo de manera unilateral que bilateral. Esta región organiza varios procesos cognitivos que son esenciales para la imaginería mental. En consecuencia, los pacientes con ese daño, típicamente muestran una disminución paralela en la vigilia de las habilidades viso-espaciales. Estos resultados sugieren fuertemente que las imágenes mentales, es una de las capacidades cognitivas más relacionado al soñar (aunque una relación entre la pérdida de los sueños y la afasia también se ha sugerido en esos pacientes).

El intentar enmarcar lo narrado con respecto de las ensoñaciones se hace una fabulación total. Una actividad que es cotidiana para el sistema nervioso. ¿Para que sirve soñar? Es una pregunta que puede parecer ociosa. Al igual se podría decir que para que sirven los ruidos cardiacos. Evolutivamente no surgieron con la finalidad de que los médicos se colocaran un estetoscopio y diagnosticaran. Algo parecido podríamos decir de las sensaciones, imágenes y actividad neurovegetativa que todos tenemos el soñar.

La relación entre la actividad onírica y el SMOR se convirtió en un dogma. Pero pronto aparecieron resultados contradictorios. En un estudio de 1997 se reportó que 6 pacientes, con daños por diferentes eventos o enfermedades de la zona descubierta por Jouvet y su grupo, "núcleo reticularis pontis oralis", se les preguntó sobre si continuaban soñando y en todos la respuesta fue afirmativa. Mientras que a 40 pacientes con lesiones en otras zonas del cerebro referían tener total ausencia de ensoñaciones.

Otros reportes del grupo de David Foulkes encontraron que de hecho las ensoñaciones que ocurren fuera del

SMOR son idénticas a las reportadas en esta fase. Las ensoñaciones similares a las del SMOR se observan al inicio del sueño y al finalizar el episodio de sueño nocturno, sin estar en SMOR. El error principal de los neurofisiólogos y psicólogos avocados a estudiar las ensoñaciones fue el hacer similar el soñar al SMOR. Los datos que se han consignado sobre los mecanismos de SMOR son únicamente válidos para esta etapa del dormir, y tienen poco que ver con las ensoñaciones en general, sobre todo si tomamos en cuenta que es muy probable que exista más porcentaje de ensoñaciones fuera de SMOR, solo por la probabilidad de que el sueño sin movimientos oculares rápidos es más abundante.

La herramienta que se ha empleado para averiguar las estructuras relacionadas con el soñar es la correlación anatómica y fisiológica con las evidencias clínicas. Esto es un método utilizado desde el siglo XIX por anatomopatólogos. Por ejemplo Pierre Paul Broca, médico francés, localizó una región en el lóbulo frontal que lleva su nombre. Un paciente con afasia Monsieur Tan, presentó en el estudio anatomopatológico una zona de gliosis, como resultado de una lesión en esa área.

Utilizando es mismo método hay dos líneas de evidencias que han permitido moverse desde el tallo cerebral a los hemisferios cerebrales para localizar los generadores de las ensoñaciones. La primera evidencia fue aportada del estudio de la epilepsia en el sueño. Hay una forma de epilepsia parcial que se localiza en el sistema límbico. Si está forma de epilepsia parcial se localiza en la amígdala o el hipocampo, las manifestaciones clínicas son experiencias mentales complejas que pueden expresarse incluso como psicosis.

Si las crisis ocurren durante el sueño, estas se expresan con más frecuencia en los estadios de sueño dos. En esta fase, la más abundante del dormir, hay una actividad eléctrica en el EEG, llamada uso de sueño, la cual es una actividad de 12 a 14 ciclos por segundo, que se genera en los núcleos intralaminares de los tálamos, y producen una facilitación de las crisis epilépticas. En los pacientes con este tipo de epilepsia, se presentan pesadillas recurrentes y estéreo típicas. Estas dos evidencias han hecho proponer que las ensoñaciones repetidas que presentan, en forma de pesadillas, sean en si la expresión de este tipo de epilepsia. Estos estudios clínicos, en donde ya no se requiere que la persona muera para hacer su autopsia, apuntan a que el tallo cerebral no es el sitio que produce los sueños.

En una serie de estudios del tipo casos y controles, o de reportes de casos clínicos, se ha puesto en evidencia que si hay pacientes en quienes se suspenden totalmente las ensoñaciones. Una de estas zonas corresponde a las áreas de la corteza occipital, parietal y temporal, una de las mayores zonas de asociación cortical, en donde se recibe, analiza y se almacena la experiencia a lo largo de la vida. La del lado derecho, por ejemplo, se ha vinculado con la experiencia de identidad y corporeidad individual. Es el centro de la autopercepción. Lesiones en esa zona, en cualquiera de los hemisferios cerebrales, producen una ausencia de actividad onírica.

La fuente primaria de la neuropsicología de los sueños son los estudios de Solms quien examinó a 361 pacientes neurológicos y les preguntó en detalle sobre sus sueños. En general, los estudios indican que el cambio o ausencia de ensoñaciones depende de regiones del cerebro específicas, en lugar de la activación del generador de SMOR en el tallo. En la mayoría de los casos, una ausencia global de los sueños fue secundaria a un daño en la unión temporo-parieto-occipital de la corteza cerebral (en torno al área de Brodmann 40), más a menudo de manera unilateral que bilateral. Esta región organiza varios procesos cognitivos que son esenciales para la imaginería mental. En consecuencia, los pacientes con ese daño, típicamente muestran una disminución paralela en la vigilia de las habilidades viso-espaciales. Estos resultados sugieren fuertemente que las imágenes mentales, es una de las capacidades cognitivas más relacionado al soñar (aunque una relación entre la pérdida de los sueños y la afasia también se ha sugerido en esos pacientes).

Con menor frecuencia, también una disminución global de la actividad onírica, se observó en lesiones bilaterales de tractos de sustancia blanca, que rodean los cuernos frontales de los ventrículos laterales, y que están subyacentes a la corteza prefrontal ventromedial. Muchas de estas fibras nerviosas se originan o terminan en áreas límbicas, este es coherente con la mayor actividad límbica en el SMOR, según lo revelado por imágenes de resonancia magnética funcionales. La materia blanca ventromedial contiene proyecciones dopaminérgicas en el lóbulo frontal que se interrumpieron, por ejemplo en las leucotomías pre frontales, las cuales se practicaron en el pasado en muchos pacientes con esquizofrenia. La mayoría de los pacientes leucotomizados (70–90%) se quejaron de cesión global de soñar, así como de la falta de iniciativa, la curiosidad y la fantasía en la vida de vigilia. Dado que la dopamina puede instigar objetivo del comportamiento de búsqueda, estos datos se han interpretado en apoyo a la visión clásica psicodinámica de los sueños, como el cumplimiento de los deseos inconscientes relacionados con los impulsos egoístas.

Aparte de la suspensión global de los sueños, las lesiones más restringidas producen el cese de en los sueños del componente visual o la interrupción de determinadas dimensiones visuales. Por ejemplo, las lesiones en regiones específicas que subyacen a la percepción visual del color o el movimiento, se asocian con déficits correspondientes en el soñar. En general, parece que las lesiones que conducen a alteraciones en la vigilia tienen déficits paralelos en los sueños. Algunas lesiones, especialmente en la corteza medial prefrontal, la corteza cingulada anterior y el prosencéfalo basal, se asocian con mayor frecuencia e intensidad de los sueños y su intrusión en la vida de vigilia. Es importante destacar que muchos pacientes con daño cerebral no reportan cambios en el sueño, lo que indica que en el sueño las redes neuronales de apoyo, tienen una especificidad considerable, pero que puede haber también funciones vicariantes, como ocurre en muchas otras de las funciones cerebrales y de otros órganos del cuerpo.

Los estudios de imágenes cerebrales han contribuido en este modelo anatomo-clínico, ya que no se requiere hacer una autopsia, para evidenciar las zonas involucradas en el soñar, además de que al ser esta una actividad con una especificidad por los episodios de sueño, el cerebro de un cadáver sería de poca utilidad.

Los estudio pioneros de imágenes y SMOR se hicieron en Bethesda MD, auspiciados por The National Institute of Health entre 1997 y 1998, utilizando la tomografía por emisión de positrones. Técnicamente, lo que los investigadores vieron es una mezcla de dos condiciones: el SMOR y las ensoñaciones, que se han comentado ya como que pueden coexistir en un 80 %, pero que no son lo mismo. Si la hipótesis propuesta por Hobson y McCarley, denominada de activación y síntesis, era la correcta, se debería de haber observado una activación global del diencéfalo y la corteza cerebral, generando con esto los aspectos sensoriales de imágenes, pensamientos y emociones. Pero se observó algo muy diferente. Los investigadores solos vieron partes selectivas del encéfalo activas durante el SMOR y las ensoñaciones, mientras que otras partes de esas mismas regiones estaban sin actividad. Esto nuevamente, estaba indicando que las ensoñaciones no se generan en el tallo cerebral sino en la corteza de los hemisferios cerebrales.

SIMILITUDES Y DIFERENCIAS ENTRE EL SUEÑO Y LA VIGILIA

Con el fin de obtener una perspectiva de la fenomenología y la base neural de las ensoñaciones, es útil considerar tanto las similitudes y diferencias entre la conciencia de vigilia y el sueño

La conciencia y la actividad onírica.

Además de relacionar estas diferencias a los cambios en la actividad cerebral y su organización. Tal vez la característica más llamativa de experiencias conscientes en el sueño es como todo resulta tan similar entre el mundo interior de los sueños y el mundo real de la vigilia, que de hecho, a veces la persona que sueña no puede estar seguro de si está despierto o dormido. Sin duda, los sueños no se crean en el vacío, sino que son fiel reflejo de la organización y las funciones de nuestro cerebro.

En la mayoría de los sueños, las modalidades de percepción y modalidades que dominan en la vigilia son fuertemente representadas. Los sueños tienen un contenido muy visual, a todo color, rico en formas, lleno de movimiento, e incorpora categorías típicas de la vigilia, como las personas, caras, lugares, objetos y animales. Los sueños también contienen sonidos (incluyendo el habla y conversación), y más raramente percepciones táctiles, olores y gustos, así como las sensaciones de placer y de dolor. Las experiencias en los sueños típicos, tienen un claro carácter sensorial y no son meros pensamientos o abstracciones. Estas similitudes fenomenológicas se reflejan en las similitudes entre los aspectos neurofisiológicos de la vigilia y el sueño.

Al menos superficialmente, el EEG se ve notablemente similares en la vigilia y en el SMOR. En los estudios con PET, estos han demostrado que el metabolismo cerebral global es comparable entre el SMOR y la vigilia. Estos estudios también han revelado una fuerte activación de orden alto en las cortezas occipitales, parietal y temporal, durante el SMOR en consonancia con la imaginería vívida visual durante los sueños. También hay una notable coherencia entre la organización cognitiva y neural en las personas cuando sueñan y en la vigilia.

Los sueños también reflejan nuestros intereses y personalidad, al igual que la actividad mental lo hace durante la vigilia. El análisis de contenido formal ha puesto de manifiesto que el estado de ánimo, imaginación, los intereses personales y preocupaciones, están correlacionados entre nuestro estar despiertos y las ensoñaciones.

Los sueños, al igual que nuestra personalidad en general, son bastante estables en el tiempo en la edad adulta, y comparten muchas características en todas las culturas. Además, nos sentimos personalmente participantes en los eventos de muchos sueños, aunque podemos comportarnos como narradores, actores, y la mezcla de estos dos papeles.

A pesar de estas similitudes notables, lo que hace que la conciencia y las ensoñaciones sean tan fascinantes, son las formas en que se diferencia de nuestra experiencia de estar desiertos. Algunos de estas fenomenológicas se acompañan de diferencias consistentes dentro de la neurofisiología. Por ejemplo, hay una reducción del control voluntario y la voluntad, en general, y nos mostramos realmente sorprendidos al despertar súbitamente de un sueño. Esto ocurre porque en el sueño estamos convencidos de que es la realidad. De hecho, durante el sueño hay una reducción importante del control voluntario de la acción y el pensamiento. No podemos perseguir objetivos, y no tenemos ningún control sobre el contenido del sueño. el hecho de que estemos tan sorprendidos, emocionado e incluso escéptico sobre los sueños lúcido - ilustra cómo los sueños normalmente carecen de control voluntario.

Curiosamente, los últimos indicios apuntan al papel de la corteza parietal inferior derecha (Área de Brodmann 40) en la volición en vigilia un área que se desactiva durante el SMOR. La reducción de la autoconciencia y la alteración del pensamiento reflexivo, en nuestros sueños, nos limitan la conciencia a una sola "pista": no somos contextualmente consciente de dónde estamos (en cama) o de lo que estamos haciendo (durmiendo, soñando). De hecho, los informes de actividad mental durante el SMOR son más largos que los informes obtenidos cuando estamos despiertos sobre ciertos temas. Soñar es casi siempre una actividad ilusoria, ya que los eventos y los personajes se dan por un hecho real. El pensamiento reflexivo está alterado, con la concurrencia de creencias contradictorias y una soñador fácilmente acepta eventos imposibles como volar, las interrupciones de una escena a otra, la inconsistencia en las escenas y repentinas transformaciones de objetos imposibles. A menudo, existe incertidumbre acerca de las identidades de espacio, tiempo y personal. Por ejemplo, un personaje puede tener el nombre, ropa y el peinado de un amigo varón, pero tienen cara de la madre. La reducción de autocontrol en los sueños puede estar relacionada con la desactivación de las regiones del cerebro tales como la corteza cingulada posterior, corteza parietal inferior, la corteza orbitó frontal y la corteza prefrontal dorso lateral .

De hecho, la desactivación de la corteza prefrontal se ha demostrado que acompañan a la reducción de la autoconciencia durante altamente atractiva percepción sensorial en la vigilia. Sin embargo, algunos sueños pueden han conservado los procesos de pensamiento reflexivo como perplejidad pensativo casi imposible hechos, contemplando alternativas en la toma de decisiones lo que refleja sociales durante Interacciones y la "teoría de la mente", lo que demuestra que los sueños individuales pueden diferir unos de otros sustancialmente.

Este tipo de trabajos y otros que han seguido, nos dan una nueva evidencia de que la corteza cerebral genera patrones de activación autónomos y que el tallo cerebral cuando dormimos y las vías sensoriales cuando estamos despiertos, solo modulan el plan general de la corteza cerebral. Esto es, la actividad onírica es un tipo de fabulación gestado a nivel de la corteza cerebral, fuera y dentro del SMOR, y la activación periódica desde el tallo cerebral tiene funciones vinculadas con una calibración de la conectividad cortical que pueda sostenerse en un tiempo adecuado. Esto va a permitir, que en pocos segundos, en el lapso de despertar yo sepa quien soy, que tengo que hacer, y a donde he estado durmiendo.

Se puede concluir que la conciencia de los sueños es muy similar a la conciencia de vigilia, aunque hay varias diferencias intrigantes, como son la volición, la conciencia y la reflexión, el afecto y la memoria, y existe una gran variabilidad entre los sueños individuales. La neurofisiología del SMOR y en particular de los últimos conocimientos sobre sus patrones de actividad regional, ofrece un punto de partida útil para relacionar la fenomenología sueño de la actividad cerebral subyacente. Sin embargo, la ecuación inicial del SMOR con la actividad onírica ha demostrado que es incorrecta. Por lo tanto, es hora de que nos mudamos más allá de las etapas del sueño cuando se trata de vincular la conciencia del sueño a los eventos neuronales, y se debe de enfocar a más características sutiles de la actividad cerebral en el espacio y el tiempo. Nuestra profunda desconexión del entorno externo al soñar plantea una paradoja central no resuelto, cuya respuesta puede ser decisiva para la comprensión de los sueños. La evidencia convergente de múltiples campos de estudio, incluyendo la fenomenología, el desarrollo, la neuropsicología, la imagen funcional, y neurofisiología, las cuales apoyan la idea de que el sueño puede estar estrechamente relacionada con la imaginación, donde la actividad del cerebro presumiblemente fluye de "arriba abajo". Esto coloca a la visualización de los sueños como una poderosa forma de imaginación y puede ayudar a explicar muchas de sus características únicas, como las transiciones repentinas, la incertidumbre acerca de personas y lugares, el recuerdo posterior pobres, desconexión del medioambiente, y ofrece predicciones comprobables para futuros estudios.

EVALUACIÓN METODOLÓGICA DE LAS TEORÍAS DE LA "ACTIVACIÓN – SÍNTESIS" (AS) Y "ACTIVACIÓN – INPUT – MODULACIÓN" (AIM) DE HOBSON Y MCCARLEY.

La actividad científica se origina en preguntas que motivan el desarrollo de observaciones o experimentos. Las explicaciones van construyendo cuerpos teóricos, que generan modelos heurísticos.

Los marcos heurísticos sirven de base a la organización y lógica del proceso de investigación, es decir, a los modelos heurísticos. Las dos teoría a revisar en este capítulo la AS y la AIM, fueron desarrolladas con datos de investigaciones preliminares en seres humanos, recién descubierto el SMOR en 1952, y el resto de las investigaciones se hicieron en animales de laboratorio. Principalmente en el gato y roedores. Las tres premisas de las cuales se partió fueron:

En el SMOR hay actividad cerebral como en el estado de despierto.

Los ojos se mueven de manera conjugada.

Al despertar a las personas en esta fase evocan con facilidad la actividad onírica.

Sin embargo, cuando se pasó del Homo Sapiens a los animales de laboratorio, el argumento de un paralelismo entre soñar y estar en SMOR, adquirió una categoría de sinónimo. Por tres década Alan Hobson y Robert McCarley, ambos psiquiatras de la Universidad de Harvard, fundamentaron los dos niveles de su teoría AS, en trabajos de registros de células en tallo cerebral en animales en libre movimiento. El mismo título de uno de sus primeros artículos en el que proponen la teoría de AS, está enunciado en términos de las ensoñaciones y no del SMOR, que era lo que investigaban atinadamente:

"The brain as a dream state generator: an activation-synthesis hypothesis of the dream process". (American Journal of Psychiatry 1977). En el año 2007, ya con las evidencias de que la actividad PGO se había encontrado en seres humanos, hay una modificación de la teoría AS hacia lo que ahora se llama la hipótesis de activación, ingreso y modulación (AIM). En esta nueva fase se habla de la incursión del soñar a las teorías cognitivas.

Por razones de continuidad, entre ambas teorías, hablaremos ahora de una sola teoría con dos modos de propuesta, lo cual es también adecuado en los modelos heurísticos. AS/AIM.

DESARROLLO DE LA TEORÍA AS/AIM COMO MODELO DE ENSOÑACIONES.

Esta fue desarrollada por Hobson y McCarley. Se asumió que el SMOR es el sustrato fisiológico del soñar. Este modelo se fundamento en los registros unitarios (de neuronas aisladas) en gatos que estaban implantados crónicamente para el registro de las diferentes fases del dormir, y que además, tenían electrodos colocados en tallo cerebral, que registraban la activación o silencio de las neuronas en esta zona. Se estudiaban neuronas con neurotransmisores como serotonina, norepinefrina y acetilcolina,

Si el gato estaba despierto, las neuronas de estos tres sistemas de neurotransmisión estaban muy activas, Es especial las de serotonina y norepinefrina. En la medida que el animal se dormía, las neuronas iban disminuyendo su actividad hasta detenerse por completo cuando el animal estaba en SMOR. En ese momento, las neuronas que se activaban eran las que transmitían con acetilcolina.

Esto se complemento con el estudio de la actividad PGO, en los núcleos geniculados laterales del tálamo. Estas eran mas notorias cuando el animal estaba con inicio de la actividad de tipo colinérgico, y precedían al inicio del SMOR y estaban presentes durante toda esta fase,

Hobson y McCarley incorporaron esta nueva actividad PGO que van desde el puente en el tallo cerebral hasta la corteza occipital. Dado que las PGO estaban relacionadas a la activación de las áreas visuales, y mediante esto a las áreas sensoriales visuales, se hizo una rápida correlación entre los movimientos oculares y las alucinaciones visuales típicas del SMOR.

Además, estos investigadores propusieron que las PGO activaban sitios con memoria visual. El estudio con imágenes cerebrales parecieron corroborar el isomorfismo entres los datos neurofisiológicos y las ensoñaciones.

En la teoría AIM, el estado de activación y síntesis, se le ubica en tres dimensiones: (A) por activación; (B) ingreso de información, y (C) Modulación. El SMOR puede ser estudiado por la densidad de movimientos oculares rápidos, que se observan en el SMOR. La actividad PGO, generada en el tallo cerebral, es el motor que activa a la corteza cerebral. Las PGO activan mediante su ingreso a las áreas secundarias o de asociación, los procesos de memoria, y estos son modulados por los neurotransmisores del tallo cerebral y diencéfalo. Por ejemplo, histamina, dopamina, hipocretinas y acetilcolina.

La actualización y combinación del modelo AS/AIM retiene todas las premisas que lo originaron, pero, ahora también pretende explicar el estado de alerta, la vigilia, el sueño Sin-MOR y el SMOR. Las correlaciones de etas fases del dormir y las ensoñaciones, está fundamentado a la información que se obtiene de las personas cuando son despertadas.

El argumento de Hobson en relación a su modelo queda de esta forma:

La activación del tallo cerebral durante el SMOR en el gato está originada por las PGO. Que reflejan la activación eléctrica del cerebro y las ensoñaciones.

Los gato y los seres humanos tienen características similares en el SMOR.

Las ensoñaciones en el ser humano ocurren solo en el SMOR

Por lo tanto, la activación del tallo cerebral da como resultado el SMOR en los seres humanos, mediante las PGOs, y la activación que estas hacen al azar de las áreas de asociación o secundarias de la corteza cerebral, y esta cascada de eventos neurofisiológicos son el sustrato de las ensoñaciones.

En estas premisas hay una carga de inferencias teleológicas, es decir se presuponen causas finales, para actividades que si bien coexisten temporalmente, pudieran tener otras funciones. Por ejemplo la actividad PGO, contribuye a aumentar el umbral sensorial e impedir la entrada de información sensorial, por ocupación de las vías nerviosas que pasan por el tallo cerebral. En trabajos de nuestro grupo y de otros, se ha evidenciado que si se estimula auditivamente, con estimulación táctil o la estimulación vestibular, el animal y los humanos aumentan el SMOR. En los animales aumentan la densidad de PGOs. Aun cuando aumenta la densidad de PGOs, no hay una correlación directa entre esto y la cantidad de SMOR aumentada. Luego entonces, las PGOs no sirven únicamente para iniciar y mantener el SMOR.

La segunda premisa es igual de débil, puesto que si bien los mamíferos presentan SMOR, hay diferencias en sus mecanismos y el impacto de diversos medicamentos y drogas en el SMOR, dependiendo de la especie estudiadas. Aceptando que el SMOR de los gatos es muy similar al del humano, esto aún no implica que el SMOR sea equivalente a soñar, pues la única especie en la cual podemos investigar esto es el Homo Sapiens, a través de los reportes de lo soñado.

En el modelo del gato con lesiones en el tercio distal del Locus Cerúleos, por ejemplo, el gato despliega una conducta similar a la vigilia, cuando esta ejerciendo su actividad de caza de roedores, pero aún así pudieran ser patrones motores que se activan en esta fase. Por ejemplo, en un estudio con primates, a los que les mostraba imágenes en una pantalla, cuando algunos se quedaban dormidos, y estaban en SMOR, apretaban la palanca de respuestas, como cuando estaban despiertos frente al monitor.

La siguiente premisa respecto a SMOR igual a ensoñaciones, es la que se ha ido debilitando con el tiempo y nuevas evidencias. Hay muchos problemas metodológicos en este punto. El primer problema es la validación de los reportes de ensoñaciones. Los reportes de este tipo, en primer lugar son auto reportes; se hacen retrospectivamente, y en estado de vigilia. La narración de los mismos sujetos, con diferentes necesidades. Hay una tendencia de aparecer como socialmente adecuado, no se narra todo el material soñado, es una información de un evento que ocurrió en el pasado, con contaminaciones sobre aspectos de imaginación, recuerdos del pasado, dependerá de la fase despertada, y de lo acostumbrado que este la persona o no en narrar cosas personales. Algunos autores ha especulado que quizás lo soñado está ocurriendo en el momento de despertar. Por lo tanto, no importa que también elaborado este un reporte de ensoñaciones, eso no es un sueño como tal, es solo una narración. Además, los reportes tienen el sesgo de las habilidades lingüísticas del que narra sus sueños. Sin embargo, esta es una herramienta que tienen todas las personas para si mismos.

En la construcción de un instrumento del tipo de reporte de ensoñaciones, lo primero es el diseño del mismo, tomando como centro la definición o concepto que se tenga sobre lo que es una ensoñación.

Para algunos, cualquier actividad mental que ocurre en el en el sueño, que va acompañada de imágenes se puede clasificar como un sueño. De estos, el porcentaje más alto, ocurre en el SMOR (73 %), y otros en el sueño Sin- MOR (27 %). En estos reportes se ha encontrado que las alucinaciones visuales eran más frecuentes en el SMOR, y que en sueño Sin-MOR, hay más pensamientos.

En conclusión, el mismo Hobson ha aceptado que la extrapolación de hacer equivalentes la neurofisiología del SMOR con la actividad cerebral de las ensoñaciones, no es exacto y que el soñar, esta en la categoría de actividades cerebrales, como el pensamiento y las emociones, coordinadas en algunas áreas pero con ubicuidad espacial y temporal, aunque situadas en el mismo sistema nervioso.

Referencias

1.   Siegel J. The Neural Control of Sleep. New York: Springer-Verlag; 2002.
2.   Dement W, Greenberg S, Klein R. The effect of partial REM sleep deprivation and delayed recovery. Journal of psychiatric research. 1966;4(3):141–52. Epub 1966/12/01.
3.   Siegel JM. REM sleep: a biological and psychological paradox. Sleep medicine reviews. 2011;15(3):139–42. Epub 2011/04/13.
4.   Jouvet M, Pujol JF. [Role of monoamines in the regulation of alertness. Neurophysiological and biochemical study]. Revue neurologique. 1972;127(1):115–38. Epub 1972/07/01. Role des monoamines dans la regulation de la vigilance. Etude neurophysiologique et biochimique.
5.   Sakai K, Crochet S, Onoe H. Pontine structures and mechanisms involved in the generation of paradoxical (REM) sleep. Archives italiennes de biologie. 2001;139(1–2):93–107. Epub 2001/03/21.
6.   Nelson JP, McCarley RW, Hobson JA. REM sleep burst neurons, PGO waves, and eye movement information. Journal of neurophysiology. 1983;50(4):784–97. Epub 1983/10/01.
7.   Calvo JM, Fernandez-Guardiola A. Phasic activity of the basolateral amygdala, cingulate gyrus, and hippocampus during REM sleep in the cat. Sleep. 1984;7(3):202–10. Epub 1984/01/01.
8.   Solms M. Dreaming and REM sleep are controlled by different brain mechanisms. The

Behavioral and brain sciences. 2000;23(6):843–50; discussion 904–1121. Epub 2001/08/23.

9.   Foulkes D. Symposium: Normal and abnormal REM sleep regulation: Dreaming and REM sleep. Journal of sleep research. 1993;2(4):199–202. Epub 1993/12/01.

10.   Antrobus J, Kondo T, Reinsel R, Fein G. Dreaming in the late morning: summation of REM and diurnal cortical activation. Consciousness and cognition. 1995;4(3):275–99. Epub 1995/09/01.

11.   Bancaud J, Brunet-Bourgin F, Chauvel P, Halgren E. Anatomical origin of deja vu and vivid 'memories' in human temporal lobe epilepsy. Brain : a journal of neurology. 1994;117 (Pt 1):71–90. Epub 1994/02/01.

12.   Liebman RF, Rodriguez AJ. A patient with epilepsy and new onset of nocturnal symptoms. Reviews in neurological diseases. 2009;6(1):37–8. Epub 2009/04/16.

13.   Vercueil L. Dreaming of seizures. Epilepsy & behavior : E&B. 2005;7(1):127–8. Epub 2005/06/18.

14.   Bernard C. Dogma and dreams: experimental lessons for epilepsy mechanism chasers. Cellular and molecular life sciences : CMLS. 2005;62(11):1177–81. Epub 2005/05/21.

15.   Shmuelof L, Zohary E. A mirror representation of others' actions in the human anterior parietal cortex. The Journal of neuroscience : the official journal of the Society for Neuroscience. 2006;26(38):9736–42. Epub 2006/09/22.

16.   Murri L, Massetani R, Siciliano G, Giovanditti L, Arena R. Dream recall after sleep interruption in brain-injured patients. Sleep. 1985;8(4):356–62. Epub 1985/12/01.

17.   Bischof M, Bassetti CL. Total dream loss: a distinct neuropsychological dysfunction after bilateral PCA stroke. Annals of neurology. 2004;56(4):583–6. Epub 2004/09/25.

18.   Nir Y, Tononi G. Dreaming and the brain: from phenomenology to neurophysiology. Trends in cognitive sciences. 2010;14(2):88–100. Epub 2010/01/19.

19. Maquet P. Functional neuroimaging of normal human sleep by positron emission tomography. Journal of sleep research. 2000;9(3):207–31. Epub 2000/09/30.

20. Nofzinger EA, Mintun MA, Wiseman M, Kupfer DJ, Moore RY. Forebrain activation in REM sleep: an FDG PET study. Brain research. 1997;770(1–2):192–201. Epub 1998/01/24.

21. Solms M. Neurobiology and the neurological basis of dreaming. Handbook of clinical neurology / edited by PJ Vinken and GW Bruyn. 2011;98:519–44. Epub 2010/11/09.

22. Braun AR, Balkin TJ, Wesensten NJ, Gwadry F, Carson RE, Varga M, et al. Dissociated pattern of activity in visual cortices and their projections during human rapid eye movement sleep. Science. 1998;279(5347):91–5. Epub 1998/01/24.

23. Hobson JA, McCarley RW. The brain as a dream state generator: an activation-synthesis hypothesis of the dream process. The American journal of psychiatry. 1977;134(12):1335–48. Epub 1977/12/01.

24. Hobson JA. REM sleep and dreaming: towards a theory of protoconsciousness. Nature reviews Neuroscience. 2009;10(11):803–13. Epub 2009/10/02.

25. Foulkes D. Theories of Dream Formation and Recent Studies of Sleep Consciousness. Psychological bulletin. 1964;62:236–47. Epub 1964/10/01.

26. Maquet P, Ruby P, Maudoux A, Albouy G, Sterpenich V, Dang-Vu T, et al. Human cognition during REM sleep and the activity profile within frontal and parietal cortices: a reappraisal of functional neuroimaging data. Progress in brain research. 2005;150:219–27. Epub 2005/09/28.

27. Maquet P, Peters J, Aerts J, Delfiore G, Degueldre C, Luxen A, et al. Functional neuroanatomy of human rapid-eye-movement sleep and dreaming. Nature. 1996;383(6596):163–6. Epub 1996/09/12.

28. Braun CM, Dumont M, Duval J, Hamel-Hebert I, Godbout L. Brain modules of hallucination: an

analysis of multiple patients with brain lesions. Journal of psychiatry & neuroscience : JPN. 2003;28(6):432–49. Epub 2003/11/25.

29.   Voss U, Holzmann R, Tuin I, Hobson JA. Lucid dreaming: a state of consciousness with features of both waking and non-lucid dreaming. Sleep.   2009;32(9):1191–200.   Epub 2009/09/16.

30.   Nofzinger EA, Nichols TE, Meltzer CC, Price J, Steppe DA, Miewald JM, et al. Changes in forebrain function from waking to REM sleep in depression: preliminary analyses of [18F]FDG PET   studies.   Psychiatry   research. 1999;91(2):59–78. Epub 1999/10/09.

31.   Hobson JA, Pace-Schott EF, Stickgold R. Dreaming and the brain: toward a cognitive neuroscience of conscious states. The Behavioral and brain sciences. 2000;23(6):793–842; discussion 904–1121. Epub 2001/08/23.

LA TRANSICIÓN ENTRE ESTAR DESPIERTO Y DORMIR, COMO UN ESTADO ALTERADO DE CONCIENCIA (EAC).

Este es una de las áreas más interesantes para estudiar en el problema de la relación entre conciencia y los estadios de sueño. Una serie de preguntas surgen de inmediato:

¿Cual es el momento de inicio del sueño?; ¿Qué caracteriza el inicio del sueño para las funciones del cerebro, del corazón, o la respiración y las modificaciones correspondientes en otros órganos y sistemas?

Hay evidencias fisiológicas de una sintonía entre los órganos vitales del cuerpo y el sueño. Algunos observadores del área médica se percataron que en la transición de estar despierto a iniciar el sueño, se presentan fenómenos alucinatorio, el término utilizado fue el de alucinaciones hipnagógicas. En esta fase de somnolencia inicial hay una gran contaminación de información del medio ambiente, esta se procesa, contaminada por el estado de somnolencia. Es frecuente, que se presente en ciertas condiciones, por ejemplo hablando durante el día, situaciones en las cuales la persona no se percata, por ejemplo, cuando se está viendo televisión, en el cine, en situaciones monótonas, en donde al ser requerido que despierte, él o ella, manifiestan que no estaban dormidos, y si la persona acepta que estaba dormitando, incluso soñando, puede diferenciar las características cualitativas de lo que percibe en esta fase de transición, con las que percibe cuando está realmente soñando.

Una posible filtración de estos estados intermedios de transición, resulta de el entendimiento de que cerebro trabajan en módulos y circuitos, que pueden estar en diferentes fases. En estudios en los que se evalúa a las personas que se encuentran en estado de vigilia pero distraídas en apariencia, se observa que hay regiones del cerebro que paradójicamente están más activa, lo cual sugiere que el cerebro está en una fase de actividad diferente, por ejemplo en situaciones de tener ensoñaciones durante el día. Estas últimas también son consideradas como estados alterados de conciencia. Hay muchas alteraciones que están asociadas con esta fase de alteración de conciencia: en la narcolepsia, la parálisis del sueño, en la inercia de sueño y otras enfermedades.

La parálisis del sueño por ejemplo, es una experiencia con un componente de alucinación. La persona está convencida de estar despierto, y de que lo que ocurre es real y generado por un tipo de fuerza externa, y en este punto, puede hacer irrupción un tipo de pensamiento mágico. La parálisis del sueño se presenta más frecuente, cuando las personas se despiertan después de haber dormido, pero también puede ser de manera opuesta. Los cambios conductuales que se han observando al principio del episodio de parálisis del sueño, están reflejando la atonía muscular. Hay una sensación de pensantes en todo el cuerpo, como si una fuerza, o un espíritu estuviera recostado o sentado arriba del pecho (a nivel popular se le conoce con el nombre de: "se me acostó el muerto encima"). La persona puede ver cosas que no existen, pues aún está dormido, intenta moverse y no lo logra. Este tipo de parálisis del sueño puede ser aislada, o ser parte de los síntomas de la narcolepsia. También hay la forma de tipo idiopática o primaria. El inicio de sueño preciso no se puede cuantificar claramente. Sin embargo, si se está en las condiciones de un laboratorio de sueño, se puede observar la aparición de una actividad electroencefalográfica llamada theta, el tono muscular está elevado, disminuye la frecuencia cardiaca y respiratoria, bajar la conducta ansia de la piel. En esta fase observamos movimientos de rodado lento de los ojos, esto puede apreciarse viendo cómo los ojos se mueve lentamente debajo de los párpados. Hay un bloqueo gradual de la actividad alfa, característica de los ojo cerrados pero aún despierto, que se observan regiones posteriores del cráneo o zona occipital.

La desaparición de la actividad alfa es uno de los datos más confiables para indicar el inicio del sueño. El inicio a sueño se puede caracterizar por tres signos EEG. La primera tiene que ver con la atenuación del ritmo alfa, la aparición de ondas theta y de las ondas vertex, que se registran en los electrodos centrales. Inmediatamente después de esto se observa la aparición de los usos sueño, actividad eléctrica que se origina en el tálamo, en los núcleos intra laminares.

El inicio del sueño no se puede detectar fácilmente. Por lo menos hay muy poca información al respecto, así como de los cambios que ocurren en la transición de estar despierto al quedarse dormido. Los marcadores electroencefalográfico son poco específicos. Además el inicio del sueño no ocurre de una sola vez, hay oscilaciones entre el estar dormido y el estar despierto, una gran variabilidad entre las personas, y condiciones adicionales medioambientales. La transición de esta despierto sueño deben establecerse entre los estadios uno y dos de sus, quizá con la aparición de las ondas de usos del sueño.

LA PARÁLISIS DEL SUEÑO Y SU RELACIÓN CON LA PINTURA: "LA PESADILLA" DE HENRY FUSELI

El termino pesadilla, pesuarole en italiano y pesadela en portugués, tiene una raíz común: "Pesar", que esta pesado, algo que pesa en la noche y que se deposita en el pecho del durmiente. En inglés es "Nightmare", en donde la raíz "Mare", es la yegua, para connotar un ente vivo que nos visita en la oscuridad, en este caso la yegua de la noche.

Henry Fuseli (1741–1825), pinto "The nightmare" (1781). El tema de la obra es el asalto nocturno de un incubo (incubare: permanecer acostado) y la yegua de la noche. Una doncella, yace en su lecho, la cabeza y brazos cuelgan hacia uno de los lados, mientras que sentado en el pecho de la mujer, está un incubo que observa al pintor con una mueca que parece una sonrisa perversa. Una yegua irrumpe por el extremo izquierdo de la pintura con los ojos saltones, como si espantada mirara lo que sueña la bella durmiente. Fuseli, fue un pintor que nacido en Suiza, trabajó la mayor parte de su vida en Inglaterra. Se le educó dentro de una familia numerosa (18 hermanos) y cristiana, fue ordenado sacerdote, a insistencia de su padre. El pintor viajó por diferentes partes de Europa y en Italia decidió modificar su apellido, por uno más italianizado de Fssli, pasó a Fuseli.

En el siglo XVIII, las pesadillas se pensaban que eran causadas por demonios o íncubos, aunque ya Galeno había propuesto que estas eran el resultado de cenas profusas y de los vapores que salían de los alimentos durante la digestión. El concepto actual que se tiene de pesadilla, esta relacionado a cualquier tipo de sueño que sea capaz de generar una respuesta ansiosa en el soñante, que lo obligue a despertar. Este fenómeno se presenta con más frecuencia en la segunda parte de la noche, cuando la persona que tiene una pesadilla se despierta y se encuentra agitado, con aumento de las frecuencias cardiaca y respiratoria, sudoración, además hay un recuerdo claro del contenido del sueño.

Sin embargo lo que pinto Fuseli, tiene más que ver con otra alteración del sueño llamada parálisis de sueño. Aquí la persona está dormida, siente que se ha despertado pero no se puede mover, la duración de esta parálisis transitoria es de 3 a 30 minutos, hay una sensación de opresión en el pecho y dificultad para respirara. Se pueden tener manifestaciones alucinatorias. Este malestar se presenta en la mayoría de las personas, una o dos veces al año, sólo cuando aumenta la frecuencia de episodios se considera una enfermedad. Este problema era conocido por chinos y griegos, hace más de dos mil años, estos últimos le denominaban "Efialtes". Para la mayoría de las personas la única explicación de ese malestar era la brujería o la presencia de espíritus malignos. En México también adquirió este tipo de connotación mágica y popularmente se le refiere, aún hoy en día como episodios en donde: "¡Se me acotó el muerto encima!".

En la edad media, algunas acusaciones de brujería se sustentaron en supuestas víctimas que presentaban parálisis de sueño. En los testimonios que se hicieron en el juicio por brujería a Oliva Berthram, en Suffolk Assizez. Inglaterra, en 1599, una de las supuestas víctimas Joan Jarden, testificó que un espíritu enviado por Berthram, la atormentaba cada noche, cambiando de forma, pero siempre sentándose en su pecho. Acusaciones similares ocurrieron en Salem, en 1692, en el juicio por brujería a Susan Martin.

Fuseli realizó 200 pinturas en total, de las cuales sólo se exhiben una minoría. La primer obra que llamó la atención del gran público fue precisamente "The Nightmare", desde entonces gran parte de su obra guardo ese estilo barroco y gótico, que recuerda, por lo menos en parte a la obra de Goya. Es interesante observar, como las manifestaciones artísticas, van en muchos sentido adelante de algunas áreas de las ciencias, por ejemplo, la parálisis de sueño, sólo fue reconocido como un problema médico, en la década de los años setentas y ochentas, en el que se incorporó a la serie de enfermedades de la naciente disciplina médica de los trastornos del dormir. La siguiente ocasión que tenga una parálisis de sueño, no se angustie, trate de mover los ojos, son los únicos músculos que se pueden mover, y con esto logrará despertar o por lo menos se dará cuenta de que no hay un incubo a su alrededor.

Referencias

1. Hirvonen K, Hasan J, Hakkinen V, Varri A, Loula P. The detection of drowsiness and sleep onset periods from ambulatory recorded polygraphic data. Electroencephalography and clinical neurophysiology. 1997;102(2):132–7. Epub 1997/02/01.

2. Cheyne JA. Sleep paralysis episode frequency and number, types, and structure of associated hallucinations. Journal of sleep research. 2005;14(3):319–24. Epub 2005/08/27.

3. Rowley JT, Stickgold R, Hobson JA. Eyelid movements and mental activity at sleep onset. Consciousness and cognition. 1998;7(1):67–84. Epub 1998/05/30.

LA VISIÓN ANTROPOLÓGICA DEL SOÑAR

Las ensoñaciones son un proceso universal en donde factores biológicos se entrelazan con los sociales. La visión neurobiológica, se encarga de aspectos relacionado a como estos funcionan y como diferentes áreas del cerebro, se orquestan para expresar las diferentes fases del sueño. Al mismo tiempo una serie de eventos fisiológicos se van sucediendo en paralelo, como pueden ser cambios en la temperatura corporal, frecuencia cardiaca, respiratoria, hormonas y para fines de lo que estamos analizando la actividad mental. Esta no se detiene, y es la calidad de lo que llamamos mente, lo que se va modificando conforme se suceden las diferentes etapas del sueño.

Los psicólogos han tratado de utilizar los símbolos personales y universales para buscar un significado y utilidad a la actividad onírica. Incluso, en el área parapsicológica se han aventurado a buscar el significado premonitorio. La sociedad a lo largo de la historia de la humanidad ha percibido a la actividad mental durante el sueño de una manera muy especial, de tal forma que se siguen utilizando algunas de las premisas que se supusieron en la antigüedad como válidas. La actividad onírica ha sido parte de las artes adivinatorias, premonitorias, comunicación con los muertos, con deidades, fuente de placeres prohibidos que no nos permitiríamos en el estado de despierto.

La visión del significado de los sueño en el psicoanálisis ya se ha comentado. Para Sigmund Freud, eran "el camino real al inconsciente. Sin embargo esa suposición no es apoyada por otras tradiciones culturales como los indios Iroquois que siendo de una cultura ajena a la occidental tienen contenidos oníricos similares. A pasar de las similitudes hay una serie de diferencias entre las personas de Viena de fines del siglo XIX y las Iroquios de los siglos XVII, XVIII y XIX. Estos últimos tienen una combinación de cosmovisión respecto a los sueños. Por un lado tienen el "deseo oculto" freudiano, pero por otro hay una idea de que el sueño es adivinatorio (oneirocrítica – el sueño como visitante divino) . Los Itoquois toman sus sueños muy en serio y los interpretan como deseo de los dioses, o de seres sobrenaturales. Los sueños para ellos se convierten en un vehículo en el que se organizan las respuestas respecto a situaciones especiales vitales. Esta es una de las posiciones modernas de los cognitivistas, pero los Itoquios han vivido con esta función de los sueños por lo menos quinientos años.

¿Cuándo fue que los sueños adquirieron algún significado para el hombre? La clave está en que el ser humano es un animal simbólico. El lenguaje y sus medios de comunicación hacen que ciertas formas geométricas, sonidos, olores tengan un significado que va más lejos de la mera señal. A lo largo de los diferentes periodos de la historia de occidente los sueños han estado ligados con aspectos religiosos, políticos, y símbolos étnicos. Además de que han funcionado como un sistema de conocimiento que ha validado el orden social . Los seres humanos necesitamos de funciones básicas, como el comer. Sin embargo el comer no es sólo deglutir una dieta balanceada de carbohidratos, proteínas, y grasas. La preparación, aspecto, olor y sabor, son ingredientes inseparables para el ser humano del acto de comer. Además, como seres gregarios resulta de importancia, el tener en cuenta la compañía con al cual comemos, detal forma que en la mayoría de las culturas el comer se convierte en un acto comunitario. Tomemos por ejemplo al canibalismo, el cual no es un mero acto desesperado de hambre, en la mayoría de las culturas, en donde lo practicaban estaba compenetrado de una aura religiosa (Vg, aztecas, bretones, y diversos pueblos africanos).

La figura del caníbal ha estado presente en diferentes obras literarias, especialmente desde que los europeos irrumpen en África y América. En "Robinson Crusoe" (1719) Daniel Defoe, relata el miedo que su personaje siente ante la posibilidad de ser comido por los caníbales, cuyas huellas ha visto en la arena. Cuando conoce a Viernes, este miedo se disipa gradualmente, hasta que aparece nuevamente en el episodio en que contemplan como un grupo de aborígenes devoran a un persona y otra espera su turno atado en la arena . Jonathan Swift, primero en "Los Viajes de Gulliver (1726) y "La propuesta modesta" (1729), en donde Swift propone que los irlandeses pobres se comían a sus propios niños, con lo cual evitarán que sean abusados y solucionaran su hambruna.

Charles Dickens, también hace constantes alusiones al canibalismo en diferentes novelas, al parecer fomentado por las amenazas que recibió en su infancia por su nana, quien les contaba de un "Capitan Murder", que solía comerse a los niños. También Gustav Flaubert, en Salambó, nos cuenta de un tipo de canibalismo en Cartago del siglo IV: En el siglo XVIII y XIX, la figura del caníbal se sublima en un contexto gótico y romántico por la del vampiro. Estos seres no comen carne pero beben sangre y de esta manera se consolida el temor a ser comido a ser bebido o chupado. En los cuentos infantiles, los gigantes se comen a los niños (Pulgarcito), las brujas también los paladean (Hansel y Gretel), Los lobos se comen a Caperucita y a su abuelita, aun cuando después son rescatadas intactas de la panza de la bestia y hay más, toda una serie de desgracias que les suceden a estas criaturas, sobre todo si se portan mal. El terror es utilizado por los adultos, con fines de castigo. El temor a ser comido, no viene sin embargo de estas historias fantásticas, sino de hechos reales, de épocas de hambrunas, en donde los niños eras vendidos como alimento y los ejércitos de los cruzados, en su camino a "Tierra Santa", saqueaban los graneros y las cunas en donde se encontraban los bebes. Los niños, en esos tiempos no eran espantados con el "Coco". Sino con el señor cruzado que te va a devorar .

En las películas, también tenemos una serie de obras en donde el canibalismo desempeña un papel especial. Peter Greenaway en "El cocinero, el ladrón, su mujer y el amante" (1989), nos muestra una escena en donde se le sirve, en charola de plata, al amante de su mujer. En "El Silencio de los Inocentes" (dirigida por Harris, 1988), de las escenas más comentadas, destaca aquella en donde Aníbal narra como se comió a una persona, y como degustó el hígado con una copa de vino, y remata con un silbido y movimiento reptante de la lengua, que en una entrevista, Anthony Hopkins contó que ese acto con la lengua fue improvisado para bajar la tensión y solemnidad sin que desapareciera del todo, y de hecho le da un toque cínico. En "La noche de los muertos vivientes" (The night of the living dead) George A. Romero (1968), resucita a los muertos, como resultado de un fenómeno astronómico, y estos deambulan por los campos devorando personas. Existen temores colectivos, productos de la carga cultural o arquetípica, como por ejemplo miedo a las arañas, víboras, alturas, etcétera, pero también existe un miedo a ser comido por el otro, aunque en la actualidad el ser comido sea simbólico, sea similar a poseer, dominar, tener bajo control. Es común que en la relaciones amorosas se utilicen expresiones como: "Te quiero comer a besos" "Ella esta de chuparse los dedos" o "me la comí ayer", como equivalente a que tuvo relaciones sexuales con esa persona. El mismo acto de besarse en la boca, esta expresando un acto simbólico de meter en el interior del otro, del objeto amado.

Lo interesante de estas concepciones caníbales, es que es un fenómeno que esta subyacente, en nuestro inconsciente colectivo, y que eso explica por un lado el temor, la curiosidad, el desasosiego de este tipo de actividad, que está sepultada evolutivamente, pero que de vez en cuando hace irrupción.

La actividad onírica es equivalente al aroma o buqué de una comida o una flor. Tiene relevancia en el contexto cultural, aun cuando sea meramente una activad eléctrica en algunas zonas determinadas del cerebro. El significado de los sueños es entonces cultural, y como tal, no puede ser generalizado a todas las situaciones.

Las divisiones sobre las eras históricas de la humanidad es ciertamente artificial, sin embargo, tiene un valor para el estudio de las ideologías y costumbres. Épocas como las "Era de la oscuridad", "Edad media"; "El renacimiento" y "El siglo de las luces", se emplean con frecuencia para connotar estas etapas de la humanidad en donde una serie de acontecimientos las caracterizaron. Es importante decir que esta demarcación está relacionado con terminología clasificatoria y a posteriori. Lo cual es un fenómeno ampliamente conocido por los historiadores. Por ejemplo el nombre de griego para los habitantes de Grecia, fue dado por los romanos. Ellos se denominaban a si mismos helénicos.

La emergencia de Grecia estuvo en gran parte influenciada por a literatura, primero como tradición oral atribuible a Homero y los contemporáneos. LA visión que los griegos tienen del acto del soñar está casi por completo influenciada por su mitología. Los sueños no eran concebidos como una experiencia mental. Estos eran claramente delimitados a tener un mensaje con los dioses. Los sueños eran vehículos a través de los cuales los dioses se podían comunicar con las personas. La relación entres seres humanos, pseudo dioses y dioses, siempre fue tensa. En algunos casos se pensaba que los sueños era obra de los muertos que trataban de comunicarse al mundo de los vivos. En la Ilíada, Zeus utiliza el sueño para engañar nada menos que a Agamenón. Zeus padecía de insomnio, y en su lecho maquina como puede destruir multitudes de humanos y cubrir de gloria a Aquiles. Entonces le envía un sueño a Agamenón. Los sueños eran en esta mitología, como los correos electrónicos ahora. En uno de esos sueños, acude ante el dios supremo. Él le die que haga exactamente lo que le indica:

"Anda ve pernicioso Sueño, encamínate a las veleras naves aqueas, introdúcete en la tienda de Agamenón Átrida, y dile cuidadosamente lo que voy a encargarte. Ordénale que arme a los melenudos aqueos y saque todas las huestes; ahora podría tomar a Troya, la ciudad de anchas calles, pues los inmortales que poseen olímpicos palacios ya no están discordes, por haberlos persuadido Hera con sus ruegos, y una serie de infortunios amenaza a los troyanos.

Así dijo. Partió el Sueño al oír el mandato, llegó en un instante a las veleras naves aqueas, y hallando dormido en su tienda al Átrida Agamenón – Alrededor del héroe había difundido el sueño inmortal –, pósese sobre su cabeza y tomó la forma de Néstor, hijo de Meleo, que era el anciano a quien mas honraba. Así transfigurado dijo el divino Sueño:

¿Duermes, hijo del belicoso Atreo domador de caballos? No debe dormir toda la noche el príncipe al cual se han confiado todos los guerreros y a cuyo cargo hay tantas cosas. Ahora atiéndeme enseguida, pues vengo como mensajero de Zeus. El cual, aun estando lejos, se interesa mucho por ti y te compadece..."

En algunas culturas previas a la "época de oro griega", ya existía una tradición que consistía en "facilitar" la comunicación con los dioses, para lo cual se asistía a dormir a lugares sagrados. El proceso de incubación de sueños sagrados era una forma de asegurar que la comunicación se estaba efectuando, además se podían comunicar con divinidades específicas. Esto se practicaba en Egipto y Babilonia. Las divinidades en las que mayormente se intentaba esta comunicación eran aquellas que estaban conectadas con la tierra. Las ensoñaciones tienen un lugar relativamente ubicuo en la mitología griega. Para algunos son entidades que pueden ser manipuladas por los dioses, para otros son un sitio entre el mundo de los muertos, el Hades, especie de antesala. En la Metamorfosis de Ovidio, el sueño es una entidad divina hijo de Hipnos, este es hermano gemelo de Tanatos. Nicte, la diosa de la noche griega, tuvo dos hijos gemelos Hipnos, dios del sueño y Tanatos dios de la muerte. Las similitudes aparentes de los dos estados ha sido más que evidente. En los dos yacemos horizontales, más o menos sin responder y ajenos al mundo que nos rodea. La principal diferencia entre ambos es la reversibilidad, despertamos del sueño, pero no de la muerte.

Empédocles, quien vivió en el siglo V, A.C., fue el primero que propuso que el sueño pudiera deberse a una disminución del riego sanguíneo al cerebro. Si la sangre no regresaba al cerebro al amanecer, significaba que el gemelo de Hipnos, Tanatos había ganado la partida. Esto es importante de comentar, porque ya en la misma época no todos los naturalistas en Grecia pensaban en explicaciones mitológicas.

Aristóteles dedica dos extensos escritos al sueño: De somno et vigilia y De somniies, en el libro Parva naturalia. Él escribió que el sueño y la vigilia estaban relacionadas con la percepción. El centro de ambas actividades estaba en el corazón. Él propuso que el sueño ocurría por la inhibición de la percepción y que esto era debido entre otras cosas por la alimentación. Para Freud, lo que describió Aristóteles es que los sueños no son de naturaleza divina, sino demoníaca, sin embargo, lo descrito por el filósofo griego, tiene que ver en mayor grado con el contexto de la naturaleza, y concretamente de lo referente a la tierra.

La cosmovisión de los griego en el tiempo de Homero está totalmente sumergida en su religión que sirve de vehículo para explicar cualquier fenómeno natural. El ser humano por ejemplo, no es responsable de sus actos los cuales son ordenados por los dioses, los cuales son una especie de titiriteros que dirigen el destino de la humanidad. No hay libre albedrío, situación que se observa también en otras culturas como la judía e hindú, en donde el destino ya está escrito.

Los dioses tienen entonces un mundo paralelo, desde donde extienden su manipulación hacia los seres humanos, a quienes se envía tentaciones divinas (ate), energía vital (menos), y mensajes divinos a través de los sueño (oneiros). La concepción del cuerpo humano por ejemplo, es muy semejante al de un rompecabezas, no se tiene el modelo heurístico de un cuerpo como unidad, sino que las partes que lo componen tiene total independencia y autonomía (Vg., el útero que deambula por el cuerpo de las mujeres, que les provoca síntomas por no haber sido ocupado por un embarazo). El alma no es concebida como motor vital, porque las acciones de los seres humanos depende de factores externos (dioses o semidioses), es hasta Aristóteles que el alma aparece como energía vital (Psique). En la época de Homero la psique aparece como equivalente al aire que respiran los humanos, o soplo vital. En la Ilíada Homero recita: "... mientras el aire que respiro permanezca en mi pecho, mis rodillas estarán en movimiento".

No existía tampoco un concepto de inconsciente o pre-consciente. Las cosas que se saben solamente se conocen como tal, y las que no se saben serán enviadas por los dioses o simplemente prohibidas a la razón. Los órganos de la percepción son las puertas de conocimiento, pero también la adquisición de experiencias vitales, que se pueden lograr también a través del soñar, especialmente cuando esta comunicación proviene de los dioses. Los sueños envidaos por los dioses como fuente de conocimiento tienen que ser tomados con reserva, a veces como en el caso del sueño de Agamenón son mensajes falsos, o símbolos cifrados, de aquí, que la función de los adivinos y hechiceros era el desentrañar el sentido oculto de lo soñado (Nada nuevo bajo el sol señor Sigmund Freud).

Esta actividad adivinatoria se hace más frecuente en la Edad Clásica griega, y las etapas de expansión helénica, se ha propuesto que esto pueda estar relacionado con la colonización de las culturas, en donde el pensamiento religioso se vincula a las artes de la curación. En la obra de Píndaro , la psique toma la forma de un carácter divino, y es una entidad que puede separase del cuerpo cuando este duerme. La psique es realmente la que tiene la vivencia de las ensoñaciones, eso explica, según Píndaro, que podemos ver nuestro propio cuerpo en las ensoñaciones. El fenómeno de la autoscopía (observarse, uno mismo como una entidad separada), ciertamente debió de llamar la atención de los hombres de todas las épocas, que mejor explicación que la de una persona que me habita y deambula en el sueño fuera de mi cuerpo. El alma es liberada de su cárcel corporal durante el sueño y es una forma de adquirir conocimientos que trascienden las barreras de la física y el tiempo. Esta concepción fue central en la filosofía de Platón. El alma es, para este filósofo, un ente racional que puede asomarse al pasado y predecir el futuro. Las corrientes de pensamiento chamánico (en este sentido equivalente a hechiceros), provienen del norte de Europa, y en ellas hay una concepción del alma como un fragmento de la divinidad que se encuentra prisionera en el cuerpo . Es está una idea que persiste hasta nuestro días por las principales religiones del mundo. El alma como algo que se no es prestado por la deidad y que por lo tanto tendremos que regresar al morir el cuerpo. El alma es inmortal, por lo tanto es más vieja que el cuerpo. Si esto es cierto, el alma es sabia por la experiencia acumulada, y el cuerpo carece de esta experiencia, es inocente, el cuerpo material no realmente la persona, el alma es pura, el cuerpo es algo sucio que se ve sometido al paso del tiempo y al decaimiento. Es interesante que en gran parte el concepto de alma o psique, separado del cuerpo, se gestó por la observación de la actividad onírica en un marco de pensamiento pre-científico. El tratamiento filosófico que Platón otorga al alma, es distinto que el que se observa para el cuerpo. La psique es el sitio de la inteligencia y la personalidad. En la "Apología" Sócrates subraya la importancia del tener un especial cuidado por el alma y en "Crito" pregunta: "¿Realmente pensamos que esta parte de nosotros, cualquiera que esta sea, en donde descansa lo que es correcto de lo incorrecto, y que es menos importante que el cuerpo?" En "Charmides" subraya: "...todo lo bueno y lo malo se origina en el alma y de ahí se desparrama por la cabeza y los ojos". Sin embargo, aún en Grecia, no todos los sueños tenían un sentido adivinatorio o de oráculo, otros eran indicadores de estados de malestar del propio cuerpo y aparece la concepción que más tarde explorará el psicoanálisis como propia, y que tiene que ver con los deseos reprimidos, que en la Edad Media quedaban simplemente como deseos no cumplidos, esto es una especie de antojo, de gana, que al no poder ser satisfecha en el estado de despierto se satisfacía en el sueño.

En "Teogonía", Hesíodo describe un concepto más elaborado de los sueño, ocho siglos antes de la Era Cristiana. La actividad onírica es caótica por ser hija de la noche, quien vive con sus hermanos Destino y Muerte (Tanatos). En el proceso de incubación de los sueños, los soñantes buscan, de manera constante con los mensajeros divinos, esto era favorecido por la costumbre de dormir en lugares sagrados. Actividad que se practica en Egipto, Grecia, Babilonia. Los Íncubos, era seres del infierno, sin llegar a la categoría de Diablos, que atormentaban a los durmientes con pesadillas. La incubación de los sueños apareció con el culto a dioses de la tierra, por ejemplo Asclepios, quien fue adorado como un dios de la tierra, cuasi espíritu, en el que la serpiente y un bastón eran los símbolos característicos, y que luego pasó a ser la deidad de la medicina, culto que se sostuvo incluso con los romanos. En este contexto, los sueños se convierten en los mensajeros de los dioses, el puente de comunicación entre los dioses y los hombres.

En la época en que la Ilíada y la Odisea, narradas por Homero, los sueños eran localizados como eventos externos al hombre, y enviados a ellos por los mismos dioses. Es hasta la Época Clásica, en que los sueños se interiorizan y se convierte en una fuente de comunicación entre una zona interna del individuo y la divinidad. "Los sueños se manifiestan como un estado de desdoblamiento, por un lado el cuerpo duerme, por el otro el alma vaga, libre de las ataduras de la carne". La concepción del "ser" que está bifurcado entre el mundo divino y el mundo terrenal, fue extrapolada por Sigmund Freud, cuando habla de un doble significado de los sueño, el explicito y el oculto, es decir el primero correspondería al mundo terrenal y cotidiano y el otro al mundo de los dioses. En cierto sentido, el cotidiano representa, a la luz de las aportaciones a las neurociencia al monologo que se tiene en fases de sueño sin movimientos oculares rápidos (estadios 1 al IV), que tiene un contenido relacionado a las preocupaciones cotidianas y en cierta forma reflexivo. "El contenido de los dioses", ocurre entonces en el SMOR, y tiene que ver entonces con el procesamiento de un proceso psicótico que se presentó en esta fase del sueño, pero con los elementos racionales y lógicos que se tienen al estar despiertos, este análisis es posible sólo porque tenemos el juicio de realidad. Nos percatamos que no podemos volar, ni atravesar cuerpos sólidos, que las personas con las que soñamos ya no existen, etcétera.

En el apogeo de la ideología Judeo-Cristiana en la cultura occidental, el sentido de la bifurcación de los sueños cambia. Ahora no es la parte que corresponde a la cotidianidad algo normal, puede ser objeto de las tentaciones, lo mismo ocurre con las ensoñaciones eróticos o en donde se cometen actos que se salen de la leyes eclesiásticas. El sueño se convierto, en este sentido, en una batalla entre el bien y el mal, ángeles y demonios. Los sueños eróticos, por ejemplo, eran una clara de los intentos del "maligno", por apoderarse del alma de los soñantes. Al ser los sueño áreas en las que era frecuente que se tentara al soñante, se pasó a la concepción de que no se debía de hacer mucho caso al contenido de los sueños, de hecho se debían olvidar, por lo menos no era muy propio contar a los demás lo soñado. Sin embargo, parte del alivio o catarsis, que se tiene con lo que se sueña, se consolida con el acto de narrar lo soñado.

El concepto de Daemón

Una serie de términos filosóficos se han incorporado a las terminología psicológica contemporánea, sin embargo la manera en la que ellos son utilizados difiera de la forma original en la que se les empleó. Ejemplos claros de lo anterior son los términos Arquetipo, Daemón (Daemón), y Psique. El uso del término daemón a primera vista no difiere mucho de su significado original. Este era algo equivalente a un tipo de destino inscrito en uno mismo. Esto era entonces un poder divino que nos determinaba ante eventos de nuestras vidas sin poder escogerlos. Para los griegos los términos daemón y daemoniaco, expresaban fuerzas que venía del exterior y que equivalen al concepto de destino, aunque la decisión final o ética, depende del ser humano. Para Sócrates y Platón el daemón era un poder divino de guía o guardián de nuestras acciones. En "La Apología", después de que Sócrates ha sido condenado a muerte por su propia mano, refiere:

"Pienso en ustedes como mis amigos, deseo mostrarles el significado de lo que me ha sucedido. Para mi, jueces, - y cuando los llamo a ustedes jueces, les doy la justa denominación, - algo maravilloso ha ocurrido. La voz familia de naturaleza divina del daemón siempre me ha hablado, de manera frecuente en situaciones tan cotidianas en donde se ha opuesto aún en aspectos cotidianas, de tal forma que me indica que si hago ciertas cosas, las debo hacer de la manera adecuada. Ahora me ha ocurrido aquello que es considerado como el mas grande de los males. La comunicación divina no se ha opuesto a mi, ni cuando dejé mi casa esta mañana, ni cuando llegue a la corte, ni cuando estoy a punto de no decir ya nada. Y sin embargo, muchas otras ocasiones me detuvo a la mitad de un discurso, pero ahora, en esta ocasión no me ha interrumpido ni una sola vez ¿Cuál debo de suponer es la causa de esto? Esto me hace suponer que esto que me ha sucedido, no debe de ser por lo tanto algo malo... Si el destino no se opuso a mi, eso significa que estoy a punto de hacer algo bueno". Eso a lo que se refiere el terminar con su vida mediante la cicuta. El daemón, al que se refiere Sócrates, tiene que ver con la fuerza del destino, que le impide cambiar o por lo menos protestar por su suerte. El daemón para Sócrates ese es un poder.

Las fuerzas daemónicas son aquellas funciones naturales que tienen la capacidad de controlar a las personas. El deseo sexual, el erotismo, la ira, el coraje, y la apetencia por poder, son ejemplos de los matices con los que se expresan las fuerzas daemónicas. En este sentido, este tipo de fuerzas pueden ser destructivas o creativas.

Para las religiones judaica, cristiana e islámica, el concepto de daemón está representada por la figura de los ángeles o espíritus guía. Esto último es importante porque diferencia los conceptos de alma y psique, ya que daemón es externo y al mismo tiempo divino e inmutable. James Hillman escribió en "The Soul's Code":

"Al alma de cada uno de nosotros, le fue entregado un daemón único, antes de que naciéramos, el cual está seleccionado de acuerdo al patrón que viviremos en la tierra. El Daemón es un compañero del alma, que nos guía. A lo largo de nuestras vidas olvidamos lo que ocurrió en otras vidas y por la tanto llegamos vacíos a este mundo. El daemón recuerda cual es tu imagen y patrón de vidas previas, por la tanto el daemón es quien trasporta tu destino.

Si lo daemonico es una entidad que es asignada antes de nacer, en forma de ángel o espíritu guía, por Dios, entonces les quedaba claro a los griegos, que el sueño era un estado en el cual Dios y lo daemonico se comunicaban. Lo anterior consolida la visión del sueño con un valor de clarividencia. En este sentido los sueños son el terreno en el cual el daemón se comunica con los dioses, y estos a su vez, hacen contacto con las personas.

El concepto neurobiológico del daemón estaría vinculado a lo que está "escrito" en nuestros genes y de esto al como se conforma la personalidad. El código genético se establece en cada uno de nosotros en el momento de la fecundación. Este evento nos diseña y en muchos sentidos nos otorga límites y posibilidades. Es destino porque estamos programados en ese código, pero además hay una cultura, que modula esa representación. Ejemplos de lo anterior, son las necesidades biológicas por dormir, comer, libido. Si bien todos tenemos necesidad de estas, los umbrales para iniciarlas o terminarlas no son claras, Por ejemplo la cantidad de sueño diaria, encontramos que hay una gran variabilidad. Existen personas que podríamos llamarlas dormidores excesivos o "dormilones", ya que requieren de 10 a 12 horas. de sueño y otras que son lo opuesto, dormidores parcos, ("No-dormilones), estos duermen menos de 6 horas, al día, sin repercusiones en su estado de alerta diurna. Ahora sabemos que los no-dormilones tienen una actividad acelerada de una enzima que destruye a la adenosina. La adenosina es un neurotransmisor que se ha relacionado con el sueño Ver capítulo sobre la neurobiología del sueño) , de una manera directo: a mayor cantidad de adenosina, mayor capacidad de sueño. Pero si la enzima catabólica para la adenosina, está acelerada (mayor actividad o número de proteína enzimática), entonces destruye más rápido a la adenosina; esta no se acumulará o modificara los recetores adenosinérgicos, y por lo tanto no se acumulara una necesidad de sueño y en extremos puede tener, un tipo de insomnio, que se conoce como primario. Las enzimas se codifican en los genes esto es el "daemón" biológico. Luego entonces, si una persona tiene insomnio crónico, esto va a impactar en sus relaciones interpersonales, laborales, escolares y esta marginación, más el insomnio, lo puede llevar a tener depresión, quizás una personalidad pasiva, irritable, etcétera. Los ejemplos de personalidad, genes, y destino son ya hoy en día abundantes.

Sin embargo, la ciencia, no abre solo una puerta a un tipo de conocimiento puntual, sino que abre también más preguntas y caminos a seguir. En esto del destino y los genes, hoy sabemos que hay la epigenética, y que el llamado ADN basura, o micro ARN, tienen un papel de modificar, aunque no se herede, las características de expresión del genoma.

Las religión católica se funda en las tradiciones Hebreas y Helénicas, sin embargo con el paso de lo siglos van preponderando las influencias judías. Una concepción que se exagera y que no está en la religión hebrea es el miedo como instrumento de evangelización. Situación que dio lugar a culpa, penitencias sin fin, y a un estado de angustia perpetuo. Algunos historiadores reconocen a la época presente como: "La Edad de la Ansiedad". Los predicadores católicos de la época centraron sus sermones en "La Apocalipsis", el fin de los tiempos, la expiación, el infierno, todo lo que ofendía a Dios llevaba de manera irrefutable al infierno o por lo menos al purgatorio.

Referencias

Aserinsky E, Nataniel K. Regularly occurring periods of eye motility, and concomitant phenomena, during sleep.Science. 1953, Sep 4;118(3062):273–4.

Gillin JC, Zoltoski R; Salín-Pascual, RJ. The Basic Science of Sleep. En: H. Kaplan y B. Sadock: Comprehensive Text Book of Psychiatry/VII. Williams & Wilkins. 2000.

Salin-Pascual, RJ; Gerashchenki, D; Shiromani, PJ. Some myths are show to die. En: Edward, F; Pace-Schott; Mark, Solms; Blagrove, M; Harnad, S. Sleep and Dreaming: Scientific Advances and Reconsiderations. Cambridge, pag: 211 – 212, 2003.

Salin-Pascual, RJ. Lo que todo médico debe saber sobre alteraciones del dormir. EDAMEX, 2006.

Chagoya de Sánchez V, Hernández-Muñoz R, Suárez J, Vidrio S, Yáñez L,

Aguilar-Roblero R, Oksenberg A, Vega-González A, Villalobos L, Rosenthal L, Fernández-Cancino F, Drucker-Colín R, Díaz-Muñoz M. Temporal variations of adenosine metabolism in human blood. Chronobiol Int. 1996;13(3):163–77.

Calvo JM, Simón-Arceo K, Fernández-Mas R. Prolonged enhancement of REM sleep produced by carbachol microinjection into the amygdala.Neuroreport. 1996; 31;7(2):577–80.

EL CEREBRO Y LA MORAL: Una aproximación neurobiológica al problema del bien y el mal.

"Los hombres buenos, sueñan en hacer lo que los hombres malos hacen", dice una consigna griega atribuida a Sócrates. También el genial cineasta japonés Akira Kurosawa, desarrolla un argumento cinematográfico cuyo título les "Los malvados duermen bien". Pero para las personas que no son malvadas, malas, o como se dice en psiquiatría sociópatas.

En uno de los programas de radio en que participé, se narraba la película "Cappote", que describe los crímenes que dieron origen a la novela del auto "A sangre fría", que revolucionó en género literario, mezclando la realidad con la ficción. Un radio escucha se mostró un tanto contrariado, ante mi afirmación de que cualquiera, ante determinadas circunstancias es capaz de asesinar. El señor en ciernes decía que él en su vida, había pensado que podría matar a alguien. En el siguiente programa de la emisión radial presentamos una de las películas de Woody Allen, "Match-Point".

Match point (La Provocación) (Woody Allen – 2005)

Una Furtiva Lacrima (G. Donizetti)

Una furtiva lagrima negli occhi suoi spuntò... quelle festose giovani invidiar sembrò... Che più cercando io vo? M'ama, lo vedo. Un solo istante i palpiti del suo bel cor sentir!.. Co' suoi sospir confondere per poco i miei sospir!... Cielo, si può morir; di più non chiedo.

Eccola... Oh! qual le accresce beltà l'amor nascente! A far l'indifferente si seguiti così finché non viene ella a spiegarsi.

La película es una joya engarzada en oro. Cada detalle es un referente a tres temas centrales: "la suerte"; "el enamoramiento como obsesión" y "la moral del campo de batalla" (léase la amoralidad).

Sobre el primer tema, una voz en off nos ilustra, mientras vemos una pelota de tenis cruzar de un lado de la red, sobre el azar y sus inconvenientes: "I´d rather be lucky than good." [Yo prefiero tener suerte que ser bueno], Chris Wilton (Jonhatan Rhys Meyer), viaja por esa ruta. Originaria de Irlanda, familia pobre, bien parecido, juega tenis, y es muy bueno pero no lo suficiente como para aspirar a la gloria de los grandes torneos, para eso hay que tener además de suerte mucho dinero.

Viaja a Londres, en donde consigue un empleo como instructor de tenis en un club exclusivo. Se le ve furtivo, aplicado, y callado. Al poco tiempo conoce a Tom Hewett (Matthew Goode), quien proviene de una familia adinerada, cuyo padre además de millonario, continua la tradición medieval de ser mecenas.

En una invitación al palco privado de la familia de Tom y su familia en el legendario Coven Garden, Clohe la hermana de Tom, hace su aparición, y son una serie de miradas y suspiros intuidos, por lo que de inmediato sabemos que se ha enamorado a primera vista del irlandés. No en balde hemos estado escuchando el aria denominada: "Furtiva lacrima" de la ópera de Gaetano Donizetti "L'elisir de amore" (Adina y Nemorino).

Para los seres humanos de todos los tiempos, ese tipo de enamoramiento: arrebatado, ilógico, obsesivo, como una locura, era sólo posible por la suerte de un elixir, que como un envenenamiento o intoxicación afecta la posibilidad de razonar. La persona es incapaz de ver al ogro o bruja que lo seduce, este es el famoso elixir de amor. La mas importante de estas leyendas es la "Tristan e Isolda".

Tristán, conduce hasta su tío Marcos a la bella Isolda la Rubia. Los vientos dejan de soplar de manera propiciaría, y los veleros están parados, el calor hace presas de los pasajeros, Branguene, la dama de compañía de Isolda, corre presurosa a prepara una bebida a su ama, pero mezcla por accidente, una pócima que la madre de Isolda le encomendó para que la vertiera en las bebidas de los contrayentes. Ahora Tristán e Isolda, después de beber esas copas de la pasión no podrán separa sus destinos.

La vida sería muy aburrida sin las grandes tormentas y los arrecifes, y uno de estos elementos titánicos, se le presentan incidentalmente a Chris, cuando ve a una jugadora de Pin-Pong, que le quita la respiración, Nola Rice (Scarlett Johansson), Ella es un bella y rubia, norteamericana, que resulta ser la novia de Tom. La pasión tiene ahora el condimento de lo prohibido, y de lo que está buscando ser un hombre que trata de imitar cada aspecto de los ricos de siempre.

Lo mismo le sucedió a Lancelot du Lac, o el "Caballero de la Careta", a quien "Chretian de Troy", lo elevó a los altares laicos del héroe de caballería, invencible, pero derrotado pro el amor de la mujer de su mejor amigo, Guenevive, Las primeras noveles románticas de Champagne, están aderezadas con estos elementos.,

La moral, es a mi juicio el gran tema de la película, ese como barniz, que la educación, la sociedad, las religiones, etc., consolidan., para tapar el aspecto negativo del interior d las personas, la agresividad, la posesión del otro. Chris se involucra afectivamente., con Nola, a pesar de que tiene todas las de perder, la chica en una tarde de lluvia en que la chica con varios tragos y una enojo provocado por la suegra, se sale a caminar, y este la embarazo sin embargo, ella se detiene y lo trata que de que sean sea amigo.

Finalmente Tom le pone el cuerno a la novia, y se separan., en un partido de entrenamiento, se estera el lobo, y terminando Corre a los brazos de otra mujer, y son los que todos los personajes tienen lo suyo. Por ejemplo, hasta la más dulce de los personajes Chleo, compró un marido, a través de conseguir apoyos,

¿En que momento un personaje como Chris tiene una crisis sicopatía para salvar el pellejo? La potencial maldad está encerrada en todos nosotros. Finalmente la buena suerte se acaba imponiendo, y esto parece contradecir lo enunciado por Albert Einstein, sobre el azar y suerte:: "Dios no juega a los dados".

Amores grotescosLa obra explica las desventuras amorosas de Nemorino, un campesino pobre y tímido enamorado de Adina, propietaria rica y caprichosa, que inicia la acción leyendo en tono burlón la historia del filtro con que Tristán consiguió el amor de Isolda. La llegada de un regimiento de soldados en misión de reclutamiento militar presidido por el fanfarrón sargento Belcore y la de Dulcamara, charlatán embaucador que se presenta como un sabio doctor que cura todos los males, desencadena la trama. Belcore intenta, desde el primer momento, seducir a la rica heredera y le propone matrimonio, cosa que aparentemente consigue gracias a la coquetería de la muchacha, que quiere poner celoso a Nemorino. Este, a su vez, pide a Dulcamara que le venda el elixir de amor que venció a Isolda, cosa que no supone problema para el charlatán, que le vende una botella de vino como si fuera el brebaje mágico. El enredo está servido. Nemorino, medio bebido, se desespera y acaba en el ejército para comprar más elixir, pero la muerte providencial de un tío rico de Nemorino y el enternecimiento de Adina ante la bondad del pueblerino —que canta la famosísima aria Una furtiva lacrima, llena de melancolía— facilitan la reconciliación entre los jóvenes enamorados y una explosión de alegría final con la participación de todo el pueblo.

PREGUNTAS CENTRALES RELACIONADOS A LOS ASPECTOS MORALES Y ÉTICOS EN EL MARCO DE LAS NEUROCIENCIAS.

La primera pregunta en el terreno de la moral y las neurociencias es la siguiente: ¿Es la moral de la humanidad algo innato?; si esto cierto lo anterior, ¿qué ventajas tiene evolutivamente? la pregunta que sigue sería simple ¿y qué pasa si no se cumple?

Si se supone que la moral es innata, de alguna manera esto puede significar un rasgo positivo de la moralidad. También esto pudiera haber sido adaptativo y llenar un requisito para la procreación de la especie. También puede ser que la moralidad, sea únicamente una ilusión que no tiene que ver para nada con la preservación de la especie, sino con el crear condiciones de represión y castigo; el modular la violencia, esta sí de tipo innato y el regular la interacción de una especie que tiene que vivir en sociedades, pero que trata de ser individualista, o con mucho privilegiar a los que portan la mayoría de su material genético. La hipótesis referente a los aspectos innatos de la humanidad, por supuesto se enfrenta con lo que significa para los demás "moralidad". La idea de que seamos animales morales, es decir con acciones consideradas positivas desde la óptica de lo moral, es decir que la evolución nos haya designado para ser entes sociales, amigables, benévolos, justos y todos los demás atributos, que no tenemos no deja de ser risible además de fantástica, pero al mismo tiempo no deja de ser una de las principales vetas de manipulación hacia quien realmente piensan que esas características sin innatas y que de alguna manera y por "flaqueza" se ha caído fuera de la norma. Por otro lado lo que se ha descrito por los cronistas, sociólogos, historiadores y psicólogos, es exactamente lo opuesto: los animales "Homo Sapiens", somos violentos, egoístas, mentirosos, insensibles, criaturas sin ninguna moral en ninguno de los ámbitos tanto animales como humanos. Entonces, cuando decimos que los humanos son naturalmente morales, lo que estamos diciendo, en base a lo observable, es que somos antinaturales, porque no está en nuestra naturaleza ser buenos. La moral, la ética, las leyes y los castigos son parte del mismo problema. El ser humano trata mediante diferentes recursos de ser bueno, es decir, de llenar las características que han sido connotadas como típicas de un ser humanos, a través de forzar y frenar su naturaleza, los deseos de dominio y poder, y los patrones de aprendizaje moral que la tradición, religiones y cultura les imponen. Por otro lado la hipótesis de que el ser humano es un animal moral en un contexto tecnológico, es decir siguiendo las leyes de la naturaleza, de la biología, entonces sí podríamos partir de un análisis objetivo y comparable. En ese sentido más amplio, sí podemos afirmar que hacemos juicios morales, por ejemplo cuando encontramos reprobables algunas conductas básicas, como pueden ser la violación, la pederastia, el parricidio, el robo, el incesto, el asesinato, etc. podemos decir entonces que el ser humano, tienen una proclividad encaminada, a juzgar posiciones contrarias al grupo, en un sentido económico y genético.

Una disciplina que trató de comparar, en un sentido etológico a la moralidad, fue la "Sociobiología". Este programa de investigación, se inició en 1970, y buscó explicar las conductas sociales, primero en animales como las hormigas, termitas, abejas y luego de seres humanos. Algunos de los puntos centrales de la Sociobiología, desarrollada por E. Wilson de la Universidad de Harvard, resultaron molestos para algunas personas, por lo que en 1980, esta disciplina recién nacida, se re - inventó a sí misma, con el nombre de psicología evolutiva. La Sociobióloga se centra en las conductas innatas, mientras que la psicología evolutiva gira en torno de los mecanismos psicológicos subyacentes a estas. De lo anterior, se pueden concluir tres implicaciones:

La sociobiología y la psicología evolutiva, sostienen que la conducta observable en los seres humanos es adaptativa, pero si sostiene que es producto de mecanismos que se están adaptando. El resultado de esto, puede no ser adaptativo.

La psicología evolutiva tampoco sostiene que los cambios por ello explicara, sean universales, que la adaptación puede observarse a lo largo de las culturas.

Al preservarse la palabra "innato" para la descripción de los mecanismos psicológicos, nos está impidiendo que los psicólogos evolucionistas impliquen esto lo que sea llamado mecanismo innato.

Siendo objetivos, podríamos decir que no hay persona sensata, que pueda objetar la psicología evolutiva. ¿Por que tenemos emociones? ¿por qué no podemos usar el sonido de los trombos para ubicar objetos?;¿por qué no podemos ser más aptos para ver en la oscuridad? las respuestas obvias tienen que ver con el medio ambiente en el que vivieron nuestros antepasados. Los seres humanos tenemos una serie de capacidades aumentadas con respecto a otras especies lo mismo que defectos.

EL HOMO SAPIENS COMO HOMBRE QUE AYUDA. ¿Existe un valor adaptativo como especie del pensamiento y la acción moral? esta pregunta se hace en el entorno de la moral utilitaria evolutiva, en donde la mayoría de las acciones se orquestan en torno del grupo de gentes que caracterizan cada especie, ya lo que Richard adoquín le llamó "el gen egoísta". De manera intuitiva esperamos que una persona que piense en las interacciones humanas en términos de "virtuosas", "obligación", o justicia", es mucho más probable que se ha bien visto y aceptado por los miembros de esa sociedad, que aquella persona que piense que estas características o enunciados sean vacíos. No estamos diciendo, en ningún momento que lo que se promete, que lo que se vende en el sentido de promoción de una personalidad, si era cierto lo, simplemente se describe la intención. Se hay que mencionar esto, si una persona tiene que esforzarse para a lucir ante los demás con cualidades morales, puede surgir la duda respecto a si hay un factor innato de este tipo de comportamiento, ¿cómo es posible que alguien no pueda cumplirlo? La conducta de ayuda, es decir de prestar ayuda a los demás, de tal manera que los beneficiarios son de manera primaria para los otros, es una conducta que en algunos contextos se denomina altruista, en otros contextos también se le ha llamado conducta de cooperación, o conducta pro social. Este tipo de actividad no es exclusiva de los seres humanos, sin embargo en nuestra especie, por razones de debilidad de las crías al hacer, y de las madres recién paridas, tuvo una importancia clave, al grado que 11 tienen especulaciones respecto al estilo de crianza de los niños, más en un contexto de colectivo de colectividad que reivindica individualidad. Otra conducta hasta en ese sentido interesante en la llamada conducta de sacrificio Rene conocida como altruismo evolutivo. Esta conducta está muy ubicada a la Salle reproductivas, de tal forma que la persona puede sacrificar su capacidad reproductiva por el cuidado de los demás. En algunas partes del mundo, el mejor ejemplo es de una de las hijas que no se casa, para quedar a cargo de sus padres cuando éstos envejecen. La conducta altruista, una de las más apreciadas moralmente, es actuar con la intención de beneficiar a otros individuos, ya sea que se esté en una actitud motivada positiva o negativamente por los eventos que pueden sufrir las personas, los países y comunidades, a los que se defiende. El concepto opuesto a altruismo es el egoísmo. Puesto, de todas estas conductas no ocurren en el espacio ventricular cual se encuentra lleno de líquido, sino en circuitos cerebrales que tienen funciones complementarias. En la teoría de la evolución de Darwin hay una serie de supuestos que generalmente son los que sea más apretar, realmente Darwin hizo una crónica de sus descubrimientos, lo interpretó no pontificó, y hasta hoy en día se pueden cuestionar y revisar cada uno de los postulados. Revisar los diferentes estilos actuales de la primera pregunta que se hace, es si estos siguen tipo de determinismo. Esto en gran parte se debe a que se tiene la información del estrecho margen de libre albedrío queremos seres humanos.

EL CONCEPTO HISTÓRICO DE LA MENTE COMO ENTIDAD MORAL.

El concepto de mente ha tenido un proceso histórico, el ser humano ante la posibilidad de tener una vida eterna, y de la resurrección después de la muerte, o el reencarnarse, o el ir hacia otros mundos, le hizo desarrollar el concepto de una entidad fuera de lo material, que a fin de cuentas sería su esencia, la psique (para Aristóteles esta era la energía mal), para las culturas europeas, con un bagaje cultural greco romanos, y después con las religiones judeo-cristianas, conforman un ente que habita dentro del cuerpo, al cual denominan alma, cuya esencia es opuesta al concepto del cuerpo entidad física. Toda la biología es considerada como algo transitorio, mientras que todo inherente al alma tiene una relevancia central. El cuerpo está unido a la tierra, es el centro de todas las conductas negativas o diabólicas, por lo tanto tu destino será volver a la tierra. En la doctrina cristiana la carne, término despectivo con El cual se refieren al cuerpo, es la fuente de todas las conductas negativas, las cuales era muy complicados, algunas de estas conductas enteramente biológicas como la reproducción. El punto de trasgresión es el placer, el cual se ve dentro de lo que sería pecaminoso, con una calidad moral baja, y la razón de esto se centra en el alejamiento que los practicantes de los placeres corporales, tienen con respecto a los cuidados del alma. En las culturas de la india, China, Corea, Japón, existen conceptos de renacer, lo cual lleva a nuevos retos y la moral religiosa encuentra una gratificación centrada en los niveles ya sea de castas o de vidas menos sufridas, dependiendo, de criterios morales.

La filosofía secular también se mantiene una posición dualista, cuyo paradigma central es lo enunciado por René Descartes: " pienso, luego existo". Los aspectos de la vida corporal, tienen que ver con una dimensión pública o social. Mientras que la mente el alma o espíritu, a no obedecer las leyes de la física al no ser observables y de la mente o inspeccionada se maneja en el terreno de lo privado, sin embargo la religión, cualquiera que ésta sea se abroga el derecho de inspección y sanción. La existencia de los cuerpos de seres humanos se puede constatar, por cualquiera de los cuente y describa. Se hace una extrapolación de que a cada cuerpo corresponde un alma. Sin embargo, para Gilbert Ryle, esto se denomina "el dogma del fantasma en la máquina". En su libro "el concepto de mente" (1949), describe el dogma mencionado, y sin embargo demuestra que el siguiente el mismo razonamiento de René Descartes, se puede concluir exactamente lo opuesto. Si por ejemplo, a unos visitantes les mostramos los edificios, aún las, laboratorios y oficinas de la Universidad nacional autónoma de México, alguno de ellos podría preguntar: ¿y en donde está la Universidad?, pensando que este una entidad diferente a lo mostrado. Sin que exista otra entidad diferente a la cual podamos adscribir en nombre de Universidad. Así podríamos imaginarnos, como ocurre en la película "viaje fantástico" que nos introducimos a una diminuta nave, y somos inyectados en el torrente venoso, recorremos los vasos sanguíneos, el corazón, los pulmones, regresamos al corazón izquierdo, viajamos por la carótida hacia el cerebro y después de haber recorrido las diferentes zonas cerebrales, nos preguntamos ¿y dónde esta la mente? así como en el caso de la visita a la Universidad, lo que mostramos a los visitantes es en sí la Universidad, lo mismo ocurre con el cerebro y sus diferentes partes, eso es en sí la mente. Esta entidad, no es únicamente las estructuras, sino también la conducta, los pensamientos, imágenes, memorias y otra serie de procesos que ocurren en estas estructuras. La Universidad, no está formada sólo por edificios y espacios laborables, sino por alumnos, profesores, administrativos, secretarias, personal de apoyo, etc.. Un profesor y un alumno, no son la Universidad. Un laboratorio y el equipo que contiene tampoco lo son. La actividad que desarrollan profesores, alumnos y técnicos en el laboratorio, que lleva la generación de conocimiento, y la difusión del mismo, se puede acercarse mucho al concepto de universidad. Lo mismo ocurre con la activación de las regiones cerebrales, la conducta emergente, a la cual corresponden procesos de activación e inhibición de diferentes moléculas, vías nerviosas, y genoma. En ambos ejemplos, la Universidad y la mente, son evidenciadas por sus funciones. La mente es una función de un sistema nervioso organizado, el cual se localiza como parte de un organismo con múltiples tejidos, órganos y sistemas. El mismo soy tema nervioso está formado por similares elementos que el resto del cuerpo, básicamente de células, las cuales difieren del resto de sus congéneres celulares en algunas propiedades como son, y trasmitir una actividad eléctrica química, a grandes distancias, el conectarse con otras células nerviosas, endocrinas, musculares. Entonces la mente, si bien es una propiedad del tejido nervioso, es que no podría activar la si no tuviere una serie de condiciones constantes, que le proporcionan los órganos y sistemas del cuerpo. La mente como actividad del tejido nervioso, representa un proceso de información, que tiene ciertas limitantes inherentes a su constitución. Al mismo tiempo, esa información que llamamos mente está ejerciendo cambios de sus estructuras para poder hacer esas funciones de manera más eficiente. Lo anterior, nos indicara una actividad dinámica. Si la mente es información, también constituye una serie de estímulos cuya finalidad es hacer más eficiente el manejo de esa información, infiltrar lo que dentro del contexto de utilidad para el cerebro es irrelevante. La actividad mental es una amalgama de fenómenos que van desde la programación que ocurre a nivel genético, la modulación del medio ambiente, el aprendizaje de la relación con los adultos inmediatos, es decir padres y concretamente madre y otra serie de fenómenos del tejido nervioso que conocemos de manera amplia como reflejos condicionados, incondicionados, y otros procesos en el ámbito social, educativo y de las interacciones con otras personas relevantes en la vida. El dualismo es consecuencia de la forma en la cual el sentido común, explica El como unos percibimos. La idea respecto a la mente como un sistema de procesos informativos, tiene un elemento extra que algunas personas tienden a considerar como sinónimo de la mente, y que correspondería más a un monitor de la misma, esto es la conciencia. La conciencia representa una función de la mente, esto es el percatarse de su actividad a un nivel. Por supuesto que no podemos detectar que vías o sistemas de neurotransmisión estamos empleando en cada actividad mental. Muchas de las actividades mentales no pasan directamente a la conciencia, por ejemplo la serie de procesos que realizamos al ir conduciendo un vehículo. Tampoco estamos conscientes del tipo de adultos, conductores y eventos que ocurren a nuestro alrededor al ir por una carretera. Podemos ser conscientes de eventos a que nos interesa revisar, como puede ser un pleito reciente, las noticias que escuchamos en el radio, con dolor de muelas. Podemos migrar el foco de nuestra conciencia y cambiar de relevancia. La conciencia entonces es el percatarse de la actividad mental necesaria para poder manejar, dentro de la teoría de información, aquellos eventos que requieren de la participación conjunta de los llamados procesos mentales superiores. La conciencia no está circunscrita a fenómenos sensoriales, de un solo tipo en ella manejamos más situaciones que se representan de una manera integral. Por ejemplo, si estamos escuchando la radio cuándo vamos manejando un vehículo, vamos evocando imágenes, emociones de información previa, coherente con la información auditiva que percibimos. En la conciencia vamos a presentar los tipos de fenómenos uno central o focal y otro periférico. Éstos aspectos tienen que ver, con la jerarquía del problema que se analiza. La conciencia en El había al, está íntimamente relacionada con la capacidad cerebral de mantener la atención. Por ejemplo, si estamos escuchando en la radio un información relevante registramos el resto de información sensorial, sin que quiera decir esto que no estamos recibiendo esas señales. Por otro lado el fenómeno neurológico de la atención no implica necesariamente algo equivalente al conciencia. En la clínica médica estar consciente significa el estar despierto, atento, responsabilizó a preguntas del medio ambiente y elaborar respuestas. El coma, el sueño profundo y la anestesia, son ejemplos a del estado cinco pacientes. No existe un correlato clínico o neurótico lógico del inconsciente de la doctrina psicoanalítica. Hay un estado de elaboración y ejecución previos a la activación motor de la conducta, pero estos si en una serie de programas con una historia evolutiva, que preparan sujeto, para una respuesta que antecede muchas veces a la información sensorial.

EL LIBRE ALBEDRÍO... ¿EXISTE?

¿SOMOS LOS SERES HUMANOS ALTRUISTAS O EGOÍSTAS?

En el ahora célebre libro de Dawkin "El Gen Egoísta", se transmite la idea de que lo que importa, sobre todas las cosas, es la reproducción, es decir el paso del material genético que poseemos, y que en muchos sentidos nos caracteriza, a las generaciones futuras. La idea de "egoísmo", tiene una connotación moral negativa. Hay una serie de evidencias que sostienen, que los seres humanos, "homo sapiens", somos gregarios por conveniencia, no porque se tenga una especie de gen o conducta que busca a los demás. Lo cual no implica, que está asociación con otros, y con los otros, no sea benéfica. Pero, el hecho es que hay serias dificultades para vivir juntos, además, siempre han existido esas dificultades. La Biblia narra el episodio de los dos primeros hijos de Adán y Eva, Caín y Abel; de cómo el primero mato al segundo, y de ahí no se ha detenido nuestra especie. Situación que tampoco es única, lo hacen la mayoría de los primates y mamíferos de gran tamaño. La escasez de comida, hembras o ambos, quizás fue la necesidad con la que los seres humanos se dieron a la tarea de desarrollar reglas, castigos, premios, privilegios, descontentos.

La primera pregunta que lanzamos es: ¿Cuáles fueron los beneficios evolutivos de tener valores morales? La respuesta tiene que ver con aspectos como la cooperación .

En los grupos sociales, es razonable el asumir, en unos persiguen de una manera especial, sino que a través de servir como alimentos. Se ha mencionado lo anterior porque uno puede suponer que representa una barrera inmediata de entrada contra las hipótesis en esta área. La conducta de ayuda, es una manera de beneficiar a los demás. Las conductas más comunes tienen que ver con un estado . El apoyo o ayuda. Una conducta altruista es tal, sólo si se hace en beneficio primario de otros, y esta es la motivación principal, no un efecto colateral. El ingeniero más capaz, el diseñador de circuitos neuronales en ordenadores, aún no es tan competente para diseñar un sistema que le permite escoger y acierte, sin dejar las huellas del remordimiento, o la culpa. El cerebro se está haciendo y modificando todo el tiempo, ese es una parte de su trabajo, y la gran diferencia entre sus circuitos y los de una máquina, ya que estas no cambian con la experiencia. En gran parte esto viene a colación cuando entramos al análisis de las circunstancias, dilemas y otros aspectos vinculados a la ética y la moral. Los problemas morales son más evidentes cuando tenemos que hacer una elección, por ejemplo entre satisfacer a una persona, o un grupo de ellas, aún en contra de nuestras creencias y principios. Los dilemas morales se presentan, con mucha frecuencia en las vidas. Son además, los materiales de ejercicios, que se hacen con el patrón de la distancia, de los eventos que pueden ser parte de nuestra vida, una especie de realidad virtual. Uno de estos dilemas es el que constituyen la novela de William Styron, "La decisión de Sofía". Los dos hijos de Sofía ella misma, están en un campo de concentración nazi, ella va a morir pronto, y un oficial le da a escoger a cuál de sus dos hijos se va a llevar a la muerte. El dilema ético, es notorio, la elección de Sofía consiste en llevarse a la muerte a la menor, argumentando que ella por ser pequeña, tendría pocas posibilidades de sobrevivir. A la larga, el joven sobreviviente se entera del sacrificio de su madre y hermana, y no puede vivir con esta severa carga, por lo que termina suicidándose. Otro dilema, que traemos como ejemplo, es el siguiente una mujer atractiva, te sea divorciado hace poco, se encuentra con su ex- novio, en un restaurante, a lo largo de la cena, la mujer divorciada y su ex pareja se percatan, se dan cuenta de que todavía se atraen el uno al otro. La mujer divorciada se percata que puede volver a seducir a su ex pareja. El dilema moral es claro, el deseo que siente por él, y el conflicto que se le presenta como moralmente negativo, destruir un nuevo matrimonio. En un sentido popular se puede decir que todo se vale en el amor y la guerra, pero el valor de la familia es muy alto para ella, y decide no continuar con sus estrategias de seducción. La imagen moral, por supuesto es mucho más compleja, se existen algunas circunstancias atenuantes, que pueden poner a la vanguardia al esposo por ejemplo la esposa puede ser una mujer con tendencias a mantener relaciones simultáneas. Se puede atenuar el esfuerzo que hace la mujer para no hizo sobre el hombre y deshacer una relación, diciendo que, si fueran las dos parejas más jóvenes,, se tendría la posibilidad de dialogar obligadamente. La imagen moral, puede quedar más compleja si hay circunstancias atenuantes. Si la persona encargada de tal decisión presenta previamente, una lesión cerebral en la zona de resistencia hacia la impulsividad ésta queda facilitada. Esto se puede observar, inclusive, en pacientes que son sensibles a benzodiacepinas, o en quienes se ha observado un efecto paradójico, que en vez de inhibir activan, casi siempre situaciones de ira o ansiedad extremas. Estas lesiones, daños discretos, no muy extenso, a fin de cuentas lo que nos están poniendo en evidencia zonas de discontinuidad cerebral, y este órgano se adapta y/o compensa.   Por ejemplo, revisemos la serie de decisiones que estamos llevando a cabo a lo largo del día, en donde la parte ejecutiva de nuestro cerebro toma un papel dominante. Al amanecer, nos adentramos en un conflicto. La cama está cómoda, podemos quedarnos, pero esa no es la mejor de las decisiones, a la larga perderemos muchas cosas, de tal forma que sí nos levantamos. Nos arreglamos y "decidimos" que tipo de ropa utilizar. La vedad es que no es una decisión autónoma. Las elecciones dependen de factores actuales (colores, texturas, sabores, olores, sentimientos, recuerdos. Por supuesto que las decisión respecto a la ropa, es infinitamente mas simple que la de algún tipo de platillo, de compañero, de trabajo, escuela, etc. En las decisiones que tomamos, siempre están presentes factores positivos y negativos, sin embargo buscamos siempre una decisión utilitaria. Se dice que la buena noticia a este respecto es que la moral como síntoma la lección moral, juicio son las evidencias de un buen ajuste. Los niños tan jóvenes como tres o cuatro años utilizan el lenguaje ya con una connotación moral. Por ejemplo, en esta etapa ya pueden reconocer, lo que es correcto o incorrecto, el fin de cuentas será las bases para el desarrollo de reglas de juego. También es común entre cinco años, los niños pueden considerar que algunos requieren tratos especiales, sin que esto sea injusto, como puede ser el caso de niños con problemas en piernas, siervos o inclusive con retraso mental. Algunos investigadores sobre la moral en infancia, detectan que entre los tres a seis años ya hay evidencia de conceptos como honestidad, lealtad, apoyar a otros. Por supuesto que se puede argumentar que este tipo de acciones, son en gran parte imitaciones, sin embargo éstas se hacen de una manera coherente a lo que se observa en los adultos. En la época de la adolescencia es mucho más difícil tener juicios de tipo moral de acuerdo los valores estándares, lo anterior se ha propuesto sea el resultado de una serie de factores, que van desde la búsqueda de una identidad propia, competencia contra padres, hermanos y compañeros de escuela y barriada, y que se está terminando de madurar el sistema nervioso específicamente, en las áreas ejecutivas de los lóbulos frontales. Se ha demostrado por ejemplo que en la fase de cambios neuronales, que ocurren en la etapa de la adolescencia, y que aparecen como irrelevantes para alterar el número de sinapsis, que apenas es equivalente en cuanto a densidad y correcciones a las etapas cercanas al nacimiento. Una serie de evidencias que apoyan el papel de algunos aspectos innatos de los eventos morales, viene de los estudios de niños que presentan lesiones sostenidas o permanentes de sus cortezas de los lóbulos frontales y prefrontales, particularmente la corteza orbitofrontal. En dos pacientes adultos que habían presentado lesiones cerebrales a la edad de 16 meses, cuando estuvieron en la de edad entre 20:30 años, mostraban patrones de dificultades de interacción, con actos de violencia, irresponsabilidad, problemas conductuales severos en el área sexual y con conductas de robo. Además no mostraban tener culpa respecto a lo que habían ocasionado. Tampoco tenían el rasgo de empatía hacia el sufrimiento de los décadas. Es decir tenían una conducta sociopática. Una característica, que diferenciaba estas dos personas de otras colecciones similares, era la falta de resonancia, sobre El entendimiento de lo que estaba bien y lo que estaba mal, tampoco habían adquirido los elementos para brotar una socialización adecuada. Todos los intentos que se hicieron con ellos para educarlos en aspectos morales y éticos siempre llevaron al fracaso. Lo anterior lo sugiere que cualquiera que sea la capacidad de las personas después del nacimiento fue totalmente borrada por el trauma y la lesiones subsecuentes en los lóbulos frontales. La moral desarrollada en infancia, al igual que otras funciones, como puede ser el caminar, el hablar el atenderse en sus necesidades básicas, tiene una historia natural de desarrollo. Si bien los aspectos innatos, y programación biológica son importantes, se tiene que tomar en cuenta otros aspectos que tienen que ver con la cultura. El primero de estos, propuesto por el psicólogo Bowlby, está centrado en la teoría del vínculo y lo que sea conocido como el apego. Esta persona y sus seguidores han propuesto que el apego es una conducta reproductiva relativamente antigua, que tiene que ver con aspectos de la alimentación de los mamíferos, pero también de aspectos de protección de las crías en contra de adultos de la misma especie, que puedan agredirlos. En especies donde el desarrollo y maduración del sistema nervioso es lenta como la nuestra estas una habilidad vital, es dejar a una persona inmadura a la deriva sin haber completado el total de sus conexiones, dará como resultado su aniquilación. Además la socialización depende en gran parte de la vinculación y el apego, además de crear ciertas reglas y límites, que serán los elementos básicos sobre los cuales serán armando, otros aspectos en el área ética. Ciertamente la educación que proporcionan los padres y adultos cercanos forma de puente moral entre una sociedad de pequeño entorno como puede ser la familia, con formas de agrupamiento humano más amplio. Lo anterior, en todo momento debe de estar enmarcado en aspectos culturales contemporáneos. Por ejemplo en algunas culturas la poligamia es permitida mientras que otras es estrictamente prohibida. Las estancia social de las formas de diversidad sexual, tienen una amplia variabilidad en las culturas. Aunque podrá ser que algunas prácticas se consideren casos universales, como el incesto, recordemos que en el antiguo Egipto los casamientos entre las figuras de hermanos, y hermanas eran frecuentes. El aspecto de la vínculo, va más allá del mero factor biológico genético sin embargo Konrad Lorenz, Premio Nobel, demostró lo que se conoce en etología, como la impronta, en su famoso experimento de los gansos recién nacidos, que lo siguen a todos los sitios. La idea de que la violencia está en la base de todas las conductas humanas, inclusive en el trabajo dentro de las sociedades ha servido para entender los fundamentos e inclusive algunos aspectos complejos en la relación humana. Para muchas personas esta postura, tuvo su nadir, con la publicación del libro "Sociobiología", por Edward Wilson, de la Universidad de Harvard. Wilson un experto en etología de hormigas, centró su atención en la complejidad de los instintos de un animal completamente social. Pronto quedó cautivado por una serie de hechos que le demostraban que la conducta de las hormigas tenía un nivel de sofisticación, y que éste se repetía de manera estereotipada, lo cual indicaba una transmisión genética de generación en generación. El aprendizaje en muchos sentidos estaba completamente suprimido, es decir que las hormigas funcionan de manera casi exclusiva por los instintos. Un ejemplo de lo anterior está vinculado al hecho de que las hormigas obreras no procrean. El único sujeto del hormiguero que lo hace es la hormiga reina, quien por tal condición tiene una serie de privilegios únicos. La razón de lo anterior, que también se observa en otros modelos animales como las abejas, se debe a que el material genético de las obreras es casi idéntico, de tal forma que cualquier mutación del material genético es acumulado y duplicado en algunos casos lo cual dará como resultado, el que algunos defectos se consolidaran y que finalmente desaparecieran esas sociedades de insectos. La colaboración entre genes y crianza, es decir medio ambiente al parecer fue la estrategia evolutiva más exitosa, ya que permite la renovación del material genético, y con esto, cancelar o atenuar en el mejor de los casos defectos genéticos.

LA CULTURA Y SU IMPACTO EN EL FUNCIONAMIENTO CEREBRAL.

En un órgano tan modificable, adaptable y plástico, como sabemos que se celebró hoy en día, sería muy difícil pensar que la cultura tanto en sus aspectos permisivos como represivos, no tenga influencia sobre el grado de adaptación cerebral. La actualidad sabemos que, hay una condición de funcionamiento adaptativo del cerebro, como resultado de lesiones, pérdida de continuidad o defectos en el funcionamiento de sinapsis y circuitos. Esta condición se denomina alostasis, que denota un tipo de homeostasis adapta activa, pero sin ser normal. Una persona puede, ante una limitante visual, desarrollar ciertas pautas que la compensen, sin que se percate de tener esta condición. Está el caso de las personas daltónicas, que mientras no se expongan a situaciones que demanden una clara definición de los colores, podrán incluso no saber que son portadores de este defecto en la percepción de ciertos colores. Un ejemplo claro de alostasis, es el que se presenta en personas con enfermedades crónicas cerebrales, sin que éstas avancen de manera importante. Por ejemplo las formas sub clínicas de la depresión mayor. Estas personas, ya no tienen el cuadro florido de una depresión, con estado de ánimo depresivo, llanto, pérdida de intereses en las actividades que antes realizaban, trastornos del sueño, de los apetitos, sensación de desesperanza, fatiga, pérdida de peso, y ideación suicida, entre otras. Por factores más de las veces, de falta de adherencia terapéutica, es decir abandonan los tratamientos muy rápido, si bien pueden bajar el número y la intensidad de los síntomas, ahora sabemos que no desaparecen del todo, a menos que el tratamiento sea enérgico y continuo. El resultado de lo anterior serán formas atenuadas de depresión, a las cuales se acostumbra a la persona. No es sino hasta que recibe un tratamiento adecuado, que se vuelve percatar la persona, de que estaba viviendo en una situación a la baja tanto este es un ejemplo de alostasis negativa. Las formas de planificación de las enfermedades llevarán mayor dificultad para revertirlas, y a mayor como morbilidad, con lo cual se complica el pronóstico al respecto. La cultura es crucial para el entendimiento de la conducta humana. Las personas adquirimos creencias y valores de la gente que nos rodea, no se puede pensar, ni explicar la conducta humana sin tomar en cuenta este factor cultural. Por ejemplo, el asesinato, una conducta reprobable en tiempos de paz, se promueve en tiempos bélicos e incluso se justifica y las iglesias bendice incluso los instrumentos que llevan a cabo el genocidio. La cultura es parte de la conducta de seres humanos individuales, por lo que si bien estos se rigen por un conjunto de reglas físicas, químicas, genéticas, en el caso de los conglomerados humanos lo que resulta emergente a veces pudiera ser inclusive contradictorio a la biología. El pensamiento popular es un ejemplo de lo que se acaba de comentar. Cada individuo del grupo desarrolló la serie de tareas biológicas, que están ordenadas y supeditadas al contexto cultural. En un sentido evolutivo, largo y observó que las especies eran a fin de cuentas conglomerados poblacionales, en donde la conducta y comunicación estaba a veces muchas veces en el hombre, en franca oposición a la biología. Un aspecto clave en la cultura humana es la información cultural. Los seres humanos hemos desarrollado una serie de instrumentos que permiten el almacenamiento de esta información, para que pueda ser transmitida, en el mejor de los casos sin distorsión a las generaciones siguientes. Las estelas, los rollos y papiros, así como libros y en la actualidad instrumentos electrónicos han hecho esta función de transmisión de información con un trasfondo social. El ser humano utiliza de manera cotidiana palabras cargadas de cultura como pueden ser, ideas, conocimientos, creencias, valores, habilidades y actitudes. Todas las cuales tienen un componente relevante cultural. Las personas que componen las diferentes culturas tienen diferencias en comportamientos, por ejemplo sobre pautas biológicas bien claras: reproducción, alimentación, violencia. Estas pautas actuales son aprendidas y trasmitidas de generación en generación, con relativa variabilidad. Lo anterior nos indica que hay un equilibrio entre lo genético y por lo tanto vinculado a los instintos y las normas culturales que pueden estar matizadas o impuestas por factores religiosos, económicos, de poder. La cultura es, sin lugar a dudas producto de El cerebro humano, en un contexto histórico de aproximadamente 2 millones de años. Al mismo tiempo que se acumula cultura, hay un cambio estructural cerebral. La diferencia entre el DNA que se ha encontrado entre los gorilas y los homos sapiens es de 5 %. Los gorilas están por extinguirse, el homo sapiens se esta saliendo ya del planeta. La diferencia es la cultura, para bien y para mal.

Los de libre albedrío El uno de los problemas, quizás por el que más debates hay en la filosofía de hoy. esto no ha cambiado, en el siglo XXI. Al completar la secuencia del ADN y el genoma humano, además de descubrir las proteínas y otras funciones que son generadas de este los cromosomas, va quedando claro que estas estructuras es va muy bien el término del destino. Por ejemplo si se tiene una forma de cima que degrada lentamente a la adenosina, tenemos a personas llamadas dormido breves largos, es decir de estatura pero también el tiempo que requiere de cama. Lo mismo se puede decir del ADN, de sus funciones y de que cada vez se tienen más piezas y de practicadas por arresto.

El lenguaje y la teoría de la mente.

El lenguaje no es equivalente al pensamiento, pero si a una parte de la actividad mental. Al igual que la retina es la única parte del sistema nervioso a la cual tenemos acceso de manera más o menos simple, lo mismo podemos decir de lenguaje, con respecto a la mente, es esta, sin duda una manera burda de saber que la actividad mental existe, lo mismo que las manifestaciones conductuales, nos permiten inferir que hay un plan motor previo. Así como la retina no es el cerebro, sino sólo una parte del sistema nervioso; también el lenguaje no es la mente, ya que miles de pensamientos subyacen al lenguaje.

El estudio científico del lenguaje, con su propia metodología, parte del siglo XX y de la figura de uno de los lingüistas más importantes: Noam Chomsky. Sin duda esta disciplina se volvió un objeto de estudio por psicólogos, lingüistas, neurocientíficos, y filósofos. El estudio del lenguaje ha llevado a concluir que es de un tipo distinto, y que como tal independientemente del tipo de lenguaje, se tiene ya el programa cerebral para trabajar con esta comunicación. Esta función, es la que eficazmente nos separa de las computadoras, las cuales, si bien pueden generar, a gran velocidad cálculos matemáticos, no pueden discriminar y elegir que una serie de patrones como son las caras humanas, las formas y las entonaciones de la voz, los movimientos corporales, y otros estímulos que los seres humanos hacen con facilidad. Las características del lenguaje hablado son las siguientes:

1. El lenguaje hablado es una parte de los procesos mentales.

2. El lenguaje tiene una influencia y a su vez es influenciado por los procesos mentales superiores.

3. El lenguaje puede tener tres dimensiones: una forma social de comunicación; de actividad intelectual y un método para organizar parte de las funciones mentales.

4. El lenguaje puede tener una serie de subdivisiones, se puede hablar de lenguaje en París y Bonn o decodificador; el cual es el lenguaje receptivo o la percepción de los sonidos que transformamos en el lenguaje en la zona sensorial del mismo, situado en el lóbulo temporal en la parte posterior. El lenguaje también puede entenderse en a partir de lectura, escritura y del lenguaje llamado no verbal que vamos a comentar más adelante.

5. El lenguaje tiene una estructura, verticales, y sintácticaseis. Hay un componente semántico de lenguaje que abarca tanto el sentido como el significado.

6. El lenguaje está conectado con fenómenos de la naturaleza. Esto explica el porqué algunas palabras en algunos idiomas tienen un sonido

fonético.Una de las formas que sea utilizado para estudiar los orígenes de lenguaje, está en los niños y sus estrategias de aprendizaje del lenguaje. Estas estrategias de aprendizaje demuestran que hay una mezcla de habilidades, las cuales no puede ser predecibles, en función de la estipulación o de otras variables. Uno de los mitos existía respecto lenguaje, era que la variabilidad de los lenguajes condicionaban el estilo de pensamiento y costumbres. La visión de Chomsky fue totalmente radical, si lenguaje es un instinto no importa de cultura se observe. En su libro, "conducta verbal" Chomsky argumentaba, que algunos aspectos de las tradiciones reforzaban algunos aspectos del aprendizaje pero tenían poco que ver con la adquisición del lenguaje. Si lenguaje es un instinto, una facultad innata, realmente lo que hacen los niños en el proceso de aprendizaje de un lenguaje es ponerle etiquetas a ciertos conceptos.Aunque todavía está esto a debate, Chomsky propuso en el año de 1988 que éste era exclusivo de la naturaleza humana y para sustentar lo anterior, emitió tres propuestas:

7. El lenguaje parece ser una verdadera propiedad de la especie humana.

8. El lenguaje está estrechamente relacionado con el pensamiento, la acción y las relaciones sociales.

9. El lenguaje es accesible al estudio científico.Chomsky propuso una gramática universal, en donde lo que hacen los niños es colocar los nombres que van aprendiendo a los conceptos que ya tienen prefabricados, y natos. Tal como lo había propuesto, hay una base genética que sustente las propuestas de Chomsky. El lenguaje tiene asimismo, un papel regulador de la conducta. Esto equivale un a decir que el lenguaje tiene un funcionamiento más de los que ya se han descrito, en los sistemas de regulación del sujeto. Qué utilidad tiene el anterior? Puede ser utilizado como un reflejo de orientación, es decir ante una serie de estímulos nuevos, a los cuales se trata de

identificar y nombrar. El lenguaje también tiene una función autocrítica en el cuadro puede ser colocado en una posición dialéctica, contrastando y evaluando lo que se hace.La idea de que formas no humanas por ejemplo primates delfines a hienas y otros tengan un rudimentario sistema de lenguaje cada vez cobra más peso. Sin embargo los seres humanos destacan en este punto porque es puede mantener actividad lingüística, u orales por mucho tiempo.

Neurología del lenguaje.

Las relaciones entre cerebro y lenguaje están bien establecidas cabe mencionar dos personajes que abrieron esta perspectiva. Uno de ellos llamado Bouillaud (1825). El público un informe de 114 casos, en donde se documentaron la correlación entre lesiones cerebrales y manifestaciones clínicas. El otro personaje también francés fue Paul Broca, quien el año de 1861 un presentó un trabajo en la Sociedad antropológica de país en donde demostraba que los hombres diestros, que tenían alteraciones en el hemisferio izquierdo, a nivel de la tercera circunvoluciones frontal es decir localizada, en la parte inferior y posterior desde cinco. A esta área se le conoció después como el haría de Broca, y a su defecto o lesión se denominó afasia motora. Diez años después otro neurólogo, esta vez alemán llamado Wernicke, (1874) identificó otra zona en el mismo hemisferio izquierdo pero en la región temporal cercana a la cisura lateral cuya lesión, producía dificultades para entender el lenguaje hablado. A esto se le conoció como afasia sensoriales. Una de las dificultades que han tenido los psicólogos evolucionistas es el poder justificar, la relativa falta de continuidad entre el lenguaje de especies diferentes al hombre. Se sabe que hay una separación del homo sapiens, del resto de los primates y ocurridos aproximadamente de cinco a 7 millones de años. Sin embargo con la decodificación del genoma, tanto de chimpancés como de seres humanos se pudo apreciar que tenemos una concordancia del 99%. Esto ha llamado la atención de los antropólogos y zoólogos, así como de psicólogos Andrea cognitiva, de tal forma que quizás, se ha estado teniendo poco cuidado en observar a esta especie. El estudio cognitivo deshecho de los primates, sobre todo el chimpancé, permite decir que tiene una conciencia al parece o rudimentaria, además de una serie de diferencias masivas, en el lenguaje. El lenguaje consta de un léxico compuesto de palabras y conceptos que éstas representan, de un conjunto de reglas que combinan las palabras para expresar relaciones entre los conceptos, es decir una gramática mental. Este es el modelo que tienen todos los idiomas del mundo, de tal manera que si hay los elementos para considerar al idioma un instinto. Lo interesante del lenguaje, es que al ser una parte de nuestra mente, al generarse dentro de esa mente a comunicarnos con el otro estamos simultáneamente comunicando nuestra actividad mental. Respecto la gramática generativa, término que acuñó Chomsky podríamos decir que el conocimiento de una lengua supone la habilidad implícita de entender una cantidad casi infinita de oraciones. Por lo que se requiere de reglas que permitan la combinación estas estructuras. Los elementos sobre los que actúa la reglas gramaticales son los componentes sintáctico, fonológico, y semántico. El componente sintáctico especifica un conjunto infinito de objetos formales y abstractos, que tienen un referente El cual es entendido por las personas que hablan ese mismo idioma. El componente fonológico determinada las entonaciones y forme más es decir está relacionado con una estructura generada por el componente sintáctico. Finalmente está el componente semántico que es el que permite interpretar el sentido de toda la oración. Chomsky comenta que en el área de la semántica, para cada oración, hay una estructura latente (subyacente), que determina su interpretación semántica. Hay otra estructura denominada patente (superficial), que determina su interpretación fonética. Éstos elementos fueron la base sobre la cual se fue articulando la teoría de Chomsky. Steven Pinker, uno de los alumnos más distinguidos de Chomsky en su libro "El instinto del lenguaje", es un primer alegato respecto a la idea generalizada, de que el pensamiento es equivalente por si mismo al lenguaje. Esta idea está equivocada, ya que existen evidencias de que muchas personas piensan simultáneamente utilizando varias funciones que puede ser imágenes, emociones, y una que otra palabra. También hay quien piensa, y además de utilizar los elementos ya mencionados, con algo de música, ritmo, poesía y paisajes de fondo, todo la cual, finalmente también es un tipo de lenguaje. El argumento de que el pensamiento es igual a lenguaje, o que el lenguaje modifica el pensamiento, en ello hay una intención velada, en el mejor de los casos de justificar supremacía de idiomas, géneros, razas y nivel socioeconómico. Este tipo de hipótesis se denominó determinismo lingüístico. Algunas de las figuras de la antropología norteamericana de los siglos XIX y XX, fueron sus más ardientes defensores con antropólogos y antropóloga as de la talla de Margaret Mead, quien se conformó con las traducciones sesgadas de un guía, que resultó mas fantasioso que Julio Verne. La manera como justificaban la diferencia entre lenguaje y pensamiento, es burda y nos recuerda a los científicos o pseudo científicos que desean demostrar a toda costa sus hipótesis, al grado de llegar a cometer una serie de pillerías. En este caso uno de estos personajes fue Worth, un aficionado a la lingüística y que sin haber visto a un apache, en su vida, se atreve hacer unas traducciones literales de algunas canciones y fragmentos de esta cultura que traducidos en un estilo literal, sonaban incoherentes.

¿Cómo se relacionan los hemisferios cerebrales y el lenguaje?

Desde los descubrimientos de Broca, de que era en el hemisferio izquierdo, en donde la mayoría de los seres humanos se localizaba el centro del lenguaje articulado (es decir, la parte motora), por lo que se denominó a esto el hemisferio dominante, para las cuestiones de lenguaje. A partir de entonces se empezó a sospechar de una asimetría cerebral; lo cual fue comprobado años más tarde, por Roger Sperry, quien estudió a pacientes que habían sido sometidos a una cirugía para epilepsia. Esta consistía en separar ambos hemisferios cerebrales, cortando a nivel del cuerpo calloso, y de esta forma, separar los dos hemisferios cerebrales. El resultado era tener incomunicados los dos hemisferios cerebrales. En este modelo se pudo observar que en el hemisferio izquierdo, se gestaron algunos aspectos como la parte motora del lenguaje, ciertos estilos y un razonamiento lógico.

Las dificultades para el estudio del lenguaje y a través de él la mente.

Muchos investigadores lingüistas y cognitivos, se ha lanzado la búsqueda de una unidad de conciencia a través del lenguaje uno de sus personajes es Jerry Fodor, según él, el modo de percepción de las oraciones que suministra una representación del mensaje del hablante en forma textual y sin distorsiones del oyente, es un ejemplo de una unidad de conciencia universalmente estructurada. Sin embargo, este concepto no llena ciertos aspectos de la objetividad. La unidad que conciencia, tiene que tener una forma de ser estilizada es decir numérica. Sin embargo esta aproximación puede ser interesante, si se logra generar algún otro objeto o variable que pueda ser medida. La relación entre mente-cerebro, no ha tenido muchas contribuciones o por lo menos estas no han sido diferentes de la lingüística. El modelo imperante, tanto en los lingüistas, como el utilizado por los neurólogos y psicólogos y psiquiatras, sigue siendo el viejo modelo cartesiano. La persistencia de términos: mental, cerebral, psique, cuerpo, orgánico, funcional, espíritu, son la mejor prueba de lo que se ha dicho. Por ejemplo, el manual de enfermedades psiquiátricas de la asociación psiquiátrica americana, se llama: Manual Estadístico de las Alteraciones MENTALES. Además, no se diferencia al tipo de lenguaje que utilizamos coloquialmente: "estabas en mi mente"; "no te pude borrar de mi mente". La persistencia de estos términos en la psiquiatría contemporánea es más que notable. Una de las personas que más ha trabajado en la investigación biológica y psicosocial de los trastornos de personalidad es Cloninger, quien comentó que los términos: "biomédico" y "psicosocial" definen dos formas aparentemente separadas pero que del fondo son lo mismo. Hay una polaridad en el patrón estereotipado del pensamiento de las personas en donde todo lo que gira en el área de lo biológico, tiene que ver con medicamentos, con terapia electro convulsiva, con métodos físicos, que por esa sola analogía, se hacen equivalentes a métodos utilizados por los torturadores de la "Santa Inquisición". Mientras que todo lo que están en la vía de la psicoterapia tiene que ver con los aspectos mentales con la comprensión con la empatía, el lado bueno, no negativo, pero a todas luces la practica que se presta más hacia el charlatanismo. Esta visión de entrada es totalmente falsa. Sin embargo muy explotada por algunos colegas. En la actualidad la mayoría de los trastornos psiquiátricos se conceptualizan en común amalgama de factores genéticos estructurales y psicosociales. El hecho de que después de una gestación larga (nueve meses), se tiene un periodo de inmadurez, durante el cual la mayoría de las conexiones con los sistemas motores están en la fase de formación: lo mismo ocurre con el lenguaje, y otras actividades conductas netamente humanas. La explicación evolutiva que se ha dado es el de poder tener un gran margen de adaptabilidad; de tal manera que dependiendo de las condiciones en las que nazca el niño, del tipo de alimento, idioma, cultura, clima, calidad de padres y otros factores, el sistema nervioso se va moldeando para establecer una estructura útil en las circunstancias en las que ha nacido. El nacer con un sistema rígido ya transformado y sin posibilidades de cambio, llevaría a más muertes infantiles. Lo anterior explica, el porque de las constantes movilizaciones de nuestra especie. El ambiente desempeña un papel importante para la formación de patrones de conducta, el lenguaje no es la excepción. Si un niño de padres norteamericanos nacen Japón, y se da en adopción a una familia japonesa, y nunca tiene contacto con sus padres biológicos ese niño hablará japonés, lo cual no implica que no pudo aprender otro idioma, e incluso si aprende inglés, tendrá acento japonés, esto nos muestra que no hay una serie de vías para hablar o entender el lenguaje para cada idioma o subtipo de lenguas. otro idioma.

EL AUTISMO COMO MODELO DE TRASTORNOS EN LA IMAGINACIÓN.

El autismo es considerado como una de las alteraciones más de bastantes de la infancia, en términos de prevalencia y morbilidad se tienen estimado de que aproximadamente un niño por cada 166 se ven afectados con autismo. Se ha observado una elevación, sin que se conozca claramente la causa, con mayor prevalencia, en impacto para la familia y costo hacia la sociedad.

El autismo fue considerado por mucho tiempo como un trastorno emocional, resultado de dificultades tempranas en la relación entre madre e hijo. La teoría del apego, propuesta por las corrientes psicoanalíticas, no dejó de ser más que un bonito "cuento de hadas", como los que narraba al público incautos el psicoanalista Bettelheim ("El corazón bien informado" etc.). En la actualidad se reconoce que El autismo es una alteración que ocurre a nivel prenatal y posnatal, tiene que están involucrados además múltiples genes, además de estructuras nerviosas afectadas. Una evaluación de los signos clínicos tempranos, y el funcionamiento del sistema negro lingüístico nos ha permitido trazar las vías cultos laborales comprometidos. EL ESPECTRO DE LA ALTERACIÓN AUTISTA. El espectro Bautista comprende varios problemas en donde en punto central es una deficiencia en la conducta social y la interacción con los demás. Estas deficiencias previenen el desarrollo de relaciones interpersonales en los pacientes afectados o sus padres, hermanos y otros niños. Hay una deficiencia clara en la comunicación no verbal, en donde se pueden detectar los siguientes siglos:

-deficiencia en la comunicación no verbal, que incluye una reducción en la interacción que implique contacto entre ojos.

-Deficiencias en la expresión facial y en los gestos corporales.

-Problemas para entender el doble sentido de las palabras, las bromas, y manifestaciones de comunicación verbal o no verbal fuera de su contexto socio económico.

Otras alteraciones del espectro Bautista son, el síndrome de Asperger, y las alteraciones constantes del desarrollo. El espectro Bautista tiene tres síntomas centrales: deficiencia en la comunicación; anormalidades en la interacción social; y un interés restrictivo o repetitivo conductual. La alteración se observa típicamente del primer segundo año de vida, en ocasiones los padres piensan que su hijo sordo o que tienen retraso mental. Las primeras manifestaciones, con las más obvias son retraso o anormalidades en la adquisición del lenguaje; el jugar de manera estereotipada el mismo tipo de juegos; alinear u orientar objetos en la misma dirección. Hay un interés en observar objetos que giran o signos de tránsito, sobre todo los que ordenan detenerse. En el síndrome de Asperger, también hay una serie de síntomas sociales, pero el desarrollo del lenguaje y de la interacción social son casi equivalentes a las de cualquier niño. Este síndrome de Asperger, sin embargo, puede manifestarse más tardíamente. El trastorno persa persuasivo del desarrollo, también llamado a autismo atípico, se diferencia de los anteriores porque no existe una conducta repetitiva o déficit en la comunicación, y los síntomas centrales de la autismo tienen una presentación menos severa. En el pasado más de la mitad de los niños con alteración por autismo tenían un desarrollo de su lenguaje verbal, equivalente al de un niño con retraso mental. Sin embargo el dominio de las palabras del vocabulario son casi siempre más elevados que los niños con retraso mental. Es muy difícil diagnosticar un niño de menos de dos años de edad, ya que los síntomas son muy vagos. Algunos síntomas iniciales que pueden ser reconocidos son irritabilidad, pasividad, dificultades en los patrones de sueño y de comida, redactado en la adquisición del lenguaje y problemas en la vinculación social. Se tienen evidencias de que la detección temprana y la intervención por lo tanto precoz con técnicas de rehabilitación y entrenamiento, son efectivos para una historia natural y pronosticó más benignos. Por lo tanto existen una gran presión para desarrollar instrumentos que permitan detectar lo más temprano posible, a este tipo de pacientito. Es obvio el diagnóstico precoz es difícil, la mayoría de las veces los pacientes se diagnostican cuando ya tiene manifestaciones con floridas de su enfermedad. Por lo tanto se ha recurrido otro tipo de estrategias como son, enfoque en las familias que han tenido y por lo menos un hijo autismo, ya que al de 50 100% de posibilidades, de que otro hijo desarrolle autismo.

LA NEUROANATOMÍA DEL CEREBRO MORAL.

La neuropsicología, desde los trabajaos de Alexander Luria y los reportes de casos extraordinarios como el de Phineas Gage, fueron sirviendo de señales de la ruta que hay que seguir para entender está serie de capacidades, virtudes o elementos del concepto que tenemos de humanidad.

La amígdala, este conjunto de núcleos heterogéneos que están en los lóbulos temporales, se ha convertido en una estructura relevante para los estados emocionales, tanto porque está estructura dispara lo que hay que hacer como lo que se suspende o inhibe. Es en esta estructura, en donde se desarrollan procesos de aprendizaje, que llevan a crear reacciones rápidas de huida o de ataque. En la amígdala se procesan parte de nuestras emociones, como miedo, agresión, placer sexual. En este último sentido, la amígdala está contribuyendo al funcionamiento cerebral, como un sitio de memoria emocional. Al ver una actividad, objeto o persona que nos gusta se liberan simultáneamente dopamina, está estructura, trabaja en forma sincronizada con el hipotálamo, otro sitio de memoria a largo plazo. El hipocampo está involucrado con la memoria declarativa, pero además se encarga de transformar la información en memoria.

La corteza del cíngulo anterior, también es conocida como el mediador del cerebro. Otras zonas del SNC que se encargan de funciones vinculadas con el cerebro moral, es el hipotálamo, estructura conocida como el cerebro de las vísceras del cuerpo.

La corteza, por otro lado tiene otras funciones de integración, por lo que será de denominado "comando ejecutivo". Virtualmente cada función del cerebro de esta interconectada con esta corteza, lo cual desempeñe un papel fundamental del desarrollo de conductas desviadas internamente.

La corteza prefrontal está conectada con cuatro áreas principales: la corteza premotora, la corteza de asociación posterior, el cerebelo y los ganglios basales. Estos cuatro varillas del cerebro son los responsables de la coordinación de los movimientos. Además la corteza prefrontal se conecta con los núcleos dorso mediales del tálamo. Todo este sistema se encargará de respuestas básicas de vida o de ataque. También un importante es el papel de la corteza prefrontal, especialmente segmento anterior, que desempeñe un papel importante en la condición humana. Esta corteza en Ensenada vinculado con los procesos de mantenimiento de la atención, por ejemplo esta corteza, organizan metas futuras muy complejas, recibe información de otras zonas del cerebro como son los lóbulos temporal, occipital y otras áreas de asociación a estas. Nueva tecla la corteza prefrontal tiene un papel clave en lo que conocemos como cognición humana. Además tiene funciones críticas para detectar cambios en las caras y gestos. En este último sentido mencionaremos las llamadas neuronas en espejo, las cuales son al parecer el sustrato de muchas imitaciones y actividades en empáticas con los otros. Las neuronas en espejo, están distribuidas ampliamente en zonas discretas del cerebro, tales como la amígdala, lóbulos occipitales y área de asociación temporo-parieto-occipital. Al contemplar, e incluso escuchar a una persona en condiciones con un significado emocional particular, se puede llegar a experimentar en su propio cuerpo el malestar, las sensaciones de estar siendo tocados, agredidos etcétera. Estas neuronas, en los seres humanos se involucran en una red neuronal amplia. La función de las neuronas motoras-neuronas espejo es de comunicación intra-especie, y es probable que estén presentes en otras especies. Las neuronas en espejo, aprende de la observación de ciertos patrones despliegan otras criaturas de la misma especie y tienen importancia para entender el comportamiento social. Cuando existe algún tipo de reto de tipo moral, del cual se tiene que hacer alguna decisión, la amígdala se muestra como una estructura muy activa, detectando cualquier situación facial de enojo o disgusto. Esto permite al receptor de esa información el ajustar sus decisiones. Si la amígdala no tienen freno adecuado, esto puede deberse a lesiones en los circuitos inhibitorias, o por actividad excesiva de la propia amígdala (por ejemplo, epilepsia del lóbulo temporal) entonces El resultado será una decisión impulsiva, inmoral, o agresiva. En los retos llamados dilemas morales,, se supone existen activación de por lo menos tres áreas cerebrales. Por supuesto estaríamos hablando sólo de las principales zonas cerebrales que se activan, ya que de hecho son mucho más los sitios que se activa. La primera de estas zonas de la corteza cerebral es El hipocampo, ahí tenemos almacenado el historial de decisiones previas, el contexto en El cual se dieron y de las personas que participaron la corteza visual y otras zonas como la amígdala son también activadas, con su alta densidad de neuronas espejo; finalmente la corteza prefrontal, será la que tome la decisión pertinente, no siempre la mejor, puesto que tantos factores pueden estar involucrados. Por ejemplo, una persona cercana, de nuestra familia, nos pide dinero prestado, tenemos el recuerdo de que en la infancia ella fue muy cercana y cuidó en ocasiones de nosotros, pero ahora sabemos que es alcohólica. La decisión de prestaron o dinero lleva implícita una contradicción, por un lado está el saber que ese dinero será utilizado muy probablemente para adquirir más alcohol, y por otro lado está el recuerdo de su cariño en nuestra infancia. Por supuesto que no nos percatamos del trabajo y de nuestro cerebro realiza para tomar la decisión de decir "no", la mayoría de las veces los seres humanos estamos más interesados en El resultado de un dilema moral, más que en el proceso en el que este cesto. La posibilidad de que nuestra decisión no haya sido la correcta está siempre presente, por lo tanto podríamos afirmar que tener una estructura moral no es nada fácil. La buena noticia es que nuestro cerebro se va moldeando, en una serie de cambios plásticos, aprende de la experiencia. Este último punto, si bien auxiliado por los mecanismos de aprendizaje y memoria, va más allá, ya que las respuestas ante dilemas de cualquier tipo, responden a un modelo de "ensayo - error". Tómese por ejemplo todo el proceso del desarrollo de un recién nacido. Si las estructuras cerebrales, por ejemplo del habla, estuvieran totalmente diseñadas al nacer, tendremos un problema serio si la localización de nacimiento ocurriera en un país lleno tiene la misma lengua materna. Éste sólo un ejemplo de la capacidad adaptativa del sistema nervioso que de manera muy general se denomina neuro plasticidad. Esta no recae únicamente en los aspectos de aprendizaje, lo cual sería una explicación del proceso. Aspectos que tienen que ver con el uso de sustancias, con conductas afectivas, e inclusive con estilos de alimentación van a modificar este proceso de neuro plasticidad. También este mismo proceso está en la base de la modificación de una serie de conductas, actitudes y malestares que se detectan en algunas personas. Es decir que algunas formas de psicoterapia, pueden tener una función del tipo pedagógica para modificar lo que el propio paciente detecta como disfuncional.

LA BIOLOGÍA DE LA LIBRE ELECCIÓN.

Los neurólogos y psiquiatras han observado una serie de comportamientos clínicos, que podríamos calificar de aberrantes, y en la mayoría de los casos difíciles de explicar en las condiciones del conocimiento de la época. Por ejemplo las llamadas conductas de imitación en donde el paciente se mantiene repitiendo lo que observa; la llamada conducta de mano anárquica toma en donde pareciera que una mano cobra autonomía; los llamados y otras sabios, capaces de hacer operaciones matemáticas, de interpretar una sonata en el piano después de haber visto una sola vez su interpretación. Éstos casos son interesantes para entender las limitaciones de nuestros esquemas llamados de una manera rimbombante "libre albedrío". Las herramientas tecnológicas, como por ejemplo los potenciales preparatorios a una acción motora, nos muestran que hay un patrón de intención localizado en la zona que corresponde al área pre motora, esto es en los lóbulos frontales por delante de la región pre central o motora este potencial preparatorio, será de 300 a 400 ms, antes de que el sujeto tenga la conciencia el deseo de realizar alguna actividad motora. Lo mismo ocurre con las señales sensoriales, a las cuales se responde mediante un código de frecuencias que se acumulan. La respuesta dependerá de un esquema pre motor del cual se activa y que no responde a nuestro concepto de arco reflejo esta descripción puede ser ejemplificada, con la tenista que extiende el brazo y su raqueta sin esperar a detectar el curso exacto de la pelota si esto se hiciera dentro de los modelos tradicionales, de tipo reflejo, la jugadora no tendría tiempo para contestar con un revés. La información relevante sólo sirve para modificar la posición de su raqueta, pero el estilo del movimiento de todo su cuerpo está en un programa motor que se ha afinado a lo largo de los entrenamientos y partidos previos. Los datos de activación previa a cualquier movimiento, se han podido corroborar mediante las técnicas de resonancia magnética funcional, mediante este procedimiento, también se observa que la activación de las neuronas localizadas en el área pre motora, es de 200 ms. A este fenómeno se le conoce como de intencionalidad. En el momento en que nos percatamos que tenemos una necesidad de realizar un movimiento, se dice que pareciera que estamos en una situación de la auto observación. Para algunos filósofos éste son evidencia de la ilusión de llamado libre albedrío, ya que existen una serie de determinantes genéticos y de aprendizaje que anulan cualquier posibilidad de elección libre. Esto es entendido más claramente, si se considera el trabajo cerebral está a cargo de una serie de circuitos automáticos que anteceden a los estados de alerta conciencia. Subyacente a lo anterior estas modificaciones bioquímicas, los estados de modulación de la sinapsis y los circuitos cerebrales establecidos desde el nacimiento, es decir diseñados genética. Los marcadores somáticos necesidades biológicas, serían unas anclas o puntos de recuerdo para tomar decisiones respecto a ciertas acciones básicas. Si se toma por ejemplo, la conducta de búsqueda de alimento, se tendrá una imagen de las limitaciones de nuestra biología. La serie de señales de apetencias, el Bustos, surgen de una mezcla de necesidades implementación, gratificación e inclusive de interacción social. Las lesiones cerebrales en las cuales se observan problemas de pensamiento, memoria y alteraciones conductuales, nos informan del trabajo que se desarrolla en secciones discretas de los de nuestro cerebro. A lo largo de un día estamos sometidos a una serie de decisiones, algunas de las cuales ni siquiera nos percatamos del proceso por El cual se da una respuesta. Por ejemplo arrebatarnos por la mañana, una de las primeras decisiones es como vamos a las. El resultado depende de muchos factores por ejemplo esquina, la variedad de vestuario del que disponemos, aspectos estéticos, de combinación de colores y sobre todo la sensación de estar confortable. Este proceso es calificado por la mayoría de las personas, automático, si se pregunta cómo se llegó a la elección de tal o cual combinación, es muy probable que la respuesta sea puntos "porque me gusta como me veo".

Como se confrontan los dilemas morales?

Un conflicto moral surge cuando se tiene que tomar una decisión, y dos posibles soluciones se confrontan, habitualmente una es de origen biológico y la otra cultural. Por ejemplo el jovencito se tiene que abstenerse de relaciones sexuales, por los preceptos integrantes de la cultura, mientras que se le permite hacerlo cuando ya se ha casado. El dilema se presentan cuando tiene una novia, con la que está seguro que será su mujer, y sin embargo después de la primera relación sexual, generalmente se baja la tensión.

EL LIBRE ALBEDRÍO Y LA MORAL

El tomas decisiones, proporciona una forma natural de entender la conducta de evaluación. El elemento mas importante en este sentido es el reforzamiento o gratificación, tanto en el momento de que se ejecuta la tarea, como cuando se termina esta. La conductas puede tener en si misma una recompensa, por ejemplo en la relaciones sexuales. Pero no siempre es el caso. En los animales y seres humanos, está perfectamente identificadas la regiones del cerebro que proporcionan este reforzamiento y los neurotransmisores involucrados, los primeros son regiones del llamado sistema límbico, las segundas dopamina, encefalinas y endorfinas. También está la memoria de experiencias previas, sobre todo las de tipo negativas que se tratan de evitar a toda costa.

Suponga que usted duerme apaciblemente una fría mañana de enero, y que suena el reloj despertador a las 05:00 AM, usted tiene que ingresar a la Universidad a las 07:00 hr. Hay una serie de señales de que el medio ambiente está demasiado frío, de que está muy confortable en la cama, sin frío, durmiendo ¿Qué hace que una persona, la mayoría de las veces se incorpore y a pesar del frío se arregle y acuda a la escuela? La promesa de un bienestar más duradero, de un futuro con buenos ingresos, el poder sacar a una familia adelante de manera más desahogada. Todo eso debe de ser muy importante, para que una persona persista y no importa el frío, el calor, la lluvia, el viento o la nieve, él o ella, saldrán de la cama, y en pocos minutos eestarán atravesando terreno, para llegar a los templos de saber. ¿Pero? ¡No son todos! ¿Por qué unos no asisten a la escuela finalmente y otros nunca se levantan a tiempo? Quizás hasta abandonan la escuela.

A pesar de que el ejemplo que he mencionado antes puede ser paradigmático de lo que es el libre albedrío, no lo es, y eso vamos a demostrarlo. El problema del libre albedrío es antiguo, está enredado con los aspectos del determinismo. SI el Universo que conocemos está regulado por leyes de la física. Si los seres vivos están a su vez compuestos por partículas químicas que tienen leyes físicas y que siguen un modelo determinista, en donde la variabilidad es sólo un accidente ¿Por qué la mente o los procesos mentales deben de ser diferentes?

Para aclarar con el ejemplo anterior de los que se despiertan y van a sus actividades y los que siguen dormidos. Les comento, que aún ahí hay un margen estrecho de elección. Una de las funciones del dormir, sobre todo en la fase del sueño III y IV (sueño delta), es restablecer la energía que se utiliza por la actividad neuronal, esta en forma de moléculas químicas de un materia conocido como glucógeno (moléculas de glucosa ensamblados). Una sustancia se forma de manera indirecta a la "quema" de el glucógeno cerebral. Se llama Adenosina.

En México, los investigadores Dra. Victoria Chagoya De Sánchez, Dr. Mauricio Díaz Muñoz y el Dr. René Drucker Colín, así como en Europa Radulovaky, fueron los primeros en llamar la atención de está asociación entre sueño y adenosina, porque esta sustancia seguía un comportamiento a lo largo de las 24 horas, de manera rítmica. Subía durante el día en el día y bajaba en la noche. Esto lo corroboraron los grupo de Boston (POrkka-Heinkesen, en el laboratorio de Dr. Robert McCarley) y en Los Angeles California (McGinty y Symusiak).

Hay sin embargo un trabajo publicado en PNAS por Rétey y colaboradores en el octubre del 2005, demostró que hay personas que remueven más rápido y eficaz la adenosina del cerebro porque la enzima encargada de esto (adenosina deaminasa), es muy activa. Estas personas tienen una menor necesidad de sueño, que las personas que tienen una enzima adenosina deaminasa menos activa. En otras palabras, unas personas requieren de menos sueño (short sleepers) mientras que otros no perdonan sus 8 a 10 horas de esta actividad, por tener una enzima adenosina deaminasa menos eficiente. Aún cuando se caigan de la cama, no estarán plenamente despiertos, serán vulnerables a accidentes en casa y automovilísticos. EL "Libre albedrío" en ellos y ellas, podría ser el tratar de iniciar su sueño mas temprano, como lo hacen sus padres y abuelos. Pero quien a los 18 años puede dormirse temprano y perderse la poesía de los murmullos de la noche. ¿No son acaso también ellos necesarios para la sed de afecto, aventuras y emociones de aquellos que con lo sentidos aceitados buscan el amor en cada rincón?

La anterior descripción puede ser acompañada de muchas otras, más las que se acumulen en la medida que se vayan descubriendo más asociaciones entre genes y conductas. Por supuesto que el libre albedrío no se ha perdido del todo, de hecho creo que se podrá estimular un poco, en la medida que se tenga conocimiento de las opciones, y del porque escogemos más un camino, al mismo tiempo que desmitifiquemos que realmente todo es elegido, cuando hay muchas presiones que nos llevan a lo opuesto. EL uso de drogas adictivas, que se pensaba puede ser totalmente fortuito, no lo es. Las personas con problemas para mantener la atención por periodos prolongados, por ejemplo utilizan sin saberlo directamente, nicotina, cafeína, anfetaminas cocaína y otros estimulantes, a los cuales han llegado por encuentros fortuitos. Supongamos que un joven en la secundaria tiene un primer contacto con una cigarrillo, y que después de estar divagando en cada una de sus clases en la inmortalidad del cangrejo (metáfora popular sobre estar en la tierra de Bavia). Al tomar su siguiente clase, se percata que entiende toda la clase, que esta no es tan compleja, y aún más de que le gusta aprender, sólo que no podía estar en sintonía. El resultado final será que si se asocia fumar igual a atender la clase, luego entonces, hay que seguir fumando. LO que desconoce es que el seguir fumando llevará a una adicción, de tal forma que no podrá dejar de hacerlo a voluntad, porque ya está sobrepuesto un problema farmacológico, es decir algo que tiene que ver con la física y la química de sus moléculas y las de la nicotina, sustancia que se ha vuelto esencial para el buen funcionamiento de las neuronas.

El libre albedrío implica posibilidad de elección, para hacer esto, hay que tener una gama de opciones, y estar consientes del acto a ejecutar.

La toma de decisión humana proporciona un dominio del comportamiento natural en el cual se puede profundizar sobre los substratos neuronales de la valuación; sin embargo, la carencia de buenas pautas neuronales y conductuales en los seres humanos forzó la mayor parte de el trabajo temprano sobre la opción humana sólo en el dominio teórico. El trabajo de los nervios temprano sobre la valuación se centró en la recompensa. Esta se refiere a la ventaja inmediata que se acrecienta como el resultado de una decisión (e.g., alimento, sexo, o agua). En cambio, el valor de una opción es una estimación sobre cuánto recompensa (o el castigo) ahora resultará de esa decisión en el futuro. Así, el valor incorpora las recompensas inmediatas, y también a largo plazo las esperadas de la decisión. La recompensa está tan más orientada hacia la regeneración inmediata, mientras que el valor está más bien a un juicio de los beneficios tardíos pero duraderos.

La recompensa conductual puede ser medida y ser cuantificado fácilmentee por psicólogo experimental o un neurobiólogo del comportamiento, una recompensa es simplemente un reforzador positivo, un cierto acontecimiento externo que haga un comportamiento blanco, que sea más probable en el futuro. Se tiene ya mucho y conocimiento trabajo temprano sobre la recompensa que procesaba regiones identificadas del cerebro en los mamíferos (principalmente roedores) eso, cuando se está estimulado, simula ser un análogo de los nervios de recompensas externas a un animal. El trabajo se ha centrado más explícitamente en los mecanismo del lenguaje de la toma de decisión. Hasta hace poco tiempo, sin embargo, el trabajo sobre el proceso de la recompensa y la toma de decisión no hizo el contacto directo con los mecanismos nerviosos de la valuación en seres humanos, está es las tareas que los sistemas de computación van a desarrollar por los seres humanos.

Tres progresos han cambiado recientemente esta situación. El primer es el trabajo electrofisiológico detallado sobre el proceso de recompensa, en el comportamiento de los monos durante las tareas que implican aprender. Este trabajo de la electrofisiología ayudó a poner las bases para una labor más reciente que ha explorado el segundo desarrollo principal: el advenimiento de las técnicas de neuroimágenes de cerebros humanos que se pueden utilizar para medir los correlativos físicos de la actividad de los nervios durante aprender y la toma de decisión. El tercer desarrollo era la importación de los algoritmos formales para recompensa-aprender de la informática y dirigir, particularmente al nivel de las computadoras.

Una nueva generación de aprender y de la toma de decisión de la recompensa ahora experimenta los beneficios de una conexión cada vez mayor a estos modelos formales de la valuación y de aprender.

El tercer desarrollo fue importación de los algoritmos formales para recompensa-aprender de la informática dirigidas particularmente, el campo de los modelos de aprendizaje de las máquinas, las que proporcionan un marco teórico para interpretar los estudios electrofisiológicos del mono, y ha comenzado más recientemente a dirigir experimentos sobre las expectativas de la recompensa en los temas humanos que usan técnicas de neuroimágenes no invasoras.

AGRESIVIDAD

Definición de Agresividad.

La agresividad (también denominada hostilidad o ira) debe ser considerada para motivos de investigación como un constructo complejo que incluye tres áreas: la afectiva, la cognitiva y la conductual. En el aspecto afectivo, la agresividad incluye una emoción de enojo o disgusto, en el aspecto cognitivo engloba pensamientos negativos de la naturaleza humana, resentimientos y desconfianza y en el aspecto conductual se manifiesta como agresión física o verbal.

La agresividad en el ser humano es un fenómeno complejo que se define como una serie de conductas dirigidas a infligir daño físico a otras personas, a uno mismo o a diverso tipo de propiedades. La agresividad incluye amenazas, manifestaciones encaminadas a la ofensa, provocación intensa o impetuosa, es decir actitudes ajenas a lo socialmente establecido y esperado. La agresividad es frecuente en individuos cuyo diagnostico indica algún trastorno mental y a veces no se evalúa de forma adecuada. No obstante que la agresividad es una conducta específica para cada especie, presenta mecanismos neurales comunes y se encuentra involucrada como un síntoma agregado a diversas entidades psiquiátricas. La prevalencia de conductas violentas en la sociedad actual es de aproximadamente 25% en países desarrollados. La prevalencia de agresividad en los trastornos psiquiátricos es de un 10 a 40 % y esta descrita como un síntoma agregado en diferentes trastornos psiquiátricos como el trastorno antisocial de la personalidad, el trastorno limítrofe de la personalidad, el trastorno bipolar, el abuso de sustancias, el retraso mental y el trastorno de ansiedad generalizada.

En lo que respecta a las personas con retraso mental, la agresividad se presenta con una prevalencia en un rango de 8.9 a 23.4 % en los Estados Unidos de América, estos trabajos han demostrado evidencia de que la agresividad es relacionada con el bajo nivel intelectual.

NEUROANATOMÍA

Aunque en un principio se consideró que el sustrato neural de la agresividad es el sistema límbico, actualmente se considera que esta conducta está controlada por diversos sistemas para límbicos organizados en forma jerárquica (el mesencéfalo, el hipotálamo, la amígdala, el tálamo y el septum) y de manera muy importante la corteza cerebral orbito frontal y prefrontal constituyen un sistema inhibitorio y modulador de la conducta agresiva .

Las conexiones bidireccionales tálamo-frontales cursan por la zona inferior de la rodilla de la cápsula interna. Específicamente estas conexiones se encuentran en el pedúnculo talámico anterior que está separado del brazo anterior de la cápsula interna pero contiguo a el y contiene vías bidireccionales entre el núcleo dorso medial del tálamo y la corteza del cíngulo y la corteza prefrontal.

Por otro lado, existe información suficiente de que el pedúnculo talámico inferior comunica el sistema talámico inespecífico con la corteza orbitofrontal. Dentro de los sitios quirúrgicos utilizados para modificar los trastornos de la conducta se encuentra la lesión quirúrgica de la capsulotomía anterior o tractotomía subcaudada que tradicionalmente son lesiones muy grandes e inespecíficas que pueden involucrar ambos pedúnculos talámicos y que en consecuencia los resultados pueden ser inespecíficos, el sitio específico de ablación y la extensión de esta no han sido correlacionados propositivamente con los resultados clínicos.

MEDICIÓN DE LA AGRESIVIDAD

No obstante lo evidente que pudiera parecer la cuantificación de la agresividad, la mayoría de los estudios clínicos han carecido del uso de escalas clínicas específicas. La escala de agresión explicita de Yudofsky se ha aplicado para la medición clínica de la agresividad .

De acuerdo al Instituto Nacional de Estadística, Geografía e Informática (INEGI), el 15 % de la población general de nuestro país presenta trastornos psiquiátricos y según estadísticas en salud mental la agresividad se presenta asociada entre un 10 y 15% en los pacientes con enfermedad psiquiátrica.

No obstante que la fisiopatología de la agresividad se explica en el trastorno de diferentes sistemas de neurotransmisores, fundamentalmente es el sistema serotoninérgico que es el más relacionado y se ha demostrado que la conducta agresiva se asocia a niveles bajos de serotonina (5HT).

LA NEUROBIOLOGÍA DE LA AGRESIÓN.

 La agresión se define como cualquier forma de conducta que tiene como meta la de dañar otro ser vivo por diferentes motivos, es un fenómeno natural y adaptativo. Sin embargo, puede ser peligrosa en sus estados de exageración, persistente o cuando se expresa fuera de contexto. En los servicios epidemiológicos se sabe que la persistencia de agresión y conductas antisociales entre niños y adolescentes, es la principal causa de referencia a las clínicas de salud mental. Para el estudio de la conducta agresiva es útil algunas divisiones de la misma, a esto se le llama la taxonomía de la agresión. Agresión predatoria.

Este tipo de agresión ocurre cuando se está en búsqueda de comida en las especies mnívoros o carnívoros. Involucra una búsqueda metodológica, bien dirigida, con ataques programados. En animales de laboratorio esta conducta se presenta con la estimulación de circuitos del hipotálamo especialmente el dorso lateral y la sustancia gris peri-acueductal.

Agresión reactiva.

Los animales demuestran una respuesta graduada e instintiva hace una amenaza. Amenazas distantes inducen estados de congelamiento, y en la medida que la amenaza se acerca, entonces una conducta de huida rápida. Finalmente hay una agresión reactiva cuando el escapar es imposible. Los animales exhiben estados de actividad autonómica, piloerección, muestran fauces, vocalizaciones específicas para inducir miedo. Esta reacción de agresión violenta está mediada por los circuitos que se centran en la amígdala región medial, a través de la conrexión con la estría terminal. Esta se conecta con la región medial del hipotálamo y desde ahí con la sustancia gris del mecenecéfalo. En algunos animales este tipo de reacción puede ser inhibida mediante una conexión con la corteza órbita frontal.

La agresión de los seres humanos.

Los trabajos con seres humanos son fundamentales ya que crean diferentes formas de agresiones que no pueden ser evaluadas en animales. Por ejemplo la agresión instrumental, también llamada pro activa o planeada. Esta tendría cierta similitud con la agresión de los predadores, sin que sea necesariamente con la finalidad de alimentación por otro lado, está la agresión afectiva, también llamada defensiva o impulsiva, que se corresponde a la agresión reactiva de los animales.

La agresión instrumental está vinculada a una ejecución planeada. Además de las pautas agresivas, en nuestra especie se planean las estrategias para no ser detectados, observados, ejerciendo esta acción. Este tipo de agresión en forma primitiva era utilizada para adquisición de territorios, de bienes, mejorar el estatus social, la obtención de hembras, típicamente esta agresión está desprovista de un componente emocional. Los seres humanos asesinados por este tipo de agresor no despiertan compasión u otro tipo de componente emocional. En los seres humanos la agresión reactiva es lo planeada y se puede caracterizar como impulsiva explosiva que involucra una confrontación con el agresor. Las emociones que acompañen este tipo de agresión, son siempre negativas: temor, ira, tristeza, frustración, irritación y venganza.

Mecanismos moleculares de la agresión.

Algunos estudios han indicado que hay factores heredados entre la conducta agresiva exagerada y la personalidad antisocial. En estudios de meta análisis, se ha sugerido que el factor genético afecta al 50% de la varianza en cuanto agresión. Sin embargo no se han considerado factores de tipo heterogéneo dentro de los mismos individuos agresivos. Algunos sistemas de neurotransmisor se han reportado como más involucrados en la activación de conductas agresivas o en el freno de estas.

Serotonina.

La serotonina tiene una historia larga como involucrada en la regulación de la agresión, particularmente la agresión reactiva. En términos generales, el aumento de la estimulación de receptores a serotonina disminuye los niveles de agresión, mientras que la disminución de la activación de estos receptores, la disminución de niveles de serotonina aumenta la agresión de tipo reactiva. Un estudio relevante en este sentido examinarse el gen que codifica para la enzima monoaminas oxidasa -A. Una mutación única en el gen de esta enzima se asocia a una conducta criminal antisocial. Esto se debe a un aumento en la destrucción de serotonina, debido a la mutación, se producen formas más activas de estas enzimas MAO. Alteraciones en el gen que codifica para los receptores a serotonina 5-HT1a también se ha correlacionado con conductas reactivas violentas, muestra además una hipoactividad de los sistemas de serotonina en la amígdala. Esto lleva a una hiperactividad del amígdala, una vulnerabilidad para activarse. En niños que han sufrido abuso físico y sexual, que tienen alteraciones a este nivel del sistema de serotonina hay un aumento de tipo de conducta agresiva reactiva.

Dopamina.

Al muchos trabajos publicados sobre el papel de la dopamina para disminuir la agresividad de forma reactiva, sin embargo, son un exceso de sustancias que aumente la disponibilidad dopamina aumenta la capacidad para agresión incontrolable en respuesta a estrés. La dopamina parece estar entonces involucrada más en impulsividad en agresión. Es por eso que en las unidades de emergencia el manejo de pacientes agitados por uso de sustancias, brotes psicóticos inespecíficos, deben ser manejados con antagonistas del dopamina y no con benzodiacepina. GABA – BENZODIACEPINAS Y ALCOHOL

Las benzodiacepina es y el alcohol tiene un efecto consistente para aumentar la agresión. Ambas sustancias tienen un efecto inhibitorio en la activación cortical mediante la liberación de GABA y la activación de los receptores GABA -A. La utilización de alcohol está implicado en el 50% de los crímenes violentos y violencia sexual. El tratamiento con benzodiacepinas también aumenta la agresividad. Se ha propuesto que esto sea el resultado de la inhibición del sistema prefrontal, el cual tiene un efecto modulador y de juicio sobre la respuesta de ataque o de retirada. La administración de alcohol conduce a una reducción del freno de la corteza prefrontal, lo mismo ocurre con las benzodiacepina. Estas sustancias no permiten que se llegue a una decisión adecuada ante un dilema que implique atacar o huir.

Testosterona.

La testosterona fue de las primeros sustancias identificadas que regulan la conducta agresiva. Se han hecho numerosos experimentos con animales castrados, a un grupo de ellos se les administra testosterona y a otros placebo. En un porcentaje elevado de respuesta de agresividad del grupo que recibe testosterona es más elevada. Sin embargo, en algunos estudios, no hay diferencias en los niveles de agresividad.

La hipótesis de trabajo para los etólogos es que en la relación entre la conducta agresiva vinculada con testosterona y el rango de tiempo de reproducción. Los niveles elevados de testosterona tienen un costo metabólico alto y otros efectos negativos a nivel fisiológico. Es por eso, que los niveles elevados de agresividad por períodos constantes y elevados de tiempo no son adaptativos. En la mayoría de los machos los niveles de agresión y de testosterona elevados, se correlacionan con los periodos de apareamiento. En los seres humanos los datos que vinculada al a la testosterona con la agresión son inconsistentes. El patrón de secreciones en humanos es variable, no sólo responde a eventos sexuales, sino que incluso se han debido una elevación de esta cuando se contemplan eventos deportivos.

El glucocorticoides.

En la misma forma que los andrógenos, la relación con el glucocorticoides y la conducta agresiva es compleja. La exposición a estresores crónicos, la administración y códices externos inhiben las conductas agresivas. Mientras que la deficiencia crónica de glucocorticoides reducen los niveles de testosterona lo cual llevará virtualmente a la reducción de la agresión. Otras hormonas desempeñan un papel relevante en la agresión como son: la vasopresina y la oxitocina. Éste mecanismo es a través de conexiones que existen con la amígdala a través de la este día terminal. La oxitocina tiene un papel relevante en la agresión en el contexto de la defensiva hacia su cría. La prolactina tiene influencia en la agresión, de las madres.

TRATAMIENTOS CONVENCIONALES

El tratamiento farmacológico de la agresividad incluye estabilizadores del estado de animo como el valproato de sodio o magnesio, la lamotrigina, la carbamacepina y las sales de litio; también incluye antipsicóticos típicos (haloperidol, tiorodazina y perfenazina) atípicos(clozapina, olanzapina, risperidona); pueden utilizarse beta-bloqueadores a bajas dosis como el propanolol; inhibidores de la mono-amino-oxidasa como fenelzina; Los inhibidores de la recaptura de 5HT juegan también un papel importante en el tratamiento de la agresividad como lo ha demostrado la fluoxetina; finalmente los ansiolíticos han llegado a ser utilizados en episodios agudos de agresividad o su asociación a insomnio o ansiedad. No obstante lo abundante de los recursos terapéuticos los casos de agresividad de difícil control o refractarios a tratamiento llegan a ser desde 8 hasta el 30% .

Procedimientos Neuroquirúrgicos en el Tratamiento de la Enfermedades Psiquiátricas.

El tratamiento quirúrgico de los trastornos psiquiátricos ha sido propuesto para el control de los casos difíciles de tratar o resistentes a los tratamientos convencionales. Fulton en 1947, fue el primero en describir que la lesión del cíngulo anterior podía mejorar la conducta depresiva y ansiosa. En diferentes series la cingulotomía ha demostrado que produce una disminución de mas del 50% los síntomas psiquiátricos entre el 62 al 66% de los pacientes y sobre todo disminución en la tasa de suicidios . Sano en 1966 propuso la lesión circunscrita del hipotálamo posteromedial para el control de la agresividad con resultados satisfactorios; sin embargo, en ambos casos la falta de cuantificación específica del síntoma y los efectos colaterales de las funciones autonómicas limitaron la aplicación de este procedimiento.

La amigdalotomía realizada por Narabayashi ha sido propuesta también como una alternativa en el control de la agresividad, los resultados satisfactorios se reportaron en el 50% de los pacientes al año de seguimiento; esta mejoría disminuyó al 39% en seguimientos posteriores. Nuevamente la carencia de una evaluación específica y las complicaciones como las crisis epilépticas limitaron su aplicación. No existe hasta el momento un estudio que relacione o que determine los niveles de 5-HT o sus metabolitos, como es el ácido 5-OH indolacético, en líquido cefalorraquídeo en pacientes agresividad antes y después de un procedimiento Neuroquirúrgicos encaminado a disminuir estos síntomas.

La neurocirugía des estimulación cerebral profunda, que ha dado buenos resultados, en la enfermedad de Parkinson, epilepsia, depresión mayor resistente, trastorno obsesivo compulsivo resistente, y otras alteraciones neurológicas, se ha empleado poco en el manejo de la agresividad, en donde se ha optado por procedimientos de corte o supresión de ciertas vías neurales.

LOS MALVADOS DUERMEN BIEN: Sobre los sociópatas que se encuentren entre nosotros.

Las narraciones de situaciones especiales, en donde un grupo de seres humanos son masacrados por otros, ha pasado a ser parte de nuestra conciencia colectiva. Sin embargo, no dejamos de preguntarnos, sobre el por qué no hay un estremecimiento de compasión o culpa de esas manos que han ejecutado u ordenado la acción.

Idi Amín Dada (Koboko, Uganda, 1925), fue un ejemplo de tantos del genocida. Se calcula en 200,000 los muertos que dejó su régimen de terror en Uganda (1971–1978). Amín, de la tribu Kakwa, se propuso una política de exterminio sobre etnias que consideraba rivales. Como las Langi y Acholi., El presidente Milton Obote, que Idi Amín depuso era de la tribu Langi. Las fuerzas especiales del dictador, ingresaban a las aldeas y degollaban o quemaban vivos a los habitantes de las mencionadas tribus, mientras que esto sucedía, la radiodifusora "Voz de Uganda", acusaba a las tribus masacradas de estar conspirando con Tanzania, país que los había invadido y que las acciones de los soldados ugandeses estaban respaldadas por la defensas de los valores de la nación.

La historia de Amín, es sólo una de tantas, la repetición de lo que ha venido sucediendo en diferentes culturas. Sin embargo, el sociópata, que ejecuta u ordena esas masacres, descansa tranquilo, duerme apaciblemente, y no hay ni la mínima sombra de remordimiento. En la mayoría de las alteraciones mentales, el sueño se fragmenta, insomnio al inicio de la noche, o fragmentación del dormir son la regla. Pero en una serie de estudios neurofisiológicos, en los que se evalúa el sueño de los sociópatas en un laboratorio de sueño, se pudo evidenciar que esta actividad es profunda, de hecho hay una gran cantidad de sueño de ondas lentas, uno de los índices de profundidad del dormir .

El malvado, que ejecuta las acciones reprobables, han existido en todas las culturas y a todos los niveles. No están ubicados únicamente entre los dictadores, genocidas o grandes delincuentes, sino que también se encuentran cercano al resto de la gente, por que está entre nosotros y porque se sirve de los demás para sus fines.

El sociópata, es una persona egoísta, sin remordimientos, sin compromisos hacia los demás, e inclusive pasando por encima de ellos. Es común que utilicen las mentiras, que roben o que ejecuten acciones deshonestas. Tienen dificultades para seguir las normas sociales, aunque pueden hacerlo si esto conviene a sus intereses. El punto cardinal de este tipo de personas es la falta de remordimiento acerca de los efectos que puedan causar en otros, de hecho pueden sentirse justificados por haber lastimado o abusado de alguna de sus víctimas, y decir que ellas se lo buscaron. Ellos piensan que sus acciones tienen siempre una razón de ser, por lo que no les preocupa o remuerde la conciencia.

Un individuo de 28 años, de clase media, se casó con una joven de 23 años, hija de un industrial. En un principio, se mostró como un esposo cariñoso, pero a los pocos meses de casados, cuando se dio cuenta que el suegro no iba a ser tan dadivoso como él esperaba, empezó a maltratar a su joven esposa, a faltar a la casa y a gastar de manera irresponsable. Una mañana que llegó borracho, ella le reclamó por no avisar en donde estaba, sin más, montó en cólera y acuchilló a su esposa. Cuando fue detenido, días más tarde, confesó haberla herido, pero argumentando que ella se le había ido primero con el cuchillo encima y que él solo actúo en legítima defensa, que inclusive él había llamado solicitando una ambulancia, - lo cual era cierto – por lo que él demostraba que había sido todo provocada por su esposa que convalecía en el hospital. Cuando se realizó una investigación a fondo sobre el esposo se pudo comprobar que había tenido un patrón típico de un sociópata, desde la infancia: crueldad con los animales, mentiroso, se había escapado varias veces de su casa, había avanzado en las diferentes escuelas haciendo trampas o chantajeando a los profesores, manipulado a los padres para que resolvieran sus faltas escolares y cambiando de colegio varias veces, hasta que terminó la preparatoria en una escuela abierta, en donde finalmente se averiguo que había comprado un certificado de finalizar la preparatoria falso.   Es difícil de detectar a un sociópata, por qué tienen la destreza de estar mimetizados en un tipo de camuflaje de piel de cordero. Esto es una estrategia, porque a lo largo de sus vidas han aprendido, que si son detectados, se les rechazará o no se les dejará actuar. Por lo anterior, ellos desarrollan una actitud suspicaz, que con facilidad llega a la paranoia, ya que a menudo se sientes observados y vigilados por los otros, sobre todo por las personas a las que van a utilizar. Los sociópatas utilizan a sus amigos y destruyen a sus adversarios. El sociópata violento es aquel que experimenta placer y tiene la sensación de poder al causar sufrimiento, puede torturar y mutilar a las víctimas y su crueldad aumenta su sensación de poder. Hay también en ellos, un núcleo de narcisismo, en donde él o ella son las personas más importantes del universo, por lo que no aceptan la responsabilidad de sus acciones y siempre hay un justificante de las mismas.

Se pueden detectar otro tipo de sociópatas, por ejemplo los pasivos y los seductores – Los cuales más adelante veremos que han sido agrupados como sociópatas parásitos-. Los seductores utilizan estrategias de manipulación y convencimiento, en donde se negocia de manera amañada a favor de ellos, aunque parezca que están brindando auxilio a sus víctimas. El típico ejemplo es el del vendedor de automóviles en mal estado, que trata de convencer a su cliente-víctima de que está adquiriendo una ganga, y de que el vehículo se encuentra en inmejorables condiciones.

El sociópata pasivo, es aquel que no es violento, pero tampoco ayuda a los demás aun cuando pudiera hacerlo, por ejemplo si ve a una persona que se está ahogando, pasará de largo, a pesar de que él sepa nadar. Son personas que por omisión o negligencia dejan que las cosas sigan su curso, siempre y cuando esto no los afecte.

Sociópata, psicópata o personalidad antisocial son los términos que se utilizan en psiquiatría para connotar al individuo cuya personalidad busca pasar por encima de los demás, con beneficio propio, lo cual los lleva a infringir reglas o normas legales o socialmente establecidas. Son personas que manipulan a los demás, impulsivos, seductores, y con escrúpulos bajos. Se ha observado que la mayoría de las personas no psicópatas, tienen una respuesta vegetativa aumentada (aumento de la frecuencia de latidos del corazón y de la respiración, boca seca, palidez de piel y sudoración), ante estímulos visuales catastróficos, como por ejemplo el contemplar una serie de fotografías sobre una masacre, o una violación de una mujer, con violencia física de por medio; cuando contemplan trozos de seres humanos despedazados, después de un atentado terrorista. Los antisociales se mantienen tranquilos antes dichos estímulos, y aún así duermen bien, inclusive después de haber cometido ellos mismos tales barbaridades. La casi totalidad de las enfermedades psiquiátricas, tienen como parte de sus manifestaciones clínicas, el dormir mal, el padecer de insomnio, el sueño fragmentado, superficial, esto es parte de la respuesta neurovegetativa normal, pero esto no ocurre con el antisocial, el sociópata: Los malvados duermen bien, se antoja como una gran paradoja, ya que imbuidos en la moral de crianza, se nos dice que si hacemos el mal, dormiremos intranquilamente. Los psicópatas son las personas que Phillipe Pinel, neuropsiquiatra francés del siglo XIX, llamó "Locos Morales", porque estos no tienen remordimientos, ni el menor acecho de culpa, ante lo que ellos hacen, por el contrario suelen ufanarse abiertamente de las acciones que ejecutan. Morel (1857), otro alienista francés, parte desde el terreno de lo religioso, para elaborar su teoría de la degeneración, enunciando que los sociópatas sufren de una "degeneración moral". Los sociópatas son personas que orientan su vida a la de utilización de los demás y avanzar por encima de ellos. En 1941, el psiquiatra norteamericano H. Cleckley, escribe el libro: "La máscara de la salud" en donde se refiere a este tipo de personas, intercambiando los vocablos sociópata y psicópata. En 1961, Karpman propone que: "dentro de los psicópatas hay dos grandes grupos: los depredadores y los parásitos" (haciendo una analogía biológica). "Los depredadores toman las cosas por la fuerza y los parásitos a través de la astucia y de la pasividad"

Hay controversias entre las escuelas psiquiátricas y psicológicas. Todas, de alguna forma, apuntan a tres conceptos básicos, como explicaciones del origen de esta manera amoral de ser. La primera posición (llamada intrínseca), corresponde a la escuela neurobiológica, en ella el psicópata deviene de una constitución especial, genéticamente determinado o por lo menos con una vulnerabilidad especial, que es activada por el medio ambiente, que en la infancia en especial rodeara a esta persona. En un extremo, esta posición, puede caer en una especie de determinismo moral: "No tenían forma de elegir entre el bien y el mal". Este parece ser el caso que se ilustra en la película de Stanley Kubrick (1971): "Naranja Mecánica". Alex y sus asociados, se dedican a hacer una serie de actos criminales y tropelías, sin que exista el mínimo remordimiento en los muchachos (violan a la esposa de un escritor en su presencia; tunden a un borrachín, matan a una mujer con una escultura de un pene gigante, etc.). Finalmente cuando Alex es atrapado, se desempeña como un preso modelo, aunque sabemos de antemano, que todo es una estrategia actuada, porque quien narra la película es el mismo Alex, quien nos indica, qué aún tiene los pensamientos obsesivos de destrucción y aniquilación.

Alex es sometido a un tipo de "tratamiento" o rehabilitación que consiste en mirar una serie de películas violentas, pero antes de verlas, se le administraba una inyección que le produce malestar abdominal y nausea, de esta forma se crea un condicionamiento negativo: ver violencia produce dolor físico, sin embargo, enmarcando todo lo anterior, se escucha la majestuosa novena sinfonía de Ludwig van Beethoven de fondo musical, durante las sesiones de condicionamiento, esa música que Alex idolatraba. El procedimiento se llama, en la novela de Anthony Burgess y en la película de Kubrick, "Método Ludovico". Al finalizar el tratamiento, Alex es presentado en sociedad, en un espectáculo, en donde se le ofrece una mujer desnuda, en donde se le provoca con violencia física, y aunque Alex trata de reacciona de manera sociopática, al hacerlo sufre de dolores y nausea. "¡Esta curado!"- Grita el Director de la prisión -. Pero no es verdad, Alex es bueno, sólo porque no puede ser malo. Los padres, sus ex asociados, el borrachín y hasta el escritor sobreviviente a sus excesos se vengan de Alex, que siendo todavía un psicópata irredento, no puede defenderse y brinca por una ventana presionado por el conflicto de escuchar a Ludwig van Beethoven y sufrir espasmos abdominales. La segunda posición, que trata de explicar la psicopatía es la social. Ésta propone que la sociedad hace al sociópata, que son las características especiales de la educación familiar y del medio social, los factores que hacen a sus propios criminales, al no darles los medios educativos o económicos necesarios. Para el psiquiatra alemán Kurt Schneider, el psicópata no es un enfermo; el psicópata es un anormal, un sujeto desviado de la media estadística de la moral, pero que distingue entre el bien y el mal y puede, por lo tanto puede frenar su mal comportamiento, considerarlo como enfermo atenúa su responsabilidad,

LOS MALVADOS DUERMEN BIEN

"Los malvados duermen bien", es el título de una película de Akira Kurosawa (1960), en donde se presenta a uno de estos personajes – sociópata de cuello blanco-, que combinó la psicopatía y la inteligencia, para llegar a ser presidente de una corporación industrial y desde ahí asesinar y mover el destino de las personas a su favor. Otras películas más recientes en donde se ven caracteres sociopáticos son: "El silencio de los inocentes"; "Flecha Rota" "El talentoso Mr. Ripley"; "Bajos instintos"; "Naranja mecánica", y muchas otras más. Sin embargo, el sociópata común y corriente, está relativamente cerca de nosotros. Es un personaje desenvuelto, superficial y seductor. Hay otra combinación de rasgos de personalidad letales: narcisismo y sociopatía, a la cual el psicoanalista Kenberg ha denominado "Narcisismo maligno", Algunos sociópatas tienen esta tesitura de su personalidad, que los hace sentirse grandiosos, sin autocrítica. A este subtipo de sociópata les encanta tener poder sobre otras personas, aparecen como carismáticos y seguros de sí mismos. Sus acciones, generalmente delictivas, son calculadas, racionales y combinadas con la falta de remordimiento, justifican sus acciones y manipulan a los demás a través de las mentiras o adoptando el papel de víctimas o de servidores de causas. En estudios de laboratorio, cuando se mide su respuesta ante estímulos que producen miedo en la mayoría de las personas, ellos presentan pocas respuestas a estos estímulos. La gente que no es sociópata ante estímulos catastrófico, presenta sudoración de manos, aumento de la frecuencia de latidos de su corazón, boca seca, tensión muscular, temblor, confusión. Los sociópatas se muestran tranquilos y controlados ante los mismos estímulos, para ellos el temor, y otras series de emociones son apenas percibidas, e incluso han aprendido a simularlas. Es frecuente que el sociópata en la prisión simule que se está re-adaptando, que está arrepentido, que puede ya reintegrarse a la sociedad, porque se ha dado cuenta que esa conducta puede ser su pase de salida. En la película "Naranja Mecánica", Alex (Malcolm McDowell), se vuelve asiduo a la biblioteca de la prisión, y a la lectura de la Biblia, aun que sabemos que sigue siendo el lobo disfrazado con la piel de cordero. La frecuencia con la que observa este tipo de trastorno de personalidad es de uno a dos sociópatas, por cada cien personas, por lo tanto no es raro que nos topemos con alguno de ellos. Es posible que se puedan detectar algunas pinceladas de la conducta sociopática en la infancia: crueldad con los animales, mentiroso, con tendencias a romper reglamentos, robar y ser manipuladores, estos niños son con frecuencia carismáticos y por lo tanto líderes, que utilizan a sus amiguitos con provecho propio.

LA ADMIRACIÓN Y EL ODIO POR LOS PSICÓPATAS

La psicopatía o sociopatía tienen que ver con la flagrante violación de los sistemas de reglas morales diseñadas por el ser humano en las diferentes sociedades. El prototipo del sociópata se ha recreado en series de televisión, novelas y películas, en donde siempre han ejercido un tipo de fascinación, una atracción morbosa, de alto impacto. Parecería, que las personas que no son sociópatas, quedan cautivadas por los que estos personajes se permiten hacer y después quedar sin remordimientos. "Los hombre buenos sueñan en hacer, lo que los malos hacen", comentó Platón, en relación a esta fascinación por la conducta antisocial. La serie televisiva "Los Sopranos", es una apología de lo mencionado, Tony Soprano, es la imagen del sociópata con éxito, aun cuando ordene asesinar, robar, dilapidar, chantajear, todo eso lo hace con la única finalidad y justificante de mantenerse en el poder, como líder de su organización, esa es su verdad, aún cuando en el fondo ocurre lo contrario: un sociópata goza con el poder. En una parte de la serie, llega a desarrollar ataques de pánico, lo cual no es lo mismo que remordimientos, y lo único que nos indica es que también "llueve sobre mojado", qué un sociópata puede tener las mismas dolencias que un individuo sin esta personalidad. En el cine, desde hace mucho tiempo se ha venido caracteriza a estas personas como los duros, desalmados, gente que infringe la ley cotidianamente. Los héroes, lucha contra ellos, y se da la falsa impresión de que el bien triunfa sobre el mal. Hanibal Lecter (Anthony Hopkins), en el "Silencio de los Inocentes" (Dir. Jonathan Demme, 1991), impresiona, no solo por los crímenes que narra, sino por el cinismo con que los cuenta, es más se diría que con placer. Es él un anti-héroe, un personaje culto, psiquiatra para acentuar la frágil línea entre lo normal y anormal, que tiene un razonamiento claro y lógico del porque es así, de manera simple se diría que es honesto consigo mismo.   Pero también hay sociópatas mujeres, en "Body Heat" (Dir. Lawrence Kasdan, 1981) Matty Walker (Kathleen Turner), interpreta a una mujer bella y fría, que seduce a un abogado mediocre, Ned Racine (John Hurt), y una vez que lo hace, funcionara como su amante. Ella aparenta planear con él la muerte de su marido, un hombre millonario, Edmund Walker (Richard Crenna), sin embargo, Matty estaba ya a la búsqueda de un sujeto que asesinara al esposo y de esta forma ella heredar una fortuna. Al final de la película, casi sin saber como, el abogado Ned Racine, termina en la cárcel acusado de haber matado a la viuda Walker, algo que nunca ocurrió, ya que ella le tendió una trampa desde un principio. Ned se percata de todo al revisar un anuario de la escuela de la bella Matty, en donde la chica apuntó que de grande le gustaría ser millonaria y vivir en una isla del pacífico sur, mientras Ned sonríe tras las rejas, como un buen perdedor, ella despierta de una siesta en alguna playa de una isla y pide a su amante en turno que le de un masaje en la espalda. Estas son las sociópatas bellas, e inteligentes, en verdad una maquinaria biológicamente diseñada para tomar el poder y salirse con la suya.   Escritores como Dostoievski o Shakespeare, se asomaron con fascinación al alama del sociópata. Joseph Conrad en "El corazón en la oscuridad", no hace un narración especial de este tipo de personaje, en la coronel que vive fascinado por el horror. En una novela más reciente, American Psycho (1991) de Breat Easton Ellis, se narra el ascenso y caída de un sociópata violento, entregado a dos obsesiones: el poder y el asesinato. Ya sea que al final de la película, novela o serie televisiva, el sociópata pague por sus culpas o escape ileso, o por lo menos permanezca así hasta el siguiente episodio de la serie, es interesante como fenómeno de masas, que educadas dentro de las normas morales del bien y del mal, no dejan de asombrarles esos individuos que se encumbran en la vida, precisamente a través de infringir todo lo que el resto de los humanos respetan. Sin embargo el sociópata está muy lejos de ser solo un personaje creado con fines de la historia que se narra, es un ser real, de carne y hueso, con ausencia de remordimientos y que puede estar en este momento sentado a su lado.   Un mito muy común, es pensar que todos los psicópatas terminan sus días en la cárcel. Esto es parcialmente cierto, pero hay un buen número de ellos que terminan en actividades como la política, los negocios, los espectáculos y los medios de difusión masiva, esto son los llamados "Sociópatas de cuello blanco". Este subgrupo de psicópatas es en donde se logró un equilibrio con la inteligencia, y el narcisismo. "Atrápame si puedes" (Catch me if you can . Steven Spielberg, 2002), es un ejemplo bien preciso de lo que acabo de decir. Frank Abagnale (Leonardo Di Caprio), se dedica a estafar, falsificar cheques, usurpar profesiones y burlarse de la sociedad, mientras Carl Hanratty (Tom Hanks), lo persigue por todo el mundo. Abagnale, es el ejemplo más claro del sociópata carismático y encantador, que seduce al resto de sus congéneres, para ir avanzando socialmente, cosa que finalmente hizo en la vida real el personaje que interpreta DiCapio, tanto que hasta vendió los derechos de su autobiografía a Spielberg, es decir, que hasta el final le redituó más ser un tipo sin escrúpulos.   En la novela de Patricia Highsmith: "El talentoso Mr. Ripley", se caracteriza a un ejemplo siniestro de este tipo de personajes. La película del mismo nombre (Dir. Anthony Minhhella, 1999), interpretada por Matt Damon y Gwineth Paltrow, muestra un claro ejemplo de cómo son los psicópatas seductores, estos trasmiten cierta sinceridad, que lleva a que los demás permitan su acceso a los círculos familiares, a lo personal e íntimo, para que después, cuando ya son dueños del terreno, asesten el golpe.   Alguna vez, cuando entrevistaba a un personaje antisocial, este me decía que al resto de los seres humanos les gustaría ser como él, solo que se los impide la culpa, la idea del castigo eterno, el concepto del infierno: "Es que es tan

191

fácil engañar a la gente, que uno no puede dejar de hacerlo... es como si le pusieran un banquete en la mesa, lleno de corderos, pavos y cerdos... y usted es el lobo ¿No?... ¿Qué haría doctor? ¿Comerse únicamente una ensalada?"   A lo largo de nuestras vidas la mayoría de los seres humanos buscamos desesperadamente un "Status"; somos adictos a la admiración de nuestros congéneres, solemos creer que tenemos un detector de la sensibilidad de los demás y que actuamos maduramente, asertivamente. Cuando nos damos cuenta de que hay personajes que no les importa lo que piensen los demás, que ellos se auto promueven, que son escaladores sociales, con falta de sentido de grupo y de respeto por las reglas, que no les interesa sinceramente la admiración de los demás personas, solo sobresalir, llevarse entre las patas a los más débiles, no hay límites para ello, cuando vemos a una persona así estamos ante la presencia de un psicópata.

¿ES EL SOCIÓPATA UN ENFERMO?

Esta pregunta parece fácil de contestar, con una afirmación, pero entonces hay dos posibilidades. La primera que el sociópata acepte que es un enfermo y la segunda, que manipule a los demás y trate de minimizar su responsabilidad porqué a fin de cuentas, es un enfermo. El uso del término psicópata trae implícito el que se trate de una enfermedad de la psique, puesto que las dos raíces que forman la palabra así lo indican. El que se establezca esta relación lleva a confusiones, por un lado a que "psico" se vuelva equivalente a loco, maniático, o incluso demente, que son las formas coloquiales, con las que las personas y los medios de comunicación tratan a los enfermos mentales. Los sociópatas, no tienen una serie de manifestaciones que son comunes al resto de los enfermos psiquiátricos. Por ejemplo, no están desorientados, no tienen alucinaciones, o delirios, y saben distinguir perfectamente lo que es bueno y lo que tiene esa cualidad, de tal forma que ellos pueden seleccionar y distinguir en libertad las diferentes opciones éticas. No ocurre lo mismo con una persona que sufre esquizofrenia y que como parte de su enfermedad escucha voces (Vg., alucinaciones auditivas), las cuales le ordenan matar. Algunos asesinos en serie, como Edward Gein, quien cometió crímenes atroces y bizarros, mutilando a sus víctimas y luego fabricando objetos decorativos con su piel y miembros, son diagnosticados como psicóticos, es decir fuera de la realidad y se les envía a un hospital psiquiátrico, en lugar de ir a una prisión común y corriente. Otros, como Ted Bundy, Henry Lee Lucas, y John Wayne Gacy, son sociópatas, cometieron crímenes en serie, y pertenecen a los sociópatas predadores. Ellos podían distinguir a los factores a los que se enfrentaban y optaron por las decisiones equivocadas.

EL PERFIL DE LA PERSONALIDAD SOCIOPÁTICA

El retrato hablado de un sociópata es lo que lo caracteriza más típicamente. Hay que advertir que no es válido, que con solo leer lo que se describe a continuación, se puede diagnosticar a alguien, el proceso es mucho más complejo, y requiere de experiencia clínica.

El primer punto que se encuentra en el sociópata es el de tener un buen manejo de las estrategias de convencimiento, en lenguaje coloquial, se podría decir que es muy "labioso", que sabe manejar bien el lenguaje con fines de convencimiento. En este tipo de comunicación, de lo que tratará es de convencernos, entre otras cosas, de que su persona es benévola, amistosas y sincera, lo que se dice "buena onda". El disfraz que utiliza es el de cordero, aunque sabemos que debajo está un lobo agazapado. En este sentido, es común que finjan tener ciertos conocimientos, grados académicos y logros, que son meras fantasías, y aún cuando es claro para una persona avezada que no tiene esos conocimientos, para gente poco preparada es un terreno fácil de incursionar. Aún más, no les molesta ser descubiertos, pareciera que tienen una tolerancia elevada a este tipo de confrontaciones, y tienen la estrategia adecuada para escabullirse. Recuérdese la película comentada previamente "Atrápame si puedes", en donde el personaje va adquiriendo y aún desempeñando diferentes profesiones: médico, aviador, ejecutivo, etc. Este es un terreno en donde el sociópata suele deslizarse hacia el actividades como charlatán. Esto se puede dar en cualquier actividad. Una persona en una institución científica, decía tener una vacuna para los adictos de la cocaína, con está bandera obtuvo donativos y estudiantes de doctorado, que pronto se dieron cuenta de que el exceso de ocultamiento respecto a la vacuna, que se esgrimía como una estrategia previa a que se patentara, no era más que una cortina de humo, que ocultaba la ausencia de esa herramienta. Otro de los rasgos del carácter de los sociópatas es su narcisismo, es decir una autoestima exagerada, inflada, en donde su importancia y egocentrismo son desbordados. Son personas a las que la leyes les quedan pequeñas, ya que suelen seguir únicamente sus propias reglas. Si alguno de ellos es atrapado y sometido a juicio, es frecuente que despidan a sus abogados defensores, por considerarlo ineptos y ellos asumen sus propias defensas, con resultados desastrosos. La palabra narcisismo, ha sido tomada de la mitología griega, de Narciso, hijo de la ninfa Liríope, que no pudo dejar de contemplar su bella imagen en un río y murió ahogado.

La personalidad narcisista es en si una forma de ser, que llevada a sus extremos deviene en un trastorno de personalidad, del grupo de las histriónicas o teatrales. Se puede conceptuar a esta como una condición caracterizada por una sensación exagerada de importancia y preocupación extrema de una persona por sí misma.

Una persona con trastorno de personalidad narcisista posee los siguientes atributos:

Reacciona a la crítica con sentimientos de rabia, vergüenza o humillación

Se aprovecha de otros para lograr sus propias metas

Se considera importante

Exagera sus logros y talentos

Exhibe preocupación con fantasías de éxito, poder, belleza, inteligencia o amor ideal

Tiene expectativas irracionales de tratamiento favorable

Requiere atención y admiración constantes

Carece de empatía

En el caso del sociópata, estos rasgos narcisistas acompañan al resto de los caracteres que se van describiendo, como un todo. La falta de remordimiento o culpa es lo más llama la atención de este tipo de personas. Hay un tipo de "anestesia moral", ya hemos mencionado que las imágenes de dolor y angustia, que en el resto de las personas despiertan reacciones neurovegetativas y emocionales, no conmueven en lo absoluto al sociópata, aún cuando este pueda fingir que si esta impresionado. Cuando se somete a exámenes de laboratorio acuciosos, por ejemplo detección de la frecuencia de su corazón, sudoración en piel, presión arterial y respiración; al mismo tiempo que se le presenta en un monitor una serie de imágenes al azar, en las que se intercalan escenas neutras (cielo con nubes, mar, montañas) con escenas violentas (víctimas de holocausto, quemados, asesinados) y escenas agradables (bebés con madres, unos labios sonriendo; dos enamorados). Las respuestas de los sociópatas tienen pocos cambios, esto quiere decir que tienen poca reactividad emocional. Esta anestesia moral, es la característica cardinal de estas personas y en parte lo que los hace reaccionar con cinismo a acciones deleznables para el resto de sus contemporáneos.

Ted Bundy, un sociópata asesino en serie, concedió una serie de entrevistas antes de ser ejecutado. En una de ella mencionó: " cualquier cosa que yo haya hecho en el pasado... no me molesta. Tratar de tocar el pasado, de lidiar con el pasado... el pasado no existe...¡Es solo un sueño!". Respeto al sentimiento de culpa, Bundy comentó: " La culpa es un mecanismo que se tiene para controlar a la gente. Es sólo una ilusión, es un tipo de mecanismo social de control y no es saludable. La culpa hace cosas terribles con nuestro cuerpo, hay cosas más importantes para controlar a nuestro cuerpo, que el uso de la culpa".

La falta de empatía, es otra de las características cardinales del sociópata. La empatía significa coloquialmente, el colocarse en la piel o en los zapatos del otro, tratar de imaginar lo él o ella experimentan, como resultado de nuestras acciones o de acciones de terceros. Este sentimiento es un tipo de elemento importante en la convivencia humana y de otras especies animales, y que explica conductas filantrópicas, no egoístas, altruistas. Todas las cuales están ausentes en el sociópata. Ellos son indiferentes al sufrimiento de las personas en general y de sus víctimas en particular. Pueden mantener ciertos vínculos con familiares, únicamente porque estos son considerados como posesiones. La capacidad para mentir, engañar y manipular, son talentos naturales de los sociópatas. A diferencia de personas no sociópatas, que cuando son atrapadas en una mentira sufren o se avergüenzan, esto está muy lejos de ocurrirles a ello. Un sociópata atrapado en una mentira, tarará de ajustar o componer su versión, con lo cual, con frecuencia, caen en contradicciones, pero destaca la ausencia de conflicto en lo que mencionan. Los psicópatas parecen estar orgullosos de su habilidad para mentir y engañar a los demás. En los sociópatas hay una superficialidad en sus emociones en general, que los hace aparecer como poco auténticos, como si estuvieran actuando todo el tiempo. En las clasificaciones psiquiátricas contemporáneas al sociópata está colocado dentro del grupo de alteraciones de la personalidad histriónico o teatral. Algunos médicos han comentado que las emociones de estas personas son tan poco intensas e inapropiadas que parecen infantiles, responden a las necesidades inmediatas, En estudios en laboratorio, por ejemplo, los sociópatas carecen de las respuestas típicas a el miedo, esto los hace temerarios e impulsivos en muchos sentidos. Esto explicaría su ausencia de culpa, que se conecta con el temor a castigo. La impulsividad es otra de sus características. Esto es, el no poder aplazar cualquier "necesidad" o demanda, por pequeña que esta sea, para un tiempo y lugar mas propicios. Por ejemplo, muchos de los violadores compulsivos, aquellos que acaban de salir de prisión y en pocos días reinciden corresponden a este tipo de patrón. El detenerse y posponer, es una habilidad que forma parte de la maduración del sistema nervioso, junto con la educación o entrenamiento necesario para hacerlo. Un bebé de pocos meses, llora si no se le satisface de inmediato una demanda, pero al poco tiempo va asimilando que hay cosas que se pueden hacer y otras no. En la adolescencia, vuelve a reaparecer la impulsividad, que aparece como una conducta oposicionista, y que responde a una búsqueda de nuevos límites; a que hora llegar, que tan atrevido vestir, estilos y formas de hablar. Es para el final de los 16 a 18 años, que se termina la maduración del sistema nervioso, en especialmente de una estructura que está altamente evolucionada en los seres humanos y que se llama lóbulo prefrontal. Este planea la ejecución de acciones motoras, dentro de un contexto de eficacia y economía de movimientos, pero al mismo tiempo en aspectos de pertinencia social. "¿Debo acariciar el culo de esa chica ahora? O ¿Será mas propio que lo haga después de seducirla y que ella me permita o me pida que lo haga?" En este sentido, el sociópata no posterga, no hay posibilidad de aplazar, y si en ese momento tiene necesidad de seguir ingiriendo alcohol u otras droga, y no tiene dinero para proveerla, robará y asesinará, con la única finalidad de saciar su deseo pueril. Muchos sociópatas criminales, cuando se les detiene y pregunta por el motivo o razón de sus delitos, no saben responder, o dan respuestas muy vagas: "Por qué estaba ahí, me miro de una forma extraña, necesitaba hacerlo". Esa impulsividad, se conecta con un pobre control de conductas agresivas que son disparadas por estímulos, que el resto de las personas no detectarían como suficientes para despertar la reacción de agresividad e ira que suelen manifestar estas personas. Ante una crítica, coerción, o reclamo, hay una respuesta que va en aumento, y que sólo tiene como característica añadida, el tener una resonancia afectiva de corta duración, esto significa que a pesar de que se observe un despliegue de ira, en unos cuantos minutos el sociópata reaparece como si nada hubiera sucedido. Ambos fenómenos responden a un problema de control y de maduración o neuro-desarrollo de las estructuras del lóbulo frontal ya mencionadas. La capacidad que tienen para estar aburridos fácilmente, sólo se ve contrastada por la necesidad de actividades excitantes, y estas pueden ser acciones peligrosas, que impliquen peligro para sus vidas o de daños físico. Al tener un aplanamiento o una baja expresión de emociones, sólo aquellas situaciones de gran peligrosidad los hace sentirse bien. Por ejemplo, algunos de ellos pueden exponerse a tareas criminales, no tanto por o que obtengan de beneficio económico, sino por la excitación que implica el hacer algo no permitido. Las obligaciones, responsabilidades y compromisos, son temas de los que pasan de largo la mayoría de estas personas. Una de las áreas en donde esto puede verse en detalle es en el cuidado de los hijos, en donde las conductas negligentes son respecto los hijos, son motivo de que estas sufran y que finalmente, en el mejor de los casos, sean removidos del hogar, en condiciones de enfermedad y desnutrición severos.   Una de las películas que trata el tema que se menciona es Matilda, en donde el personaje de la niña, tiene ciertas características que impiden a la película caer en la tragedia que es el abandono de los niños por los sociópatas.

MATILDA 1996 (Dir. Danny de Vito, EUA). En esta película se combinan el maltrato por negligencia de un par de sicópatas, padres de Matilda, y las fantasías que desarrollaría un niño víctima de esas circunstancias. Matilda es la segunda hija del matrimonio de Harry (Danny DeVito) él es un vendedor de autos usados, a los que mal arregla para venderlos a precios muy elevados. La madre (Rhea Perlman) es una jugadora compulsiva. Su hermano es igual al padre, sólo que más estúpido. La única diferente en esa familia es Matilda (Mara Wilson).

Al nacer, se la llevan a casa, pero a los padres se les olvida la bebé en la parte trasera de la camioneta, ese olvido será emblemático de ahí en adelante, para la cadena de negligencias que se suceden a lo largo de los primeros años de vida de esa niña, que darán como resultado, que los padres nunca se percaten de la inteligencia extrema y precoz de la niña. Ella aprende a leer por si sola, a hacer cuentas, a valerse por si misma. A los 6 años asiste a la biblioteca pública e inicia la lectura de cientos de libros. Mientras ella lee un libro tras otro, su familia de trogloditas ven en la televisión los típicos programas de concursos y demás espectáculos vacíos, que no motivan en lo mas mínimo a la niña.

Cuando por fin consigue asistir al colegio, se encuentra que la directora Ágata (Tronchatoro), quien es la versión femenina de un ogro: fuete en la mano, fornida hasta el extremo de ser obesa, insulta, maldice y lanza al aire a los chicos que a su juicio se portan indebidamente. Lo único que vale la pena en su escuela es la maestra de Matilda, la señorita Honey. Ellas dos desarrollan una buena amistad. La señorita Honey, le confiesa a Matilda, que Tronchatoro es su tía, y que llegó a su casa cuando la maestra Honey quedó huérfana de madre.

Tronchatoro es lanzadora olímpica de jabalina, martillo y bala. En la casa de la familia de Honey, que ahora habita en soledad Tronchatoro, Hay muchos recuerdos para la maestra Honey, dos de ellos son: la caja chocolates y una muñeca de su infancia.

Matilda ha desarrollado un poder tele cinético, es decir mueve cosas a distancia, que se manifestaba en un principio sólo cuando la niña estaba enojada, y luego lo pudo desarrollar en otras condiciones. Este don de telequinesia es lo que le permite, primero recuperar la muñeca de la maestra Honey y luego linchar y expulsar a Tronchatoro de la escuela.

La película Matilda, se inscribe en un mundo fantástico, en donde los niños olvidados, son capaces de desarrollar ciertas capacidades mentales o mágicas, que les permiten lidiar cómodamente, con su situación de marginalidad y desesperanza. En ese sentido Matilda en un "bello cuento", en donde la niña heroína se despide y desprende de todos. El tema es común en otras historietas y leyendas: los niño maltratados, abandonas, y la redención de ellos, sobre todo a través de la magia o de un suceso extraordinario, del imaginario colectivo. En "Peter-Pan", hay un grupo de niños, llamados "Niños Perdidos" , que se cayeron de los carritos de sus nanas o madres y después de cuatro días fueron a parar a la tierra de "Nunca jamás", de donde no piensan salir ya más y tampoco van a crecer. El ejemplo mas reciente que tenemos al respecto es el de Harry Potter, un niño huérfano de padres, que es recogido por uno tíos y un primo que lo maltratan, pero que finalmente Harry suele superarlos gracias a la magia. La sociopatía se inicia tempranamente, hay evidencias de trastornos de conductas en la infancia, los cuales se salen del común denominador, de lo que podríamos llamar simples travesuras infantiles. Es común que encontremos que algunos niños tengan algunas de las siguientes conductas: mentir, hacer trampas en juegos, disrupción del orden en clase, abuso de sustancias, huir de casa, acosar a otros niños. Violencia y vandalismo. Estas pueden ser conductas aisladas, transitorias. En el niño o púber que va a desarrollar una conducta de tipo sociópata, hay pautas constantes de casi todas las conductas que se han mencionado, además de una muy característica que es la crueldad extrema con los animales. Se sabe que el asesino en serie de Milwaukee, Jeffrey Dahmer, asombró a sus compañeritos de clase, al presentarse con una cabeza de perro empalada a clases, y exhibir colecciones de animales muertos, como ranas, ratas y conejos. Otro dato temprano de alarma, es la crueldad que despliegan con sus hermanitos menores, ya sea de manera directa o a través de los juguetes favoritos de ellos.

ANTECEDENTES HISTÓRICOS DEL TÉRMINO SOCIÓPATA.

Sujetos sin moral, de acuerdo a los tiempos en que vivían, han existido a los largo de la historia de la humanidad. El impacto que estos han tenido en la historia de nuestra especie ha sido poco estudiado, con la perspectiva patográfica, es decir del hacer una autopsia psicológica y constatar cuanto de los emperadores, señores feudales, reyes y conquistadores, poseyeron personalidades sociopáticas. Se tiene algunos ejemplos contemporáneos de personalidades que fueron famosas por su crueldad, trampas, poca resonancia moral, y otras de las características del sociópata que se han mencionado, desde etapas tempranas de sus vidas y cuyas rasgos persistieron a lo largo de sus vidas.

Niños sin miedo, audaces y manipuladores, que se convirtieron en héroes de adultos, después de ascender la pirámides de inmoralidades y trampas. Uno de estos "próceres" contemporáneos es Saddam Hussein, quién ya siendo niño atravesaba animales domésticos con lancetas de acero al rojo vivo, en la adolescencia estuvo detenido por ladrón y a los 22 años de edad ya había cometidos sus primeros crímenes. Una vez conseguido el poder absoluto en Irak, no dudó en lanzar gases tóxicos a los kurdos y utilizar armas biológicas en la guerra contra Irán.

Otros ejemplos: Slobodan Milosevic, Radovan Karadzic, Ratko Mladic, en Yugoslavia, los cuales arrasaron con villas completas de musulmanes; Adolfo Hitler y sus secuaces, que por un lado engañaron a un alto porcentaje de alemanes, sobre lo que realmente estaban haciendo con millones de judíos. Lo mismo podemos decir de los Borgia: El Papa Alejandro VI (Rodrigo Borgia), y sus hijos César y Lucrecia.

Rodrigo Borgia era un mujeriego cardenal originario de Játiva con seis o siete hijos cuando fue elegido Papa (luego tuvo alguno más). Durante su papado tuvo muchos enemigos y fue acusado de simonía y de asesinar mediante "cantarela" (veneno utilizado en Renacimiento) a varios cardenales. Pero la acusación más grave que aún planea sobre él es el posible incesto con su hija Lucrecia (Situación que da por un hecho Mario Puzo, en el estudio de la familia). César, el hijo predilecto, actuó sin escrúpulos para conseguir sus objetivos: utilizó el poder del Papa, su padre; casó a su hermana Lucrecia en favor de sus intereses políticos; asesinó a su hermano Juan de Gandía para obtener la capitanía de los ejércitos pontificios. La trayectoria política y militar de César fue admirada por el propio Maquiavelo, quien utilizó su figura para inspirarse en su obra más importante, "El príncipe".

Sin embargo, no todos los sociópatas son famosos, tampoco son asesinos seriales, la mayoría están disfrazados, fingiendo ser cariñosos, sinceros, tiernos, devotos y fieles. Se tiene un estimado del 3 % de l población masculina, con características sociopáticas, y una relación de 20 hombres por una mujer. El concepto de sociópata o psicópata ingresa a la nosología médica por obra de Philippe Pinel, en el siglo XIX. Ya se ha mencionado previamente, que Pinel fue el Director del hospital Bicetre, en Paris, y el describió las características clínicas de sujetos que presentaban estados de violencia explosiva e irracional- Estas personas, sin embargo, eran capaces de detectar los aspectos éticos de sus actos y no presentaban datos de ideas delirantes (creencias anormales). En esta primera descripción Pinel les denominó "Manía sin delirios". Fue Benjamín Rush, en los Estados Unidos de América, en 1812, que hace una continuación de las descripciones de Pinel en Francia. Rush teoriza respecto al problema, después de tener él varios pacientes con ese diagnóstico y propone una alteración en los facultades morales de la mente. Fue james Prichard, un médico escoces, que en 1835 acuña el término de "Moral Insanity" o "Locura Moral", para connotar este tipo de pacientes con sociopatía. Para los inicio de 1890, un grupo de psiquiatras alemanes modifican el termino de Prichard, contrayendo las palabras: patología y psicología, formando una sola, psicópata. Esta palabra se consolidó por los trabajos de varios psiquiatras al inicio del siglo XX, como David Henderson

(Psychopathic States, 1939) y Harvey Cleckley (The Mask of Insanity, 1941). La descripción de Cleckley del sociópata es muy cercana a de personalidad antisocial de los libros de psiquiatría contemporánea (DSM-IV-TR – Asociación Psiquiátrica Americana).

"Calidez" superficial y "buena" inteligencia.

Ausencia de delirios y otros signos de pensamiento irracional-

Ausencia de nerviosismo o de otros signos de disturbios psiconeuróticos.

No confiables

Falta de sinceridad y de confianza.

Falta de remordimiento o culpa.

Conducta antisocial

Juicio pobre e incapacidad para aprender de la experiencia previa.

Egocentrismo patológico e incapacidad para amar

Pobreza en la mayoría de las reacciones afectivas.

Falta de introspección.

Falta de respuesta a las relaciones interpersonales.

Pocas veces comenten suicidio

La vida sexual es impersonal y poco integrada

Incapaces para seguir planes vitales.

Las ideas y estudios de Harvey Cleckley, fueron fundamentales para que las clasificaciones modernas psiquiátricas, incorporaran el tema de la sociopatía. En las clasificaciones de la American Psychiatric Association, y en los libros de texto de esa especialidad, ha quedado documentado ya, que estamos ante una enfermedad particular, cuyo perfil de síntomas y manifestaciones hemos descrito en páginas previas. Es importante subrayar que jurídicamente, su estatus de enfermedad, no significa que los actos derivados de esta condición no sean imputables, o que se puedan utilizar como atenuantes. La razón de lo anterior, es que estas personas distinguen claramente lo que esta moralmente aceptado de lo que no lo está, no hay un problema de confusión o de pérdida de límites.

LA INFANCIA DEL SOCIÓPATA

Mark Twain (Samuel L. Clemens), escribió dos libros, que tratan sobre niños difíciles: Las aventuras de Tom Sawyer y Las aventuras de Huckleberry Finn, este último amigo de aventuras del primero. Ambos personajes, están en la transición hacia la adolescencia, y lo que sabemos de ellos es que se las gastan en grande para hacer travesuras y salirse con la suya. El término Huckleberry, era utilizado en la época que se escribió el relato, para decir un niño cualquiera, un niño sin importancia. Finn, es hijo de un padre alcohólico, que además de nunca estar al tanto de Finn, le roba el dinero que recién ha encontrado con Tom, y lo encierra en una cabaña. Tom Sawyer, por otro lado, es un chico que linda en los límites de una conducta antisocial, con sus trampas, y huidas de casa, sin embargo, se nos plantea, como un personaje que siente compasión por los demás, entre ellos Jim, el esclavo negro, que escapa junto con Finn. El excito de estas dos novelas, fue inmediato, porque recrea las travesuras, infantiles que todos hemos vivido o nos gustaría vivir alguna vez en la vida. En un grado más antisocial encontramos a los niños perdidos del "Señor de las moscas" de William Golding ("Lord of the

Flies"1954), Roger, es el sociópata en embrión, el que mata sin motivo aparente al gordo Piggy, y que se mantiene en una cacería continua junto con el líder y también sociópata Jack. Van por su tercera víctima Ralph, el antiguo líder del grupo de niños en la isla, con lanzas afiladas, las caras pintas y habiendo realizado su danza ritual, van a por él. El resto de los niños, han seguido a los sociópatas Roger y Jack, y han hecho a un lado a Piggy, Ralph y Simon, quienes representaban la racionalidad, los valores, y la esperanza de ser rescatados. La novela está conformada por una serie de metáforas, pero una de ellas, es la irrupción de lo primitivo que está cargado de elementos antisociales, en donde dominan los elemento impulsivos. Los sociópatas adultos, fueron niños con el llamado trastorno de conducta, hombres malos que fueron niños conflictivos, ese es uno de los criterios. Hay cuatro áreas a considerar en los niños con trastorno conductual: agresividad injustificada hacia personas y animales; destrucción de la propiedad; robo y violación seria de las reglas establecidas.

El grupo de muchachos que abusan de los demás en los patios de las escuelas, serían los equivalentes a los personajes de Roger y Jack. Esto niños, a menudo físicamente dotados, pero provenientes de hogares desorganizados, llegan a aterrorizar al resto de los alumnos, provocando estados de ansiedad y en casos extremos suicidios. Este tipo de niños abusadores, en estudios de seguimiento a la edad adulta, dan como resultado una mayor frecuencia de delitos y estancias en correccionales y cárceles. Otro tipo de violencia con una predicción elevada, para el desarrollo de psicopatía es la que tiene que ver con los animales, como se ha mencionado previamente, Estos niños tienen historia de abuso, tortura y asesinato de mascotas. Al cruzar hacia la pubertad, los niños con trastornos conductuales adoptan un patrón de exceso de sexo. Hay masturbación en etapas mas tempranas, fuerzan a otros a tener actividad sexual con ellos, y llegan extremos de violaciones masivas, dirigidas por uno o dos sociópatas.

El vandalismo del trastorno conductual de la infancia, es algo más que hacer travesuras y romper las macetas o las ventanas del vecino. La actividad de tipo pirómana es una de las más frecuentes, actos vandálicos, en donde desacralizan cementerios o iglesias, El asesino serial David Berkowitz, mejor conocido como "El hijo de Sam", fue el responsable de más de 1,400 incendios en su juventud. Los niños con este patrón de alteración conductual mienten y roban con mucha m´s frecuencia que el resto de sus congéneres. En la medida que van observando que el resto de sus colegas se tragan sus mentiras, y que mentir les facilita mucho la manipulación y control de los demás, se hacen expertos en el arte de la mitomanía, en donde una buena memoria es imprescindible. El robo, es una de las actividades favoritas, esto va desde robarse cosas en las tiendas, entrar en casas y automóviles.

Una de las áreas en donde se hace más notoria la facilidad con la que estas personas rompen el orden establecido y las reglas es en la escuela. La estructura de enseñanza bajo demanda, es una de las áreas en donde más fácilmente, este tipo de niños entran en problemas. En casa también se observa que con frecuencia se rompen reglas. Llegan a casa después de la horario límite, ignorar instrucciones dadas por los padres, huidas frecuentes del hogar, destrucción de bienes de al familia, e incluso robar objetos de la casa son actividades que se documentan de manera amplia en este tipo de niños. No todos los niños con este tipo de alteración conductual, se desarrollan como sociópatas, esto sólo ocurre en el 40 % de los hombres y 25 % de las mujeres. Sin embargo si al llegar a los 18 años, este patrón disruptivo de la personalidad persiste, entonces la persona será reconocida como un sociópata, de una manera definitiva.

El problema que sigue a continuación es el de cómo hacerle el diagnóstico a esas personas. La mayoría de ellos son diagnosticados después de haber creado una situación de peligro, fuera de la ley, de violencia sexual, esto es, en el ámbito legal, lo cual lleva a que este grupo de pacientes no se diagnostiquen de manera adecuada. Algún familiar puede pedir una evaluación después de haber sido golpeado, defraudado o abusado sexualmente por el familiar problema. Pero en definitiva, hay muy pocos indicios de que el paciente, por si mismo acuda a tratarse.

TRATAMIENTO

Esta es una de las áreas mas frustrantes y cortas de la psiquiatría. Poco se puede hacer, a pesar de que las herramientas de que se disponen en la actualidad en el campo de la psiquiatría son cada vez mas eficaces.

Por un lado, existe una escasa demanda de tratamiento por parte del sociópata, la poca introspección respecto al problema y el que su problema no le provoque malestares, sino que esto le ocurre a los que rodean al sujeto, crean una serie de obstáculos difíciles de superar. Estos pacientes son a menudo el producto de hogares desestructurados, con padres caóticos, lo cual lleva a que tengan poca confianza en los terapeutas. El que no se tenga a la mano una estrategia para el tratamiento de los sociópatas, está sin duda más relacionado con el desconocimiento que tenemos del funcionamiento cerebral, aún cuando hay grandes avances. Una serie de conjeturas, que tienen cierta validación en la clínica proponen una baja en el funcionamiento del lóbulo prefrontal, la porción mas evolucionada del cerebro de nuestra especie. Esta zona tiene además, la particularidad de terminar su maduración después de los 18 años de edad. Una inmadurez en esta zona o retardo en los procesos que llevan a la misma ha sido uno de los candidatos a explicar la sociopatía.

DROGAS Y ROCK AND ROLL

LA HISTORIA NATURAL DE UN ADICTO A LAS DROGAS

Por lo que se ha desarrollado en las secciones previas, queda claro que el paciente adicto tiene una relación especial con la sustancia de la cual va a depender. Los estudiosos del fenómeno de las adicciones consideran que en general se presentan cuatro estadios o etapas en la vida de un adicto y que podría ser lo que se conoce como. "La Historia Natural del Adicto". En estas cuatro etapas hay peligros importante que una persona puede tener en el consumo, intoxicación, supresión, etc., que van a presentarse.

CONTACTO INICIAL EFECTIVO.

Esta primera etapa se ha comparado al enamoramiento. La persona juguetea o prueba la sustancias y se queda prendada de ella. Esto implica diferentes factores, como se describió al inicio del libro, sin embargo está primera etapa puede ser dañina. Por ejemplo en el primer contacto con el alcohol, un adolescente inexperto puede acabar en el fondo de una alberca o en un accidente automovilístico, por lo cual no debemos de menospreciar estos primeros contactos. El tiempo que una persona permanece en esta etapa es variable, y depende en gran medida de la carga genética, es decir de la vulnerabilidad o predisposición que tenga por una droga. Entre más es la disposición genética, se observa que esta etapa es más corta. Sin embargo, pude haber personas que se mantienen por un periodo largo de tiempo consumiendo crónicamente la droga, por ejemplo alcohol, en bajas cantidades y súbitamente un evento vital, cambia su estilo de manejar la droga. Esto eventos vitales son generalmente situaciones estresantes o de mucha presión en la vida de las personas.

En general podemos decir que una persona que tiene una Historia Natural Adictiva rápida, tiene muchas posibilidades de vulnerabilidad genética, y es posible que algún familiar o varios estén con el mismo problema, Mientras que, las personas que tardan más en engancharse a una droga, puede ser que no tengan carga genética. Cómo en la mayoría de los casos no se tiene una información a la mano sobre la vulnerabilidad genética, se aconseja que las personas que tengan un efecto reforzador del uso de algunas sustancia adictiva, que se alejen de ella, o la eviten, ya que las posibilidades de que se "enganchen" en el consumo de esa sustancia son elevadas.

Otro factor que acelera este paso de uso de sustancias al del estar enganchado, es la ruta o vía de administración. El fumar o inyectar una sustancias, producen una entrada rápida y masiva de la droga al cerebro, con lo cual la sustancia se registra claramente por la conciencia de la persona como "adentro" y "afuera" o como si se tratara de in apagador de la u: "Prendido" y "Apagado"; "on" y "off". También contribuye un ambiente permisivo para el uso de sustancias. En general se dice que uno de los mejores predictores de que una persona va a utilizar sustancias adictivas es si el "mejor amigo" las utiliza. La idea equivocada de que un distribuidor de drogas va a enganchar a nuestros hijos en las drogas es incorrecta, lo más probable es que los amigos o conocidos de los jóvenes, sean quienes proporcionen las drogas.

Este primer contacto se realiza como una travesura, un ensayo, una aventura, un reto o un rito de iniciación al grupo de amigos que toman alcohol, fuman, y cuando hay un poco más de dinero van por más. Los usos de alcohol en México están siendo cada vez a edades más tempranas y si antes existía una diferencia respecto al género, esta se ha borrado y las muchachas están fumando y tomando al igual que los muchachos. Sin embargo hay una serie de evidencias que apuntan a que esta primera fase de contacto inicial también es más corta en las mujeres por razón del como metabolizan   el   alcohol.

El carácter o personalidad de una persona también es un factor crucial en el contacto con las drogas. La personalidad es el patrón de respuestas repetidas o estereotipadas que tenemos todas las personas ante determinadas situaciones. Ante un mismo evento, se reacciones diferente. Por ejemplo, la llegada de una persona nueva a un salón de clases, puede despertar, desconfianza, simpatía, indiferencia, curiosidad, etc. Estas diferentes respuestas corresponden a diferentes estilos de personalidad. Los trastornos de personalidad, son exageraciones de estas respuestas, en donde ya hay un malestar para la persona o personas que rodean a quien tiene este trastorno.

En el ejemplo del niño que llega a la clase, podemos decir que una respuesta exagerada es que un niño desarrolle una idea mágica respecto al nuevo, si lo hace puede ser que el niño tenga una personalidad paranoide (desconfiado), o si otro niño reacciona evitando darle la mano al nuevo, por temor a contaminarse de algo raro, podría ser que este niño tuviera un trastorno de personalidad obsesiva.

Las alteraciones de personalidad que se han relacionado a mayor consumo de drogas son la personalidad antisocial y la personalidad limítrofe o "Border". En la primera hay una necesidad de vivir en el presente, de obtener satisfacciones, sin importar el costo o el daño que se hace a los demás. Son infractores de leyes. No hay sentimientos respecto a lo que les pueda ocurrir a otras personas. Esta alteración de la personalidad, es más frecuente en los hombres que en las mujeres, sin embargo las mujeres con personalidad antisocial y trastorno narcisista de la personalidad son más frecuentes (narcisismo maligno según Otto Kenberg).

En el caso de las personas limítrofes el uso de drogas exagerado está inscrita en la necesidad de manejar su ansiedad que es uno de los datos más evidentes de este tipo de pacientes. Esta alteración es vista más frecuente en mujeres que en hombres y se está proponiendo que en el DSM-V, de aparición futura.

Una persona con personalidad previa diferente a la antisocial o limítrofe, puede ser que bajo los efectos de las drogas, ya sea en las etapas de intoxicación o supresión evolucione hacia formas parecidas a las antisociales. Una persona puede robar, prostituirse, y aún asesinar para conseguir su siguiente dosis.

Según la combinación de factores mencionados, uno puede clasificar a los adictos en dos tipos: Tipo I y Tipo II, enumerando a continuación, cada una de sus características:

ADICTO TIPO I

Inicio tardío en el uso de drogas y alcohol, generalmente después de los 16 años.

Utiliza cantidades moderadas de alcohol y en ocasiones drogas bajo prescripción médica.

Un inicio tardía con problemas de adicciones (entres los 40s y 60s).

Son personas con educación a nivel universitario, con empleos, y vida en familia.

No hay historia de arrestos, quizás multas por manejo en ebriedad.

Honestos, con tendencia a mentir respecto al uso de sustancias.

Tocan fondo rápido, y buen pronóstico en cuanto a recuperación.

ADICTO TIPO II

Inicio temprano con el problema de uso de drogas ilícitas (antes de los 16 años).

Una progresión rápida a la utilización de drogas ilícitas múltiples.

Problemas familiares, legales, escolares en la adolescencia.

Educación inestable, pobre, con problemas de empleo y problemas familiares,

Deshonesto, con mentiras frecuentes.

Pronóstico pobre, difícilmente tocan fondo.

ENGANCHADO EN LAS DROGAS.

Este termino de enganchado tiene una connotación de estar atrapado, en un gancho, como el pez que muere por la boca. Coloquialmente sería perder el control sobre el uso de la droga. El adicto a una sustancia no se percata de que ya está enganchado en ella, sino hasta que da el tirón par soltarse y no puede.

La fantasía de todo adicto es que él o ella tienen el control sobre la sustancia que ingieren, pero en esta etapa es precisamente lo que han perdido. Cuando inician, por ejemplo a beber alcohol, siempre se dicen que van a beber cuando más un par de copas. Pero la realidad es que no se pueden detener, una vez que inician. Lo mismo ocurre con el usuario de cocaína: "Sólo es una línea". Como el efecto intenso o "high" sólo dura unos minutos, el resultado es un uso compulsivo en forma de atracones, hasta que se terminan todo.

Uno de los aspectos importantes de esta etapa, es que los adictos se vuelven mentirosos. Inclusive se mienten así mismos, sobre la magnitud del consumo de las sustancias, la cantidad de droga consumida se tiende a minimizar, o se esconde a la familia o amigos, en función de que tan prohibida es la droga en su entorno. Por ejemplo si en la familia es permitido fumar, no habrá problemas al respecto, pero si la familia es intolerante al tabaco, entonces el miembro que fume, lo hará a escondidas, y ocultándose de los demás respecto a que lo hace. Entre más ilegal sea la droga en un grupo o familia, más se tratará de ocultar la verdad.

TOCAR FONDO.

Las enfermedades adictivas no se curan solas, no se auto limitan. Lo que sucede es todo lo opuesto, se van agravando día a día. La adicción persiste hasta que hay un resultado o una consecuencia dolorosa y a menudo irreversible. Puede ser una enfermedad severa; arrestos por tiempo prolongado. La pérdida de trabajo. Otra área en donde se toca fondo, es en la familia, aquí puede darse la situación del divorcio, la huida de casa de los hijos, o que alguno de ellos siga los pasos del adicto.

Los adictos tipo I, pueden tocar fondo, simplemente si les dicen que sus exámenes de laboratorio salieron ligeramente anormales. También puede detenerse en su carrera de adicto si hay un accidente, o si está en serios problemas financieros. Se puede asesorar a las familias de estos pacientes para que pongan límites y creen situaciones de "tocar fondo", en una técnica que se llama "intervención",

La mayoría de las veces un adicto tiene varios episodios en donde toca fondo. Después de cierto tiempo hay una especie de "olvido", y racionalización, en donde se convence que ahora si va a poder controlar su estilo de beber o de drogarse. Esta situación es equivocada, una persona alcohólica, lo va a ser toda la vida, lo mismo se ha propuesto para otras drogas adictivas.

Los adictos tipo II tocan fondo con problemas más serios, por ejemplo múltiples accidentes automovilísticos; múltiples arrestos por venta ilegal de drogas o por otras acciones ilegales; ser llevado a la sala de emergencias de algún hospital por sobredosis o intoxicación por impurezas de las sustancias que se inyectan; desarrollar un problema serio de hígado, o tener complicaciones serias en su salud, como tener SIDA.

IV RECUPERACIÓN

Estas es la cuarta etapa de la carrera natural de un adicto. Esta etapa no es parte de la enfermedad, es un aspecto importante de la recuperación. Esta suele ser una fase de abstinencia , en que el enfermos está incomodo, y a menudo puede tener dificultades a principal complicación de la recuperación y rehabilitación son las recaídas Por otro lado estas es la mejor fase, porque el material de información puede llegar de manera eficaz a los pacientes, sobre todo cuando están aún en la fase del tocar fondo.

El tratamiento en esta fase es psicoeducativo, médico-psiquiátrico y familiar (codependencia).

CODEPENDENCIA.

Esta parte esta relacionada a como la familia vive, participa y se opone o mantiene la adicción. El concepto actual de adicción implica no solo al paciente, sino a su entorno. La familia típica de un adicto sufre de los que conoce como co-dependencia. Esta viene en dos formas: co-dependencia primaria y secundaria. La co-dependencia primaria se gesta en la infancia en donde el niño ha crecido dominado por la adicción de uno o varios miembros de la familia. La co-dependencia secundaria se presenta cuando el paciente ya es adulto, y en ella están involucrados la pareja, lo hijos y otras personas de la familia extendida. Esta forma de co-dependencia es de mejor pronóstico que la primaria.

Se ha comparado la co-dependencia a la imagen en espejo del adicto, en cuanto al perfil de características personales. Los adictos son egoístas, irresponsables, parecen autosuficiente. Las personas co-dependientes, tienen una autoestima baja, en ocasiones son tímidos, tratan de hacer las cosas lo más "correctas" posibles y tratan de agradar a los demás o se preocupan de cómo lucen frente a los demás. La co-dependencia es una enfermedad también, en donde se pierde la capacidad de poner límites, con una estima personal muy baja. EN las formas más bizarras el co-dependiente encuentra la forma de consciente o de manera inconsciente, de controlar de alguna manera al adicto.

La adicción a una droga es algo más que un problema causado por una sustancia en el organismo de una persona, la adicción es una enfermedad que afecta a la persona en su totalidad, es una enfermedad de valores, la adicción afecta a la familia del adicto, de esta forma se convierte en una dolencia de los seres queridos de la persona adicta.

Una de mis pacientes, una mujer de 35 años acudió a consulta por un problema serio de insomnio. Al hacer el examen mental y la semiología correspondiente, presentaba un estado de ansiedad generalizada, y depresión mayor Cuando la paciente entró a mi consultorio no pude evitar mirar a la señora que la acompañaba. Después me enteré que era su madre. Ella estaba sentada de una manera poco usual para una señora. Semi-recostada en el sillón de la sala de espera, como si se fuera a dormir. La causa de las alteraciones psiquiátricas de la paciente que tenía sentada frente a mi era su madre, que sentada dormía un estado de intoxicación etílica importante. Su hija estaba ya casada, pero no podía dejar de pensar en que su madre salía a menudo por las noches y que intoxicada por el alcohol, podría ser presa fácil de algún percance automovilístico, asalto, o simplemente una caída de consideración. Ese pensamiento le impedía dormir, por meses, y no había modo de hacer que su madre buscará ayuda. La actual pareja era también alcohólico,

Como este hay cientos de casos de ejemplos del sufrimiento de las familias de los adictos. Una serie de reglas deben de establecerse en las familias para la prevención de las adicciones en sus miembros.

Fijar un estándar en lo que se refiere al uso el alcohol, cigarrillos, y otro tipo de drogas legales o ilegales. Informar de la facilidad con que las personas pueden ser enganchadas. Se puede declarar ilegal en la familia el consumo de cigarrillos y alcohol a los adolescentes, con las sanciones correspondientes. En ese sentido lo mejor es predicar con el ejemplo. Recordar que los problemas que se ven con las drogas pueden evitarse si no se consumen de ninguna forma.

Establecer consecuencias razonables a quien viole las reglas de la familia respecto a las drogas. Por ejemplo pérdida de privilegios, tales como prestamos del automóvil de casa, reducción en la cantidad del dinero que se asigna cada semana (recordar que a mayor dinero, mayor posibilidades de conseguir drogas más costosas). Los castigos cortos son de más impacto que los de larga duración. Por ejemplo dos semanas sin usar el auto de la familia es mejor, que 6 meses sin ver televisión.

Establece un tiempo diario para dialogar con tus hijos sobre el como te va en tu trabajo, en tus actividades fuera de la familia. No interrumpas nunca la comunicación. No castigues a tus hijos con la "Ley del Hielo", esto te impide saber que hacen y a ellos poder comunicarse contigo en caso de alguna experiencia mala con las drogas u otro aspecto de sus vidas. Cuando ellos hable contigo, concédeles atención total, no les pidas que hablen y luego te pongas a ver la TV o el periódico, mira sus facciones, sus ojos, está cerca de ellos físicamente.

Apoya a tus hijos en el establecimiento de metas personales. Define con tus hijos metas simples y factibles, y ayuda a que ellos llegan a esas metas. Estas metas pueden ser académicas, atléticas, o sociales.

Conoce a los amigos de tus hijos y pasa algún tiempo con ellos. Si es posible también conoce a los padres de los amigos de tus hijos. Tus hijos son parte de la familia de ellos y viceversa. Los padres de los amigos de tus hijos están tan preocupados como tú, porque todo salga bien, más cabezas piensan mejor.

Ayuda a que tus hijos se sientan bien acerca de sí mismos, de sus logros, ya sean grandes o pequeños.

Establece un sistema de resolución de conflictos familiares. Esto se puede hacer en forma de interrumpir cualquier discusión que se torne en bronca, y retomarla con los ánimos calmados, con una regla básica: el que se enoje pierde la discusión. Puede usarse árbitros externos, como sacerdotes, miembros imparciales de la familia, maestros, médicos.

Habla del futuro de tus hijos a menudo. ¿Qué esperas de tus hijos? ¿Qué esperan ellos de ti? Dar una visión del futuro como algo más o menos inmediato, que tengan claro el porque de ser independientes, de la preparación escolar o laboral.

Goza a tus hijos. Comparte lo más que puedas con ellos, que no sean extraños, que puedan saber todo de ti y viceversa.

Se un padre involucrado. Pregunta a tus hijos: ¿Con quien están? ¿Qué hacen en sus tiempos libres? ¡Involúcrate!.

Este tipo de técnicas funciona mejor, cuando se ponen en práctica temprano en la vida de los niños, y se hacen parte de la rutina familiar.

Parte de la prevención es detectar a personas que tengan un perfil de alto riesgo para las adicciones. A continuación se enumeran características de alto riesgo:

Contactos iniciales con drogas agradables, sin efectos adversos, con reforzamiento del grupo de amigos o aún de familiares.

Antecedentes de adicción de cualquier tipo en la familia.

Actuar en base del "aquí" y "ahora", sin prever las consecuencias de sus actos.

Perfil de personalidad impulsivo, extrovertido, y poco honesto.

Falta de valores morales o religiosos.

Falta de preocupación por los sentimientos de los demás (incluso familiares).

Falta de respeto por las leyes.

Poca reactividad al castigo

Pocas veces hacen tareas.

No ahorrar dinero u otro tipo de bien.

INTERVENCIÓN Y TRATAMIENTO

Hay cinco estadios en el proceso de entrar al tratamiento de una adicción:

Identificación.

Intervención.

Tratamiento.

Seguimiento

Recuperación.

Identificación

Este es el evento decisivo y más difícil para el inicio del tratamiento de un adicto. Este es el paso en el cual la familia, y quizás la persona adicta, la escuela, el trabajo, etc., reconocen que la persona está sufriendo una enfermedad que se conoce como adicción. La familia debe de identificar y darle el nombre correcto al problema de su familiar. No utilizar calificativos impropios: "Es borrachín", "Empina el codo más de la cuenta". El señor es adicto al alcohol. ¿Cuándo considero que mi familiar está ya bebiendo demasiado? Existen varios métodos para contestar esta pregunta. Uno de ellos es el siguiente:

Método del semáforo

Luz Verde: si toma 2 copas en 24 hr y no más de 4 copas en una semana.

Luz Amarilla: Personas que beben 2 copas al día, y que beben más de 4 copas a la semana, pero no más de 10 copas a las semana.

Luz Roja: beben las de 5 copas en un periodo de 24 hr. Y más de 10 copas por semana.

Para el uso de nicotina se considera la escala de Fagestrom, con una calificación de más de 4 puntos como un indicador de adicción al tabaco. En general el utilizar una sustancia en cantidad mayor a la usual, o para aliviar los síntomas de supresión, ya puede ser considerado en el rango de lo demasiado y cercano a la adicción.

Intervención.

El paciente ya ha sido identificado como adicto. En este esquema la familia acude con el paciente y se inicia el proceso de manejo de la adicción. El manejo es por todos los frentes posibles y con todas las estrategias disponibles. En esta etapa, puede persistir la negación por parte del paciente, o aceptar parcialmente su enfermedad. Hay que tomas en cuenta de que no es que no se percate de que hay un problema con el uso de las sustancias, el gran reto a aceptas su condición de adicto esta en el área del estigma del presentar una enfermedad mental. Esto debe de ser manejado con el enfermo y sus familiares, remarcando el concepto de enfermedad adictiva. Esto significa que el paciente no puede consumir o ponerse en contacto con la droga adictiva, porque la relación que guarda con ella es especial, diferente al que otras personas puedan tener con esa misma sustancias, con lo cual se subraya la naturaleza de la enfermedad adictiva específica a ese paciente. Es común que en esta etapa el paciente trate de argumentar que su meta será controlar la forma de fumar, beber, etc. Eso es imposible debido a que parte de la enfermedad es la imposibilidad de controlar la administración de la sustancia.

Tratamiento.

La mayoría de los tratamientos disponibles en México y en el mundo se dividen en dos grupos, dependiendo del área en donde se llevan a cabo: externos e internos. Esto dependerá de la severidad de la adicción, si esta es única o múltiples, y si hay cooperación de familiares y pacientes, En el caso del alcohol, se recomienda siempre la hospitalización como parte del tratamiento, con la meta de sacar fuera de circulación al paciente, y de esta manera de todas las formas de conseguir su droga. En el caso de los adictos a la nicotina, se aconseja terapia grupal diaria, por un periodo de un mes, y luego, semanal.

El empleo de medicamentos es de suma importancia. Estos pueden dividirse en dos grandes grupos: (1) Manejo de síndrome de supresión y (2) manejo de la apetencia. E el primer caso tenemos como ejemplos, los sustituto de nicotina (parches y chicles), mientras que en el segundo estaría, para la misma dependencia a la nicotina, el empleo de bupropión.

La meta de la mayoría de los tratamientos de las adiciones descansan en la abstinencia de todas las sustancias adictivas. En el pasado se pensaba que se tenía que ir quitando una por una, y se observaba que se establecían adicciones muy difíciles de manejar, porque se prohibía una sustancia pero se estimulaba el consumo de otras.

Seguimiento.

Esta etapa es también muy importante, ya que esta en una zona de gran recaídas, Tratar de estructurar sesiones y grupos de apoyo, en donde exista la estructura de apoyo con "padrinos" o "guardianes", que apoyen a los pacientes que estén en riesgo de recaer.

Recuperación.

Este es el último paso del proceso de restablecimiento de una adicción. El paciente tiene que estar por periodos largos de años sin consumir las sustancia para considerarse en esta categoría. Se debe de hacer hincapié, que las adicciones no son enfermedades curables o auto limitadas, la única alternativa actual es la abstinencia del consumo de esa o esas sustancias.

ALCOHÓLICOS ANÓNIMOS

Este sistema de agrupación y autoayuda, ha sido una de las formas más efectivas para ayudar a pacientes adictos al alcohol. Los doce pasos, se han extrapolado a la mayoría de las adicciones, con lo que se han abierto posibilidades de grupos de adictos anónimo de cualquier sustancia adictiva. A continuación se exponen los doce pasos de adictos anónimos.

DOCE PASOS DE ADICTOS ANÓNIMOS.

Admitimos que nosotros estamos sin control sobre nuestra adicción, y que por esta razón nuestras vidas están fuera de control.

Aceptamos que un poder más fuerte que nosotros puede restablecer nuestra salud.

Nosotros hemos tomado la decisión de rendir nuestra voluntad y nuestras vidas al cuidado de Dios, tal como la entendemos cada uno de nosotros.

Nosotros hicimos una búsqueda y un inventario sin temor de nuestra moral.

Nosotros admitimos ante Dios, ante nosotros, y ante otros seres humanos la naturaleza exacta de nuestros errores.

Estamos listos para que Dios retire todos esos defectos de nuestros caracteres.

Nosotros humildemente le pedimos que remueva nuestros defectos.

Nosotros hemos hecho una lista de todas las personas que hemos dañado, y estamos dispuestos a hacer las enmiendas necesarias.

Nosotros haremos las enmiendas necesarias a aquellas personas como sea posible, excepto cuando al hacerlo ofendamos a otros.

Continuaremos desarrollando el inventario personal en nuestras posibilidades, y cuando estemos equivocados habrá que admitirlo de inmediato.

Nosotros pensamos que a través de la oración y la meditación mejorar nuestro conciencia y contacto con Dios, tal como lo entendemos a ÉL. Rezaremos solo pro obtener el conocimiento de Él, y para obtener la gracia.

Habiendo tenido este despertar espiritual, como resultado de estos pasos, trataremos de llevar el mensaje a los adictos, y practicar este principio en todos sus detalles.

Preguntas centrales relacionados a los aspectos morales y éticos en el marco de las neurociencias.

La primera pregunta es la siguiente: ¿es la moral de la humanidad algo innato?; si esto cierto, ¿qué ventajas tiene evolutivamente? la siguiente pregunta sería simple y sencillamente, ¿y que?

se supone que la morales innata, de alguna manera esto puede significar un rasgo positivo de la moralidad. También esto pudiera haber sido adaptativo y llenar un requisito para la procreación del especie. Tan en puede ser que la moralidad, sea únicamente una ilusión que lo tiene que ver nada con la preservación del especie, sino con el crear condiciones de represión y castigo. La hipótesis referente a aspectos innatos de la humanidad, por supuesto se enfrenta con lo que significa para los demás "moralidad". La idea de que seamos animales morales, es decir con acciones consideradas positivas moralmente es decir que la evolución nos haya designado para ser entes sociales, amigables, benévolos, justos y todos los demás atributos, que no tenemos no deja de ser risible además de fantástica. Porque por otro lado lo que se ha descrito por los cronistas, sociólogos e historiadores y psicólogos, es exactamente lo opuesto: violentos, egoístas, mentirosos, insensibles, criaturas sin ninguna moral en ninguno de los ámbitos tanto animales como humanos. Entonces, cuando decimos que los humanos son naturalmente morales, lo que estamos diciendo, en base al observable respeten somos antinaturales, de ser lo anterior cierto. El ser humano trata mediante diferentes cursos de ser bueno a través de forzar su naturaleza, deseos, patrones de aprendizaje. Por otro lado la hipótesis de que el ser humano es un animal moral en un contexto tecnológico, es decir siguiendo las leyes de la naturaleza, de la biología, entonces sí podríamos partir de un análisis objetivo y comparable. En ese sentido más amplio, sí podemos afirmar que hacemos juicios morales, por ejemplo cuando encontramos reprobables algunas conductas básicas, como pueden ser sexto parricidio, el robo etc. podemos decir entonces el ser humano, tienen una proclividad encaminada, a juzgar posiciones contrarias al grupo, en un sentido económico, genético   Una disciplina que trató, de integrar a la moralidad en el contexto tecnológico fue la "Sociobiología". Este programa de investigación, se inició en 1970, y buscó explicar las conductas sociales, primero en animales como las hormigas, termitas, abejas, avispas (animales con organizaciones sociales complejas, con una distribución de tareas que están codificadas a nivel genético), y luego de seres humanos. Algunos de los puntos centrales de la sociobiología, resultan molestos para algunas personas, por lo que en 1980, esta disciplina recién nacida, se re - inventó a sí misma, con el nombre de psicología evolutiva, para lo cual integró a su cuerpo teórico los conceptos darwinianos. La sociobiología se centra en las conductas innatas, mientras que la psicología evolutiva gira en torno de los mecanismos psicológicos subyacentes a estas. De lo anterior, se pueden concluir tres implicaciones:

La suma de los eventos conductuales, no se sostiene que la conducta observable en los seres humanos sea adaptativa, pero si, que es producto de mecanismos que se están adaptando.

La psicología evolutiva tampoco sostiene que los cambios observados en una especie, sean universales, hay variaciones a lo largo de las especies y de la misma especie, por ejemplo la humana, como resultado de eventos culturales.

Se preservó la palabra "innato" para la descripción de los mecanismos psicológicos que se codifican más o menos de manera directa por el genoma.

Siendo objetivos, podríamos decir que no hay persona sensata, que pueda objetar la psicología evolutiva. ¿Por que tenemos emociones? ¿por qué no podemos usar los sonidos para ubicar objetos?;¿Por qué no podemos ser más aptos para ver en la oscuridad? Las respuestas obvias tienen que ver con el medio ambiente en el que vivieron nuestros antepasados. Los seres humanos tenemos una serie de capacidades aumentadas con respecto a otras especies lo mismo que defectos más marcados, que se compensan por nuestra inventivita y capacidad de adaptación.

OTRAS DROGAS LEGALES E IGUAL DE DAÑINAS

LA RELIGIÓN

EL HOMO SAPIENS COMO HOMBRE QUE AYUDA.

¿Existe un valor adaptativo como especie del pensamiento y la acción moral? esta pregunta se hace en el entorno de la moral evolutiva con carácter utilitario, en donde la mayoría de las acciones se orquestan en torno del grupo de gentes que caracterizan cada especie. A lo que Richard Dawkin le llamó "el gen egoísta". De manera intuitiva esperamos que una persona que piense en las interacciones humanas en términos de "virtuosas", "obligación", o justicia", es mucho más probable que sea bien visto y aceptado por los miembros de esa sociedad, que aquella persona que piense que estas características o enunciados son vacíos. No estamos diciendo, en ningún momento, que lo que se promete, que lo que se vende en el sentido de promoción de una personalidad, si era cierto o no, simplemente se describe la intención. Se hay que mencionar esto, si una persona tiene que esforzarse para lucir ante los demás con cualidades morales, puede surgir la duda respecto a si hay un factor innato de este tipo de comportamiento, ¿cómo es posible que alguien no pueda cumplirlo? La conducta de ayuda, es decir, de prestar ayuda a los demás, de tal manera que los beneficiarios son de manera primaria para los otros, es una conducta que en algunos contextos se denomina altruista en otros contextos también se le ha llamado conducta de cooperación, o conducta pro social. Este tipo de actividad no es exclusiva de los seres humanos, sin embargo en nuestra especie, por razones de debilidad de las crías al nacer, y de las madres recién paridas, tuvo una importancia clave, al grado que se tienen especulaciones respecto al estilo de crianza de los niños, más en un contexto de colectivo de colectividad que reivindica individualidad. Esto quiere decir que la crianza de los hijos, está en un contexto de varias hembras nodrizas, cuidando a loas crías, es posible que esto fuera la norma. Otra conducta en ese sentido interesante en la llamada conducta de sacrificio, también conocida como altruismo evolutivo. Esta conducta está muy ubicada en áreas reproductivas, de tal forma que una persona puede sacrificar su capacidad reproductiva por el cuidado de los demás, esto es crías o adultos con capacidad reproductiva óptima. En algunas partes del mundo, como en México, el mejor ejemplo de esto es el de las hijas que no se casa, para quedar a cargo de sus padres cuando éstos envejecen. La conducta altruista, una de las más apreciadas moralmente, es actuar con la intención de beneficiar a otros individuos; esto puede ocurrir en una actitud con una carga motivacional positiva o negativa, por los eventos que puedan sufrir las personas, los países o las comunidades, a los que se defiende. El concepto opuesto al altruismo es el egoísmo. Puesto, de todas estas conductas no ocurren en el espacio ventricular, el cual se encuentra lleno de líquido, sino en circuitos cerebrales que tienen funciones complementarias, se han desarrollado una serie de programas a lo largo de la evolución, que están representados en funciones innatas o por lo menos para aquellas en donde existe una facilitación para expresarse. En la teoría de la evolución de Darwin hay una serie de supuestos a comprobar, realmente lo que Darwin hizo fue una crónica de sus descubrimientos, no los interpretó, no los pontificó, y hasta hoy en día se pueden cuestionar y revisar cada uno de los postulados, los cuales son susceptibles de criticarse e inclusive se pueden reunir una serie de evidencias y modificarse, si embargo como ocurrió con Albert Einstein, han resultado propuestas teóricas comprobables. Revisar las diferentes alternativas y modelos que se tiene para contestar la primera pregunta que se hizo, esto es, si se siguen algunos tipos de determinismo, no resulta en vano, ya que se tienen claras evidencias de que hay un estrecho margen de libre albedrío en nuestra especie.

SOBRE LAS RELIGIONES COMO FENÓMENOS SOCIALES.

Una creencia forma parte de la ideología particular de cada persona. Las creencias pueden ser científicas, políticas, económicas y religiosas. Las creencias son maneras de explicar situaciones y acciones. Las creencias de fin la visión que cada persona tiene del mundo, ellas dictan la conducta, determinan el nivel emocional en cuanto a la respuesta con los otros. Las creencias tienen varias fuentes. Las de origen religioso, vienen de tradiciones que se almacenan en libros sagrados, o en la transmisión oral de los sacerdotes. Los libros sagrados como la Biblia, el Corán, los Vedas, fueron posibles hasta que el ser humano desarrolló la forma de comunicación que llamamos escritura. Las creencias religiosas hiciere sus grupos humanos, aun cuando puedan tener ciertos factores que coinciden, por ejemplo el sentido de justicia, de obvia presencia y omnipotencia del Dios supremo y también en una serie de preceptos, que la mayoría de los casos buscan por lo menos dos objetivos: la convivencia en armonía de los creyentes y el culto a las divinidades, el cual implica el respeto reverencial hacia los sacerdotes o ministros depositarios de los cultos. Una buena parte de los conflictos bélicos contemporáneos y de antaño residen en las diferencias religiosas, en motivos económicos y de determinación como grupos que se engloba en llamado nacionalismo. Una situación clave en el conflicto religioso, es que la mayoría de los creyentes de determinadas religiones, suponen que el creador, a una persona allegada El, escribieron un libro y que éste fue presentado de alguna manera mítica al ser humano como un instrumento de la cotidianidad las personas tienden entonces, a organizarse en base a los preceptos de esos libros sagrados. La principal conducta adoptada por los creyentes clérigos, ante cualquier duda cuestionamiento de sus creencias, lleva a una respuesta agresiva e intolerante, la cual se contrasta con lo que supuestamente piden esas mismas religiones respecto a la paz y armonía de los individuos. La intolerancia es unos de los rasgos distintivos de las religiones. Este tipo de crítica es el resultado de observar a diferentes realizaciones, en acción combatiéndose unos a otros. Religiones se comportan de manera intolerante con las otras, aun cuando sean tan comunes en tradiciones y creencias como puede ser la religión católica, la protestante, los evangelistas e inclusive la religión judía. Un aspecto relevante en esto, desde la perspectiva de una persona extraña por ejemplo un extraterrestre, es común que se trata de convertir a los no creyentes se generan una serie de campañas mercadotécnica subliminales. Los seres humanos nos hemos tardado en reconocer, el que las religiones perpetúan ciertas características inhumanas de nuestra especie. Por otro lado, nos pone en evidencia el poco cambio evolutivo, que ha tenido nuestro cerebro en los últimos 3000 años. Por supuesto que existen religiones moderadas y religiones extremistas, que son intolerantes y manejan la verdad como única. La conversión religiosa es un fenómeno interesante, del cual están poblados varios volúmenes de las bibliotecas biográficas. Algunos aspectos es atribuido a las religiones tienen que ver con cuestiones morales: (1) la mayoría piensa que hay buenas cosas que las personas, y que éstas las adquirieron por ser religiosos. Luego entonces, éste sería una de las razones de las religiones. (2) muchos de las cosas que se hace normalmente en nombre de la religiones el producto de la fe y de no querer ver más alternativas o la aplicación a los conflictos a los conflictos. Algunos pocas religiones han aparentado tener un camino abierto hacia otra formas de pensamiento religioso pero sin transgredir ciertos valores. Lo anterior ha desarrollado lo que se conoce como el mito de la moderación hacia las religiones. Por ejemplo cristianos y judíos en un mismo libro base el viejo testamento de la Biblia y sin embargo tienen diferencias irreconciliables. Junto con la discriminación racial, la discriminación religiosa es cotidiana. Debido a que la mayoría de las religiones no tiene mecanismos válidos en mediante los cuales las creencias centrales se puedan comprobar y revisar, cada nueva generación de creyentes va a repetir y memorizar las creencias que vienen desde épocas tribales. Además, existen las formas de organización sacerdotal que imponen una serie de elementos, y que de manera muy frecuente, se coluden con poderes terrenales (gobernantes, imperios, trasnacionales), para poder controlar e inducir la adquisición de mercancías de sus patrocinadores. El desprecio hacia los pobres, minorías sexuales, minusválidos, contrasta con lo que externan en sus escrituras y sermones lo cual lleva a un desencanto de los creyentes.   La muerte como la promesa fingida.

¿QUÉ ES LA FE?

Las raíces de la palabra son varia, del hebreo "tener fe=; "creer", "confiar". Se define, en la traducción griega del Nuevo Testamento como "La confianza de que las cosas suceden debido a una causalidad que no se ve o no se detecta". En un sentido literal, esto equivale a decir que se tiene fe, incluso en las cosas que aún o suceden, por ejemplo, el final de los tiempos, la segunda visita de Jesús Cristo, o el Mesías. También se ha conceptualizado como un acto de conocimiento, para el cual se tiene un nivel muy bajo de evidencias. En el concepto religioso, inclusive se bendice a los que sin ver o tener evidencias creen ("Benditos aquellos que sin ver han creído" – San Juan 20: 29).

Para muchas personas en el área de las ciencias sociales y neurociencias cognitivas, el inducir este tipo de creencias, es simplemente un tipo de impostura. Se piensa que únicamente el fanatismo religioso es el dañino a las sociedades que piensan de manera diferente. Pero inclusive el ser moderado en cuestiones religiosas es dañino para la humanidad, porque estos religiosos moderados, en el fondo son cómplices de los fanáticos, simplemente por pasividad.

El ejemplo mas contundente a lo que he comentado se observó en el Holocausto. Miles de alemanes sabían lo que se hacía con los judíos en los campos de exterminio, quizás la mayoría no lo aprobaba, pero no aceptar algo, no implica desaprobarlo. El silencio, estaba cargado de intereses.

El holocausto fue una obra casi exclusiva de Adolfo Hitler. Mucho tiempo antes de la redacción de su libro "mi lucha", y había externado sus posiciones antisemitas. La mayoría de los historiadores, no tiene ninguna duda sobre quién fue quien dirigió todo esto. Las posibilidades que se plantearon por parte de la alta jerarquía nazi, fueron la deportación fuera de Europa de los judíos en caso de victoria o un ajuste radical de cuentas con ellos en caso de que las cosas fueran mal. Hitler habló públicamente en 1942 sobre la venganza contra los ríos. Se tomó la decisión de la "solución final" debido a que los ojos de este sujeto y de su elite gobernante, se conjugaban una serie de factores que apuntaban hacia los judíos: ellos personificaban simultáneamente el marxismo, eran el origen del movimiento bolchevique, la plutocracia británica, y el capitalismo norteamericano. Además, se tienen evidencias de que para finales de 1941, se evidenció la posibilidad de una derrota alemana. Se tienen evidencias también, de que la solución final, se planteó cuando se pudo observar la gran cantidad de hebreos que habitaban en Polonia, para el país colindante con Alemania. Los más grandes campos de concentración se construyeron en Polonia. Este país a diferencia de Holanda, estaba alejado relativamente de los núcleos de información, las condiciones eran favorables para hacer su exterminio, sin que se diera cuenta el resto del mundo. La solución final no fue obra de un solo hombre, sino una parte considerable de la población alemana. Se tienen evidencias de que las protestas que se hicieron en contra del exterminio de retrasados mentales si enfermos crónicos alemanes, sirvieron para detener a los asesinos. Sin embargo no ocurrió lo mismo con sus conciudadanos judíos. Por ejemplo en Bulgaria, el rey Boris tercero, y la oposición decidida de los búlgaros protegieron a muchos judíos. Lo contrario se observó en Rumania país en el cual la misma policía y ejército ayudaron a la tarea de Hitler. Los campos de Belzec, Sobibor, Treblinka, Auschwitz y Chelmo fueron testigos del exterminio silencioso con gas de millones de personas.

(Artículo de la Jornada, 27 enero del 2005, de José María Pérez Gay – Fragmento)

Cuando, el 27 de enero de 1945, hace sesenta años, los ejércitos soviéticos entraron en el campo de Auschwitz, ningún oficial del ejército rojo podía dar crédito a sus ojos. Las cámaras de gas, los hornos crematorios y los montones de cadáveres eran sólo el comienzo del archipiélago nazi de la muerte. Si recorremos hoy el campo de exterminio de Belzec, Polonia, donde en tres hectáreas mataron a más de 800 mil judíos en nueve meses, podemos hacernos una idea de lo que significa el olvido. Belzec es ahora un bosque apacible, los almendros han crecido y el follaje se extiende en la lejanía. Nada nos recuerda que la tierra que pisamos es una mezcla de huesos molidos y grasa humana. Los jóvenes polacos pasean hoy por un bosque silencioso. Y Belzec es una metáfora del destino que designamos con el nombre de Auschwitz. Decimos que el genocidio judío es incomprensible porque no queremos ver que la barbarie es la posibilidad permanente de nuestra cultura.

Un atardecer en Lisboa, Claude Lanzmann, autor de Shoah (Exterminio), el extraordinario documental de 10 horas sobre el Holocausto, me contó que le fastidian las películas de ficción en torno al exterminio judío. De La lista de Schindler, de Steven Spielberg, a La vida es bella, de Roberto Begnini. Tenían aspectos muy notables, pero no eran películas sobre el Holocausto. Se detenían antes de llegar ahí. Lanzmann detestaba también las imágenes de archivo, de las películas documentales hechas de retazos. Además, no existen imágenes sobre campos de exterminio, no hay archivos, no pueden existir, el exterminio también significa esa ausencia.

Nadie sabe nada del Holocausto. Nadie pudo filmar el exterminio. Las cámaras de gas en Auschwitz estaban a oscuras, en ellas gaseaban diariamente a 3 mil 500 personas en la más completa oscuridad. Tres mil personas que trepaban unas sobre otras huyendo del suelo y gritando. Los niños quedaban abajo con las cabezas reventadas. Era el combate con la muerte.

La Iglesia Católica, al igual que otras instituciones políticas y religiosas europeas hicieron dos actividades en respuesta al holocausto: nada y mirar hacia otro lado. El papá Pío XII, los obispos y sacerdotes de Europa realizan juicios morales durante la época nazi, en general decidieron que era mejor no hacer nada. En algunos casos se negó la evidencias del holocausto y en otros inclusive se arengó a la población para que ayudara al exterminio del pueblo que había asesinado a Jesucristo, según ellos. Es cierto que en los sistemas de creencias tienen una forma muy parecida a las ideas delirantes que se tienen cuadros de psicosis. Sobre todo si la persona que expone tal o cual creencias lo hacen frente un auditorio de no creyentes o infieles. Esto lleva a preguntarse la necesidad que tiene nuestro cerebro para fabricar conocimiento interconectado, sobre cuál estructura una serie de valores juicios. LA ORGANIZACIÓN DE DIOS Y LAS RELIGIONES AL SERVICIO DE LOS PODEROSOS. En la Edad Media, era común el que fuera apresado algún ciudadano llevado a las mazmorras, aún antes de tener una acusación. Finalmente cuando se encontraba frente al tribunal que lo juzgaba se entregaba de acusaciones como la siguiente: ser el responsable de la malas cosechas; práctica del mal de ojo óptico dudar de la eucaristía, sitio donde residía el cuerpo de Cristo; no escuchar misa con devoción. También en ese momento centraban del nombre de sus acusadores, quienes habitualmente invocaban poderes malignos, actos por el diablo, con fuerzas malignas mediante las cuales el acusado había logrado desean desestabilizar a la naturaleza, a los habitantes del feudo, ya personas en especial. La máquina de justicia primero torturaba y dependiendo de la sobrevivencia de los acusados, se podía ir estableciendo la inocencia o culpabilidad de los prisioneros. Al aceptar la culpabilidad en los crímenes abominables, un elemento importante era inculpar a hombres y mujeres, con lo cual se lograba una cadena sin de víctimas. A los jueces religiosos no les importaba que las víctimas se arrepintieran, o que tuvieran incluso posibilidades de ser inocentes, abrió un espectáculo sádico con el cual se escarmentaba al resto de habitantes. Si por ejemplo se te acusaba de haber creado una tempestad y con esto mermado las cosechas, y si por ejemplo aceptan su culpabilidad, aún sabiendo que era muy difícil fabricar tormentas a voluntad. Después de varios días de ser torturado era muy frecuente que fueran saliendo los cómplices iguales inocentes pero quizá con buenas cosechas quizá con propiedades que finalmente iban a parar a manos de los representantes de la Santa madre Iglesia. Cero lo suficientemente desafortunado para vivir en España, tenías que enfrentar a una de las más sanguinarias formas de justicia denominada "Santa inquisición". Algunos de los instrumentos de tortura, se exhiben a un hoy en día como paradigmas del terror y de la de sensibilidad en los seres humanos. Se acordaba a las personas del techo se les colocaba en sillas denominadas españolas se consistían centrarnos de metal de tipo hierro el hombre sujeto se le amarraba de cuello brazos y piernas, donde le exponía al fuego con la impresión de purificar forma, por supuesto. También la posible colocar a las víctimas en camas cerradas de metal o madera llenas de ratones en su interior, los cuales habían sido privados por varios días de alimento. Todo lo anterior era, según afirmaban estos jueces de la orden de los dominicos, con el objeto final de salvar el alma de los prisioneros sin importar lo que al cuerpo le sucediera.

La "Santa Inquisición se crea formalmente en 1184, bajo el pontificado del Papa Lucio III, para aplastar el movimiento popular conocido como de los "Cátaros" (Del griego katharoi = los puros), los cuales llevaban a sus extremos las doctrinas cristianas, por ejemplo, postulaban que todos lo bienes materiales eran obra de Satanás, y que se debía de vivir en santidad. Eran vegetarianos absolutos, ayunaban por días, mantenían un celibato estricto, y rechazaban todo bienestar material. Este tipo de conducta no estaba contra las "Sagradas Escrituras",. Sin embargo, si había una negación de algunos dogmas de la Iglesia Católica, y sobre las autoridades del Vaticano, tan adictas a los bienes materiales, que ya fluían de manera abundante de todos los rincones del mundo medieval. La tortura, como medio de obtener la verdad, era ampliamente usada, y no se concebía como un pecado.

En el momento en que la Iglesia declaró que las propiedades y bienes en general de los acusados, pasaban a ser propiedad de la misma Iglesia, pues se crearon culpables en complicidad con algunas personas señaladas de las poblaciones. Es importante hacer notar, que los acusadores, jueces, torturadores y verdugo, eran toso pertenecientes al clero católico, en menor o mayor grado, es decir actuaban como una gran familia. El misterio central que rodea a la Santa Inquisición y su labor inhumana, radica en saber, como fue posible que las doctrinad de Jesús Cristo, se tergiversaran a tal grado, que de ser una doctrina de amor al prójimo, tolerancia, pacifista, al grado de predicar el poner "la otra majilla"; se transformó en un cuerpo de ministros sanguinarios y sádicos, que fueron apoderándose de riquezas por todas partes, como si se tratara de una mafia, para aumentar el poder (económico y político), del pontificado papal. Si la tortura, decía Santo Domingo, es útil para las faltas humanas, deberá ser doblemente más destructiva para detectar las ofensas a Dios.

La Iglesia Católica se ensañó con dos grupos de seres humanos, las mujeres acusándolas de brujería, y los judíos, a quienes se les colocó el epíteto de "asesinos de Dios". En el caso de las mujeres, la acusación fue de brujería en forma de conspiración para instaurar el reino del Demonio. En ambos casos, se les acusaba de prácticas rituales, en las que asesinaban a niños cristianos y se bebían su sangre. La inexistencia de brujas, se realza, cuando se tienen evidencias de 50, 000 mujeres asesinadas en los trescientos años de persecución. .

EL EFECTO DEL LIBRO "MALLEUS MALEFICARUM" Y LA ESTIGAMTIZACIÓN DEL ENFERMO PSIQUIÁTRICO

En 1486 Heinrich Kramer y James Sprenger, dos monjes dominicos alemanes, enviaron a la Universidad de Colonia un texto que denominaron "Malleus Meleficarum" , que popularmente se conoció como "El martillo para las brujas". Fue aprobado, y por una Bula del Papa Inocencio VIII, se aplicó por cuatrocientos años, en Europa y América, dando un total de 9 millones de personas quemadas vivas. La mayoría de ellas mujeres, acusadas de brujería. El libro Malleus Maleficarum, narra primero, de lo que las brujas son capaces de hacer: (1) Controlar el mundo; (2) incinerar al primogénito varón; (3) iniciar tempestades; (4) privar a los hombres de su miembro viril; (5) Incitar a la lujuria; (6) Invocar al Diablo; (7) Etc. En otra de las secciones del libro están los métodos empleados para obtener las confesiones mediante tortura, y la búsqueda de signos en la piel (Vg. Lunares, manchas verrugas conocidos como "Marcas del Diablo"), o amuletos. Finalmente el libro describe como dictar sentencias y de que manera exterminar a las brujas.

Por supuesto, cualquier persona que tenía una conducta ligeramente fuera de la sumisión o de las buenas costumbres era acusada de brujería y en este sentido no se escaparon científicos ilustres como fue el caso de Galileo. Pero aún más, si alguna persona se oponía a los dictámenes de la inquisición, inmediatamente era acusado de complicidad y brujería. El término "cacería de brujas", tiene su origen en ese tipo de prácticas, que la mayoría de las veces eran utilizadas para desposeer a personas de sus bienes, con beneficio de los inquisidores o de terceros.

Ya desde entonces, muchos enfermos mentales, acabaron en la hoguera. También pacientes neurológicos y todo aquello que no era comprendido por los inquisidores.

¿Cuál es la razón por la que la Iglesia Católica desprotegido al enfermo mental? Porque decían cosas subversivas, heréticas, porqué cuestionaban los dogmas, pero sobre todo por ignorancia. La doctora Ernestina Jiménez Olivares, en su libro "Psiquiatría e Inquisición: Procesos a enfermos mentales", nos proporciona numerosos ejemplos de los anterior, y de cómo no se examinó médicamente a los encausados, y cuando esto se hizo y se detectó su enfermedad mental, esto no fue atenuante de sus condenas. Los casos bien documentados, nos llevan de la mano, por los procesos y acusaciones a los pacientes, como el de Don Guillén de Lampart (año 1659), quemado vivo por hereje, acusado de querer derrocar al Virrey, independizar a la Nueva España, y autonombrarse Rey. Sin embargo al repasar la descripción de que la Dra. Jiménez hace de Don Guillen, nos damos cuenta, qué se grataba de un trastorno bipolar, por momentos con franca psicosis, qué aún siendo detectada y mencionada por algunos de los testigos como locura, no se les hizo caso. También aleccionador es el caso de Don Manuel de Germainede Bahamonde (1738), a quien se le encarceló en San Juan de Ulúa, por haber acuñado una moneda con su propia efigie, o Juan Luis de Torres, Cirujano (1700), quien es acusado por el Santo Oficio, de haber comulgado dos veces, también hubo monjas maldicientes, y enfermos que decían ser Jesucristo, en todos los casos, el castigo fue la excomunión o la muerte. Estos relatos que ocurrieron en México, bien se repiten en muchos otros lugares, y bajo diferentes circunstancias. Lo mismo la melancolía, que el alcoholismo, la homosexualidad, y la psicosis, la epilepsia y la sífilis del sistema nervioso, todos esos enfermos son arrojados fuera de la sociedad en gigantescos navíos metafóricos llamados "Naves de los Locos", sin puertos que los reciban, sin rumbo, solos, a la deriva. Al disminuir los leprosos, los leprosarios, se convierten en manicomios, y ese sentido de marginalidad, hacia el enfermo mental aumenta. En el siglo XVIII aparecen los médicos que miran hacia los enfermos mentales, y que proponen que sus afecciones sean consideradas como enfermedades cerebrales. Philippe Pinel en Francia y Vincenzo Chiarugi en Italia, se acercan y liberan a los pacientes de sus cadenas. Los médicos que se ocupan de los pacientes en los asilos son alienistas, y la voz popular, les etiqueta como "loqueros", "Hay que estar, igual de loco que sus pacientes, para poder convivir con ellos."- dicen las personas respecto a los alienistas- ; "¿Estas seguro que no se contagia la locura?". Phillipe Pinel, fue un médico-filósofo, que nació el 20 de abril de 1745 en Jonquieres, cerca de Castres (Tarn). Pasó por el seminario, sin llegar a ordenarse, y finalmente estudió medicina en Tolosa, en donde se recibió a los 28 años de edad. Tuvo varios trabajos como editor de revistas médicas y participó activamente en la Revolución Francesa. En el hospicio de Bicetre, observó el trabajo del celador Pussin, con los enfermos mentales, y se dio cuenta de que un manejo diferente de este tipo de pacientes era posible. Su obra clave en lo referente a este cambio de actitud es Traité médico-philosophique sur l'ali'enation mentale (1801). En donde hace un esquema clasificatorio de las enfermedades mentales, con énfasis especial en la manía. Gran parte de su trabajo se centró en el aspecto administrativo de los enfermos en los dos hospitales de enfermos mentales de París, Salpetriere y Bicetre, indicando la importancia de establecer una buena relación con el enfermo, los familiares y el medio que rodea al enfermo. Su trabajo fue continuado por sus discípulos Esquirol y Georget. El cambio de la concepción de la afección mental como un problema moral, a un problema biomédico, es conocido como la primera revolución en psiquiatría. No se dio solo por el acto de soltar las cadenas de los enfermos de Salpetriere, sino que fue todo el cambio de mentalidad que se fue gestando, a lo largo del Siglo XVIII y XIX, en la ideología y filosofía del mundo occidental. Sin embargo, en algunas partes de nuestro país, se sigue teniendo una óptica hacia las enfermedades mentales, como la que tuvieron los autores del "Malleus Maleficarum", esto quiere decir que hay un rezago de mas de quinientos años.

EL NACIMIENTO DEL PURGATORIO EN LA EDAD MEDIA Y DE LAS NECESIDADES QUE IMPULSARON A CREARLO.

Existe una geografía del "otro mundo" en la mayoría de las religiones occidentales y esto se desarrolló en la medida que los creyentes fueron teniendo necesidad de explicar una cosmovisión particular a través del lente de la doctrina en la que creen. El concepto del purgatorio es muy interesante en ese sentido, porque surge del folklore popular y se injerta en el cuerpo teórico de la doctrina cristiana y con esto proporcionó un sitio para expiación de los pecados, aquellos en los que no bastó el arrepentimiento terrenal para borrarlos. El purgatorio surge como una necesidad de la masa de creyentes arrepentidos, que buscan una última oportunidad para no ser lanzado a los infiernos. Las muertes súbitas, por accidentes o naturales eran muy frecuentes, si a esto se agregaba las batallas y escaramuzas, las epidemias, y otras situaciones como catástrofes naturales, nos hace pensar que no había en la mayoría de los casos tiempo de confesión, o de arrepentimiento. En la ideología popular, se fue gestando las posibilidad de un sitio intermedio para ser perdonado y así se gestó el concepto de Purgatorio.

Jaques Le Goff, Profesor de Historia del Occidente Medieval en la École des Hautes Étude en Sciences Sociales, en Francia, desarrolla el tema de la imaginación medieval, en sus libros, y nos ilustra sobre que pensamiento del hombre y la mujer de distintos estratos sociales en la Edad Media, y sobre todo en temas relacionados con el mundo después de la muerte.

Un monje irlandés, escribió un relato que tuvo una gran influencia en la época, sobre el concepto del purgatorio: "El purgatorio de San Patricio" (1190). Se cuenta que una caballero irlandés de nombre Owein, se encontró con San Patricio cerca de una caverna, el Santo se percató de que Owein no creía en Dios Jesucristo y trató de convertirlo, pero el caballero era renuente sobre todo en lo referente al tema de que sus pecados sería perdonados con el solo hecho de arrepentirse de ellos. Entonces San Patricio le pidió a Dios, que en el sitio de una cueva creara una puerta "al otro mundo", en donde la persona que pudiera pasar una noche soportando las tentaciones y suplicios tendría todas sus culpas absueltas. Por el contrarios si caía en mas tentaciones, se abriría una segunda puerta que lo conduciría a los infiernos. Owein tuvo dos palabras para resistir a las torturas y tentaciones: Dios y Jesucristo.

A lo largo de su recorrido Owein ve como se humilla y tortura a hombre y mujeres, y también él sufre varias ofertas de poder y gloria, pero cuando pronuncia el nombre Jesucristo, asciende a las puertas del Paraíso, mismas que no puede cruzar, porque aún no ha llegado su hora, sale por fin de la caverna, arrepentido de lo malo que ha hecho en su vida y convertido en fiel creyente. El purgatorio se describió entonces como una infierno pequeño, con torturas menos severas y que se encuentra al mismo nivel que la vida terrenal, de tal forma que no se descendía a ese sitio, como ocurre en los infiernos, ni tampoco se sube a un punto intermedio entre el Paraíso y la tierra. Otra diferencia importante es que del purgatorio se puede salir, no solo por arrepentimiento y expiación de culpas, sino también mediante la maniobra de escaparse, ya que se concebía como un lugar abierto, sin muchas restricciones. En el relato del "Purgatorio de San Patricio", se observa la existencia de dos tipos de seres: humanos y demonios. Ambos con dos categorías: los humanos en forma de almas, con capacidad de sufrir castigos físicos y humanos visitantes, que ya sea en sueños o por intermediación de alguna figura, como San Patricio, les era dado visitar el purgatorio. Los demonios eran de dos tipos torturadores y tentadores o inductores de pecados . En la ideología medieval, los conceptos de "arriba o abajo" y de "adentro o afuera", son muy importantes en el mudo teológico cristiano. "Arriba y Adentro", son dos estados teológicos perfectos y las metas a las cuales han de llegar los fieles. Adentro esta el alma la esencia del ente humano, afuera es el cuerpo, los gestos, lo lascivo que es parte del placer y sexo, dos condiciones que causaron repulsa entre los "Padres de la Iglesia" . Arriba está el señor feudal, el rey y mas arriba Dios. La topología del mundo de los muertos llegó a ser un tema que preocupó a nuestra raza en el medioevo y sobre la cual se escribieron textos y cientos de libros. Esto llegó a ser fielmente reflejado por Dante Alighieri (Florencia 1265), en los diferentes círculos por los que se transcurre la maravillosa narración de "La Divina Comedia". El catolicismo como religión dominante en Europa Occidental, a partir del siglo IV, traza y fomenta la moral religiosa a través de la idea del pecado, culpa y expiación, Los castigos por penitencias eran extremos y en muchos sentidos se salieron un poco de la prudencia individual, por lo que el concepto del Purgatorio surgió como una forma de último recurso de perdón, además de que permitía atenuar las culpas, y como otro mas de los instrumentos de conversión religiosa, como en el caso de la narración de San Patricio y el caballero irlandés Owein. Es interesante que en el concepto actual de prisión y condena, se siga la influencia de ese modelo medieval.

EL FUNDAMENTALISMO RELIGIOSO Y LA PSICOLOGÍA DE LOS TERRORISTAS

La pronunciación de la palabra fundamentalismo, produce en nuestros días, una estereotipada evocación de la religión del Islam, sin embargo este es un fenómeno que se observa en diversas religiones, y aún en creencias no religiosas, como las ideologías políticas o psicológicas.

En este contexto, los fundamentalistas religiosos desarrollan formas defensivas de espiritualidad, como respuesta a crisis reales o fabricadas, en donde la comunidad de practicantes se ve amenazada. Las amenazas mas frecuentes son laicas, pero también pueden ser la influencia de otros cultos o las tendencias liberadoras o reformistas. La primera vez que una congregación religiosa se auto definió como fundamentalista ocurrió a comienzos el siglo XIX. Un grupo de protestantes comenzaron a llamarse fundamentalistas como respuesta a lo que ellos llamaron, una conducta "liberal" de otros correligionarios de la misma fe cristiana. Los diferentes fundamentalismos se tocan unos a otros, como ocurre en la política con la extrema derecha e izquierda, sus métodos desembocan en la intolerancia y el control de todas las actividades que realizan las personas y si esto no ocurre se desemboca en la represión, y aún en el terrorismo como principal argumento de "convicción".

Este tipo de fenómeno puede tener diferentes formas de vinculación con la sociedad. En primer lugar están las formas de fundamentalismo religioso en donde no hay separación con el estado laico, el cual está casi borrado, el ejemplo más reciente es el de los talibanes en Afganistán. En segundo término está en fundamentalismo que comparte el poder, los Estados Unidos de América, y las diferentes coaliciones cristianas y judías son un ejemplo claro, lo mismo que ocurre con el estado de Israel. Finalmente están los fundamentalistas religiosos aislados de la práctica política, como el caso del Budismo, el cual en los numerosos países en donde se practica se ignora al gobierno.

Los fundamentalistas pueden creer que defienden las formas originales o puras de sus religiones, pero no siempre ocurre así, esto depende mucho del contexto histórico en el que se vive. Un ejemplo en este sentido, bien estudiado y entendido por los historiadores de esta área, es la serie de fenómenos fundamentalistas que se dieron con los judíos, cuando estos fueron expulsados de España, en 1492, por los Reyes Católicos, Fernando e Isabel de Castilla y Aragón. Un grupo de ellos, se convirtió al catolicismo, mientras que se detectan por lo menos dos corrientes migratorias importantes, una a Portugal y otra a los Países Bajos, concretamente a Ámsterdam. Los que se quedaron en la península ibérica tuvieron tres tipos destacados de comportamientos: fanáticos de su nueva religión, simuladores y ateos. Teresa de Jesús (1515–1582) y Juan de la Cruz, fueron dos ejemplos de ilustres conversos. La primera fue incluso declarada doctora de la Iglesia Católica. Una mujer de su inteligencia, no hubiera tenido mucho futuro intelectual si hubiera permanecido en el judaísmo, ya que sólo a los hombres se les permitía practicar la cábala. Tomás de Torquemada (1420–1498), también converso, es el extremo del fanatismo, primer inquisidor general de Castilla y Aragón, arrasó con los judíos, como tratando de demostrar al mundo y así mismo que era un converso sincero.

El rey Juan II de Portugal concedió asilo a los judíos que habían rechazado convertirse al cristianismo, o, a quienes lo hicieron, pero luego se dieron cuenta de que la intolerancia era similar de un lado o del otro. En la descendencia de ellos, se encuentran los casos de ateísmo más radial. Por otro lado, un fenómeno completamente diferente se dio en Ámsterdam, ya desde entonces un sitio de amplia tolerancia, en donde los judíos fueron recibidos e integrados a la sociedad, agradeciendo sus destrezas para el manejo de los negocios y en otras áreas. Sin embargo, fue en este sitio en donde resurgió un fundamentalismo semita sefaradí, que se había gestado en Palestina, por un judío askenazi y con un trastorno maniaco-depresivo, llamado Isaac Luria (1534-1572). Luria predicaba que la llegada del Mesías iba a ocurrir en Galilea y entonces los sefaradíes deseosos de darle la bienvenida se trasladan a esa zona. Se ha comentado, que el trauma de un nuevo exilio, el ibérico de 1492, fue un terreno abonado, en donde prendió el fundamentalismo de Luria, que llegó hasta Ámsterdam, ahí algunos judíos progresistas como Uriel da Costa y Juan Prado, en Portugal, sufrieron las consecuencias de la intolerancia de sus correligionarios, mientras que Baruch Spinoza, con sólo 23 años, ya estaba siendo condenado por tener un concepto de un Dios diferente, afortunadamente para la filosofía, Spinoza contaba con mecenas ricos que impidieron que la marginación, a la que fue sometido lo matara. Un fenómeno especial es la utilización del fundamentalismo religioso por los políticos con poca imaginación y escasa inteligencia, este es el caso de George Bush Jr., quien se ha apoyado en sus creencias religiosas y en un lenguaje pseudoreligioso, para justificar sus acciones militares y geopolíticas. Términos como "Cruzada"; "Eje del mal", "Yo creo que Dios me ha escogido para ser Presidente" y más como esas frases, forman parte de sus discursos constantemente. Los detestables y abominables atentados terroristas del 11 de septiembre le dieron a Bush Jr., una razón de amenaza: "el terrorismo", sobre el cual justificar su fundamentalismo, basado en el terror y la paranoia. Casos similares se pueden recoger en las religiones cristianas y musulmanas, crímenes en nombre de Dios, exterminios de etnias completas, de obras de arte patrimonio de la humanidad, dominio de un grupo sobre el otro y exacerbación paradójica de las actitudes totalitarias del fundamentalismo. El impacto que sigue teniendo el pensamiento religioso se minimizó en el siglo pasado, al caer el muro de Berlín y finalizar la guerra fría, entonces se tenía la impresión de que los seres humanos iban a adoptar prácticas religiosas de mas tolerancia y respecto, acordes con la modernidad. Ahora nos percatamos que esto no ha sido así, nos damos cuenta que hay hombre primitivo agazapado en nuestro interior, por más que por fuera tengamos un barniz de modernidad.

LA PSICOLOGÍA DE LOS TERRORISTAS

Esta es quizás una de las áreas de la sicología moderna que más interés puede despertar en la actualidad. La novedad del tema reside en los efectos terribles que ejercen en la sociedad las acciones de los grupos terroristas como Talibanes y Al Qaeda, que han modificado aspectos de la economía, formas y estilos de viaje, racismo y xenofobia Por un lado están los fanáticos, terreno fácil para el surgimiento de los terroristas. Sin embargo, por más de que se traté de hacer una distinción homogénea de estos dos grupos (Vg. Fanáticos y Terroristas), esta no existe. No hay un alteración psicopatológica común que pueda conformar un perfil psicológico único del terrorista.

Los terroristas no funcionan de manera aislada, son parte de un grupo y los principales ingredientes son la religión, poder y la política, en gran parte estas tres entremezcladas, y, a veces derivadas hacia formas de nacionalismos. Otro de los aspectos importantes de los grupos extremistas es la pérdida de individualidad. La formación de las "células" o unidades básicas de funcionamiento, esto se da a menudo en un contexto de consanguinidad o de amistad de larga duración, lo cual asegura lazos de lealtad. Existen una o varias figuras dominantes, a las cuales se les rinde culto a la personalidad, para esto es importante contar con miembros que tengan características de personalidad bien definidas, las de depender y ser obsesivos a las causas en común son altamente valoradas. Esta dependencia se da sobre todo hacia los líderes carismáticos, que tienen auras míticas o que han demostrado acciones espectaculares en el campo del terrorismo. La dependencia hacia los líderes es muy importante, y se ve reforzada por estructuras lineales y piramidales, en donde no se cuestiona lo que los mandos superiores digan o decidan, para esto es necesario otra característica psicológica: pensamiento rígido y no poner en duda lo que se decide. Por supuesto que esto implica un control interno, es decir la creación de cuerpos de vigilancia o de elite, que dependen directamente de los líderes. El problema de un solo líder vulnerable, se ha resuelto mediante cuerpos de líderes o colectivos y por estructuras anónimas. El pensamiento rígido, en formas alteradas o perversas de creencias religiosas es una de las principales constantes de los extremismos y la justificación moral de sus actos. Las creencias de este tipo entran en el mismo nivel que las ideas delirantes, comunes de los pacientes con psicosis. Una idea delirante es aquella que se cree de manera firme, a pesar que se pueda demostrar que es ilógica o absurda, o incluso fuera de contexto. Por ejemplo, pensar que se puede terminar la fuerza de gravedad. En el caso de los terroristas, la idea delirante que se maneja con mas frecuencia es la del ser mártires, esta es el mejor antídoto en contra al miedo natural a morir. Promesas de "Paraísos" y "Gloria eterna", son dos ejemplos comunes, existe por supuesto una necesidad de trascender como parte de la noción de ser humano, de saberse finito y como parte de tener una cierta permanencia en las futuras generaciones. Esta característica se había adscrito sobre todo el hombre, es decir a la parte masculina de nuestra especie, pero la realidad es que también hay mártires femeninas, inclusive entre las culturas Islámicas en donde el género femenino ha sido seriamente vilipendiado. La motivación hacia el suicidio de los terroristas no es seguro que este dentro del mismo rango clínico que un suicida por depresión, ciertamente debe de haber estados de ánimo diferente. En los terroristas, hay ansiedad y un estado que algunos observadores han inferido es parecido a la hipnosis. Este puede ser un tipo de entrenamiento que se da con facilidad en sujetos dependientes y que puede llevar a que las personas prosigan en sus metas de auto destrucción y muerte inesperada hacia los demás por periodos prolongados y en ocasiones sin el menor rasgo de ansiedad o preocupación externas, mismas que pudieran delatarlos.

El terrorista que se inmola tiene además un factor psicológico decisivo, es admirado y va a ser un factor de reclutamiento de nuevos adeptos a la causa. El factor psicológico que ejercen estas acciones y otras que no conllevan martirio, son muy importantes para generar un factor psicológico en los adversarios, el factor sorpresa y el que las acciones sean contundentes y que no quede la menor duda de que lo sucedido fue un acto terrorista son las metas fundamentales.

 Finalmente los terroristas funcionan con un grupo de emociones negativas como la ira y la venganza, sus esfuerzo van dirigidos siempre a provocar respuestas armadas, de ninguna manera negociaciones, el que un gobierno constituido ejerza un terrorismo de estado, como respuesta o tomando la iniciativa, va a llevar a efectos del tipo espiral, lo importante entonces puede ser detectar a las fuerzas negociadoras y crear sistemas de detección de las unidades terroristas. Las luchas que originan los conflictos de cada grupo pueden ser justificadas y válidas, aun cuando históricamente las organizaciones terroristas no han ganado una causa, como tales, sino hasta que hay facciones dentro de sus mismos grupos que toman el papel de negociadores.

EL CONCEPTO HISTÓRICO DE LA MENTE COMO ENTIDAD MORAL.

El concepto de mente ha tenido un proceso histórico, el ser humano ante la posibilidad de tener una vida eterna, y de la resurrección después de la muerte, o el reencarnarse, o el ir hacia otros mundos, le hizo desarrollar el concepto de una entidad fuera de lo material, que a fin de cuentas sería su esencia, la psique (para Aristóteles esta era la energía mal), para las culturas europeas, con un bagaje cultural greco romanos, y después con las religiones judeo-cristianas, conforman un ente que habita dentro del cuerpo, al cual denominan alma, cuya esencia es opuesta al concepto del cuerpo entidad física. Toda la biología es considerada como algo transitorio, mientras que todo inherente al alma tiene una relevancia central. El cuerpo está unido a la tierra, es el centro de todas las conductas negativas o diabólicas, por lo tanto tu destino será volver a la tierra. En la doctrina cristiana la carne, término despectivo con El cual se refieren al cuerpo, es la fuente de todas las conductas negativas, las cuales era muy complicados, algunas de estas conductas enteramente biológicas como la reproducción. El punto de trasgresión es el placer, el cual se ve dentro de lo que sería pecaminoso, con una calidad moral baja, y la razón de esto se centra en el alejamiento que los practicantes de los placeres corporales, tienen con respecto a los cuidados del alma. En las culturas de la india, China, Corea, Japón, existen conceptos de renacer, lo cual lleva a nuevos retos y la moral religiosa encuentra una gratificación centrada en los niveles ya sea de castas o de vidas menos sufridas, dependiendo, de criterios morales.

La filosofía secular también se mantiene una posición dualista, cuyo paradigma central es lo enunciado por René Descartes: " pienso, luego existo". Los aspectos de la vida corporal, tienen que ver con una dimensión pública o social. Mientras que la mente el alma o espíritu, a no obedecer las leyes de la física al no ser observables y de la mente o inspeccionada se maneja en el terreno de lo privado, sin embargo la religión, cualquiera que ésta sea se abroga el derecho de inspección y sanción. La existencia de los cuerpos de seres humanos constatables, para cualquiera de los cuente y describa. Se hace una extrapolación de que a cada cuerpo corresponde un alma. Sin embargo, para Gilbert Ryle, esto se denomina "el dogma del fantasma en la máquina". En su libro "el concepto de mente" (1949), describe el dogma mencionado, y sin embargo demuestra que el siguiente el mismo razonamiento de René Descartes, se puede concluir exactamente lo opuesto. Si por ejemplo, a unos visitantes les mostramos los edificios, aún las, laboratorios y oficinas de la Universidad nacional autónoma de México, alguno de ellos podría preguntar: ¿y en donde está la Universidad?, pensando que este una entidad diferente a lo mostrado. Sin que exista otra entidad diferente a la cual podamos adscribir en nombre de Universidad. Así podríamos imaginarnos, como ocurre en la película "viaje fantástico" que nos introducimos a una diminuta nave, y somos inyectados en el torrente venoso, recorremos los vasos sanguíneos, el corazón, los pulmones, regresamos al corazón izquierdo, viajamos por la carótida hacia el cerebro y después de haber recorrido las diferentes zonas cerebrales, nos preguntamos ¿y dónde esta la mente? así como en el caso de la visita a la Universidad, lo que mostramos a los visitantes es en sí la Universidad, lo mismo ocurre con el cerebro y sus diferentes partes, eso es en sí la mente. Esta entidad, no es únicamente las estructuras, sino también la conducta, los pensamientos, imágenes, memorias y otra serie de procesos que ocurren en estas estructuras. La Universidad, no está formada sólo por edificios y espacios laborables, sino por alumnos, profesores, administrativos, secretarias, personal de apoyo, etc.. Un profesor y un alumno, no son la Universidad. Un laboratorio y el equipo que contiene tampoco lo son. La actividad que desarrollan profesores, alumnos y técnicos en el laboratorio, que lleva la generación de conocimiento, y la difusión del mismo, se puede acercarse mucho al concepto de universidad. Lo mismo ocurre con la activación de las regiones cerebrales, la conducta emergente, a la cual corresponden procesos de activación e inhibición de diferentes moléculas, vías nerviosas, y genoma. En ambos ejemplos, la Universidad y la mente, son evidenciadas por sus funciones. La mente es una función de un sistema nervioso organizado, el cual se localiza como parte de un organismo con múltiples tejidos, órganos y sistemas. El mismo soy tema nervioso está formado por similares elementos que el resto del cuerpo, básicamente de células, las cuales difieren del resto de sus congéneres celulares en algunas propiedades como son, y trasmitir una actividad eléctrica química, a grandes distancias, el conectarse con otras células nerviosas, endocrinas, musculares. Entonces la mente, si bien es una propiedad del tejido nervioso, es que no podría activar la si no tuviere una serie de condiciones constantes, que le proporcionan los órganos y sistemas del cuerpo. La mente como actividad del tejido nervioso, representa un proceso de información, que tiene ciertas limitantes inherentes a su constitución. Al mismo tiempo, esa información que llamamos mente está ejerciendo cambios de sus estructuras para poder hacer esas funciones de manera más eficiente. Lo anterior, nos indicara una actividad dinámica. Si la mente es información, también constituye una serie de estímulos cuya finalidad es hacer más eficiente el manejo de esa información, infiltrar lo que dentro del contexto de utilidad para el cerebro es irrelevante. La actividad mental es una amalgama de fenómenos que van desde la programación que ocurre a nivel genético, la modulación del medio ambiente, el aprendizaje de la relación con los adultos inmediatos, es decir padres y concretamente madre y otra serie de fenómenos del tejido nervioso que conocemos de manera amplia como reflejos condicionados, incondicionados, y otros procesos en el ámbito social, educativo y de las interacciones con otras personas relevantes en la vida. El dualismo es consecuencia de la forma en la cual el sentido común, explica El como unos percibimos. La idea respecto a la mente como un sistema de procesos informativos, tiene un elemento extra que algunas personas tienden a considerar como sinónimo de la mente, y que correspondería más a un monitor de la misma, esto es la conciencia. La conciencia representa una función de la mente, esto es el percatarse de su actividad a un nivel. Por supuesto que no podemos detectar que vías o sistemas de neurotransmisión estamos empleando en cada actividad mental. Muchas de las actividades mentales no pasan directamente a la conciencia, por ejemplo la serie de procesos que realizamos al ir conduciendo un vehículo. Tampoco estamos conscientes del tipo de adultos, conductores y eventos que ocurren a nuestro alrededor al ir por una carretera. Podemos ser conscientes de eventos a que nos interesa revisar, como puede ser un pleito reciente, las noticias que escuchamos en el radio, con dolor de muelas. Podemos migrar el foco de nuestra conciencia y cambiar de relevancia. La conciencia entonces es el percatarse de la actividad mental necesaria para poder manejar, dentro de la teoría de información, aquellos eventos que requieren de la participación conjunta de los llamados procesos mentales superiores. La conciencia no está circunscrita a fenómenos sensoriales, de un solo tipo en ella manejamos más situaciones que se representan de una manera integral. Por ejemplo, si estamos escuchando la radio cuándo vamos manejando un vehículo, vamos evocando imágenes, emociones de información previa, coherente con la información auditiva que percibimos. En la conciencia vamos a presentar los tipos de fenómenos uno central o focal y otro periférico. Éstos aspectos tienen que ver, con la jerarquía del problema que se analiza. La conciencia en El había al, está íntimamente relacionada con la capacidad cerebral de mantener la atención. Por ejemplo, si estamos escuchando en la radio un información relevante registramos el resto de información sensorial, sin que quiera decir esto que no estamos recibiendo esas señales. Por otro lado el fenómeno neurológico de la atención no implica necesariamente algo equivalente al conciencia. En la clínica médica estar consciente significa el estar despierto, atento, responsabilizó a preguntas del medio ambiente y elaborar respuestas. El coma, el sueño profundo y la anestesia, son ejemplos a del estado cinco pacientes. No existe un correlato clínico o neurótico lógico del inconsciente de la doctrina psicoanalítica. Hay un estado de elaboración y ejecución previos a la activación motor de la conducta, pero estos si en una serie de programas con una historia evolutiva, que preparan sujeto, para una respuesta que antecede muchas veces a la información sensorial.

EL CEREBRO EMOCIONAL

El cerebro es un órgano complejo y al mismo tiempo con una lógica intrínseca que permite inferior aspectos de su organización, aún antes de descubrir las evidencias que comprueban tales suposiciones. Este ha sido el caso de las teorías "localizacionistas".

La concepción que se tiene del cerebro en este tipo de aproximación, es que el cerebro está diseñado como una especia de mapa, en donde hay regiones específicas, para funciones específicas. Esta manera de pensar es antigua y se originó en la relación de causa efecto, que se tenía ante una persona enferma con alguna alteración neurológica, y que con el examen posterior a su muerte se establecía si había o no un defecto, tumor, lesión en alguna zona del cerebro que explicara las manifestaciones clínicas. Pero al llegar a las emociones, este procedimiento no funcionó de igual forma. Una aproximación fue la "Frenología", en donde se suponía que el cerebro como órgano estaba formado por pequeñas estructuras relativamente independientes aunque interconectadas, y que el tamaño de estas unidades, podía detectarse a través del cráneo. Franz Joseph Gall, diseñó una serie de cabeza de porcelana, en donde se suponía estaban ciertos atributos de la personalidad: inteligencia, memoria, amor a la patria, amor filial, odio, etcétera. La palpación de las cabezas, se extendió como un método de diagnóstico, similar al de una prueba de la personalidad.

A finales del siglo XX, con técnicas de imágenes cerebrales, como es la resonancia magnética funcional y la tomografía de emisión de positrones, se pudo confirmar que la teoría localizacionistas de Gall, no estaba del todo equivocada: el cerebro si esta parcelado funcionalmente, aunque las funciones que se registran en zonas específicas de cerebro no son las que suponía Gall y los frenólogos, sino aspectos más generales, como áreas motoras, sensoriales, de la audición, etcétera. Por otro lado no hay un determinismo funcional, por ejemplo, en las áreas que reciben la información de dolor y temperatura, llamadas somatosensorial, también emiten información motora, esta sobre posición de funciones, tiene su importancia en aspectos del tipo de la plasticidad neuronal.

¿En donde se ubican las emociones en el cerebro?

Para contestar a esta pregunta, hay que hacer un breve recuento histórico, de una serie de trabajos de investigación que llevaron a ubicar las diferentes zonas del cerebro que son necesarias para la activación de respuestas emocionales. Una conducta emocional que es fácilmente observable es la de la reacción de ira. El animal al ser provocado o agredido, reacciona con una erección del pelo, sobre todo en el lomo, muestra los dientes, saca las uñas (sea el animal, perro, gato o rata), y emite una serie de sonidos característicos. Las primeras áreas en donde se suponían estaban las emociones era la corteza cerebral. Los animales eran decorticados, es decir se retiraba, mediante cirugía a la corteza cerebral (decorticación), y los animales seguían manifestando estos episodios de ira.

William James, había propuesto que las emociones están reguladas por la participación de la información sensorial (los sentidos, tacto, gusto, olor, temperatura, visión), y su interacción con la actividad motora, esa mezcla muy particular era para William James, lo que explicaba las emociones. Una cuidadosa observación de la conducta de los animales decorticados, mostró que la reacción de ira de los animales fuera atípica. Este evento ha sido ampliamente estudiado, y muestra que la reacción de ira de activa ante situaciones mínimas, y que por otro lado, se termina igual de rápido que inicio. Walter Cannon, encontró que si se lesiona una región del cerebro conocida como hipotálamo, la respuesta de ira de los animales se modifica enormemente. Este hallazgo sugirió, que en el hipotálamo se podría coordinar la respuesta a la ira.

Sin embargo James no estaba del todo equivocado, la corteza cerebral tiene un papel importante en las emociones y esta es hacerlas conscientes. Esto fue demostrado por un anatomista de la Universidad de Cornell, James Papez. El trabajo de Papez, estuvo influenciado por las aportaciones de C. Judson Herrick, que desarrollo el concepto de que el cerebro, al igual que las capas geológicas de la tierra, ha evolucionado, sin dejar a un lado las estructuras más antiguas. Así existe una porción interna del cerebro que Herrick llamó arquicerebro, una porción intermedia que llamó paleocerebro y la corteza cerebral fue denominada como neocorteza. Una zona en forma de anillo, que conectaba diferentes estructuras relacionadas con las emociones, fue identificada como el lóbulo límbico, nombre que le dio Herrick, en recuerdo a la anatomía que las describió en el siglo, Paul Broca, para una serie d estructuras que están localizadas en la cara de la línea media de los hemisferios cerebrales, y que genéricamente se denominaron lóbulo límbico. Aunque la suposición original de Broca, era solo la de describir una serie de estructuras anatómicas, con el tiempo y las aportaciones de otros investigadores se fue construyendo la idea de que estas áreas tienen que ver con las emociones. Un paso importante fue el que observara que algunas estructuras del lóbulo límbico formaban parte de zonas del cerebro que se encargan de la detección de olores, por lo que se le ha denominado rinencéfalo (de rinos nariz). En los animales que tienen muy desarrollados esta función olfatoria, el rinencéfalo está vinculado a la detección de olores que son relevantes a las funciones reproductivas. Herrick hizo la observación que esta zona cerebral estaba también especializada en aspectos como la detección de olores para fines de territorios (los lobos, perros y coyotes, marcan con orina lo que ellos consideran su territorio).

Papez relacionó las aportaciones de Herrieck con las de Cannon, y las amplió de tal forma que se acuño lo que se llama el término de circuito de Papez, que incluye a estructuras evolutivamente antiguas, como la amígdala el hipocampo, y otras zonas como son el hipotálamo, el tálamo y finalmente las áreas de neo córtex, como son las diferentes áreas del lóbulo frontal. Para Papez, la información sensorial que llega al diencéfalo (zona a la que pertenecen el tálamo e hipotálamo), diverge, una parte va al tálamo y de ahí a los lóbulos frontales para dar origen a los sentimientos, conceptualizados como la porción consciente de las emociones (VG, Hacerse consciente de los que está uno sintiendo) y otra fuente de la información va al hipotálamo para el componente visceral de las emociones (Vg., sentir como el estómago da un vuelco, o el corazón se acelera, o se palidece, etcétera).

Heinrich Klüver y Paul Bucy, estudiaron el efecto del daño de las lesiones en el lóbulo temporal. Si el defecto se colocaba en los lóbulos temporales, pero que afectaran unos núcleos nerviosos que se denominaba amígdalas temporales, entonces los monos estudiados presentaban ciertas particularidades en su conducta: copulaban con animales de su propio género, del género opuesto o inclusive con otros animales de otras especies, actividad que rara vez se observa entre los monos. En casos en donde el lóbulo temporal era removido de ambos lados, además de la conducta sexual indiscriminada, se observó el que los animales se llevaban a la boca todos los objetos, comestibles o no comestibles, cáscaras, palos de madera, excrementos, comida, partes del cuerpo de otros animales. Por esta razón se denominó a esta alteración que puede verse en personas con accidentes, tumores o problemas de irrigación sanguínea en esta zona, como si tuvieran una "Ceguera psicológica". Las manifestaciones de esto en medicina, se conoce como: Síndrome de Klüver-Bucy.

El concepto de cerebro emocional fue desarrollado en extenso por Paul MacLean, quién trató de resumir, en 1949, los aspectos de las propuestas de Papez, Cannon, Bard, Klüver, Bucy y aún del mismo Freud y la teoría psicoanalítica, que se encontraba entonces en todo su apogeo.

Para Mc Lean, la corteza, y concretamente la forma más evolucionada de esta, es decir el neo córtex, eran necesarios para el percatarse de los emociones, también aceptó que el cerebro está formado por una serie de estructuras que se superponen unas con otras evolutivamente.

Mc Lean aportó evidencias que provenían de los enfermos que convulsionaban, cuyo foco epiléptico se localizaba en el lóbulo temporal. Estos enfermos, presentaban antes de las crisis convulsivas o aún si presencia de crisis convulsivas, un estado de alteración emocional, que podía ir de una simple aprehensión, hasta terror. La vivencia que tenían los propios pacientes de lo que les sucedía, era narrada como entre sueños, como si no les estuviera ocurriendo a ellos. Este investigador clínico, también hizo hincapié en algunas área que pudieran ser, no solo parte del cerebro emocional, sino que las fallas en ellas podían explicar alteraciones en aspectos vegetativos como la presión arterial, la frecuencia respiratoria y cardiaca. Para Mc Lean, esto significó la posibilidad de explicar algunas dolencias psicosomáticas.

Recolectando todas las evidencias disponibles en su época, Mc Lean las integró en el concepto clásico, que consistía en lo que él llamó un cerebro visceral. Las alteraciones en estas estructura filogenéticamente antigua, llevaba a las enfermedades psicosomáticas. Posteriormente, ya en la década de los años cincuenta, cambio el término a sistema límbico.

Mc Lean popularizó su enfoque al decir que la organización del cerebro en general correspondía a tres esferas: "Cerebro reptil"; "Cerebro paleo mamífero" y "Cerebro neo mamífero", los cuales están supeditados. Nótese que esto se parece mucho a la concepción psicoanalítica clásica, en donde hay tres instancias: "Ello", "Yo" y "Superyó".

En la actualidad, el concepto de cerebro emocional, o que el sistema límbico sea el único grupo de neuronas y vías que se encargan de algo tan complejo como las emociones, no se sostiene del todo, pero tampoco de dice que este totalmente equivocado.

Lo que ha ocurrido en las neurociencias es que la ubicación precisa de las funciones no siempre esta restringida y exclusiva a esa región o área cerebral. Hay una superposición de áreas que pudieran tener funciones paralelas o de apoyo, e inclusive, en caso de lesión o "descompostura" de ciertas regiones que tradicionalmente se pensaba servían para una actividad "X", se observa que después de un tiempo, hay una recuperación parcial de funciones, y a esto es a lo que se le conoce como plasticidad cerebral.

A continuación, desarrollaré, a manera de ejemplo, lo que ocurre en un paciente con miedo y diversas formas de ansiedad, que pueden no ser tan lejanas a la mayoría de las personas, que leen este libro. La idea es hacer un ejercicio, que muestre el impacto de los sentimientos y emociones, en este caso ansiedad o angustia en nuestra vida diaria

MIEDO Y ANSIEDAD.

Los seres vivos hemos desarrollado sistemas que nos alertan sobre situaciones especiales que vivimos. Esto sería equivalente a los dispositivos que tenemos en nuestro automóvil o en la casa para poder detectar cuando algo no funciona bien.

Por ejemplo, si nuestro carro se está quedando sin gasolina o aceite, hay una serie de señales que nos avisan en el tablero, de igual manera tenemos señales en nuestro organismo, que nos indican que estamos bajos de glucosa, la gasolina que utilizamos y que obtenemos de los alimentos, si decidimos no comer, o no podemos hacerlo a tiempo, otra serie de alarmas se activan: dolor de cabeza, debilidad, palidez.

También podemos tener sistemas en nuestra casa u oficina que detectan la entrada de personas extrañas, lo cual lleva a que suenen señales de alarma. El miedo y la ansiedad, son esas señales de alarma, sólo que el miedo se activa con estímulos conocidos y bien definidos, como un temblor de tierra, volar en un avión en medio de una turbulencia severa, el observar un animal agresivo, por ejemplo un perro acercarse a nosotros, etc. La ansiedad es una emoción que se activa ante señales menos definidas, y puede disparase ante eventos que solo nos imaginamos, es decir que otras personas no pueden constatar, pero que para el que tiene ansiedad son muy devastadoras. En ambos casos, ya sea miedo o ansiedad, tenemos una respuesta específica de nuestro sistema nervioso, y en especial la división del sistema nervioso vegetativo, el que se encarga del funcionamiento de las vísceras como corazón, pulmones e intestinos. Esta porción se llama Sistema Nervioso Simpático.

La activación del Sistema Nervioso Simpático produce los cambios que se enumeran a continuación:

Aumento en la contracción del corazón, tanto en fuerza como en frecuencia de latidos por minuto (taquicardia).

Aumento de la frecuencia con la que respiramos, y se dilatan los pulmones y bronquios para poder captar más aire.

Dilatación de las pupilas de los ojos, con lo cual se aumenta el campo visual.

Aumento de la afluencia de sangre a los músculos y cerebro. Lo primero, permite aumento de potencia y velocidad en masas musculares, lo segundo ocurre para que el centro ejecutor, es decir el cerebro este en óptimas condiciones.

Disminución del riego sanguíneo en piel (palidez).

Liberación de glucosa (gasolina) del hígado.

Liberación de adrenalina de las glándulas suprarrenales, y de otras sustancias que van a actuar como analgésicos (atenuantes del dolor), en caso de que se sufran heridas (endorfinas y encefalinas).

Sudoración fría, que enfría el calentamiento muscular y de esta manera permite que la maquinaria de los músculos funcione óptimamente.

Se detiene la actividad digestiva, y hay un vaciamiento de la vejiga y el recto.

Sequedad de boca y en general de las mucosas.

Todas estas reacciones que controla el sistema simpático tienen como fin último, prepara al organismo para que pueda realizar dos funciones: ATACAR O HUIR. Estas dos funciones van a ser seleccionadas dependiendo del estímulo activador. En nuestro mundo actual, algunos de los estímulos que pueden disparar esta respuesta, pueden ser situaciones de alarma por accidentes, terremotos y otros eventos de la naturaleza, a los cuales aprendemos a temer. Pero a nivel psicológico, hay otros eventos que también pueden activar estos sistemas de alerta, aun cuando no sea una activación total, el sistema generador de ansiedad se activa de manera continua o intermitente ante estímulos que genera el propio cerebro y este es el origen de las enfermedades que tienen como síntoma central la ansiedad.

¿QUIÉNES DESARROLLAN TRASTORNOS POR ANSIEDAD?

Hay una serie de pistas que nos llevan a pensar, en que hay un grupo de gente que es más proclive a desarrollar este tipo de alteraciones, en donde hay factores de herencia (genéticos) y otros factores: cómo fuimos educados y el medio ambiente en que crecimos (factores de crianza y educación). Esto factores se agrupan de la siguiente manera:

Valores y creencias de la familia en que crecimos

Los métodos y disciplina que se utilizaron para educarnos y socializar.

Los papeles que desempeñaron los adultos de nuestra familia y personajes cercanos (profesores, educadores, sacerdotes) en nuestra vida. Padres "tóxicos" (agresivos física y verbalmente) abusos de diversos tipos en la infancia, etc.

El lugar que se ocupa en la familia (orden de nacimiento, sexo, problemas con la interacción con nuestros familiares)

La influencia cultural y social que recibimos.

Factores biológicos heredados.

Estas influencias pueden dar como resultado personas con cierta facilidad o vulnerabilidad, para desarrollar rasgos elevados de ansiedad. Además, otros factores que se han contemplado son la presencia de enfermedades médicas en familiares o en el mismo paciente; eventos traumáticos, uso de sustancias adictivas, y otras más.

El que exista una historia de alcoholismo en la familia, es un indicador de que quizás hay una vulnerabilidad para padecer algún tipo de trastorno por ansiedad. Hay que recordar que el alcohol tiene un efecto tranquilizante y sedante (Vg., ansiolítico = desaparece la ansiedad, de tal manera que muchas personas pueden haber iniciado su consumo de bebidas alcohólicas, buscando un tipo de alivio a su ansiedad, es decir como medicina. Si en la familia hay un número elevado de personas que abusan alcohol, puede haber vulnerabilidad para el desarrollo de ansiedad. Con esto no quiero decir que todos los pacientes con alteraciones por ansiedad, tienen familiares adictos al alcohol, ni que todos los alcohólicos beben para aliviar un trastorno por ansiedad no diagnosticado. Algunas personas con alteraciones por ansiedad, tienen

Antecedentes de abuso en la infancia. Este pudo haber sido un abuso físico, abuso sexual, negligencia (abandonos temporales físicos o afectivos), castigos crueles y negligencia emocional y abuso psicológico.

El abuso físico, consiste en golpes, cachetadas, o aún quemaduras. El abuso sexual, comprende cualquier tipo de contacto sexual, en el que se haya empleado la fuerza física, la coerción ("si no me dejas voy a matar a tus papas"), amenazas o engaños. La negligencia, es simplemente el olvido de las necesidades básicas de un niño: alimentación, vestido, cuidados generales, abandono. La crueldad exagerada en el castigo, incluye cualquier daño físico que se implementa con una finalidad punitiva, puede inclusive, la de encerrar, amarrar, gritar, sentar al niño en un rincón por horas, etcétera. La negligencia emocional, consiste en no dar afecto a los niños, no estar disponible para estar cerca de ellos. El abuso psicológico, representa formas de comunicación recurrentes que llevan a sufrimientos psicológicos, pueden ser amenazas de abandono, amenazas de enviarlos a reformatorios, etc. Las personas que han sufrido algún tipo de abuso, de los que se han comentado, en la infancia, presentan personalidad ansiosa y datos de alteraciones por ansiedad, inseguridad, baja autoestima y culpa excesiva.

También es frecuente encontrar antecedentes en pacientes ansiosos de padres con alteraciones por ansiedad. Padres muy rígidos, con una crítica constante a los hijos, que demandan que estos se comporten como adultos pequeños. Los padres de pacientes con vulnerabilidad a las alteraciones por ansiedad, son personas rígidas, con sistemas de valores poco elásticos, con afiliaciones religiosas extremas, y que se expresan de la vida en términos dicotómicos, es decir, negro y blanco; bueno o malo; bello o feo. Hay una tendencia a generalizar respecto a todas las personas y no se particulariza cada situación, cada caso, cada persona.

Los padres sobre protectores y de los que subrayan la necesidad de comportarse propiamente, todo el tiempo y que demandan la perfección en sus hijos, los cuales desarrollan ansiedad. La enseñanza por parte de los padres, de ocultar o negar sentimientos, o hacerles dudar de los que ellos sienten, estos llegan a inculcarles la falsa idea de que los sentimientos no se deben de mostrar, esto lleva al desarrollo de niños en conflicto continuo, y finalmente en niños ansiosos. También hay mucha ansiedad en niños que no han recibido información suficiente respecto a sus cuerpos, y el cómo las emociones se expresan a través de ellos.

Otras de las áreas de ansiedad que se desarrollan en la infancia son aquellas que tienen que ver con la ansiedad de separación. Este sentimiento, pudo haberse gestado de separaciones de los padres por tiempos prolongados. Esta situación se presenta con frecuencia cuando ambos padres trabajan cuando se marcha de viaje por periodos prolongados o el "abandono" psicológico, los padres están físicamente presentes pero alejados de los hijos.

Finalmente, que en la familia se tengan miembros con trastornos de ansiedad, aumenta la probabilidades de tener este tipo de alteraciones. No hay un gen o grupo de genes que produzcan ansiedad, pero si hay evidencias de que en ciertas familias, la percepción que se tiene de la vida es amenazadora, sofocante, suspicaz y sin modulación de los estados de ansiedad.

TIPOS DE TRASTORNOS POR ANSIEDAD

Las alteraciones en donde la ansiedad es el síntoma cardinal o central son:

Ataques de pánico (Crisis de angustia)

Agorafobia

Trastorno obsesivo – compulsivo (TOC)

Trastorno por estrés post traumático

Fobias simples

Fobia social o ansiedad social

Pánico.

Ansiedad Generalizada.

ATAQUES DE PÁNICO

Se observa la presentación de todas las manifestaciones de la activación del sistema simpático, pero en menos de 10 minutos, sin que exista un evento exterior que las active. Hay una sensación de falta de control, de muerte inminente o de que se está a punto de perder la razón. A continuación enumero los síntomas que se presenta en un ataque de pánico típico:

Dificultad para respirar, el paciente siente que sus pulmones no se llenan lo suficiente de aire, o que hay un obstáculo en la garganta que les dificulta inhalar.

Sensación de mareo, vértigo, como si se fuera a desmayar.

Palpitaciones intensas que pueden percibirse en sus oídos,

Temblor en manos y piernas, estas se sientas frías y sudorosas.

Aparece sensación de adormecimiento en zonas del cuerpo, que son cambiantes (parestesias), estas se pueden presentar en los dedos, punta de la lengua, y labios.

Se presenta sensación de bochornos o de escalofríos.

Sudoración fría.

Molestias abdominales y nausea

Sensación de irrealidad (lo que me sucede no me esta sucediendo a mi).

Temor de morir, de perder el control, de volverse loco.

Hay que recordar que es un ataque de pánico, sólo cuando más de los cuatro síntomas que se describen arriba, se manifiestan en toda su fuerza o intensidad, en un lapso de 10 minutos, después pueden durar hasta horas, pero el inicio es súbito, intempestivo y sin un evento real que los motive en el mundo que rodea al paciente. Algunas personas tienen ataque de menos de 4 síntomas y a esto se le conoce como ataque de síntomas limitados. Si la ansiedad, con síntomas similares al pánico se instala lentamente y dura mucho, inclusive meses, es probable que se trate de un trastorno por ansiedad generalizada (ver más adelante).

Los ataques de pánico se presentan en las situaciones más inesperadas, sin que exista motivo que los active o precipite. Pueden activarse inclusive cuando la persona duerme, come o cuando está distraída en el cine o en el teatro.

"Sentí como si me fuera a morir. Estaba tranquilo, en mi casa, cuando de pronto todo cambió: una sensación de que yo no era a quien le ocurría eso se apoderó de mi, todo pareció como un sueño.

Acudía con el médico, por consejo de un amigo que sufría de bajas de azúcar y tenía los mismos síntomas. El doctor me revisó y concluyó, después de exámenes de laboratorio y electrocardiograma que yo estaba bien, que fuera con un neurólogo, quizás era epilepsia. El nuevo doctor me ordenó una serie de exámenes más, resonancia magnética, electro encefalografía, y al no encontrar nada anormal, me envió con el cardiólogo. Se me hizo prueba de esfuerzo, prueba de la mesa inclinada, y nuevamente todo normal. Mientras tanto los ataques con las molestias más intensas se seguían repitiendo. Yo pensé que tenía una enfermedad aún no conocida. Una tarde, después de un ataque de nervios, una enfermera se acercó y me dijo que ella había tenido las mismas molestias que yo, y me sugirió ir con un psiquiatra. Fue la primera vez que escuche la palabra pánico, ataques de angustia. Me resistí a ir con el psiquiatra, sentía que yo no estaba loco, que lo mío quizás era más de asistir con el psicólogo.

EL año previo al desarrollo de los ataques de pánico, había estado teniendo muchas presiones en el trabajo, fue después de lo del 11 de septiembre, de las "Torres

Gemelas", yo era Gerente de ventas de una línea aérea norteamericana, y las ventas se desplomaron, yo trabajé noche y día. Hice planes de promociones turísticas, modifiqué los sistemas de millas para obtener boletos, en fin, creo que me "quemé". Lo curioso fue que cuando las cosas estuvieron mejor, que la compañía se fue recuperando, yo desarrolle esta enfermedad.

El mismo psicólogo con el que asistí me la diagnóstico por completo, y me indicó que lo correcto era ir con un psiquiatra, para que me pudieran prescribir medicamentos. Él me podría ayudar con la terapia cognitiva – conductual, pero que los psiquiatras no sólo veían a los enfermos mentales severos, sino también a personas como yo, que éramos los denominados neurótico. La semana siguiente asistí con el psiquiatra que me recomendó el psicólogo e inicié la toma de medicamentos, a las dos semanas estaba sin ataques de pánico y ambos especialistas de salud mental, han trabajado desde entonces en equipo, para curarme. Ahora estoy controlado, y con la terapia he iniciado estilos de afrontamiento, que me han permitido recuperar la confianza en mi mismo."

CRISIS DE PÁNICO CON AGORAFOBIA.

Es común, que una persona que presente ataques de pánico repetidos y frecuentes, desarrolle una condición que se llama agorafobia, que literalmente quiere decir: temor a estar en espacios abiertos. Se desarrolla una conducta que tiende a evitar estar en espacios en donde no se puede escapar fácilmente, o en donde se pueda apenar al mostrarse ante otras personas, con miedo, todo lo cual el paciente piensa le pueda ocurrir en el caso de que presente un ataque de pánico. Es común que las personas con ataques de pánico, requieran de otra gente que le sirva de compañía, en ocasiones puede ser hasta la compañía de una mascota.

La agorafobia puede ser intermitente, es decir aparecer y desaparecer, y pude variar en intensidad. Situaciones comunes y corrientes como son manejar un automóvil, estar en la fila, en un restaurante, ir al metro, al cine, cenando, etcétera.

La señora Doloway, una mujer de 42 años, asistía al cine con mucha frecuencia. Los ataques de pánico se habían manifestado inclusive en si espectáculo favorito. Ella disminuyó la frecuencia para asistir al cine, pero incluso, cuando asistía, le pedía a su compañero se sentaran en la orilla de la fila, cerca del pasillo y de la puerta de salida, de esta manera, ella podría huir con facilidad, si se presentaban los datos de ansiedad o pánico: "constantemente me tomaba el pulso, la respiración. Colocaba mis palmas de las manos en mi cara para percibir si estaban frías o sudorosas. No esperaba a que me diera la crisis completa. Ante los primeros síntomas corría a mi auto y ahí me ponía a respirar dentro de unas bolsas de plástico. A donde quiera que llegaba, me ocupaba en detectar las salidas de emergencia, las rutas de evacuación, las escaleras, etcétera. Mi vida se convirtió en un infierno, en donde yo me preguntaba a cada instante del porqué me sucedían las cosas a mi solamente. Al poco tiempo ahuyenté a todas mis parejas y a mis amigos, entonces fue que decidía no salir de casa, más que lo indispensable: trabajo, compras y a visitar familiares. Sin embargo, si alguien me acompañaba, observé que me sentía más segura".

TRASTORNO OBSESIVO-COMPULSIVO

Este tipo de trastorno por ansiedad es muy peculiar. La ansiedad se presenta cuando aparecen las ideas de tipo obsesivas, es decir pensamientos persistentes, que no se pueden apartar fácilmente de la cabeza, y que tienen diferentes temáticas, por ejemplo temor a infectarse o contagiarse, esto lleva a que la persona se lave muchas veces las manos, o que haga un esfuerzo para no tocar a personas u objetos que se detectan como contaminados. El pensamiento repetido, que se reconoce como absurdo, y que no se puede evitar es a lo que llamamos obsesiones. La conducta que se repite, a veces de manera ritualizada se llama compulsión.

Las obsesiones pueden ser ideas, pensamientos, imágenes o impulsos sin sentido que se repiten o hacen irrupción en la conciencia de una persona de manera súbita, el paciente reconoce lo absurdo de esas ideas, pero no puede evitarlas.

"Le va pasar algo a mis familiares"

"Tengo la imagen de una relación homosexual"

"Tengo la idea de que voy a blasfemar en la iglesia"

Las obsesiones más frecuentes son: miedo a herir o lastimar a otros; violar normas sociales, contaminarse y producirse infecciones, exhibir una conducta sexual inaceptable, dudar acerca de las acciones que se deben de hacer (¿Ya cerré bien la puerta?; ¿Me lavé bien todas las partes del cuerpo?¿Cerré bien todas la ventanas?)

Una compulsión es una acción que se repite de manera ritualizada. Esa acción se repite con la finalidad de prevenir un evento en el futuro. "Si toco la pared de mi casa 21 veces no me pasará nada". Las compulsiones son respuestas de la obsesiones con mucha frecuencia. Algunas compulsiones comunes en este trastorno son: lavarse las manos, contar, verificar, rezar y tocar.

La persona con este tipo de padecimientos invierten mucho tiempo en cada una de las tareas, rituales o situaciones que tienen que hacer, con los consecuentes problemas en otras áreas de su vida. Si un paciente tiene que estar lavándose constantemente, es probable que llegue tarde a todas partes, que no se pueda relacionar adecuadamente con sus parejas.

"No puedo llegar temprano a ningún sitio, al salir de mi departamento, me tengo que regresar varias veces, no una sino dos o tres a verificar que todo esté bien: cerradas las llaves del gas, del agua, y que haya apagado la cafetera... es desesperante hasta para mi misma".

Algunas personas tratan de no pisar las rayas de la calle, porque si lo hacen algo malo les puede suceder a ellos o a sus familiares.

(Vean la película "Mejor imposible" con Jack Nicholson, como un escritor que tiene un TOC). Hay evidencias de que esta alteración se debe a un mal funcionamiento de una región del cerebro que se conoce como ganglios basales. Estas estructuras están alteradas en otras enfermedades como en la corea de Huntington, en la enfermedad de Parkinson (ambas enfermedades neurológicas, en donde hay datos de síntomas de movimientos anormales, como temblor, movimientos incontrolables y pensamientos obsesivos parecidos al TOC), y en ellas se ven síntomas parecidos al trastorno obsesivo-compulsivo. Por esta razón gran parte de la investigación apunta en la dirección, de los ganglios básales.

Guadalupe era una mujer en los treinta años de su vida, que inició con ideas obsesivas de limpieza y orden, en sus actividades diarias, Tardaba horas en hacer la limpieza de la casa, porque el modo como lo realizaba, implicaba cierto orden y un número constante de veces que tenía que efectuar la tarea: "Limpiaba los pisos con un orden simétrico, concienzudo. Sentía que si no lo hacía todo a la perfección, algo malo les podría suceder a mis hijas o a mi esposo. Me tardaba en bañarme varias horas, porque el mismo procedimiento sobre mi cuerpo lo tenia que repetir". Georgina se deprimió, además de estar con el TOC, ahora se daba cuenta que no podrías recuperarse y estaba triste todo el día. "

Los enfermos con TOC pueden tener una serie de aspectos de su enfermedad, y las observaciones mediante diarios de afectos y pensamientos permite dimensionar a la figura central de sus afectos, por lo que es importante que el paciente reconocer.

FOBIAS SIMPLES O ESPECÍFICAS

Esto se refiere a un miedo irracional que provocan ciertos objetos o circunstancias específicas, como miedo a roedores, a mariposas, a las alturas, a estar encerrado, a la oscuridad a volar etcétera. El miedo se activa tan pronto la persona se pone en cierta manera en contacto con el estímulo que dispara su fobia, por lo que trata de alejarse de este lo más que puede. Sólo se convierte en problema, en la medida que se está en contacto con el o los estímulos desencadenantes de la fobia. Lucía padecía de fobia simple a los roedores. Reconocía lo absurdo de su miedo pero no podía verlos ni en la televisión. Si tenía que pasar enfrente de un terreno baldío o en una construcción, en donde suponía podía encontrarse a los roedores no pasaba. Cualquier ruido que percibía era relacionado a esos animales, un día que sus amigos en la preparatoria le hicieron una broma con un ratos de juguete, ella desarrollo un ataque de pánico.

FOBIA SOCIAL O ANSIEDAD SOCIAL

Esta fobia, se activa cuando estamos en contacto con otras personas, generalmente desconocidas. El ser humano es un ser social, por lo que es difícil que se pueda abstraer de entrar en contacto con otras personas, eso no ocurre con facilidad, y el resultado es la marginación de las personas aún cuando en el fondo ellas si quieren ser partes del grupo, sólo que están incapacitadas. Se evita hablar en público, estar en sitios con gente desconocida. Hay miedo intenso de leer en público, escribir o comer con personas extrañas. Se tiene miedo a ser criticado, avergonzados, en ciertas situaciones en donde tiene que ejecutar o realizar alguna función, común y corriente, por ejemplo comer, escribir, leer, etc. Una forma frecuente, en hombres, es orinar en baños públicos si hay otra persona orinando, esto es más frecuente en hombres, por la disposición de los mingitorios sin separaciones.

Betariz no había podido abrir su cuenta de cheque en el banco a los 30 años d edad, porque la sola idea de que tenia que firmar en frente de las personas extrañas, le ponía muy mal. Religiosa católica ferviente, dejó de asistir a la Iglesia porque: "Esa parte en donde las personas se dan la paz, y se dan la mano o se abrazan no puedo hacerlo. Sudaba de pies a cabeza, cuando se iba aproximando esa parte de la misa, y prefería retirarme antes de darse la mano. Después deje de ir."

ESTRÉS POSTRAUMÁTICO

Esta forma de ansiedad, resulta de la exposición a un evento traumático, en la cual la persona misma estuvo a punto de perder la vida, o se le hirió o lastimó. También puede consistir en que vio que algo les sucedía a otras personas aún cuando a él o ella, no le sucedió nada. Los eventos pueden ser: desastres naturales, asaltos, violaciones, cirugías, batallas, accidentes automovilísticos.

La persona que desarrolla un evento de estrés postraumático, revive la experiencia traumática en sueño, o en situaciones en donde algo de ellas remeda un poco el evento traumático. Por ejemplo una persona que sufrió un accidente automovilístico, ahora se pone ansioso, cada que escucha un rechinido de llantas. Una mujer que desarrollo estrés postraumático, como resultado de una violación, ahora revive esa experiencia, cada que se le acerca un hombre desconocido. Las situaciones se reviven con ansiedad extrema, similar en intensidad a la descrita en los ataque de pánico.

Una persona con este tipo de padecimiento evita lugares y cosas que le recuerden el evento traumático. Se pueden presentar algunas de las siguientes alteraciones.

Dificultad para iniciar el sueño.

Irritabilidad o ira en prevención de que se pueda repetir el evento.

Dificultades para concentrarse

Estar en alerta excesiva detectando posibles fuentes de eventos estresantes.

Cuando el evento similar sucede hay una sobre actividad de la respuesta de tipo simpática: aumento de la frecuencia cardiaca, de sudoración, sequedad de boca, aumento de la respiración, etc.

SEXO, AMOR, CELOS, MASTURBACIÓN .

LA CONFORMACIÓN DE LA HUMANIDAD A TRAVÉS DE LAS ESTRATEGIAS DE APAREAMIENTO Y EL AMOR ROMÁNTICO QUE GENERÓ LA MUJER.

Then it all crashes down   And you break your crown   And you point your finger   But there's no one around   Just want one thing   Just to play the king   But the castle's crumbled   And you're left with just a name   Where's your crown King Nothing? Where's your crown?

Metallica "King of nothing" album: "Load"

Hemos tenido la fantasía de ser los dueños de nuestro destino y de creer que las costumbres de hoy, han existido desde los inicios de la humanidad. En el campo de los sentimientos, el amor romántico, es un ejemplo, de que algo tan fuerte, que motiva gran parte de nuestra vida, es esta una invención que matiza a la biología y sicología de los afectos. Sin embargo por muy matizado que esté una función biológica, como es el apareamiento entre dos individuos con fines reproductivos o de placer, al final, los adornos desaparecen cuando se acaba la pasión primero y luego el amor.

Los seres humanos hemos vivido en un engaño constante respecto a las relaciones de pareja. Esto tiene que ver en gran parte por el adorno del amor romántico, el cual nace en una época concreta de la humanidad en occidente, en la región de Provenza, Francia en el siglo XII, y es impulsado por los poetas, trovadores y escritores de las mujeres de la corte, todo lo cual dio como resultado un tipo de literatura en donde se enaltecía primero al amor y luego a la mujer como una diosa y además se enaltece como héroe romántico al hombre adultero, el amor romántico surge entonces, como una forma de sublimación, ante el encierro, metafórico y real, que resultó ser el matrimonio, la mayor parte de las veces convenido por razones de políticas y de expansión territorial. La mujer ha sido a lo largo de la evolución, quien ha dirigido los cambios en pos de consolidar los rasgos altruistas de los seres humanos, y también una posibilidad asertiva en la crisis del matrimonio.

Un adultero en cada hijo te dio.

"Todos los adúlteros en este auditorio, ¿se pueden poner de pie? ¿Esto significa que todos ustedes engañan a sus esposas, coquetean con otros hombres, y han jugueteado con diferentes parejas en el pasado, presente y lo harán en el futuro?" Este es parte del párrafo inicial del libro: "Against Love: a polemic", de Laura Kipnis (Pantheon Books, New York, 2003), en donde se desarrolla la tesis de la hipocresía de la sociedad occidental contemporánea respecto a las relaciones de pareja. Por una lado, - puntualiza la autora, - hay un estado de promoción de la sexualidad y por el otro persiste el puritanismo, que sanciona con normas estrictas. Esta situación ha llevado a un porcentaje elevado de matrimonios, en donde se acepta que se han llevado a cabo aventuras sexuales fuera de la pareja, las cuales apuntan en un 70 %; mientras que las cifras de divorcios están, para los primeros siete años de matrimonio, cerca del 50 %.

Laura Kipnis, propone que el matrimonio o las relaciones de parejas llamadas estables, no son sino un tipo de "Gulags domésticos" y el adulterio una forma de protesta o escape de las restricciones de libertad propias de todo Gulag (Campos de concentración del régimen soviético, también llamados por ellos: "Campos de la democracia"). La infidelidad es practicada ampliamente, pero aún persiste el escándalo al ser descubierta, por la hipocresía de la sociedad, y el ejemplo más representativo es del ex Presidente norteamericano Bill Clinton, cuyo comportamiento repetido de relaciones extramaritales lo llevó a no poder reelegirse y a su desprestigio político.

La tragedia doméstica del amor.

Al presentarse las series de sentimientos y experiencias que llamamos genéricamente amor romántico, surge un estado como de trance o hipnosis, si la persona no está enamorado busca estarlo. Dorothy Tenno, llamó a esta condición anímica Limerance ("Love and Limerance : The experience of being in love"). Existen componentes básicos del fenómeno de limerance:

Pensamiento intrusivos, es decir casi automáticos, acerca de la persona, que es objeto de nuestro amor (el objeto de limerance).

La persona en este estado de limerance, aspira a tener una respuesta recíproca, aun cuando no siempre sucede así.

El estado de ánimo del objeto de limerance.

Incapacidad para tener más de un objeto de enamoramiento.

Temor a ser rechazado por la persona por la siente ese estado de limerance

Hay un malestar físico, que se ubica en la región correspondiente al corazón cuando hay incertidumbres respecto a ser correspondido, o cuando hay rechazo.

Sensación de euforia y caminar como entre nubes, cuando se tiene la seguridad de ser correspondido. Idealización de la persona de la cual se está enamorado.

En la mayoría de los casos, existe un sentimiento de atracción sexual, pero este puede no ser el sentimiento o meta primaria de la relación. Simplemente el estar con la persona de la que nos enamoramos es suficiente. Hay el deseo de contemplar, de estar cerca, y dificultades para separase de esa persona.

La perdida del amor, como fenómeno cultural, se trasmina a la poesía, literatura, cine, pintura y canciones populares. Las telenovelas, constituyen la apoteosis del amor romántico. Pareciera que no hay otra actividad, a la que se dediquen los personajes de este tipo de melodramas que el enamorarse, y el impedir que otros se enamoren.

El amor romántico, tuvo en parte su desarrollo, por lo menos en la forma actual en la novelas románticas de la alta edad media, sin embargo el amor tiene una historia previa localizada en los albores de la humanidad. El amor como sentimiento positivo, tiene una serie de elementos importantes, como son el compromiso, la ternura, la pasión y el altruismo. El enigma central que motiva el presente ensayo, está relacionado con lo paradójico que resulta el amor del ser humano, en término del costo social y psicológico. ¿Por qué las personas sacrifican los mejores años de su vida en búsqueda de una relación de pareja?; ¿Por qué una vez que se forman las parejas se desencadena una lucha constantes entre ellas? La contradicción entre ambas preguntas es más que obvia y de esa divergencia vamos a partir.

Lo que buscan las mujeres es sexo y algo más. La selección de un hombre por una mujer no es al azar, es un proceso en el que se tiene la influencia de las fuerzas evolutivas, de manera relevante. La selección natural y sexual, propuesta por Charles Darwin, ha sido el marco de referencia sobre el cual se ha construido, lo que ahora llamamos sicología evolutiva de la conducta de apareamiento. La selección sexual se apoya en dos estrategias: la competencia de los miembros del mismo sexo, generalmente machos, por el acceso a las hembras y la selección de ciertas características en las parejas que promuevan reproducciones exitosas. Nótese en este punto que las mujeres son las que eligen y las que han ejercido la dirección de los rasgos que se heredan. Lo que han encontrado los psicólogos evolucionistas en este sentido, es que en la lucha de los machos por el acceso a las hembras, hay un proceso de selección primario, que conduce a que sólo los vencedores tengan acceso a las hembras deseadas. En el proceso de selección de la hembra, se incluyen aspectos como la fuerza del macho vencedor, pero también otros aspectos exteriores, como son: el colorido del plumaje, en el caso de las aves; el tamaño de la cornamenta, si se trata de alces; la armonía de las facciones y estabilidad emocional, si se trata de mujeres seleccionando hombres. Los aspectos que se seleccionan, tienen un especial significado para la hembra y se resumen como un material genético adecuado. La competencia y preferencia de las parejas, han sido los elementos, que conforman la teoría de la selección natural. Por supuesto, que este tipo de teoría, causó una gran controversia, para la época en que Darwin la publicó, ya que se argumentaba que convertía a los seres humanos en meros seres esclavos de los instintos; se cuestionó el papel de la cultura y costumbres; las reglas impuestas por las religiones, etcétera. Lo que determina, en cada especie que se reproduce sexualmente, quien escoge a quien, tiene una relación con aquel que invierte más tiempo en el cuidado de los recién nacidos o crías, mientras que el otro sexo, el que tiene una participación más reducida con las crianza de los hijos, es quien será más competitivo para poder tener acceso a mayor número de seres del sexo opuesto. Pongamos una situación hipotética: Una mujer trata de decidir a quien escogerá como pareja entres dos hombres. Uno de ellos es muy generoso hacia ella, mientras que el otro es tacaño. El hombre generoso comparte, por ejemplo su alimento y bienes con la mujer, lo cual lleva a que ella tenga una mayor sobrevivencia, lo mismo que sus crías. El hombre generoso va a dar a su pareja hijos más satisfactorios, puede sacrificar energía y bienes a favor de sus crías, con lo cual optimiza la viabilidad de estas y las labores de crianza de los hijos, este tipo de hombre tendrá mas posibilidades de ser seleccionado por la mujer, que el que es tacaño. Si se considera un escenario más real, los hombres difieren en algo más que su generosidad.

Otros factores que las mujeres prefieren son: aspecto atlético, habilidades manuales, ambición, laboriosidad, amabilidad, empatía, estabilidad emocional, inteligencia, habilidades sociales, sentido del humor, posición y estatus jerárquico elevados. A lo largo de miles de años de evolución, son las hembras o mujeres, quienes han seleccionado estos rasgos en el hombre o macho, porque son adecuados para que el apareamiento sea óptimo, pero sobre todo, para que las apoyen en el proceso de embarazo y crianza de los niños, productos de su unión.

La duración de nueve meses de embarazo, y el que los niños al nacer tengan un pobre desarrollo del sistema nervioso, hace que la permanencia del hombre con ellas sea una necesidad, más que un privilegió, por lo tanto la mujeres han desarrollado lo que se ha llamado "Estrategias de apareamiento de larga duración", por ejemplo el matrimonio.

Las mujeres, al seleccionar a sus parejas, han creado un perfil del hombre ideal. La "Estrategia de apareamiento de larga duración en el hombre", está de hecho condicionada a la mujer, solo que el hombre tiene además "Estrategias de apareamiento de corta duración", que no son el resultado de las necesidades de las mujeres, sino más bien, de la biología de los hombres. Sin embargo, recientemente, también se han descubierto las estrategias de la mujer de corta duración. Las primeras, las de larga duración, tienen que ver con el acceso sexual que la mujer permite al hombre y que es limitado, debido a las repercusiones que conlleva esto. El coito en la mujer, hasta antes de la píldora anticonceptiva, llevaba un alto riesgo de embarazo. Para el caso del hombre, si están presentes algunos de los atributos que busca la mujer, también significa el compromiso con esa mujer que lleva a una relación de pareja con todas sus variedades (matrimonio, unión libre, concubinato, etcétera). Los beneficios que tiene el hombre con las "Estrategias de apareamiento de larga duración", son: tener acceso a una mujer sexualmente, si es que ella detecta que las intenciones del hombre son adecuadas y congruentes;

la siguiente ventaja para el hombre es la de la compañía, ayuda y cuidados que la mujer brinda al hombre, que muestra los rasgos ideales para la relación duradera, en este sentido la fidelidad, es en muchas sociedades un carácter primordial, esto podría explicar, en parte la aparición de los celos. La tercera ganancia para el hombre, de tener una relación estable con una mujer, es que aumentan las posibilidades de que los hijos de ella, sean también de él. En este punto se establece una paradoja, que explica la infidelidad más frecuente en el hombre que en la mujer. Si el hombre establece una relación de larga duración, podrá tener la seguridad de su paternidad, pero no podrá tener otras mujeres con otros hijos, - como lo demanda la presión biológica -, sin embargo esto no implica que no lo pueda hacer a escondidas, es decir que sea infiel. La cuarta ventaja de la relación duradera con su pareja, para el hombre, es la de promover y ver crecer a sus hijos. El hombre, al igual que lo que mencionamos previamente en el caso de la mujer, ha desarrollado a lo largo de la evolución, la capacidad de detectar en una mujer la fertilidad, la capacidad reproductiva y la crianza de los hijos. La meta final de la elección en el hombre, es la de estar seguro de que la mujer esta en condiciones óptimas para ser fértil. Estos rasgos observados son: características de la piel y pelo, la primera suave y el segundo maleable, y dócil. La juventud de la mujer, las caderas anchas, las cuales permitirán el descenso y salida del bebé, la salud física, belleza, ausencia de manchas en la piel y dientes saludables, son más de los atributos que se buscan en una mujer para con esto inferior su fertilidad. Para el hombre la belleza física y juventud son sinónimo de fertilidad. Para probar lo anterior, en el hombre contemporáneo, se han realizado estudios de preferencias para responder a los anuncios de tipo citas a parejas en revistas, periódicos e Internet. Los hombres responden con más frecuencia a los anuncios de mujeres, en donde estas resaltan sus características de belleza y juventud; los hombres se casan con mujeres más jóvenes que ellos y este es un patrón universal, para un primer matrimonio, las diferencias de edad son de 3 a 5 años, para un segundo matrimonio en promedio de 8 años y para un tercer matrimonio de 10 años. Las mujeres invierten mucho de su tiempo en promover su apariencia física, lo cual dará como resultado el atraer a hombres, de los cuales ellas puedan escoger uno Finalmente, las mujeres también compiten por el hombre que ellas suponen será la pareja ideal. Las mujeres se atacan entre si como rivales, con adjetivos que descalifican entre otras cosas: la belleza y edad de su adversaria o que resaltan la promiscuidad de su competidora.

Lo que buscan los hombres es sexo y nada más.

En el hombre se ha desarrollado un poderoso deseo para el sexo casual. Un hombre que tenga relaciones sexuales con una docena de mujeres en un año, podrá tener varios hijos, mientras que, si lo miso ocurre con una mujer, solo podrá tener un hijo, esto en relación con la duración del tiempo de embarazo. Esta diferencia de capacidad de reproducción, y transmisión de los genes, tiene ventajas y desventajas. Las ventajas de tener la "Estrategia sexual de corta duración" en el caso del hombre, llevan al aumento del número de hijos, con diferentes mujeres. Los hombres han logrado un éxito relativo al tener más hijos, con la estrategia de tener varias mujeres, no por el hecho de tener muchos hijos, lo cual como es obvio, conlleva un aumento en la dificultades para la crianza de los mismos, sino por la razón de tener muchas mujeres. Esta estrategia de sexo casual, sin embargo no ha resultado ser muy adecuada a la larga, por una serie de factores: (1) Mayor posibilidad para contraer enfermedades de transmisión sexual; (2) el impacto negativo en su reputación social, como el ser un "mujeriego", lo cual le impedirá desarrollar una estrategia de larga duración en el futuro con alguna otra mujer; (3) Disminución en el número de hijos que sobreviven, debido a problemas con la alimentación y otro tipo de apoyo; (4) Es común que la persona con este patrón promiscuo, sufran de violencia física por parte de padres, hermanos, y el esposo o familiares hombres de la mujer seducida y abandonada; (5) Estar expuesto a problemas legales o aún de violencia física, por parte de las mujeres que se sienten abandonadas o desplazadas.

Y las mujeres también.

La revisión cuidadosa de las costumbres sexuales en algunas culturas, ha dado como resultado, datos que apoyan que las mujeres también han empleado "Estrategias de apareamiento sexual de corta duración". Por supuesto que esto va en contra del papel que se suponía tendrían las mujeres para asegurarse el apoyo económico y de protección de los hombres, sin embargo, cuales serían las ventajas de que las mujeres presenten también este patrón de relaciones sexuales de corta duración. Cuando se propuso que los hombres tienen mayor número de parejas sexuales que las mujeres, se hizo a un lado lo evidente, esto es, que debe de haber también mujeres que están participando en la actividad sexual promiscua de los hombres. Si las mujeres prehistóricas no hubieran tenido un patrón de relaciones sexuales de corta duración, el hombre no hubiera podido desarrollar el poderoso deseo sexual que manifiesta por la variedad de parejas. El orgasmo en la mujer, se pensó hace algún tiempo, que tenía el propósito de inducir sueño, de esta manera el depósito de semen, tendría menos posibilidades de salirse de los fondos de saco vaginales. Esta suposición, ha sido superada por la constatación de que el orgasmo, crea una serie de movimientos de la musculatura vaginal, para que el semen sea aproximado al cuello uterino y con esto se logre la fecundación.

En la inseminación, sin orgasmo se descarga el 35 % del semen en treinta minutos, mientras que si el orgasmo ocurre, se retiene mayor cantidad de semen, que tendrá como consecuencia una mayor posibilidad de fecundación. ¿Qué tiene esto que ver con la posibilidad de que el sexo casual eleve la frecuencia de embarazos?

En un estudio realizado en Inglaterra, se pidió que mujeres de edad reproductiva, llevaran el registro de sus ciclos menstruales, y de sus relaciones sexuales con sus esposos y amantes, si es que los tenían. Se encontró que las mujeres tenían relaciones sexuales con los amantes en épocas cercanas a la ovulación, más que con los esposos, esto al parecer de manera inconsciente, o por lo menos no de manera deliberada. Las mujeres presentaban mayor número de orgasmos con sus amantes que con sus esposos. El resultado demostró que las mujeres del estudio, resultaron con más frecuencia embarazadas por sus amantes que de sus esposos. Es posible entonces que la estrategia de apareamiento de corta duración lleve a la fecundación de mujeres con menos posibilidades de embarazo. Las hembras de los homínidos, tenían estrategias menos complicadas para las competencias relacionadas al apareamiento y lo que resultaba de este. Lo que se piensa que ocurría era que ponían a competir a los espermatozoides de varios machos entre si. Ellas sostenían relaciones sexuales con varios machos, y dentro del canal vaginal y el útero, eran los espermatozoides de diferentes parejas, los que competían entre si, y sólo el más fuerte, ágil y genéticamente más adecuado, el que llegaba hasta el fondo del cuerpo uterino.

¿Cuáles son los beneficios que la mujer tendría, desde el punto de vista evolutivo, para el sexo casual? Las respuestas son variadas: (1) Hipótesis de los recursos. Un aumento en el número de pretendientes, de los que recibe bienes materiales y de otro tipo de servicios, es una posibilidad viable. La paternidad de los hijos de esa mujer, podría estar oscurecida también, mediante la estrategia de múltiples parejas sexuales, obteniendo recursos de dos o más hombres. Esta posibilidad es conocida también como: "Hipótesis de la paternidad confusa".

Las tareas de cazar, encomendadas al hombre en las culturas primitivas, llevaban implícitas la posibilidad de muertes o ausencias prolongadas de los esposos. La necesidad de protección de la mujer y sus crías, pudo se la causa de que se tuvieran parejas cercanas alternativas, que tuvieran la función de ser parejas sustitutas. Finalmente es esta serie de propuestas para apoyar la hipótesis de acopio de los recursos, está el hecho del ascenso social, que logran las mujeres a través de tener relaciones de corta duración, con hombres de estatus social y económico cada vez más importante. Este fenómeno se ve hoy en día en cierto medios de gran competitividad entre mujeres bellas, como es el de las artistas, modas, medios de comunicación, y política.

La hipótesis del beneficio genético, sostiene que si la pareja habitual de una mujer, amante o esposo, es estéril, el beneficio de un coito extramarital, puede llevar al embarazo a esa mujer. Otra propuesta en este mismo contexto, es aquella que propone el concepto de "genes superiores", relaciones de corta duración con hombres poderosos o guapos, podrán dar como resultado hijos e hijas bellos, que tendrán más pasibilidades de un mejor nicho reproductivo, y el producto final, los nietos, consolidaran la estirpe genética de esa abuela.

La hipótesis del cambio de pareja, propone que en el caso de que el esposo resulte un abusador, que maltrate y golpee a la mujer, que le genere más problemas que satisfacciones, siempre habrá la posibilidad de que una infidelidad llevará a un divorcio y esto constituye una vía legal para salir del problema matrimonial inicial. Está hipótesis también contempla la posibilidad de conocer hombres con rasgos de personalidad y de educación mejores a los de su actual pareja.

Finalmente esta la hipótesis de la manipulación de los hombres. Las mujeres pueden tener una relación de corta duración, con la finalidad de poner a competir a su esposo con otra pareja, o de que el esposo aumente su compromiso y fidelidad hacia ella, lo cual se puede lograr, cuando el esposo ve que su mujer esta bien cotizada entre los varones.

Las consecuencias que una mujer adquiere por las relaciones sexuales transitorias, son más elevados que los que adquiere el hombre en iguales condiciones. La mujer tiene la posibilidad de desarrollar una fama de promiscua, que entorpecerá futuras relaciones de larga duración, porque el hombre exige fidelidad e inclusive virginidad en sus futuras esposas, aunque no ofrecen lo mismo.

Las mujeres que únicamente adoptan un patrón de relaciones de pareja transitorias, están en un alto riesgo de sufrir violencia física y sexual. En nuestra sociedad occidental, las mujeres casada no están inmunes a la violencia e inclusive a ser violadas por sus esposos, sin embargo, las estadísticas sobre abuso y violación sexual, nos indican que las mujeres solas, o con patrones de relaciones sexuales transitorias, son victimas de este tipo de crímenes 15 % más veces que las mujeres en relaciones estables. Para las mujeres solteras, el riesgo de embarazo, como resultado de una relación sexual transitoria y sin compromiso por parte del hombre, lleva al problema de las madres solteras, estos niños al nacer están expuestos a enfermedades, desnutrición y problemas de crianza en general, por arriba de lo que se observa en la población en general. El número de madres solteras responsables de infanticidio es elevado y ocurre en diferentes culturas, sin embargo aún el infanticidio no cancela el costo de los nueve meses de gestación, daños a la reputación de esa mujer, y las oportunidades de nuevos hijos en el futuro.

Una mujer casada que se arriesga a una relación extramarital, tiene la posibilidad de perder el apoyo económico del esposo; hay una inversión de tiempo y esfuerzo en la nueva relación, que desde el punto de vista reproductivo únicamente, desperdicia parte del tiempo que se pudo invertir en preparar y educar a sus hijos. Los hijos de esa madre, en caso de que ella se separe del padre, pueden tener dificultades de interacción social y tener desventajas adaptativas. Finalmente, al igual que en el caso del hombre, las relaciones sexuales transitorias elevan las posibilidades para contraer enfermedades de transmisión sexual, que para el caso de la mujer, las posibilidades son más elevadas para adquirirlas, en relación con la frecuencia de contacto sexuales.

Otros factores que afectan o modifican la posibilidad de tener relaciones transitorias, tanto en hombres como en mujeres son los vinculados a las diferentes etapas de la vida, el índice o relación entre el número de mujeres y hombres y la auto estima de las personas.

En el caso de la edad, en la adolescencia hay una gran actividad sexual transitoria, que tiene diferentes metas, por ejemplo experimentar con diferentes grados de estrategias, el conocer el nivel de demanda que son capaces de generar, entre las personas del sexo opuesto, identificar las preferencias sexuales, desarrollar habilidades de tipo sexual. Diferentes culturas a lo largo del mundo, promueven este tipo de experiencias pre-matrimoniales. Situaciones especiales como divorcio o separación, aumentan nuevamente la demanda de este tipo de actividades sexuales de corta duración, se ha propuesto que esto se debe a una necesidad de mejorar su imagen, de búsqueda de nuevas parejas, y de mantenerse sin compromisos matrimoniales que llevan a situaciones traumáticas del tipo del divorcio o separación.

En cuanto a la relación entre número de hombres y mujeres, esta se inclina con mucha frecuencia a favor de más mujeres que hombres. Actividades humanas como guerras, homicidios, y tazas de nacimiento, explican esa diferencia entres número de miembros de cada género. A esto hay que agregar que se tienen más homosexuales masculinos que lesbianas, situación para la cual no hay número absolutos que lo prueben, por la misma naturaleza oculta y de negación del fenómeno.

La autoestima, sobre todo en lo relacionado a la capacidad que perciben los individuos para considerarse buenas parejas es muy importante. En una serie de estudios, se ha comprobado, por ejemplo, que las mujeres que califican alto en las escalas de evaluación de autoestima como parejas sexuales, tienen una mayor número de parejas sexuales desde etapas tempranas, y un número abundante de parejas a lo largo de sus vidas, con las cuales desarrollan todas las estrategias de apareamiento de larga y corta duración.

El amor y occidente

Denis de Rogemont, escribió el libro "El amor y occidente" cuando tenía 32 años de edad. Rougemont nació en Suiza, y estudió letras y filosofía, posteriormente se marcha a París en donde se dedicó a trabajar en compañías editoriales, en ese tiempo se interesó por la filosofía alemana, en especial Heidegger y Kierkegaard, en lo que sería un preludio del pensamiento existencialista.

El libro de Rougemont sobre el amor cortés, nos proporciona la crónica del nacimiento de la pasión de amor. El amor intenso por el que se sufre, por la imposibilidad o dificultad para que sea completo. El obstáculo y el secreto, son dos de los elementos claves de este tipo de narraciones. El mito de "Tristán e Isolda" que se analiza a partir de la versión de Béroul, sirve de estructura central a la tesis del libro de Rougemont. Tristán es el sobrino del rey Marcos de Cornualles, quien a su vez es hermano de Blancaflor, la madre del joven. Tristán desarrolla una serie de proezas antes de ser enviado por su tío a buscar a una doncella con la que se va a casar. Isolda, la hija de la reina de Irlanda es la futura novia. Tristán es herido en una batalla contra un dragón y por este motivo recibe los cuidados de la princesa. Ella descubre que el joven fue el verdugo de su tío el gigante Morholt, y por tal motivo intenta matarlo con la propia espada del héroe, sin embargo él comunica sus intenciones y la misión que se le ha encomendado, ella que quiere ser reina, lo perdona.

Mientras navegan de regreso a Cornualles, el viento cesa, aumenta la temperatura y la sirviente Brangania prepara un elixir, al que por equivocación, le agrega una sustancia que produce un enamoramiento intenso y pasional, el cual durará tres años.

Tristán esté locamente enamorado de Isolda, sin embargo, sabe que su deber de caballero y sobrino del rey Marcos es llevar y entregar su amada Isolda a su tío, y así lo hace. La historia prosigue con una serie de episodios de adulterio y el intento de caballeros leales al rey, llamados "felones" por los narradores, quienes tratan de desenmascarar la traición de los amantes, son lograrlo. Los tres años han pasado y el poder del elixir mágico se desvanece. Marcos perdona a Tristán, quien continua por la vida luchando y en más aventuras, cuando piensa que su amada lo ha olvidado para siempre, decide casarse con otra Isolda, esta apodada "la de las manos blancas", mientras que la reina es Isolda "La Rubia". Herido de muerte Tristán pide antes de morir ver a Isolda "La Rubia", pero la rival, lo engaña diciendo que su amada no viene en el barco, que despliega la señal acordada en caso de que ella si navegara hacia el encuentro con Tristán, él muere y cuando llega Isolda "La Rubia", también muere abrazando a su amante. Para Rougemont, esta y otras leyendas de la baja Edad Media, en las regiones de Champagne y Provenza, fueron los motivos para que cancioneros y trovadores hicieran una apología de este amor-pasión. La monotonía de las relaciones convencionales, la imposición de matrimonios con fines de tierra y poder, así como de alianzas políticas, hicieron que más veces las mujeres tuvieran que soportar, la carga de sus relaciones matrimoniales estoicamente. Fue pues este, el "caldo de cultivo", en donde se genera el amor romántico, o amor novelado. En estas historias, leyendas y posteriormente novelas y canciones, se celebra al amor, como una deidad, y se modifica la relación que hay entre el señor feudal, el caballero y la amada, siendo esta última el objeto de una adoración, en donde toma el lugar del señor feudal. "Las cortes de amor", fueron eso, la idealización del amor cortés, que es sólo transitorio y doloroso. Chrétien des Troyes , escritor del siglo XII, proporciona la versión arturiana de la leyenda de "Tristan e Isolda" en "Lancelot, el caballero de la carreta". Chrétian escribe para la condesa María de Champagne, hija de Leonor de Aquitania y Luis VII.

Este tipo de fenómeno cultural de la baja Edad Media, puede ser interpretado bajo el conocimiento que se tiene en la actualidad de la psicología evolutiva. Las estrategias sexuales transitorias de la mujer y hombre, se ven enaltecidas, y adornadas por la idealización excesiva de un sentimiento amoroso, que se ve como la razón de ser y culminación de la vida de las mujeres. Aunque el amor cortés desapareció y fue ridiculizado por La Novela "Don Quijote de la Mancha", de Don Miguel de Cervantes Saavedra, quedo en los instrumentos de memoria extendida, que llamamos libros, discos y ahora discos duros, la información necesaria para seguir encumbrando un sentimiento culturalmente construido y por lo tanto artificial como es el amor romántico. No hay en eso nada de malo, si se entiende así, como algo transitorio, que es fomentado y cultivado con diferentes intenciones, sobre todo ahora, por los mercaderes, quienes han incluso creado el "Día del Amor y la amistad".

 El resultado tangible es que al terminarse la pasión, se da la guerra, se termina el efecto del elíxir, y de pronto descubrimos que ella ronca como ferrocarril y que a él le apestan los pies. La fase de enamoramiento, de amor pasional, del romance, es el equivalente al despliegue que hace el pavo real, cuando abre su plumaje y gorgoja, algo como un canto. El joven llega por la chica con un automóvil deportivo, el pantalón de mezclilla y saco de marcas de moda, el autoestéreo a todo volumen, que no suena como el canto del guajolote, pero cumple las mismas funciones. Al igual que la "Macaca Mulata", que presenta al macho su región glútea para que este examine en ella su fertilidad, las jovencitas, se entallan los pantalones, usan tangas, se ajustan la cintura, muestran el ombligo y se pronuncian con esto las caderas, los labios rojos y prominentes, senos turgentes. Ellos cantan serenatas, van al gimnasio, y estudian lo mínimo para heredar el negocio de papá, o para entender que es eso de la "Bolsa de Valores", o como hacer billetes lo más rápido posible, sin videocámaras de por medio. Por fin se casan como Dios manda - ¡No faltaba más! – y en un lapso de 3 a 7 años, tiempo que nos dice la leyenda se acaba el efecto de elixir, ¡Se acaba el amor!. Ella pasa ahora el tiempo entre la escuela de los niños y tomando café con las amigas. Él, en el trabajo, con los amigos y una que otra aventurilla. Un buen día se cansan y descubren: ¡Que ya no se conocen!

Se ha cuestionado entonces, la valides de matrimonio, se han intentado formas alternas, pero que a fin de cuentas recuerdan un poco a la unión sagrada. El matrimonio que se basa en una utopía de corta duración, como es el amor romántico, no funciona porque su base desaparece, y entonces se convierte en un verdadero Gulag, en donde el deber ante la sociedad, los hijos, la religión, la familia y el banco en donde está hipotecada la casa, es lo que los sostiene.

Algunos investigadores en el campo de pareja y matrimonios, han encontrado que los matrimonios duraban antes, porque la relación hombre – mujer era totalmente desigual, de tal manera que ella era una especie de secretaria o ama de llaves de su marido, aunque también se daban los casos opuestos. El caso es que era una asociación rígida y autoritaria. La presión de las mujeres por su igualdad, ha cambiado las reglas del juego matrimonial. Ahora, los matrimonios que perduran, con más o menos un nivel adecuado de armonía, son aquellos en donde hay una serie de factores básicos: amor, fidelidad, confianza, comunicación y proyectos en común. En donde el hombre entiende, conoce y acepta las necesidades y aspiraciones de su esposa y ella hace lo mismo con su esposo. El papel de la mujer en el matrimonio es relevante, si se conceptualiza a la pareja y aún más a la familia, como una empresa, la visión femenina de las relaciones interpersonales, de los sentimientos, de lo que es mejor para sus hijos, es en la mayoría de los casos superior al que tenemos los hombres. Si el cerebro masculino está diseñado para el combate, las abstracciones filosóficas, y el sexo compulsivo ¿porque nos hemos puesto como jefes de familia, si nuestra función evolutiva ha sido la de proveedores y guerreros? La explicación radica en que el poder de la fuerza nubla la razón. "King nothing", la rola de "Metallica", me parece en ese sentido que describe el sentido de mi propuesta, de que si la experta en sentimientos y relaciones duerme a nuestro lado, se le podría escuchar y dejar que decidiera sobra más asuntos, que lo que se permite. Los reyes de modernidad, que aún existen, dejan el gobierno en sus primeros ministros, sin dejar de ser reyes. ¿No podría ocurrir lo mismo con las mujeres? ¿Que opina Mr. King Nothing?.

Woody Allen, dijo en una entrevista para la televisión, que las pareja se llevan bien, solo cuando hay sicopatología compartida. Esto es una mujer obsesiva, es excelente pareja de un hombre poco ordenado, una mujer moderadamente tímida, podría llevarse bien con un hombre que fuera ligeramente extrovertido. Sin embargo, habría que agregar a lo que dice Allen, que el límite de esas relaciones en donde se comparte la psicopatología, es donde no se toleren los defectos. Una persona honesta, si descubre que su novio en un pillo, quizás le cueste mucho trabajo aceptarlo al principio, pero al final, si de verdad es honesta, sobre todo consigo misma, lo deberá de alejar. Pero aquí es donde el dicho popular sale triunfante: "Hormona mata neurona" y a lo mejor no lo deja y se casa con él ¡Qué le vamos a hacer!

Cuando el sexo de mi cerebro no corresponde al de mi cuerpo

Samuel era un hombre atractivo, musculoso, que había ganado algunas competencias atléticas. La primera vez que asistió a mi consulta me dijo que había tomado la decisión de venirme a ver porque ya no podía estar más tiempo en la incertidumbre. Desde niño se había dado cuenta que le fascinaba vestirse con las ropas de sus hermanas. Lo habían reprendido muchas veces hasta que decidió hacerlo a escondidas. Ya en la adolescencia se vestía con las ropas de su madre. Pronto se dio cuenta que esa conducta era una urgencia, no sólo por vestirse con prendas femeninas, sino por ser una mujer. Ese pensamiento lo alteró mucho y se dedicó entonces a realizar actividades consideradas masculinas: futbol, atletismo, box, etc. Lo mismo hizo con las chicas. Sin embargo, al estar con ellas sexualmente no lo disfrutaba y era consciente de que muchas veces se imaginó que estaba con un hombre en vez de con una mujer. Después de los 18 años, si se quedaba solo en casa se vestía con ropa de mujer que él mismo se había comprado en un almacén. Con el pretexto de salir en tal o cual obra teatral fue llenando una maleta, la cual vaciaba periódicamente por sentimientos de culpa y enojo. Mucho tiempo pensó que lo que pasaba es que era homosexual, pero cuando un amigo decidió salir del clóset con él, se percató que los homosexuales no se vestían de mujeres ni querían ser mujeres: simplemente les gustaban las personas de su propio sexo. A Samuel le gustaban los hombres pero como parte del proceso de sentirse mujer. Si estaba vestido de acuerda con su sexo de nacimiento no los volteaba a mirar, pero cuando salía como niña le gustaba que los hombres la vieran. Imagínese que de buenas a primeras su hijo le soltara que está planeando una cirugía para cambiar de sexo o que su hija le escribiera una carta en donde le dice que toda su vida ha sentido que ella es un hombre. Además de sentirse asombrado estaría muy enojado. Esta es la razón por la cual muchos jóvenes deciden guardar "su pequeño secreto con ellos", y continuar con el estilo de vida asignado por su sexo de nacimiento, por el aspecto de sus genitales, por las expectativas de los padres de llevar una vida "normal". Al poco tiempo, sin embargo, se dan cuenta que es muy difícil no hacerle caso al cerebro de uno mismo. Esta presión interna está todo el tiempo, aun en sueños. Esta es la razón por la cual los transexuales se sienten atrapados o encerrados en un cuerpo que no les corresponde. Para los familiares y amigos pareciera que el cambio fue de un día para el otro. "¡Apenas hace unos meses eras una niña preciosa y hoy quieres que te llamemos Roberto!". Lo que esos padres y amigos no saben es que Roberta estuvo ocultando su modo de pensar y de sentir hasta que tuvo que tomar la decisión de vivir como su cerebro está diseñado, aun a costa de enfrentar al resto del mundo. Y es que cambiar de sexo no es como cambiarse de ropa, tampoco como mudarse de casa o elegir un nuevo auto. Se trata de ir hasta las raíces mismas de cómo nos sentimos y cómo nos tienen conceptualizados los demás. No es fácil para los padres y hermanos. Hay la culpa, la falta de información y el prejuicio respecto a qué dirán los demás. Junto con lo anterior, está la confusión de términos. La mayoría de las personas (y en esto incluyo a algunos profesionales médicos) no tiene muy claro las diferencias que hay entre los términos transexual, homosexual, Cuina (Queen), transvestí, lesbiana, etc. La confusión crea ansiedad, miedo y enojo, porque todas esas preferencias o actitudes sexuales son consideradas como perversiones o con calificativos más severos que denotan en todos los casos una actitud de rechazo. ¿Qué es ser un transexual? Un transexual, también conocidos por ellos como TS, son personas que se perciben mentalmente como que pertenecen al sexo opuesto al de su apariencia corporal externa, o de sus caracteres sexuales primarios y secundarios. Puede ser un hombre que se perciba como mujer (MTF = masculino a femenino) o una mujer que se percibe como hombre (FTM = femenino a masculino). Las personas con esta condición tienen una percepción dolorosa de su situación desde que son niños, tan temprano como los 3 a 5 años. Aprenden, casi de manera simultánea a como se dan cuenta de su condición transexual, que eso debe de esconderse porque la familia presenta un estado de caos cada que el tema aparece. En algunas clasificaciones psiquiátricas se habla de disforia de identidad de género, con lo cual se hace énfasis a que la persona tiene una afectación en el área del estado de ánimo, como resultado de la incongruencia entre lo que su mente le dice que es y lo que su cuerpo le informa. El transexualismo es un fenómeno universal, está presente en todas las culturas, en los diferentes niveles socio económicos, en todas las razas y sin diferencias de religión. Es difícil saber qué tan extendido es el fenómeno transexual, pero se tiene un estimado en países como Dinamarca y Suecia, donde se lleva un registro médico desde el nacimiento de las personas hasta su muerte. Ahí las cifras de reasignación de sexo son de 1 por cada 30 000 adultos de hombre a mujer y 1 por cada 100 000 adultos de mujer a hombre. Este es el único dato confiable ya que dada la naturaleza del fenómeno transexual, muchas personas deciden mantenerlo oculto a lo largo de sus vidas, inclusive a sus médicos. Sin embargo, existen datos de que pudiera ser más frecuente que las cifras que sólo muestran a los operados. Por otro lado, como puede observarse de los números mencionados, es más frecuente encontrar transexuales MTF que FTM, por lo menos en cuanto a los que se someten a cirugía de reasignación de sexo. Lo anterior se ha explicado en función de los siguientes factores: 1. La cirugía de MTF es menos cara que de FTM 2. La reasignación FTM consta de por lo menos tres cirugías, mientras que MTF es sólo una. 3. Los resultados estéticos y funcionales son mejores en el caso de MTF que de FTM. Una de las dificultades que se tiene para saber la magnitud del fenómeno transexual, es que ellos difícilmente hablan de su condición. Tienen miedo de hacerlo porque han tenido represión y burlas, pero sobre todo porque significa una especie de "locura", Al estar todo ubicado en sus mentes, el problema resulta fácil de descalificar y aun de atacar como locura. Sin embargo, como comentaré más adelante, hay evidencias claras que apoyan diferencias en la constitución del cerebro de los transexuales, en cuanto a zonas y núcleos que son diferentes al de su sexo cromosómico (XX para la mujer y XY para el hombre). Las personas transexuales sienten una aversión por como lucen externamente. La mayoría de mis pacientes me comunican que les molesta verse al espejo, los MTF no gustan de su aspecto del cuello hacia abajo, y a las FTM les molesta tener senos. Su cuerpo les contradice constantemente lo que ellos sienten dentro de sí mismos. En casos extremos se han dado sucesos como la mutilación por propia mano de genitales (MTF), o el aplicarse vendas en los senos, el suicidio y el uso de drogas con objeto de bloquear lo que sucede en su interior. El patrón típico de los TS es el de vivir una vida doble. Se visten a escondidas con las ropas del sexo opuesto, evitan que los demás se enteren, viven en la marginalidad y con culpa extrema, lo cual les lleva a comprarse prendas muy vistosas para luego deshacerse de ellas o regalarlas. Esto último es explotado por algunas personas que rentan ropa y espacios para vestirse donde las transexuales pueden encontrar comodidad en un ambiente privado y secreto. Algunos transexuales y sus familiares tratan desesperadamente de buscar ayuda médica, sólo para encontrarse que la mayoría de estos profesionales carecen de toda información al respecto o tienen prejuicios y homofobia. Por otra parte, si se llega acudir al psicoanálisis, hipnosis o terapias aversivas se encuentra poca ayuda, ya que todas ellas parten de la premisa de que el transexual es una enfermedad que hay que "curar". Los terapeutas de reasignación de género son los médicos indicados que junto con el transexual deciden de qué manera se le puede ayudar, cuáles son las opciones reales, y cómo lo pueden apoyar. El problema de la terminología. Una de las primeras cosas que tiene que ser aclarada es a qué nos referimos cuando llamamos a una persona transexual, travesti, homosexual, intersexual, etc. Lo que sigue son conceptos generales, y no tratan de ser definiciones estrictas, la variabilidad y matices parece ser la norma en este tipo de facetas del ser humano. Intersexo. Se les conocía como hermafroditas, es decir, seres humanos que nacen con ovarios y testículos (con desarrollos parciales o totales). En ocasiones, al momento del nacimiento cuesta trabajo hacer una correcta asignación de su sexo y se opta por la ambigüedad. Otras, puede ser el sexo deseado por los padres el que predomina en la "decisión" de qué tipo de cirugía se efectuará para obtener un niño o una niña. La determinación genética de los llamados cariotipos ayuda a veces a saber el sexo cromosómico, pero en otras ocasiones la anormalidad que origina el intersexo se encuentra precisamente en los cromosomas. Transvestis. Estas personas también son llamadas en inglés cross-dresser, que literalmente quiere decir "vestidos con lo opuesto". Se visten con ropas del sexo opuesto con fines de excitación sexual, lo que constituiría un tipo de fetichismo. Algunos transvestis pueden tener este tipo de conducta por motivos psicológicos o de gratificación diferente a la sexual. La mayoría de los transvestis son hombres, lo cual, además de ser un dato interesante, puede estar ligeramente inflado, ya que las mujeres transvestis son menos notorias debido a que es aceptado que las mujeres utilicen ropa más o menos masculina sin mucha notoriedad, pero no ocurre lo mismo con los hombres que se visten con prendas femeninas, quienes de inmediato son detectados y ridiculizados. El transvesti es con frecuencia heterosexual, casado, con un nivel de educación intermedio o elevado. Algunos de ellos pueden tener fantasías respecto a ser mujeres, lo cual les lleva a tomar estrógenos para tener una feminización moderada. Los transvestis de este tipo están satisfechos con su cuerpo, su género, tienen satisfacción sexual con sus genitales y no piensan en lo absoluto en cambiar de sexo. Este tipo de conducta se inicia en la pubertad y puede continuar incluso hasta la vejez. En la pubertad el usar ropa de mujer produce un estímulo sexual intenso, y generalmente se hace con fines masturbatorios. Para algunos esta conducta permanece firmemente arraigada a lo largo de la vida, para otros sólo se presenta esporádicamente o como una forma de relajarse. Existen transvestis que pueden tener una "doble personalidad" sin que se trate de un trastorno de personalidad en el sentido psiquiátrico, que los lleva incluso a estar por temporadas largas vestidos de mujer de pies a cabeza. Sus características narcisistas hacen que con frecuencia sean exhibicionistas y que busquen que se les fotografíe, verse en espejos y hasta estar en revistas. En los casos reportados de mujeres transvestis, la principal diferencia con respecto a los hombres es que su motivación para vestirse con las ropas del sexo opuesto no es sexual, sino para emular el poder y la fuerza de los hombres. Homosexuales y lesbianas. Personas con orientación sexual hacia individuos de su mismo sexo. Los hombres son conocidos por la palabra gay, que en inglés denota felicidad. La homosexualidad, al igual que la heterosexualidad, es una orientación sexual y no una enfermedad. Existen bases genéticas y biológicas de la homosexualidad, es decir, se nace homosexual; los heterosexuales tampoco decidimos deliberadamente pertenecer a nuestro grupo. Ni los gays ni las lesbianas desean una reasignación sexual, por más que sus apariencias denoten lo contrario. Drag Queen. Estas personas son homosexuales que se visten con ropa femenina, es decir se trata de transvestis homosexuales. Ya sea que se vistan así para sus parejas sexuales o para presentaciones con otras drags. Consideran su cuerpo apropiado, están de acuerdo con él y no quieren cambiar de sexo. Pueden utilizar hormonoterapia, pero esto es sólo para aumentar su feminidad. Los motivos del transexual. Se puede deducir de lo anterior que las motivaciones de las personas TS para utilizar ropas femeninas son distintas a las de las otras orientaciones sexuales. Aun cuando los MTF y FTM vistan ropas del sexo de su cerebro, no lo hacen por erotismo, fetichismo, exhibicionismo, o por ser parte del mundo del espectáculo, es decir, no lo hacen como motivación principal, simplemente desean ponerse de acuerdo con la visualización de su cerebro: el TS se está vistiendo de acuerdo a su identidad Sexual Nuclear, es decir, la de su cerebro, órgano que finalmente decide sobre todos nuestros actos en la vida, no sólo los sexuales. El ser TS no tiene que ver con la orientación sexual. Una de las confusiones más comunes es pensar que ser TS equivale a ser homosexual. Esto se ha generalizado, en parte, porque algunos gay y lesbianas muestran rasgos del sexo biológico opuesto y gustan vestir con sus ropas, pero lo hacen sólo como un tipo de vestuario de identidad y únicamente en el caso de las Drag-Queens (travesti homosexual) esto es llevado a extremos que son muy confusos para los legos. Aun cuando existen muchos problemas similares entre los homosexuales y los TS, la principal diferencia es que los TS padecen un conflicto de identidad entre lo que sienten ser y el exterior, situación que no se observa en los homosexuales. Nuestra orientación sexual se define por el sexo de los individuos a los que estamos erótica y emocionalmente atraídos. Existen sólo tres posibilidades de orientación sexual: heterosexual (nos atraen las personas del sexo opuesto); la homosexual (nos atraen las personas de nuestro propio sexo) y bisexual (atracción por ambos sexos). Una persona transexual pude ser atraída por ambos sexos, también puede sentir una atracción por el sexo opuesto al de su sexo central o cerebral, pero también puede ser atraída por su mismo sexo central; es decir, tenemos transexuales homosexuales ("transexuales lesbianas"); transexuales heterosexuales y transexuales bisexuales. Esto, que puede sonar complicado o enredado, no lo es tanto si partimos del hecho de que el sexo que cuenta en la orientación sexual es el sexo cerebral nuclear. Es muy importante entonces distinguir entre nuestra orientación sexual, la conducta sexual y las fantasías sexuales. Mientras que la orientación sexual se refiere a por qué sexo nos sentimos atraídos, la conducta sexual se refiere al tipo de actividades sexuales que realizamos y con quién las hacemos. Besarse, masturbarse y practicar el sexo oral son tipos de conductas sexuales comunes a todas las orientaciones sexuales. Para hacer las cosas más complicadas, una persona puede escoger a un compañero sexual que no cumpla o satisfaga sus fantasías sexuales. Por ejemplo, un hombre puede estar casado con una mujer, pero tener fantasías sexuales de estar con otro hombre mientras él va vestido de mujer. El término sexo no se refiere únicamente a la acción de tener relaciones sexuales. Se refiere a qué tipo de clasificación biológica tenemos y sólo existen dos posibilidades: hombre o mujer. El género ya se refiere a determinismos culturales, es decir, el tipo de conducta cultural determinada por factores sociales y psicológicos que se adjudican a un hombre o a una mujer. La cultura occidental, hegemónica en el siglo XXI, asume que el sexo y el género son absolutos: hombre o mujer sin ninguna posibilidad de variaciones. Una combinación de factores biológicos, psicológicos y sociales determina la historia sexual de cada nuevo ser. Los factores biológicos son: los cromosomas (XX = mujer / XY = hombre); las gónadas (testículos = hombre; ovarios = mujer), órganos reproductores internos y externos; y el sexo cerebral del hipotálamo (ver más adelante). Los factores psicológicos y sociales tienen que ver con el sexo que se otorga al nacer, el género de crianza y la identidad de género. Para la mayor parte de las personas en el mundo hay una coherencia entre todos estos factores mencionados. Por ejemplo, una persona que nace con pene y testículos, tiene cromosomas XY, produce niveles adecuados de testosterona, su hipotálamo se diferenció adecuadamente en el útero de la madre y tiene una preferencia por las mujeres, por quienes se siente atraído erótica y afectivamente. En cambio, en el caso del TS hay dos factores que son discordantes: el hipotálamo y la identidad de género. La identidad de género. Como indicamos previamente, el género es un constructo social que hace que sea fácil distinguir quién es hombre y quién es mujer, o en otras palabras, lo femenino de lo masculino. Cuando nacemos y tenemos la asignación de nuestro sexo por la apariencia de los genitales, se nos enseña cómo debe de caminar un niño, montar a caballo, correr y jugar futbol. Si el sexo asignado es el de mujer, se nos enseñará a vestir, caminar, a ser femeninas, a jugar con muñecas y enseres de cocina, etc., etc. Al ver a un desconocido, aun cuando se vista sin mucha diferenciación de sexo, podemos inferir quiénes son niños y quiénes niñas. La identidad de género es una auto identificación que no puede ser atribuida a otros, es nuestra convicción más profunda de a que género pertenecemos. ¡¡¡No tiene que ver con cómo nos criaron nuestros padres o abuelitas!!!! La identidad de género es privada e interna, la única manera de saber cuál es la identidad de género de una persona es preguntarle a él o a ella, en caso de que se tenga suficiente confianza, sobre cuál es su preferencia sexual. La identidad de género no puede deducirse en función de cómo lucen las personas, cómo caminan, se visten, actúan ni con quién tienen relaciones sexuales o están casados. ¿Cuáles son las causas del transexual? De entrada diré que no se saben completamente. Sí sabemos que no se trata de una enfermedad en el sentido que produzca síntomas y signos y que lleve a la muerte o a la incapacidad. En el área de los que favorecen las causas biológicas, (yo entre ellos), están los que proponemos que existen factores prenatales en donde las hormonas del bebé no hacen su trabajo en el área del cerebro llamado hipotálamo que tiene que ver con la conducta sexual y reproductiva. El hipotálamo se encuentra en la base del cerebro, de él surge la glándula hipófisis o pituitaria. El hipotálamo controla la producción de hormonas de casi todo el cuerpo, además de tener el control de funciones como la alimentación, la ingesta de agua, la regulación de la temperatura, el ciclo de sueño y vigilia, y toda la serie de aspectos de la función sexual y reproductora. Hasta la edad de 12 semanas todos los bebés tienen cerebros femeninos. Las hormonas femeninas de la madre, en grandes concentraciones durante el embarazo, producen este efecto. En la parte anterior del hipotálamo tenemos lo que se ha denominado "centro de la identidad de género" (Gender identity control center). En la semana 14 debe de ser la gónada cromosómica (testículos u ovarios) del bebé quien tome el control de los niveles de hormonas en su propio cuerpo; si éstas no hacen su función, el resultado es que no habrá diferenciación del centro de la identidad de género, y el resultado es un niño transexual. Si se pudiera detectar desde ese momento que hay una incoherencia entre el género cromosómico y la identidad sexual, se podría ahorrar mucho sufrimiento a los futuros transexuales, criando a esos niños con el sexo nuclear cerebral. Se ha propuesto que algunos de los factores que pueden ser la causa de esta falta de respuesta en el hipotálamo son: stress en la madre, infecciones virales, toma de medicamentos, toma de hormonas por amenazas de abortos, etc. Sin embargo no hay ningún factor que esté comprobado totalmente. Más evidencias en esta dirección son presentadas más adelante. En la actualidad, las hipótesis sociales y psicológicas como parte de la explicación del transexualismo se debilitan, y pasan a ser más bien factores que contribuyen a la consolidación del TS más que factores causales. El cerebro de una mujer "XY". Al momento de la unión entre un espermatozoide y un óvulo se le llama concepción. Las células femeninas son todas portadoras de un solo cromosoma sexual: "X"; pero las masculinas son de dos tipos: "Y" y "X". Dependiendo de cual de los dos tipo penetre al óvulo será el sexo genético del futuro bebé. El sexo genético determina qué tipo de plan de desarrollo tendrán los arquitectos y albañiles del cuerpo. Si es XX se fabricaran ovarios, útero, vagina y una vulva. En los ovarios se producirán estrógenos, las hormonas responsables de la feminización. Pero si el bebé es XY aparecen testículos, pene, y próstata. Cuando el bebé nace sabemos ya qué sexo genético posee debido a los caracteres sexuales primarios: pene-XY, vulva-XX. Pero si pudiéramos ver ciertas zonas del cerebro, ahí también encontraríamos ya al nacer diferencias sexuales. El cerebro es el órgano que dirige al resto de nuestro cuerpo. Un aspecto de esta directriz se llama conducta: lo que hacemos respecto a nuestra vida de relación externa, con nosotros mismos y con los demás. Esto se manifiesta ya desde pequeños, por ejemplo los bebes XX hablan más rápido, están más interesados en los colores y las formas, y son más tiernos. Los bebes XY son más dependientes de mamá, más toscos y propensos a juegos que involucran actividad física. Si a esto le agregamos el que los padres contribuyen a marcar la diferencia de conductas, nos lleva a lo que conocemos como el sexo de asignación o educación. Lo anterior indica que el cerebro del bebé ya tiene diferencias de procesamiento de información y de coordinación sexuales desde etapas tan tempranas como los 2 ó 3 años de edad. Muchos niños transexuales ubican sus primeras diferencias de pensamiento en etapas que van entre los 5 y los 7 años. ¿En qué sitio del cerebro se está gestando la conducta femenina o masculina? Esto ocurre en el hipotálamo. Los cerebros de los niños XX y XY son ya diferentes al nacer. Sin embargo esta historia puede tener otras formas de desarrollo. Si por alguna razón no llega suficiente información a las células del hipotálamo de que ya hay testículos (información que viaja por la sangre del bebé y que es la testosterona), los núcleos de la conducta sexual no cambiarán su desarrollo, seguirán siendo femeninas en un cuerpo que sí recibió la orden de cambio hacia las formas masculinas, y de esta forma nace un bebe transexual: una visión femenina del mundo presente en un cuerpo masculino. La siguiente pregunta es: ¿por qué no se diferenciaron esas células del hipotálamo? ¿Por qué siguieron un camino femenino si los arquitectos y albañiles estaban leyendo unos planos de construcción masculinos? Ante esta pregunta se tienen varias hipótesis, pero todavía no hay una respuesta segura. Lo cierto es que aun cuando no se sepa con certeza que impide la masculinización del hipotálamo, sí hay el conocimiento de que el bebé transexual nace no se hace. Esto último es importante subrayarlo, porque cambia la visión que tenemos del fenómeno transexual. No es culpa de los padres en el sentido de crianza, es decir no se debe a que la madre deseaba una niña, y nació un varón, y entonces como de bebé le ponía vestiditos, ahora es transexual. Tampoco es porque las nanas o sirvientas nos pusieran a ver telenovelas. El bebé transexual no decidió ser transexual, así como un bebé XX o XY no decidió ser varón o hembra. ¿Por qué no les inyectamos a los bebes nacidos XY testosterona, para estar seguros de que serán machos hechos y derechos? ¿Por qué cuando los padres se dan cuenta a los cinco años que al niño le gusta jugar con muñecas, no le dan cargas masivas de testosterona? ¿Sirve eso? No se hace porque se precipitan cambios de pubertad precoz, con desarreglos en otras áreas, pero además cuando se suspende la administración de testosterona, se regresa a la condición previa, es decir, a un nene transexual — tampoco sirve meter al niño a clases de karate, de futbol, amarrarlo, llevarlo desde pre adolescente con las sexo servidoras, etcétera. ¿Por qué? Porque los núcleos de la conducta sexual están ya formados y bien conectados con otras células desde antes de nacer: el cableado del cerebro ya no se cambia de manera total –éste puede tener pequeños cambios, llamados plasticidad cerebral, pero no podemos oír con las células que están especializadas en los procesos de la visión, diseñadas para responder a los colores y a las formas de los objetos, a menos que a nuestro nacimiento o poco después estuviéramos ciegos. Ahí el plan general de organización cerebral se adapta a esta falta de información visual y se desarrolla una amplia sensibilidad al tacto, al oído, etc. Para ahorrarse sufrimientos inútiles, los niños transexuales deberían favorecerse con la administración, antes de la pubertad, de hormonas femeninas y el retiramiento de los testículos, el desarrollo del cuerpo se orientaría hacia una mujer con voz fina, piel suave y delgada, crecimiento de senos, caderas y piernas. La razón de esto es que en la pubertad los varones y las damas tienen una avalancha masiva de hormonas de sus respectivas glándulas sexuales, que hace que el resto del cuerpo se desarrolle en armonía. Es en ese punto donde el niño transexual empieza a ser infeliz o decepcionado con la vida, porque sus ilusiones de transformación a un cuerpo femenino se transforman. Un bello ejemplo de lo anterior quedó plasmado en la película Mi vida en rosa, en donde el niño transexual se ve marginado del resto de la sociedad por su deseo irrefrenable de vestirse como niña, de jugar con niñas y de tener la fantasía de que algún día su cuerpo cambiará como el de su hermana mayor. La mayoría de las sociedades han sido poco sensibles al fenómeno transexual, el cual se ha sesgado hacia una manera de pensar simplista y prejuiciosa: "seres pervertidos"; "educación anormal de los padres"; "carentes de voluntad"; "degenerados". Lo cierto es que el fenómeno transexual es un proceso natural en donde no hay culpables pero sí víctimas de una sociedad maniqueísta que entiende las cosas "como deberían de ser" y no como son. El transexual es un personaje subversivo en el sentido de que cuestiona si el fin del ser humano como especie es sólo la reproducción sexual y los modelos hombre-mujer tradicional. El entendimiento de las causas naturales de este fenómeno debe de ser el primer paso en la decisión de una persona para ser quien es, y no mantener una lucha eterna contra sí mismo por el qué dirán de los demás. ¿Qué pasaría – meditemos por un momento- si las cosas fueran al revés, es decir, una sociedad en que la mayoría fuéramos seres transexuales, y que tuviéramos un sistema de reproducción asexual o por clonación, y que hubiera una minoría de seres que ahora llamamos genéticamente sincrónicos: hombres XY y mujeres XX, que se vieran obligados por las normas sociales imperantes de los transexuales a actuar como transexuales obligadamente. Los hombres XY con mentes XY serían forzados a vestir como mujeres XX y viceversa. No es difícil de imaginar que al poco tiempo tendrían dobles personalidades, sitios en donde se verían a escondidas con mujeres XX, persecuciones policiacas, marginalidad y cerrazón. Las formas hegemónicas dictan la normatividad sobre la base de lo que consideran bueno o malo, aunque esto sea aberrante y antihumano. El conocimiento científico de la naturaleza humana nos debe dar una visión más natural y tolerante. Un ejemplo que utilizo para explicar el cerebro transexual es el de las computadoras u ordenadores. El cableado, la parte fija que se da en el momento de armar una de estas maquinas se le llama hardware. Esto es el equivalente a las conexiones que las neuronas establecen antes del nacimiento. Después, a lo largo de la vida aprendemos y desarrollamos programas, a eso le llamamos software: idiomas, estilos de caminar, de hablar, de ver la naturaleza. Por ejemplo, los esquimales ven más tonos de blancos que el resto de los seres humanos por su contacto con el hielo. Los indios del Amazonas ven más tonalidades del color verde. El cerebro transexual tiene un hardware femenino, de tal forma que aun cuando en el exterior se trate de un ordenador masculino, sólo corre software o programas femeninos. La diversidad en formas, colores, texturas y otras propiedades parece ser la norma de la naturaleza ¿Por qué no habría de ser diferente en cuanto a aspectos íntimos como la orientación de género?

LA HOMOFOBIA COMO RACISMO.

La condición humana es diversa y heterogénea en muchos aspectos, somos similares pero distintos y esto se demuestra en cotidianamente en la sexualidad. No hay criterios de normatividad bien definidos. La reproducción es solo un aspecto de la sexualidad, el otro es lo erótico. Georges Bataille, escribió: la mera actividad sexual reproductiva es idéntica a la del resto de animales sexuales, pero el erotismo es una práctica humana que está vinculada al sabernos mortales. La dificultad que tienen algunos sujetos para aceptar esas diferencias eróticas en otros, como reflejo de lo que hay en si mismos, lleva a una condición de odio a lo erótico hacia los similares, que se conoce como homofobia, que es una forma de racismo como se discutirá en el presente ensayo. ¿Qué es la homofobia?

La palabra homofobia se compone de la palabra griega "Fobos", que significa "temor a", "Homo" equivale a similar o igual. El término homofobia indica el presentar temor hacia nuestro igual o perteneciente al mismo sexo, es decir a las personas de nuestro propio género. En una definición más operacional estaría indicando: odio hacia los homosexuales; hacia la homosexualidad como conducta y también la discriminación hacia las personas homosexuales. Este tipo de pensamiento de discriminación está basado en el temor, producto de la inseguridad individual y problemas con la convivencia con otros distinto o diferentes a la orientación sexual heterosexual.

En muchas religiones, por ejemplo las judío cristianas, se tiene un tipo de discurso como el que sigue: "Amamos al homosexual como persona, como hijo de Dios, ya que todos somos su creación, pero no estamos de acuerdo con la práctica homosexual porqué va contra las leyes divinas o de lo que es natural". Este tipo de posición es similar al que se declara libre de prejuicios raciales, pero está en contra de los matrimonios interraciales; o que proclama la igualdad entre hombres y mujeres, pero no acepta a una mujer como jefa o en puestos arriba de él. El principal argumento de estos grupos descansa en lo que dice la Biblia, es decir en la palabra de Dios.

La opinión de la mayoría de los teólogos cristianos respecto a la homosexualidad es la siguiente: "La homosexualidad está condenada en las escrituras. El apóstol San Pablo, por inspiración del Espíritu Santo, declaró que el homosexual, no heredara el reino de Dios (Corintios 6:9; 10). La homosexualidad es lujuria prohibidas por Dios, Él dijo a su gente de Israel: 'No deberán acostarse hombres con hombres y mujeres con mujeres, en ambas situaciones eso se considera un acto abominable (Levítico 18:22)"

La homosexualidad ha estado presente a lo largo de la historia de la humanidad, y ha tenido periodos de aceptación e incluso signo de status social (Grecia y Roma), para luego permanecer como una situación más o menos aceptada, aún cuando no promovida por los teólogos y gobernantes.

¿Cuándo cambio la percepción de la mayoría de los seres humanos hacia le homosexualidad? Esto ocurrió paulatinamente entre los siglos XVIII y XIX en Europa en donde los conceptos de homosexual y heterosexual, se demarcan claramente, lo mismo que la discriminación racial con su connotación extrema en el racismo.

En el siglo XIX cambian los modelos médicos y hay también un cambio del concepto de las llamadas desviaciones sexuales. La noción de la inversión sexual, entendida como una reversión del genero de la persona, que luego se modificó al de desviación, como un modelo de diferencia al del objeto sexual. Estas categorías y su transformación, reflejan el cambio en la organización cultural de atributos específicos de la conducta, que se perciben dentro del concepto de una ideología de la clase media, de raza blanca, y de estructuras económicamente dominantes.

Este aspecto es importante porque en la ideología de la raza blanca, el cambio de la percepción de indiferencia al homosexual, se modificó para ser el del total rechazo del homosexual y esto ocurre en paralelo a la reformulación de las diferencias raciales. En las sociedades europeas y sus colonias en otras partes del mundo, en especial en América se desarrolló una ideología de "Apartheid" o segregación racial estricta, en el caso del homosexual, se le margina en base a la concepción de genero con respecto a las características esperadas de identidad sexual y reproducción.

La ideología imperante en el siglo XIX respecto a las razas y el género, llevaron a considerar como patológico todo lo que no correspondía a la raza blanca o al modelo heterosexual de género y esto no ocurrió como una mera coincidencia o casualidad, sino que existieron factores que se interrelacionaron en ambos problemas (Vg., raza y orientación sexual)

Havelock Ellis en su libro "Inversión sexual" (1885), describió desde un punto de vista anatómico, las diferencias estructurales entre homosexuales y heterosexuales, mismas que son evidentes entre hombres y mujeres. Lo mismo se había estado realizando en el terreno de las razas. Las descripciones de las diferencias raciales entre blancos y negros, constituyeron para los homofóbicos del siglo XIX, el mejor ejemplo de la validez de esa posición "científica". Sin embargo las observaciones de Ellis, en cuanto a esas diferencias anatómicas entre sujetos homosexuales y heterosexuales, no fueron más que especulaciones e interpretaciones de su parte. Al igual que las supuestas diferencias en las razas, enfocadas a blancos y negros, la atención estuvo dirigida hacia los genitales. El ejemplo que fascinó a los europeos de entonces, recayó en las nalgas de las mujeres de algunas razas africanas, principalmente la llamada esteatopigia, es decir la acumulación de grasa en la región glútea, que contrastaba con el aplanamiento glúteo de las europeas y además el tamaño del clítoris, que en las africanas era prominente y notorio, mientras que en las europeas blancas era apenas visible. Las mujeres europeas fueron entonces el paradigma de la feminidad anatómicamente normal (Situación que ha persistido hasta nuestros días en lo que se ha difundido en los medio como el modelo de belleza de mujer). Ellis se enfocó entonces a la anatomía de las lesbianas, en donde describió diferencias en vulva, tamaño del clítoris y escaso desarrollo de los senos. Las semejanzas entre el clítoris de las mujeres de raza negra y las lesbianas blancas sirvió como sustento a Ellis y otros, de que existían bases firmes que apoyaban su teoría de las diferencias anatómicas entre homosexuales y heterosexuales, sin embargo no se ha podido establecer, hasta la fecha, que existiera una relación entre ser lesbiana y las diferencias en tamaño de clítoris u otras partes anatómicas de mujeres heterosexuales o lesbianas. La crítica principal a los estudios de Ellis, fueron lo poco uniforme que eran sus sujetos de estudio y las extrapolaciones que hacía de sus estudios. Habían mujeres con problemas hormonales como la hipertrofia de las suprarrenales, que produce un aumento de hormonas masculinizantes en la mujer, personas intersexuales por defectos cromosómicos y otros estados de indiferenciación sexual.

La medición y descripción anatómica de las razas y de las diferencias de genero se trató de presentar como ciencia desprovista de ideología, pero como es bien sabido en ambos casos estos procedimientos de medición y comparación de estructuras corporales, llevaron a la construcción de una ideología racista y sexista (ver los libros de Stephen Jay Gould, The missmeassure of the men y The Flamingo's smile).

Esta situación no mejoró para los homosexuales al inicio XX, con el surgimiento del psicoanálisis. Sandor Feldman un psicoanalista escribió en 1956: " Es un consenso de muchos psicoanalistas contemporáneos, que el homosexual permanente, al igual que los pervertidos, es un tipo de neurótico". Herbert Hendin, criminólogo con ideología psicoanalista también escribió: "La homosexualidad, el crimen, el abuso a las drogas y el alcohol, parecen ser barómetros del estrés social...El apoyo a los criminales producirá más criminales, lo mismo que la ayuda a adictos a las drogas y a homosexuales, los cuales se multiplicarán".

La idea de que el homosexual era un desviado que necesitaba tratamiento ha penetrado en el pensamiento del ser humano, y continua hasta la actualidad en el ámbito de la cultural popular. La ideología que sostienen, aún hoy en día, la mayoría de las personas escolarizadas o no y aún los médicos es que la homosexualidad es una enfermedad y que esta puede ser tratada mediante psicoterapia y la administración de hormonas. Por lo tanto el primer paso que se tiene que dar como sociedad es estimular, presionar, convencer a que los homosexuales busquen ayuda médica y psicológica a ese respecto, para volver a la normalidad. ¿Y si no existe una normalidad en el terreno de a sexualidad y el erotismo? ¿Y si todos estamos en diferentes clóset? ¿No es mejor odiar que salir? El odio en el homo fóbico se convierte en un tipo de autocontención, en donde la magnitud de sus actos los aleja horrorizados de la puerta de salida del closet.

El asesinato, tortura, mutilación y otros hechos de odio hacia homosexuales y lesbianas persiste, y se ha escudado en el pretendido atenuante a su delitos de la provocación: "Lo maté porqué intentó besarme", comentó hace poco un policía para explicar el motivo del asesinato a su compañero de rondín. ¿No es esa la coartada perfecta? ¡Lo mate por puto! ¿No harían ustedes lo mismo queridos amigos?

Como se puede apreciar en lo irónico del párrafo previo, es el prejuicio moral y homofóbico el que persiste en la población general y en las personas que trabajan en el sector salud, lo más grave de todo esto es que estos últimos no saben que siguen teniendo una mentalidad, respecto a la concepción de la homosexualidad, similar a la de las personas del siglo XIX.

ORIGEN DE LA INTOLERANCIA A LOS HOMOSEXUALES.

Muchas de las actitudes que se tienen en la actualidad respecto a las personas homosexuales, se piensa que se originan en la edad media, sin embargo no es así. En la edad media, sobre todo la llamada "Edad media temprana", se podía observar la coexistencia pacífica de católicos con maniqueístas y donatistas. En la mayoría de los países católicos de Europa, se observaba la coexistencia y tolerancia hacia judíos y homosexuales, algunos de los cuales llegan a ocupar posiciones destacadas en el gobierno y la administración pública. Las persecuciones religiosas se inician en la "Alta edad media", con el surgimiento de los estados seculares.

 Los siglos que van del XI al XIII, fueron de apertura y experimentación en cuanto a las costumbres sociales y sexuales. Este cambio con respecto a la tolerancia a las costumbres sexuales en el siglo XIV, no tiene una explicación satisfactoria, aunque algunas de las propuestas que se han hechos al respecto se exponen a continuación.

Las agrupaciones humanas de ser rurales en su mayoría, fueron transformándose en sociedades urbanas. El surgimiento de gobiernos centrales y absolutistas; la necesidad de legislar en una serie de áreas, que incluyen los ambientes familiares y aún en los recovecos personales e íntimos como la sexualidad, se fue consolidando basándose en los prejuicios y supuestos. Los poderes que consolidaron estas legislaciones fueron teológicos, civiles, y las creencias populares, en ese orden. En el siglo XIII las diferentes casa reales europeas, se dedicaron a legislar de tal manera, que se unieron por un lado las leyes civiles de Roma con los principios religiosos de la Iglesia Católica y de esta fusión se fue consolidando la intolerancia, hacia lo que los poderes consideraron las minorías y los grupos que resultaban intolerables a estos poderes, aún cuando en la práctica, no fueran demográficamente los menos, tal es el caso, por ejemplo el los pobres, a los cuales se les temió, por ser una de las fuerzas de inestabilidad, por lo cual se elaboraron una serie de legislaciones y presiones en el área de impuestos, diezmos y primicias.

Este tipo de presiones se extendió a judíos y árabes, por cuestiones religiosas, de presiones políticas y económicas. Los judíos en especial, fueron objeto de persecución por su identificación con las actividades relacionadas con el dinero, dentro de las cuales destacaba la de ser usureros. Se les colgó una serie de epítetos, como: heréticos, traidores, y sodomitas. En el siglo XIV se observaron las primeras expulsiones masivas de judíos en Inglaterra y Francia, bajo argumentos que estaban cargados de revanchismo, situación que se extendió a otros grupos humanos, como los Templarios y homosexuales, por el temor que les causaba al desarrollar sus prácticas heréticas poco entendidas y por lo tanto sospechosas.

En el siglo XIV hubo una política de agresión sistemática contra los judíos a los cuales se les culpó de haber entregado y asesinado a Jesucristo. Se justificó las persecuciones contra ellos, argumentando que poseían el conocimiento para envenenar las aguas y el de la brujería, ellos se convirtieron por lo tanto en las primeras víctimas de la intolerancia de la "Alta edad media". En 1173, Thomas de Monmouth publica la crónica de los asesinatos perpetrados por los judíos sobre niños, siendo el caso más notable el del asesinato de niños en formas rituales, una de sus supuestas víctimas fue Guillermo de Norwich, que fue canonizado como San Guillermo de Mártir de Nowich. Los mitos sobre asesinatos de niños, por parte de los judíos se extendieron por toda Europa, con resultados catastróficos para los mismos judíos, para quienes se generalizó este tipo de practicas de las torturas severas que llegaron a su clímax con el establecimiento de "La santa inquisición".

En el cuarto concilio de Letrán, en 1215, se prohibió a los judíos que tuvieran responsabilidades de servidores públicos, que salieran a la calle durante los últimos días de la Semana Santa, y finalmente se les ordenó que utilizaran ropas que los distinguiera de los cristianos. En 1290, los judíos fueron expulsados de forma permanente de Inglaterra y Francia. Esta presión contra ellos se generalizó a otros países como Alemania y más tardíamente España.

Los diferentes edictos y otra serie de documentos que justificaban la intolerancia contra judíos, árabes y otras etnias, continuamente hacen referencia de ellos como: sodomitas, usureros, pervertidos y criminales, de tal forma que la laxitud de esto términos fue llevando a una marginación de la práctica homosexual y de las personas homosexuales.

LA VISIÓN DEL HOMOSEXUAL CONTEMPORÁNEA

A pesar de que la posición de las principales escuelas médicas y en particular de la especialidad médica psiquiátrica han cambiado, en lo referente a la homosexualidad, en donde se ha aceptando que es un variedad más de la sexualidad humana normal, esto se acepta con reservas, y se siguen buscando explicaciones a esa variabilidad de la sexualidad.

La idea de que la homosexualidad es una preferencia y en este caso una elección deliberada, está compenetrada en la cultura occidental. En 1992, Dan Quayle, entonces Vice-Presidente de Estado Unidos de América, comentó en referencia a la homosexualidad: " ...esta es más un tipo de elección más que una situación biológica... en todo caso es una elección equivocada". Lo que este sujeto, preclaro representante de la raza blanca, heterosexual y cristiano indica, es que la condición sexual que comentamos, es más una cuestión psicológica adquirida más que algo con raíz biológica. Contrario a esto tenemos la posición de que pudiera existir un gene que determinara la homosexualidad. Shang-Ding Zhang y Ward F. Odenwald, ("Misexpression of the White (w) Gene Triggers Male-male Courtship in Drosophila," Proceedings of the National Academy of Sciences, USA, Vol. 92 (June 6, 1995), pp. 5525-5529), reportaron una conducta que los investigadores interpretaron como homosexual, en la mosca de la fruta, Drosofila megalogaster. Esta conducta consiste en tocar a otras moscas macho, lamer los genitales y pegar sus cuerpo para tener contacto con los genitales del otro macho. Esta conducta se obtiene por activación de un gene llamado "W" (White = Blanco), debido a la alteración en la detección de colores que presentan estas moscas al manipular el mencionado gen. Las moscas con manipulación del gen "W", si se encuentran en grupo, desarrollan formaciones en circulo, en donde ejecutan una serie de rituales propios de la interacción entre machos y hembras, aun cuando todas las moscas sean machos. Si una Drosofila hembra vuela cerca de las columnas formadas por las moscas machos, no logra atraer su atención.

Zhang y Odelwald encontraron que las alteraciones en la expresión del gene "W", lleva aparejado, una baja en la producción de un neurotransmisor del cerebro de la mosca llamado serotonina, que permite la comunicación entre una célula nerviosa con otra. Las manipulaciones de serotonina, disminuyendo los niveles de la misma en gatos, conejos y perros, lleva a que estos animales desplieguen conductas homosexuales.

Aún cuando el gene "w", también se encuentra en los humanos, es atrevido hacer cualquier extrapolación de estas observaciones a las de la mosca. Lo que es posible interpretar de los datos antes comentados es: (1) El defecto en el gene "w" es capaz de inducir conductas ritualizadas en moscas Drosófilas macho; (2) Hay una semejanza con la conducta homosexual humana. Sin embargo es muy aventurado el hacer cualquier extrapolación entre este tipo de conducta en las moquitas de la fruta y la homosexualidad humana.

Por otro lado el trabajo de Simón LeVay y Dean Hamer, y otro grupos de investigadores, ha tratado de relacionar cambios estructurales en el cerebro de homosexuales con esta preferencia. LeVay y su grupo publicaron que una región pequeña del cerebro de autopsias de hombres homosexuales fallecidos por SIDA, era diferente de cerebros de hombres con la misma enfermedad del sistema inmune. La región conocida como núcleo intersticial del hipotálamo anterior (INAH-3, Intersticial nucleus of the anterior hypothalamus), se encontró sustancialmente disminuido en 19 hombres homosexuales en comparación con 16 hombres heterosexuales, ambos grupos de personas habían fallecido por SIDA. Dean Hamer y sus colaboradores en el Instituto Nacional de Cáncer, estudiaron como se comportaban la prevalencia de herencia en homosexuales, en una muestra de pacientes homosexuales masculinos, Ellos estudiaron a 76 hombres homosexuales, y encontraron que el porcentaje de familiares con la misma preferencia sexual era de 13.5 %, mientras que en la población general el porcentaje de presentación de la homosexualidad no es mayor al 2 %,. Además encontraron que los familiares homosexuales, se observaban más del lado de la madre que del padre. Esto es, que la transmisión genética de la homosexualidad, o la vulnerabilidad para que esta se exprese proviene del lado de la madre. En un estudio posterior con gemelos, Hamer y su grupo encontraron que 33 pares de hermanos compartían zonas de material genético en el cromosoma X, proveniente de la madre, se relacionaban con la conducta homosexual.

¿EL HOMOSEXUAL SE HACE O NACE?

No se tiene aún en la actualidad una respuesta clara a esta pregunta. Hay una alta frecuencia de nacimientos de homosexuales como productos de embarazos en donde las madres han sufrido de estrés intenso, de infecciones virales como influenza, y en hijos que no son primogénitos. Una posibilidad plausible, es que la homosexualidad se geste como resultado de varios factores hereditarios y ambientales. Esto es una predisposición genética activada o expresada al nacer.

No hay homosexuales que se "fabriquen de la nada", como por generación espontánea. En la cultura occidental, uno de los temores, acentuado por el SIDA, es que los homosexuales no solo pueden transmitir enfermedades venéreas, sino el mismo SIDA, y otras enfermedades, sino que estas personas son proclives a "reclutar", "pervertir". "dañar moralmente" a menores y jóvenes. Aquí al igual que los heterosexuales, los hay sanos físicos y mentalmente, y otros muy torcidos. El homofóbico tiene miedo de que le gusten los homosexuales y por eso los destruye, por eso los matan,, aunque al final se quede el solo con el homosexual que lleva dentro de si mismo.

SOBRE EL VICIO SOLITARIO Y EL TERROR QUE SE SEMBRÓ PARA ALEJAR A LOS INCAUTOS.

La masturbación es sin duda, una de las conductas sexuales más comunes, y sin embargo de las más silenciadas. Utilizo la palabra silenciada, aduciendo a la represión, a la culpa, a la ambivalencia y quizás a la hipocresía. Revestida de cientos de mitos, perseguida, castigada, para ser, hasta hace relativamente poco tiempo, reconsiderada e incluso promovida como un factor preventivo del cáncer de próstata y como un "sexo seguro".

"Hacerse una chaqueta", "Puñeta", "Jalársela", "Apretarle el cuello al ganso", etcétera, fueron algunos de los términos con los que los niños y jóvenes de las colonias Cuauhtémoc y San Rafael, de la Ciudad de México, denominábamos a masturbarse. Los mitos que se propalaban respecto a esa práctica eran diversos: "Se te va a caer de tanto jalártela muchacho"; "Solo tenemos 18 litros de semen jóvenes, ustedes ya llevan como 15 litros desperdiciados"; "¡Te vas a quedar ciego de tanta chaqueta!"; "¿Qué no sabes que te puedes quedar paralítico?"; "Té estas acabando la médula"; "¡Mira nomás! ¡Ya te están saliendo pelos en las manos!". Estas afirmaciones las hacían, no solo los mismos amigos del barrio, sino inclusive los maestros, los padres, los sacerdotes, en especial los sacerdotes católicos, que se ensañaban específicamente en ese tema a la hora de la confesión:

¿Te tocas tus partes muchacho?

Si padre, un poquito...

¡Que no sabes que tu angelito llora cada que lo haces! – Todavía me pregunto, suspicazmente por supuesto, del porque del llanto de mi angelito. ¿No que eran asexuados?

Si padre, sé que llora, pero no sabía que fuera malo tocarse

Ese es pecado de lujuria muchacho ¡De lujuria!

Ya siendo estudiante de medicina y acudía a prácticas a la Cruz Roja de Naucalpan, uno de los médicos jóvenes solía recetar a los pacientes jóvenes, ya sea que tuvieran manchas en la cara, anemia, dificultades de aprendizaje y hasta a los adictos a las drogas, cócteles de camarones y ostiones, especialmente de estos últimos, con una severa recomendación de que abandonaran la práctica del "vicio solitario", como era conocida la masturbación, en el bajo mundo de la medicina. Mucho tiempo después, ya ejerciendo mi profesión de psiquiatra, me he percatado de que la práctica de masturbarse se sigue ejerciendo con vergüenza y culpa, pero en algunos casos con compulsión. Las mujeres, en su mayoría la niegan, y las que aceptan practicarla, dicen que sólo lo hacen por necesidad, dos veces al año, sus miradas esquivas, como buscando hormigas en el piso de mi consultorio, me indican que no se sienten bien hablando del tema. ¿Por qué se sigue contemplando a la masturbación como una forma vergonzosa de sexualidad? Ese es el tema que trataré en este ensayo.

LA INFLUENCIA DE LA SANTA...SEDE

El Concilio de Trento, se celebró ente 1545 y 1563, y se ocupó entre otros temas, lo referente al matrimonio y la vida doméstica. Todas las actividades sexuales, que no tuvieran como finalidad última la procreación, fueron consideradas perversiones, porque se alejaban de su función divina y por lo tanto eran pecados. El mensaje externo de los teólogos de ese Concilio de Trento, era la de proteger la "Divinidad del Matrimonio", sin embargo, años después quedó claro que en el fondo había una intención clara, de control sobre las masas pecadoras, o sea sobre todos los cristianos. El crear pecados en lo referente a las funciones biológicas, en sus excesos o defectos, combinado con la obligación de confesión una vez al año, bajo pena de perder la gracia de Dios y no poder ser sepultados en los cementerios propiedad de los católicos, llevó a un control casi absoluto de las masas católicas, a través de lo íntimo, de lo personal. Se ejerció control sobre todas las funciones básicas de una persona: comer, beber, procrear, pero sobre todo los aspectos del disfrute y del placer. Manifestar placer con la actividad sexual era pecaminoso. ¿Por qué era tan importante restringir o suprimir la masturbación? La única respuesta emitida por algunos católicos, era con relación a la abstinencia de toda la vida sexual, por un lado y la capacidad de contención o de voluntad. El Concilio de Trento dictó una serie de disposiciones legales antes de la consumación de los matrimonios, por ejemplo los "Tres avisos", que se debían publicar en la parroquia de los contrayentes, con lo cual se notificaba sobre la nueva pareja que se iba a formar y de la posibilidad que hubiera impedimentos. La intolerancia eclesiástica aumentó, impidiendo que las parejas jóvenes tuvieran relaciones pre-matrimoniales de cualquier índole, esto promovió una de las conductas que se querían prohibir: La masturbación.

La masturbación, apuntan algunos teólogos de la época, no estaba mal en si, lo perverso era el deseo (Desiderium) y las fantasías sexuales (delectatio morosa), no importaba mucho el desperdicio de semen, ya que la descarga del mismo era visto como una disminución de las tentaciones del demonio. Por ejemplo no eran pecado tener "sueños húmedos", situación que angustiaba mucho a los jóvenes, porque aunque se producía la salida de grandes cantidades de semen, esto era sin la voluntad o libre albedrío del eyaculante. La mayoría de los casos, hasta hoy en día, los púberes no son avisados de que esto ocurre y he sido consultado por pacientitos que no duermen por miedo a "almidonar" las sábanas o tener que pararse a lavar en la madrugada su ropa de cama.

 Los teólogos que condenaron la masturbación en el mencionado Concilio, lo hicieron pensando en que si la persona dedicaba mucho tiempo a masturbarse, esto podía redundar en fantasías pecaminosas, adulteras, pero sobre todo el no poder ser capaz de tener la energía suficiente para reproducirse dentro del matrimonio. Delectatio Morosa y Desiderium, eran las formas de la masturbación que se pretendían frenar. Las reglas para las mujeres eran más severas, se les prohibía yacer sobre su vientre (boca abajo), cabalgar, leer libros "deshonestos", ver la copulación de animales y los juegos amoroso de las clases inferiores. Las mujeres no debían ver su cuerpo. Cuando se practicaba el baño, esto se hacía desde el interior de un camisón provisto de orificios para el aseo de las diferentes partes del cuerpo, sin tardarse mucho en frotar las zonas erógenas. En los siglo XVIII y XIX, al temor de ser un pecador y condenarse en el fuego eterno por el autoerotismo se mantuvo de manera enconada. En el siglo XVIII, por ejemplo, se publican dos libros que acentuaron la fobia a la masturbación. El primero de ellos se llama Onania, de autor desconocidos (1716), el segundo de Simon-André Tissot, que se llamó: "El Onanismo" (1758), en el cual hay una descripción del llamado "vicio solitario" y de las consecuencias que puede traer. Hasta llegar a la época Victoriana en Inglaterra, en donde se inició la práctica de la circuncisión como tratamiento "preventivo" y punitivo contra la práctica de masturbarse. A mitad del siglo XIX se volvió a poner de moda la práctica de la circuncisión con las siguientes indicaciones: impotencia, fimosis (estrechez del orificio localizado en el prepucio y que cubre el pene); esterilidad, priapismo (permanecer con el pene erecto por periodos prolongados, con dolor intenso). masturbación, enfermedades venéreas, epilepsia, terrores nocturnos, precocidad sexual y homosexualidad. En la actualidad sólo está indicada la circuncisión para la fimosis. Los cirujanos de esa época promovieron que, si era tan frecuente que en la edad adulta se necesitara la circuncisión para impedir la masturbación, pues mejor hacerla, como en algunas religiones, a los pocos días de nacidos. Este tipo de procedimiento se practicó en muchos países desde 1870 hasta 1940.

En las décadas entre los años veinte a los cuarenta, del siglo XX, era común que los padres o tutores amenazaran a los niños con llevarlos al médico a que les cortaran el "miembro", si persistían en el "vicio" de seguirse tocando. Los mismo médicos se prestaban a la farsa admonitoria de mostrarse blandiendo unas tijeras o un bisturí al mismo tiempo que amenazaban al chico con cortarle el pene, y les decían que lo que hacían con sus cuerpos era monstruoso, que aprendiera a medir la consecuencia de sus actos.

Las circuncisiones ficticias o aquellas en donde se cortaba una pequeña parte del prepucio fueron comunes, como también lo fue el utilizar pequeñas cajas de metal con orificios que mantenían las manos de los muchachos lejos de sus genitales. Si a los niños se les cortaba el prepucio, a las niñas les iba peor, ya que se llegaba a practicas la extirpación del clítoris, tal como se sigue haciendo en algunos países de África y Asia hoy en día.

ONANIA, EL NACIMIENTO DEL GRAN TERROR

Es muy probable que la primera edición del panfleto Onania, haya aparecido en Londres en 1715. El título completo del libro de pocas páginas era: "Onania, sobre el horrendo pecado de la auto polución, y las terribles consecuencias que se consideran ambos sexos, una advertencia espiritual y física para aquellos que se han insultado así mismos por su práctica abominable". No sobrevivió ninguna copia de esta primera edición. Una secunda versión más extendida, salió en 1716. la tercera y cuarta ediciones fueron publicadas en 1717 y 1718, respectivamente. Las copias que se tienen disponibles para el estudio de Onania, son de la cuarta edición. Esta consta de 88 páginas y fue vendida en las librerías de Londres por un chelín. El autor de este libro, pasó por varias ediciones en el anonimato, aún cuando con el tiempo se supo que perteneció a un curandero charlatán llamado John Martens, quién se benefició económicamente de la publicación. Onania es ante todo una escrito que hizo una recolección de mitos populares sobre la masturbación y que enuncia una serie de maldiciones para quién practique el autoerotismo. Se centra en tres prejuicios: culpa, vicio y autodestrucción. "Esta práctica es tan frecuente, y tan lamentablemente ofensiva, especialmente entre los jóvenes hombres de esta nación" , escribe en las primeras páginas.

Además de ser la causa de la gonorrea (conocida entonces como espermatorrea) e impotencia se describen otras alteraciones médicas que la acompañan: ulceras, convulsiones, epilepsia, el consumirse. "La masturbación de manera manifiesta detiene el crecimiento, tanto en muchachos como muchachas, la muerte prematura es la principal y más grave consecuencia de esa actividad. Muchos jóvenes que eran robustos y fuertes antes de entregarse así mismos al vicio, se desgastan en el vicio".

El excito de Onania fue seguido de otros libros similares que estaban en el mismo estilo y charlatanismo que Onania: "Practical Scheme of the Secret Diseas and Broquen Contitution" también anonimo. Por entonces se inició la venta de remedios para fortalecer la voluntad de los masturbadores: "Polvos prolíficos" (Prolific Powders) y "Strenghtnin tincture", que se vendían a 12 y 19 chelines respectivamente. Las subsecuentes ediciones de Onania, fueron creciendo en número de páginas, que se agregaban, sobre todo, de los testimonios de personas afectadas por la masturbación y que apoyaban lo descrito en el libro.

En 1723, aparecieron las primeras respuestas al charlatenerismo de Onania. Filo-Castitatis (Amante de la castidad), era el nombre del autor de la primer crítica a Onania, el cual tenía un título igual de pomposo: "Onania examinada y detectada, o la ignorancia, error, impertinencia y contradicciones del libro llamado Onania expuesto y puesto al descubierto". Aunque Filio-Castitatis conservaba el mismo tono de horror ante la masturbación, a la que daba un lugar de mayor severidad como pecado que el adulterio o la fornicación. El principal punto de desacuerdo con Mertens era sobre las consecuencias médicas y se centraba en los aspectos pecaminosos y contención del masturbador, La meta era, según Filio-Castitatis, la abstinencia hasta el matrimonio.

Otro panfleto que surge con una crítica moderada a Onania fue el llamado: Eronania, que apareció en 1724, que contenía más anuncios sobre remedios contra la masturbación: lociones, purgantes, re constitutivos, y otra serie de remedios que prometían restablecer el vigor perdido por la práctica del vicio.

Las cartas que hicieron crecer el libro Onania era como la que sigue:

Carta envidada por un sacerdote católico, sobre uno de los alumnos de la escuela que dirige: " Este joven hombre ha practicado la masturbación desde la edad de 15 años. Además de beber. Sus partes genitales fueron las primeras en verse afectadas. Posteriormente empezó a orinar sangre, y el acto de orinar fue cada vez más doloroso, eventualmente adelgazó tanto que al poco tiempo murió. Los tres meses antes de su muerte, exudaba un olor tan nauseabundo, que hacía imposible que las personas ingresaran a su habitación. El médico que lo atendió concluyó que la principal causa de su defunción fue la masturbación, más aún que el beber alcohol, aunque esto pudo haber afectado su condición."

El término onanismo, de donde surge el título de Onania, proviene de un personaje bíblico llamado Onan. En Génesis, 28, 6-10, se narra la historia del crimen de Onan. Judá tenía tres hijos, dos de ellos eran Er y Onan. Er se casó con Tamar, pero ofendió a Jehová, lo cual le ocasionó que muriera. Judá le dijo a Onan que tomara a la esposa de su hermano y que hiciera sus deberes como cuñado, para gestar al hijo del hermano con Tamar. Pero Onan, sabía que el hijo que iba a engendrar sería de él y no de su hermano. Por lo que derramaba "su semilla" al suelo, cada vez que dormía con su cuñada, lo que hizo ofendió nuevamente a Jehová, que le causó la muerte.

Por mucho tiempo los teólogos han discutido si lo que hizo Onan fue masturbarse o eyacular fuera de la vagina de Tamar (Coitus interruptus). El crimen por el que realmente fue castigado Onan fue el de la desobediencia, por no haber procreado un hijo con su cuñada, no por masturbarse o tener un Coitus Interruptus.

Cuando el tema de la polución nocturna fue revisado por los teólogos, nuevamente se enfrascaron en una discusión bizantina, equivalente a la de saber el número de ángeles que caben en la cabeza de un alfiler. Santo Tomás de Aquino, propuso una solución por lo demás indulgente. El pensó que la polución nocturna nunca es pecado porque, aunque pudo resultar de imágenes lascivas, estos ocurrieron durante el sueño, son los pensamientos los que constituyen el pecado en si, no la polución nocturna.

Alexander Hales en el siglo XIII, fue más severo: Si la polución nocturna es el producto de la borrachera, sueño o de pensamiento pecaminosos, esta será ciertamente pecaminosa.

San Benedicto, fue más lejos. En referencia a lo que comentaba sus predecesores. Para él el diablo es quien puede facilitar o inducir los sueños pecaminosos que van a dar origen a la polución nocturna y por lo tanto, esta es pecaminosa. Se aconsejó, dentro de la Orden de los Benedictinos, que los monjes no comulgaran, si habían tenido polución nocturna. Esta orden monacal, aprobaba la polución, solo si está había sido precedida por un largo periodo de abstinencia.

En el mencionado siglo XIII, un grupo de personajes justificaban la masturbación, solo como un recurso extremo a la abstinencia prolongada, ya que existía la concepción que la retención prolongada de semen, podría producir una intoxicación (Semen retentum venenum est), esta postura proviene de los médicos de la época, propuesta que fue severamente atacada los Rebellus, un sacerdote jesuita, que condenó las ideas médicas respecto a la permisividad de la masturbación moderada-

Tomás Sánchez, un médico español, escribió, por esos tiempos un tratado sobre el matrimonio, que se llamó así: Matrimonio. En donde al tratar el tema de la masturbación ponía, nuevamente con encono, en el problema de los pensamiento lascivos de la conducta de masturbarse.

En el siglo XVII, Juan Caramuel, revisa el pensamiento teológico moral y la medicina de su tiempo. Caramuel, había nacido en Madrid en 1606, y se unió a una orden monacal, en donde se dedicó al estudio, desarrollando una asombrosa erudición, por lo cual se hace famoso en toda Europa, pero sobre todo por un estilo de pensamiento que hoy podríamos llamar paradójico. En su libro Théologia moralis fundamentalis, al revisar el tema de la polución nocturna hace una disertación filosófica sobre el tema. Se pregunta: ¿Es la expulsión voluntaria del semen un acto mortal? Su respuesta en: Si. Pero, ¿Es un pecado por qué está intrínsecamente mal? Responde: No. En ese tiempo no se tenía muy claro que cual era la naturaleza del semen, esto era aún un motivo de discusión de los sabios de la época. Era saliva, leche, otros un tipo de sangre. Si estaba formado de estas materias, entonces ¿Qué de malo había en su expulsión? La expulsión de semen nocturno, entonces no era pecado. Caramuel escribió: " Si Dios no lo prohibió la masturbación – se refería de manera explícita.- entonces nunca debe de ser considerada como algo malo, puede inclusive que sea buena, y en algunos caos puede ser obligatoria, baja circunstancias de dolor o pecado mortal." En este último punto, se apunta la creencia, que viene desde Hipócrates y el desequilibrio de los humores o líquidos del cuerpo. Se hace entonces la mención, de que algunas enfermedades podrían ser ocasionadas por su retención, y entonces la expulsión del semen ser obligatoria y hasta necesaria. Continuaba e su argumento paradójico: "Supongamos que en el futuro Dios prohíbe las sangrías (las cuales eran procedimientos médicos de rutina, para los que inclusive se contaba con la ayuda de las sanguijuelas), entonces muchas personas deberán de morir debido a esa prohibición, lo mismo es con el semen, no existe tal prohibición".

Estas propuestas del sabio Caramuel no fueron aceptadas con agrado por el Vaticano, y se condenaron a ambos, a lo dicho por Caramuel, y a este se le condenó a morir, por un edicto del papa Inocente XI.

LA MEDICINA APOYA EL TERROR

Como se ha comentado, las divulgación de los peligros y daños supuestos de la masturbación corrió a cargo de los curanderos y charlatanes, que buscaron crear un estado de terror, ahí en donde había ignorancia, en una práctica tan difundida en la adolescencia, y que además daba un apoyo pseudocientífico a lo que la Iglesia había estado condenando por siglos.

Sin embargo, fue un médico suizo, con una muy buena reputación, que le dio finalmente el apoyo de la ciencia médica del siglo XVIII. Samuel-August Tissot, nació en Vaud, Suiza, en 1728. Estudió medicina en la Universidad de Montpellier y obtuvo su grado como doctor en medicina en 1749, cuando tenía 21 años. Después de practicar medicina en Lausana e Italia, regresó a su país, para establecerse en Lausana hasta su muerte.

Tissot hizo aportes importantes a la medicina, como haber iniciado la vacunación contra la varicela. Él fue una eminencia en su época, y eso hizo que muchos nobles y gente adinerad de toda Europa, acudieran a su clínica, con lo cual Lausana se convirtió en una ciudad prospera y con una derrama económica importante.

Ávido escritor, publicó una serie de obras en Salud Publica, sin embargo, la fama de Tissot aumentó exponencialmente con sus trabajos y libro sobre la masturbación. El primer trabajo sobre el tema lo publicó en 1758 en latín, y dos años más tarde publicó una versión extendida y corregida en francés que denominó: L'Onanisme, ou Dissertationphysique sur les maladies produites par la masturbación, una tercera edición aumentada y corregida se publicó en 1764. Las dos motivaciones que tuvo el médico suizo para dedicarse a estas obras fue por un lado la lectura de Onania y la observación de un paciente suyo relojero joven, consumido por la masturbación, el cual lo describió en su libro así:

"LD, era un relojero, el cual había gozado de buena salud, hasta los 17 años, a esa edad inicio a masturbarse de manera compulsiva, un acto que realizaba diario, y en ocasiones tres veces al día. Conforme pasó el tiempo, LD notó que había una gran debilidad y fatiga después de cada episodio de masturbación. Estas manifestaciones preliminares no impidieron que continuara masturbándose, no hizo nada por detenerse. Su alma no dejaba de pensar en la posibilidad de masturbarse, por lo que continuo haciéndolo, hasta que no tuvo fuerza para moverse, y en un estado de muerte inminente. Aunque decidió detener la práctica de la masturbación, fue muy tarde,- según continúa narrando Tissot.- Su enfermedad era ya incurable, se observaron espasmos en genitales, los cuales producían no solo llanto, sino gritos, en ese punto se acudió a mi, cuando llegue a su casa, lo que yo encontré fue menos que un ser vivo, era un cadáver que yacía en su lecho, delgado, pálido, casi incapaz de movimiento. Un escurrimiento de sangre pálida y acuosa emanaba de su nariz, se defecaba en la cama sin siquiera notarlo. La salida de semen era constante, sin siquiera percatarse… La mente estaba en igual desorden que el cuerpo, sin ideas o memoria, incapaz de unir dos sentencias, sin capacidad de reflexión o miedo… Ante ese espectáculo, para mi fue difícil pensar que alguna vez él hubiera pertenecido a la raza humana"

Es muy probable que LD, sufriera de alguna condición neurológica, que lo levara a ese estado, lo interesante del pensamiento médico de Tissot, fue la asociación a priori, de que la causa del estado del relojero se debía al exceso de masturbación. Solo hasta la segunda mitad del siglo XX, los médicos se cuestionaron esa relación causa efecto: "¡No será que los enfermos con retraso mental, epilepsia, y otras enfermedades se masturban más seguido?" Es decir cambió radicalmente la relación causa-efecto: La masturbación excesiva no era la causa de las múltiples enfermedades que se le achacaban, más bien era que los enfermos se masturbaban de más, quizás por no tener mucho que hacer y estar con una desinhibición como parte de su enfermedad.

El libro de Tissot y las secuelas al mismo, recibieron una buena acogida por las revistas médicas contemporáneas. El Journal of Medicine, inglés, escribió dos años después de la publicación de L'Onanisme: "Este trabajo esta lleno de buena moral y principios médicos, con comentarios interesantes, observaciones adecuadas e investigaciones curiosas, con un despliegue no solo de erudición, sino de talento del autor, con una muestra de dedicación y amor por la humanidad". Tissot y L'Onanisme, dieron el certificado departe de la ciencia médica, para justificar los años de terror que siguieron, contra quienes practicaran la masturbación. Los principales argumentos que se desarrollaron en L'Onanisme se comentan a continuación.

El coito es solicitado por la naturaleza, mientras que el placer solitario es solicitado por la imaginación. Cuando la "Naturaleza" solicita el acto, hay poco peligro, esto redime a la polución nocturna. Las vesículas seminales, están rebosantes de líquido seminal, entonces hay sólo un derramamiento, esto lo dicta la "Naturaleza". En la masturbación es la imaginación lasciva la que produce el vicio.

La tensión que produce el vicio en la mente. Las personas practicantes de la masturbación están del todo obsesionados con continuar y no hay nada que los detenga.

La frecuencia del vicio, lleva a un estado de inactividad y de una conducta de inactividad.

Fatiga excesiva, producida por la constante erección del pene, la emisión de semen y la tensión muscular que se origina en cada uno de esos actos.

La posición en la que se realiza el coito es la "Natural", la masturbación se hace de pie o sentado, lo cual lleva a desgastes musculares.

El sudor de la pareja, durante el coito, produce una vigorización. Esto se recomienda incluso a los ancianos, que duerman con jóvenes (solo dormir) para que el sudor los vigorice. Este intercambio de sudor, no ocurre con el masturbador, por ser este un vicio solitario.

El goce de la energía del amor, en un coito, que para nada se compara a la soledad y culpa que se experimenta al masturbarse.

La culpa y sensación de vergüenza que acompaña a cada acto de masturbación.

Con estos ocho argumentos Tissot, creyó que sentaba las bases sólidas para el entendimiento de las consecuencias del vicio solitario.

La preocupación que presentaban los padres o tutores sobre la masturbación de sus hijos, llevó a que interviniera la comunidad médica a partir del siglo XVIII. Claude-Francoise Lallemand (1790-1853), Profesor de medicina en Montpellier, escribió sobre lo que él llamó "la pérdidas involuntarias de semen" o espermatorrea. En donde se describía que además de las poluciones nocturnas, la mayoría involuntarias, estaban las producidas por la masturbación. Para "curar" esa condición Lallemand recomendó la cauterización de la uretra (canal por donde sale la orina) con nitrato de plata. Si se persistía en esa conducta y si continuaba la masturbación entonces otros remedios como la circuncisión y aún la castración eran recomendados. Para el siglo XIX, los tratamientos contra la manía de masturbarse estaban más diseminados: abrasión de la piel del pene, circuncisión, castración, corte del nervio dorsal del pene (anestesia) con y clitoridectomía. Sir Jonathan Hutchinson escribió un artículo llamado: "Sobre la circuncisión como preventivo de la masturbación", en donde proponía que la circuncisión fuera adoptada como un procedimiento de rutina y universal, la cual, en su opinión, sería agradecida por las personas en las que se practicara en la infancia, cuando estos fueran adultos. Las manías médicas de esta época estaba relacionadas con obsesión contra la constipación o estreñimiento; hostilidad contra bebidas estimulantes o euforizantes, en donde se incluía al café, té y chocolate (este último con supuestos atributos afrodisíacos); teorías moralistas respecto a las enfermedades de transmisión sexual y la masturbación como fuente de varias enfermedades sobre todo de abulia y neurosis. La masturbación, fue atacada por métodos ya descritos, además de cajas nocturnas que aislaban los órganos genitales y aditamentos como collares para el pene, los cuales estaban cubiertos de picos. La masturbación fue atacada por dos frentes, el moral a través de los sacerdotes y su visión pecaminosa del acto y el saber médico, en donde se le colocaba en el centro de la causa de un número importante de enfermedades, la más grave de las cuales era la locura. La razón por la cual se hacía esta última suposición radicaba en que mucho enfermos mentales, sobre todo aquellos jóvenes con retraso mental, se masturbaban obsesivamente y en público, luego entonces todo el resto de los enfermos psiquiátricos con psicosis deberían de haber llegado a esa condición, debido al "vicio solitario". ¿Ayudaba realmente la circuncisión a detener la masturbación? La respuesta es no, más bien con el tiempo se observaba todo lo contrario, un aumento de la masturbación y del placer y calidad de la misma. Ante este fenómeno, los médicos de la época reaccionaron diciendo que la falla, en algunos caos, de debía a factores técnicos, a falta de limpieza correcta de la región operada (asepsia), a que no se había cortado suficiente piel, y a muchas otras afirmaciones pseudo científicas. No obstante esta evidencia, se continuo con la cruzada contra la masturbación, y a fines del siglo XIX, los médicos de Estados Unidos de América, pasaron una ley en donde se trataba de reforzar la prohibición moral hacia la masturbación aduciendo que se hacía medicina preventiva. La circuncisión se continua haciendo hoy en día y en algunos sitios persisten los prejuicios sobre la necesidad de mutilar a los niños recién nacidos en aras de su "salud mental" y su salvación espiritual. El argumento de las personas en el siglo XIX, y que sigue en algunas mentes, es que la piel que cubre el glande, llamado prepucio, es irritante, además de que acumula grasa y otros materiales, que pueden dar lugar a excitación en la cabeza del pene, lo cual lleva a frotamientos, comezón y por tanto llevará irremediablemente a masturbarse. En los siglos XVIII y XIX la extirpación del clítoris y la circuncisión, fueron prácticas comunes en la mayoría de los países de habla inglesa, en especial en Estados Unidos de América, en donde a la fecha se continua con la circuncisión electiva, mientras que la extirpación de clítoris ha quedado prohibida, pero fue práctica común aún en la primera mitad del siglo XX (para que no tachen de salvajes únicamente a los Talibanes) A partir de la segunda mitad del siglo XX, se empezó a considerar, dentro de la comunidad médica y científica, que no había ninguna base real para mantener la posición tradicional respecto a la masturbación, y se fue generando un consenso respecto a que no era un vicio, que estaba auto limitada, que no conducía a ninguna de las afecciones que se le imputaban y sobre todo que podrías se una práctica segura en los tiempos de enfermedades de transmisión sexual como el síndrome de inmunodeficiencia adquirida (SIDA); las sífilis y gonorrea. Más recientemente se ha realizado algunas publicaciones, en que de manera retrospectiva se ha observado que los pacientes con cáncer de próstata tienen menor frecuencia de masturbación, que los que se masturban con regularidad, esto apunta a que quizás exista un factor de tipo protección en los sujetos que tienen la sana costumbre de masturbarse. Los estudios sobre masturbación en la adolescencia actual, han mostrado, independientemente de las cifras reportadas, que este tema sigue siendo muy difícil de explorar y que persisten mitos y errores de concepción de esta actividad, aún entre los hombres.

En una encuesta publicada con adolescentes hombres, se detectó que a los 16 años, el 65 % de los muchachos se habían masturbado por lo menos una vez en su vida, mientras que las mismas personas cuando se les preguntó a los 20 años lo mismo, el 98 % aceptó masturbarse antes de los 16 años. Estos porcentajes tienen dos niveles de interpretación, el primero que las personas encuestadas siguen teniendo dificultades para reportar que se masturban y que conforme pasa la edad, lo van aceptando como una actividad más o menos frecuente y normal para el siglo XXI.

MASTURBACIÓN FEMENINA

Es común entre los hombres que en la pubertad y adolescencia que se midan la longitud del pene erecto, o que hagan competencias de masturbación: "A ver quien la llega más lejos"; "Ver quien termina más rápido", es decir un fenómeno de masturbación en grupo. Esto no ocurre entre la mujeres, entre ellas poco se comenta sobre esa área de su sexualidad. En una encuesta anónima de auto erotismo en mujeres y hombres profesionistas, los datos que se obtuvieron son muy contrastantes. Mientras que el hombre piensa por lo menos cada 5 minutos en sexo a lo largo del día. La mujeres, por el contrario, tienen de 2 a 3 pensamientos relacionados al sexo al día, pero además su concepto de sexo es más en el plano afectivo (cariño, acercamiento, comunicación) que en el físico. En el terreno del autoerotismo, las profesionistas entrevistadas, entre 25 y 35 años, este es prácticamente inexistente. Las entrevistas eran de auto aplicación y se entregaban en un sobre cerrado y anónimo. Menos del 10 % de la muestra admitía masturbarse con regularidad (1 a 2 veces por semana), mientras que la mitad de la muestra admitía no presentar orgasmo jama , pero además, lo más grave es que no les preocupaba esto. Ante la pregunta relativa a la importancia en sus vidas de la actividad sexual, más del ochenta por ciento contestó que no era importante, que podían vivir si sexo por largos periodos. Si las encuestadas, la mayoría médicos, enfermeras y psicólogas tienen esta tipa de respuestas, la pregunta obligada es: ¿Qué pasa en otros sectores de mujeres menos escolarizadas y con menos medios económicos? Los términos que comúnmente escuchamos cuando ellas se refieren a las relaciones sexuales son: "Me gusta que mi marido me use"; "Anoche tuve a mi hombre", " Mi señor es el que me busca, yo no soy Güilota" "No doctor, yo no me muevo cuando me rejunto con mi señor, ¿pos que va a pensar él?" El miedo al cuerpo, a las emociones del cuerpo, a los placeres del mismo en la mujer esta dominado por la vergüenza, por miedo al rechazo e ignorancia. La educación tradicional judío-cristiana, reprueba que las mujeres sean activas sexualmente, y que practiquen el autoerotismo. Al casarse estas mujeres pasan de un tutela moral paternal a la de sus maridos, que en la mayoría de los casos son una especie de fotocopia de los rasgos predominantes de la cultura machista con la que fueron criadas. En la actualidad ya no se extirpa el clítoris en las mujeres decentes, sólo se les cancela la posibilidad de sentirse bien cuando disfrutan de una relación sexual, aún cuando esta sea con su esposo, novio, pareja o amante.

Existe una actitud machista sobre la investigación de la sexualidad femenina y de los medicamentos que pueden emplearse para mejorar la sexualidad de las mujeres. La "píldora" anticonceptiva, ciertamente liberó a la mujer de embarazarse, pero es prohibida por la Iglesia Católica, entre otros argumentos por "abortivo", aunque uno de los motivos reales puede estar el que la mujer "desborde" su sexualidad, y se salga del control secular y del hombre. Pero si se trata de la píldora del "día siguiente", entonces la intolerancia se recrudece, porque implica que la mujer ya ha pecado, ha "fornicado" (expresión ecuménica que implica sexo extramarital), y luego tratará de tapar sus culpas con un "abortivo" (según su visión muy cerrada de la fisiología reproductiva).

MASTURBARSE SI, ¿PERO CUANTO ES MUCHO?

Esta es la pregunta que dispara el adolescente liberado del problema de "los pelos en la palma de la mano". No hay límite, siempre y cuando no se convierta en una obsesión, lo cual es más bien rara, y aquí el problema es por las laceraciones en la piel de genitales. En el hombre, el límite es el llamado periodo refractario, que ocurre después de cada eyaculación, y que se va prolongando con la edad.

Otra pregunta que se hace: ¿Es normal masturbarse si uno esta ya esta casado? Aquí las señoras han lanzado la voz al cielo:

"¿ Pa' que se quiere hacer 'eso' si me tiene a mi?". El autoerotismo es muy diferente a la relación de pareja, y los gritos y sombrerazos no van a hacer que su esposo deje de hacer lo que hace, quizás sea más inteligente el participar, el dialogar, el negociar, el buscar que no se rompa la comunicación, porque entonces, el marido va a terminar con una "Golden-Card", de un "Table-Dance", masturbándose debajo de la servilleta o asiduo de las revistas o canales porno ("¡Es que vieras que buenos artículos hay en el 'Playboy' vieja!).

Lo que no se puede negar hoy en día, es que el masturbarse sigue generando culpa y vergüenza en un porcentaje alto de hombres y mujeres. En estas últimas es tanta la culpa que ni siquiera se atreven a practicarla. Masturbarse es al área sexual lo que los ejercicios aeróbicos al corazón y los pulmones, hay que ejercitarla para estar en forma, lo cual significa que en la médula espinal y en el cerebro se faciliten una serie de sistemas y circuitos que remuevan al "sacerdote" intolerante que se esconde en algún sitio de las circunvoluciones cerebrales para impedirnos gozar con nosotros mismos.

EL SADOMASOQUISMO Y EL CÓMO LA VIOLENCIA EN LA EDUCACIÓN A LOS NIÑOS, POR SU PROPIO BIEN, LO HA PROMOVIDO.

"Si, soy un libertino, lo admito libremente. He soñado en hacer todo lo que es posible soñar en ese sentido. Pero ciertamente no he hecho todas las cosas que he soñado y nunca las haré. Libertino puedo ser, pero nunca un criminal o un asesino". El Marqués de Sade.

When we grew up and went to schoolThere were certain teachers who wouldHurt the children anyway they couldBy pouring their derision upon anything we didExposing every weaknessHowever carefully hidden by the kids

But in the town, it was well knownWhen they got home at night, their fat andPsychopathic wives would thrash themWithin inches of their lives.

The Happiest Days of Our Lives

Pink Floyd – The Wall

El marqués de Sade, murió a la edad de 74 años, de los cuales 27 estuvo entrando y saliendo de la cárcel. Fue detenido ya en su vejez 13 veces, aunque no todas por razone de su actividad sexual, sino también por la actividad política. El 4 de julio, 10 días ante de la toma de la Bastille, fue detenido por arengar a la multitud en contra de los opresores monárquicos. Había nacido en un castillo (1740) y murió en el asilo para enfermos mentales de Bicétre (1814). Justine (1791) y Los 120 días de Sodoma (1785), dos de sus más conocidas obras, las escribió en la Bastille.

El marqués de Sade no paso a la historia por lo que hizo, sino por lo que dijo. Su filosofía era aquella en donde el hombre gobernaba su "Naturaleza", por la cual no debía de resistirse sino disfrutarla. Para Sade la moralidad era solo la moda del momento, una serie de leyes artificiales dictadas por el hombre a su conveniencia.

Lo cierto es que en el tiempo en que vivió, alrededor de la revolución francesa, no era la virtud lo que imperaba en esa sociedad llevada a los extremos de la pobreza, en donde 1 de cada 7 mujeres ejercían la prostitución, y París era descrita por la propia policía de la ciudad como un gigantesco burdel. El marqués se convirtió con el tiempo, en sinónimo de producir placer al infligir dolor, y esta actividad se connotó como sadismo, y al practicante de esta como sádico.

LA PARAFILIA SADOMASOQUISTA

Uno de los grandes enigmas para los sexólogos y psicólogos evolucionistas lo constituye este tipo de parafilia. Krafft-Ebing, hizo la primera descripción de esta alteración del objeto sexual en su libro Psychopathia Sexualis (1885). Sadismo, fue el término que Krafft-Ebing utilizó, en recuerdo del célebre marques de Sade, para describir a las personas que tenían experiencia sexuales placenteras originadas de ocasionar dolor, humillación, herir, y aún destruir, a otra persona, en vez de producirle satisfacción o placer. El masoquismo, - denominado así en relación con el novelista e historiador Leopold Sacher-Masoch, - para quienes se sienten extasiados por ser humillados y estar al servicio del otro.

Las especulaciones sobre como este tipo de actividades: causar dolor y gozar con recibirlo, puedan haberse generado y preservado evolutivamente sigue siendo aún hoy en día una incógnita. Una de las dificultades obvias de la investigación en este campo la constituyen la misma naturaleza de este tipo de trastornos. Algunos especialistas consideran al sadomasoquismo como una sola entidad, con dos formas de expresarse, que en algunos casos puede ser alternante. La persona con esta parafilia, es descrita como necesitada por un deseo sexual que crece internamente, para realizar sus fantasías de ser humillado, golpeado, amarrado, o por el contrario, una necesidad importante de sufrir, expiar, ser dañado y humillado, para el caso del masoquismo. El individuo sádico, experimenta placer en humillar física o psicológicamente a sus víctimas.

El mito que existe en la actualidad es que el sadomasoquismo se expresa en espacios contenidos, ritualizados, tipo clubs o fraternidades, en donde hay consentimiento de ambas partes. La realidad es que existen más personas con formas sadomasoquistas de poca intensidad, que no están en ese contexto de sadomasoquismos ritualizado o declarado y que desde una posición de "normalidad", actúan su parafilia. Las relaciones en la pareja, entre amigos y aún en las actividades tan bien vistas, desde e punto de vista social, como el deporte (Vg., Box, artes marciales, corridas de toros), tienen un alto contenido sádico, que es ritualizado.

El siguiente es un caso de una relación de pareja, con matices sadomasoquistas.

Marta se enamoró de Héctor, me dijo, desde que lo escucho en una plática, sin siquiera verlo, su voz sonaba varonil y segura. Al poco tiempo de ser novios notó que le gustaba criticarla de todo, hacerla enojar, y luego de una gran discusión, por motivos que en ocasiones no recordaba ella, notaba que al poco rato, él acercaba para conciliarse con ella y hacer violentamente el amor. Ya casado, Héctor le pedía que "jugarán", lo que él llamó el juego del verdugo. En ese juego el amarraba a Marta y le propinaba golpes, mordidas y pellizcos. Alguna vez que ella se rehusó, él abandonó molesto la habitación, acusándola de ser una puta disfrazada. Marta notó que la conducta de Héctor era muy predecible, si ella dejaba que él jugara al "Verdugo", él estaba amable con ella, por varios días. Si ocurría lo contrario, las palabras, humillaciones, y arrebatos se sucedían a lo largo de semanas. Después de varios meses de rehusarse a tener más relaciones sexuales con Héctor, este intentó violarla, afortunadamente Marta pudo huir. Su ex esposo nunca ha admitido que sea una persona sádica. Las personas que rodean a Héctor, no piensan que él sea violento, por lo que les extrañó mucho el incidente motivo de la separación.

No se sabe cual es la incidencia de casos de sadomasoquismo, entre otras cosas por no haber demanda para su tratamiento, este sólo se puede inferir, por la demandas que tiene el material pornográfico al respecto que no es un problema aislado. El gusto por algún tipo de cine violento, sangriento (Gore), de agresividad en contra del espectador que llena las salas cinematográficas; la demanda del cine "Snuff", en donde se muestran sacrificios humanos (sin la ayuda de efectos especiales o trucos), ha llevado a pensar a los estudiosos del tema, que hay rasgos sadomasoquistas en un porcentaje muy elevado de la población.

Las películas "Gore" o "Snuff", existen por la demanda que hay de estos temas, quienes las ponen en circulación, lo hace por ganar dinero, y no como panfletos para ganar adeptos a una causa u otra. El término "Snuff", se mencionó por primera vez en alusión a las películas que filmaba la "Familia" del sociópata Charles Masson. En la novela de Ed Sanders (1971) The Family: The Story of Charles Manson's Dune Buggy Attack Battalion, se menciona el término "Snuff", para connotar la actividad de filmar escenas de moribundos que tomaban los miembros de la familia, con una cama de 8 mm, películas que luego tenían una circulación entre los adeptos.

Otras pista al respecto es que la industria de la moda en el vestir, ha explotado este gusto por atuendos que caracterizan a este grupo de parafílicos: cabezas rapadas, aretes en nariz y orejas, tatuajes, botas, vestimentas de cuero, adornos con temas de cadenas, calaveras, etcétera.

PARAFILIAS EN MUJERES

En contra de lo que suponía hace años, respecto a que las parafilias era sólo un problema de hombres, en la actualidad sabemos que puede estar expresada también en mujeres, aún que las cifras de casos en proporción son muy inferiores para estas últimas.

Paul Fedoroff , Alicia Fishell , Beverley Fedoroff (Te Canadian Journal of Human Sexuality, 1999), reportaron a 14 mujeres parafílicas, a quienes compararon con 118 hombres con los mismos diagnósticos. Los diagnósticos más frecuentes en las mujeres parafílicas fueron: paidofilia (36 %), sadismo sexual (29 %) y exhibicionismo (29 %). Las edades de inicio, la asociación con otras enfermedades psiquiátricas, e incluso el consumo de drogas ilegales, no fue diferente a sus contrapartes masculinos con el mismo tipo de parafilias.

Este tipo de estudios cuestiona que las parafilias estén motivadas por la presión sexual masculina. Otras información importante que se obtiene de estos estudios es que se ha subestimado el problema en las mujeres, entre otros factores, por no ser ellas sujetos de persecución habitual, de demandas, o por que se ha tomado, en el caso de la pedófilas, que esto pueda ser percibido como una especie de "rito de iniciación", pocas veces reportado por el niño o púber. .

En una revisión de diferentes estudios sobre mujeres reportadas como paidófilas, de un total de 8, 865 acusadas de crímenes sexuales en EUA, 60 %, lo eran por paidofilia. Lo anterior ha llevado a ser más cuidadoso al extrapolar conclusiones respecto a la presencia o poca expresión de parafilias en la mujeres. Además de la paidofilia, la actividad sadomasoquista, en cualquiera de sus variantes, es aceptada abiertamente por un grupo de mujeres.

EL JUEGO DEL VERDUGO

Una de las encuestas iniciales de Alfred Kinsey, efectuada en la primera mitad del siglo XX, sobre "juegos sexuales", mostraban que los

Juegos sexuales de muchas parejas jóvenes consisten en morderse y darse nalgadas, en la mayoría de los casos de manera alterna, aunque si hay una preferencia de que el hombre sea el verdugo. En encuestas más recientes, los estudiantes de universidades norteamericanas admitían sentirse estimulados sexualmente, ante la posibilidad de un encuentro sexual sadomasoquista. Este tipo de encuestas apoyan el que las parejas norteamericanas tienen un grado de estimulación sexual con fantasías sadomasoquistas, sin embargo no hay un dato firme que apoye que hay una clara diferencia de género, entre quien es más estimulado, si hombres o mujeres.

El sentido común parece indicar que el hombre es el que se estimula más con fantasías sadomasoquistas que las mujeres, esto en parte por el papel sexual pasivo que se ha obligado a asumir a la mujer. Sin embargo algunos reportes muestran datos contrarios, en las relaciones sadomasoquistas entre hombre y mujer, el hombre prefiere el papel de dominado, sobre todo en el contexto de los clubs o sitios sadomasoquistas. Una prostituta de uno de esos sitios, comentaba que el común de los hombres que acuden a contratar sus servicios, son personas que en la vida real tienen actividades de mando, ejecutivos, militares, abogados y médicos. Ella considera que es un tipo de expiación que estas personas necesitan, por el dolor que infringen a los demás. Lo anterior estaría apoyando el hecho de que el sadomasoquismos es alternante dependiendo del contexto social en donde se exprese.

LAS CAUSAS DEL SADOMASOQUISMO.

Una propuesta reciente, consiste en una sobreposición de los mapas cerebrales de amor y dolor. Personas que son abusadas en la infancia por progenitores o seres significativos en sus vidas (Vg., profesores, sacerdotes, entrenadores), mezclan en los mapas de cariño, afecto y placer, con el de recibir y producir dolor. En un estudio, con seguimiento a 10 años, con adolescentes de ambos sexos, se observó que los hombres mostraban preferencia por golpear y maltratar a sus compañeras que la situación inversa, por lo menos en el área de la fantasía, resultó que el hombre desarrolla más ensoñaciones respecto a ejercer violencia física o verbal con las mujeres, mientras que estas tienen más fantasías de ser rescatadas por un hombre idealizado como amable, gentil, valeroso y fuerte. En la conducta de apareamiento de los homínido ancestros de los humanos, el rasgo de ser protector de las hembras, fue seleccionado evolutivamente, como un antecedente inmediato de las uniones monogámicas, mientras que el macho realizaba sus apareamientos por la fuerza, secuestrando materialmente a las hembras. ¿Es posible que el traslape o sobreposición de mapas sexual-amor y dolor-violencia, haya sido un rasgo evolutivo previo, al de protección-sexo?

DIFERENCIAS ENTRE SADOMASOQUISMO HETEROSEXUAL Y HOMOSEXUAL.

El caso de las parejas heterosexuales que conscientemente practican el sadomasoquismo, son mínimas. Es más frecuente que el hombre infrinja dolor a su pareja, y lo disfrace de muchas formas. Los hombres están mucho más interesados en este tipo de actividad que las mujeres. Si se revisan los llamados anuncios personales, las mujeres pocas veces se presentan como sadomasoquistas, mientras que los hombres si lo hacen, o aún más buscan mujeres sadomasoquistas que los humillen, estas últimas suelen ser prostitutas, que tienen montado todo un espectáculo al respecto. Mucho de lo que ocurre en estos encuentros sadomasoquistas pagados tiene mucho de teatro y esto está explícito en ambas partes.

En el caso de las mujeres se ha iniciado el fenómeno de que aparecen anuncios de damas que buscan mujeres sadomasoquistas, e inclusive revistas especializadas y sitios de Internet en donde una chica busca a una verdugo femenina, o "Mistress" que ofrecen sus servicios exclusivos a mujeres que adopten el papel de dominadas y sumisas. El caso de los homosexuales masculinos sadomasoquistas merece un lugar aparte, contrario a lo que se puede suponer, entre hombres con estas inclinaciones, el dolor físico no es la principal motivación. Kamel ha encontrado que son cuatro aspectos importantes que distinguen a un homosexual masculino sadomasoquista: El acentuar su masculinidad respecto a otros hombres, esto explica el uso de una indumentaria muy estereotipada: Artículos de piel, botas, cinturones con picos metálicos, fuete, uniformes militares, Humillación al otro, el homosexual sádico insulta, intimida, al otro; Miedo y sujeción. A fin de cuentas lo que trata de hacer la pareja de homosexuales sadomasoquistas es el establecimiento de rangos y jerarquías. Conductas como la introducción del puño del sádico en el recto del pasivo, no conllevan a ningún placer sexual real, sino a la conquista del territorio de la sumisión.

LA EXPLICACIÓN DEL SADOMASOQUISMO EN LA SICOLOGÍA EVOLUTIVA.

Las explicaciones en este sentido se construyen sobre las líneas de conductas evolutivas de reproducción y de rangos sociales. Las cuales se han fusionado.

Las sociedades humanas primitivas, desarrollaron estrategias para regular la asimetría entre sus miembros del mismo sexo, estos son: clases sociales, castas, membresías, organizaciones profesionales, cofradías, títulos, rangos militares, etcétera. Pero la conducta agonista ritual persiste aún hoy en día, porque está en un programa instalado en el "cerebro de reptil", es decir, en la porción más primitiva de nuestro encéfalo según Mc Lean. Esta conducta agonista ritualizada, persiste evolutivamente y tiene señales claras: sometimiento o sumisión; dominar o ser dominado; Activo o pasivo. Esta estrategia esta presente no sólo en los seres humanos, sino en todas las especies de reproducción sexual. Está pauta conductual de agonista ritualizada, es la capacidad que tiene un individuo, para amenazar y luchar con éxito y de esta manera vencer a sus rivales del mismo género, por sobre la posesión de las hembras y de los bienes materiales para la manutención de ella y las crías. Este comportamiento fue descrito por Charles Darwin en 1872 y esta expresado en las costumbres de nuestras sociedades. El Presidente o Monarca, avanzan erguidos y sus súbditos se inclinan en señal de respeto; el juez ingresa a la sala de justicia y la personas se ponen de pie, esta conducta está inscrita en nuestro "hardware" cerebral, después de miles de años de evolución. Los monos Alfa golpean sus pechos con los puños, y abren la boca, el resultado es un grito con percusiones, que por su gravedad sonora, indican el rango. Los changos periféricos se acercan y hacen una caravana, pero en el sentido opuesto a la figura del mono Alfa, este hace un acto simbólico de monta sexual, y luego los empuja. El mono Alfa duerme rodeado de su harem, mientras que los periféricos tienen que vigilar por la posible intrusión de predadores. Este hecho aparentemente trivial, hace que el mono Alfa continúe con el poder, al dormir mejor pero sobre todo tener sueño de movimientos oculares rápidos, en donde hay una consolidación de procesos cerebrales. En el contexto laboral y escolar, es común que los jefes, capataces, maestros y directores, se comporten como modernos monos alfa. Llegan a las áreas de reunión, despliegan su comunicación en tonos de voz alto, miran a los ojos directamente, no dicen por favor, ni tampoco dan las gracias.

POR SU PROPIO BIEN

En este contexto se ha sugerido que la práctica sadomasoquista, es un traslape de aspectos emocionales, en donde la excitación sexual, poder, culpa, vergüenza, hacen de alguna manera que el dolor físico se transforme en placer sexual. En el desarrollo del ser humano, el tiempo ontogenético en que esto ocurre es importante, ya que se sitúa en la etapa escolar. Los procedimientos disciplinarios de golpes (La letra con sangre entra), tanto en el hogar, como en la escuela han contribuido a ese esquema. Estudios de duración a 10 y 15 años en Gran Bretaña, demostraron que niños abusados físicamente por maestros y padres, desarrollaron preferencias sádicas al crecer y que la educación de ellos para con sus hijos tomó el mismo camino.

En el libro "For your own good: hidden cluelty in child-rearing and the roots of violence" (Por su propio bien: la crueldad oculta en la educación de los niños y las raíces de la violencia), la psicoanalista suiza Alice Miller, resume la manera como los niños han sido "educados", en los últimos dos siglos:

Los adultos son vistos como los amos, no los sirvientes de los niños que dependen de ellos.

Ellos determinan, en términos de las costumbres imperantes, lo que es bueno o malo para los niños.

Los niños son responsables de sus episodios de enojo e ira.

Los padres deben de estar protegido contra estas intimidaciones.

Los sentimientos de autoafirmación de los niños poseen una amenaza hacia la actitud autocrática de los padres.

La voluntad y auto-afirmación de los niños debe de ser quebrantada desde edades tempranas.

Todo esto debe de hacerse desde edades tempranas, de tal manera que los niños no lo noten, y por lo tanto no culpen a sus padres o adultos de los cuales dependen.

Los métodos utilizados por los adultos que ejercen esta actividad educativa son diversos: mentir, manipular sus sentimientos, táctica de intimidación. Aislamiento, humillación, ridiculización, castigos físicos hasta el punto de tortura. A los niños se les ha dado información falsa y distorsionada, que ha pasado de generación en generación, con el solo propósito de establecer el papel autoritario de los padres y adultos de los cuales dependen los niños, ejemplos de esto son:

El sentimiento de que el deber cumplido produce amor en los padres.

Los padres merecen respeto, únicamente porque son los padres.

Los niños no merecen ser respetados, simplemente porque son menores.

La obediencia hace a los niños fuertes.

Una elevada autoestima en los niños es dañina.

Una baja autoestima hace a la gente altruista.

La ternura es dañina.

Responder a las necesidades de los niños es equivocado.

La severidad y la demostración de poco afecto, preparan mejor al niño en la vida.

La forma como te comportas externamente, es más importante que la manera de ser en realidad (conducta externa disociada de los sentimientos).

Ni Dios, ni los padres van a sobrevivir si son ofendidos, la paternidad viene de Dios, por lo tanto es sagrada.

El cuerpo es alfo sucio y por lo tanto desagradable.

La manifestación de sentimientos es dañina.

Los padres son criaturas libres de errores y culpas.

Los padres siempre tienen la razón.

Lucien Lombardo escribió en el prólogo de otro libro de Allice Miller, "The Truth Will Set You Free" ("La verdad te hará libre"): "La infancia no es la etapa más corta de nuestra vida, es más bien la más larga, porque permanece con nosotros hasta nuestra muerte".

Un niño que ama a su padre, no piensa que la crueldad con que es castigado o reprimido, sea injusta. El resultado de esta serie de actos de violencia física, verbal y psicológica en la infancia, en donde se están construyendo los mapas de nuestras emociones en el entorno cerebral, llevan a construcciones de las emociones, en donde los programas generados a lo largo de la evolución, se traslapan en aberraciones como la conducta sadomasoquistas, de la cuales no somos del todo ajenos. En la rola de la obra del grupo de rock progresivo Pink Floyd, queda expresado, de manera sintética, lo expresado anteriormente. Educar, castigar, vigilar, controlar, condicionar: Orden y progreso, sumisión o exterminio. Están conmigo o en mi contra ¡Por su propio bien!.

En una cultura que veladamente promueve los valores sadomasoquistas, como forma de convivencia, en paz, orden y progreso, no es de extrañarnos que en la vida cotidiana, surjan frases como las que sigue:

¡Pégame si quieres, pero no me dejes!

¡La maté porque era mía!

Pegarte me duele más a ti que a mi hijito, pero créeme que lo hago por tu propio bien. ¡Algún día me lo agradecerás!

¡Lo más padre de los pleitos con mi marido son las reconciliaciones!

¡Al pueblo, sólo le pido paciencia, y que se aprieten el cinturón un poco más!

¡Mi vieja es rete aguantadora!

¡La letra con sangre entra!

LOS PEDÓFILOS

El concepto de la niñez.

Los niños sólo fueron considerados diferentes a los adultos hasta hace poco tiempo. Antes del siglo XIII, como nos dice Philippe Ariés (L'enfant et la vie familiale sous l'ancient régime, 1973) los niños era como los animales domésticos: Nacían muchos y de igual manera morían en exceso ¿Para qué encariñarse con ellos? ¿Para que acordarse siquiera de sus nombres? Los iconos religiosos previos a ese siglo, cuando representaban a un niño, lo hacían como un adulto de menor dimensión. Las vestimentas de los niños, en cuanto dejaban de usar pañales, eran iguales a la de los adultos. En una serie de pinturas, que analiza Ariés, se muestra la aparición del niño en el arte, primero como una serie de seres amorfos, iguales entre sí, como elementos del paisaje, como las piedras o los árboles, para después caracterizarse de manera individual, inclusive como objetos únicos de las pinturas en los siglos XVI y XVII. Los pequeños eran ligeramente más importantes a los 7 años, en donde ya el padre hacía un esfuerzo para recordar sus nombres. Es en el siglo XVIII, en donde se considera ya al concepto de la niñez, como una etapa importante en el desarrollo humano (Jean Jaques Russeau y su libro "Emilio" 1712–1778). En ese momento se redujeron los castigos a los niños, en el hogar y en la escuela. Sin embargo el concepto de la infancia, como una etapa relevante en la vida del ser humano, sólo se sitúa al inicio del siglo XX, con el psicoanálisis primero y los avances de pedagogía y psicología infantil de las escuelas Suiza y de Italia (Jean Piaget, María Montessori, por ejemplo), las cuales exploran los procesos de maduración y cognitivos de los niños. El hecho de que los adultos de esa época tuvieran evidencias de que determinados sucesos en su infancia habían motivado tal o cual situación en la adultez, hizo que se iniciara el estudio formal de la infancia. En el siglo XIX se habían prestado ya algunos cambios preparatorios al concepto de niñez. Se puede mencionar que en ese siglo, se fundaron algunos hospitales para la protección y cuidado de los niños con dificultades en su desarrollo físico o retraso mental.

La relación imperante de los adultos respecto a los hijos fue totalmente punitiva, y centrada en el trabajo del hogar, granja y aún de las fábricas. Los hijos fueron considerados entonces, como "mano" de obra, y como seres de reposición y desechables debido a las oleadas de mortandad, peste, hambre y guerras.

Por lo anterior, se dieron abusos masivos a los niños, que a fin de cuentas eran como "adultos pequeños". A los 7 años, un niño ya entraba en tiempo sexual y laboral. Algunos asistían a las escuelas, principalmente los hijos de nobles.

El abuso de todo tipo, principalmente físico y sexual era práctica cotidiana, aunque oculta. La historia marca el inicio del abuso sexual de los niños, a gran escala con un hombre: Gilles de Rais, Mariscal de Francia.

La leyenda de "Barba Azul"

Nacido en 1404 en el castillo de Champtocé, cerca de Nantes, Guilles de Rais prometía, sólo por su nacimiento, tener un destino radiante. Su padre Guy de Laval, era la cabeza de la ilustre familia de Laval-Montmorency, mientras que su madre, Marie de Craon, pertenecía a una de las familias más ricas del reino. Por tanto, los padres del futuro capitán general poseían unos dominios inmensos desde Bretaña hasta Poitou y desde Maine a Anjou. Único heredero, el joven debía convertirse en uno de los más poderosos señores de su época. La muerte de Guy de Laval, asesinado en 1415, y más tarde la de su madre, que sobrevino algo después, le hicieron dueño muy joven de aquella fabulosa fortuna, al tiempo que le dejaban bajo la tutela de su abuelo materno, Jean de Craon. Este era un hombre amable, de espíritu algo fantasioso, pero que no tenía -es lo menos que puede decirse- grandes cualidades de educador. Bajo su vara, Guilles pudo entregarse a sus inclinaciones perversas, que iban a convertirlo en uno de los mayores criminales de la historia: una crueldad sin límites y un gusto inmoderado por los chicos jóvenes. Casado muy joven -y sin gana alguna- con su prima Catherine de Thouars, que le aportó como dote unos dominios considerables lindantes con los suyos, fue a instalarse en el castillo de Tiffauges. Desasistiendo entonces a su joven esposa, empezó a llevar con sus pajes una vida totalmente dedicada a la ociosidad; una vida de la cual sólo los trabajos de la guerra pudieron sacarlo temporalmente. Llamado a la corte de Carlos VII, Guilles de Rais llegó a Chinon sólo unos pocos días después de que Juana de Arco fuera allí para buscar al Delfín y llevarlo a Reims. Se encontró con ella y ocurrió el milagro. Desde el primer momento, Reis quedó subyugado por la autoridad angelical de la joven, y desde aquel encuentro la siguió por todas partes con una lealtad ejemplar, convirtiéndose en uno de sus más valientes compañeros. Para Guilles de Rais, "señor y poderoso barón, valiente caballero de armas", aquello era la gloria; también hubiera podido ser el arrepentimiento y la salvación. Desgraciadamente,

Juana fue capturada y quemada en Ruán. El joven capitán -sólo tenía veintiocho años- volvió a Champtocé, desesperado por la pérdida de la que para él se había convertido en un ídolo. Los dos seres que habrían podido volver a ponerle en el buen camino ya no existían. Gozando de su prodigiosa fortuna, fue de nuevo torturado por sus malos espíritus.Enamorado de las artes y del lujo, se puso a despilfarrar sus riquezas comprando sin escatimar objetos preciosos, miniaturas y tapices, y organizando para sus jóvenes pajes fiestas suntuosas. En pocos años, y a pesar de que fue una de las mayores del reino, su fortuna quedó prácticamente consumida. Para subsanar los inconvenientes de esa situación de hombre arruinado, se volcó entonces sobre la alquimia. Atrajo a Tiffauges a los más ilustres especialistas en la piedra filosofal. Uno de ellos, un italiano llamado Preslati, le inició en la magia negra y le puso en relación con el diablo. Se acostumbró entonces a celebrar misas negras y a ofrecerle, a modo de sacrificio, las manos, los ojos o el corazón de chicos jóvenes que hacía raptar entre los campesinos de la vecindad por hombres de confianza. Estos crímenes que por otra parte no dieron ningún resultado -el oro prometido por el alquimista nunca llegó-, multiplicaron su crueldad y sus instintos perversos. Muy pronto, el capitán general se aficionó a aquel pasatiempo.Diariamente, en las grandes torres sombrías de sus castillos de Champtocé, de Machecoul y de Tiffauges, se dedicaba a sus entretenimientos preferidos con algunos cómplices, diversiones que enumeró en estos términos el día de su increíble juicio: "degollar niños…, separar la cabeza…, desmembrarlos…, rajarlos para ver sus entrañas…, atarlos a un gancho de hierro para estrangularlos…"Por supuesto, la multiplicación de las desapariciones acabó por suscitar rumores en el país. Jean de Malestroit, el obispo de Nantes, fue avisado que estaban ocurriendo cosas extrañas en casa del capitán general. Ordenó que se llevara a cabo una investigación. Fue realizada discretamente, pues tenían que habérselas con uno de los más poderosos barones del reino. Aunque estuvieran probados sus crímenes, no era nada evidente que se pudiera castigar a tan gran personaje. La ocasión, sin embargo, debida a una imprudencia sorprendente que cometió, se presentó.El día de Pentecostés del año 1440, Guilles de Rais llevó efectivamente su audacia demasiado lejos. Con sesenta hombres armados, penetró a la fuerza en la iglesia Saint-Etienne-de-Mer-Morte para apoderarse de un fraile llamado Jean Le Féron, cuyo hermano le había procesado a propósito de la adquisición de un señorío. Perturbar la santa misa se consideraba en aquella época como un delito mayor. Aquel sacrilegio acarreó su perdición.Mediante carta abierta del 13 de septiembre, el obispo acusó al capitán general "de herejía, de asesinatos de niños, de pacto con el diablo y de crímenes contra natura" -delitos todos que podían acarrear su excomunión y su condena a muerte. Guilles fue citado a comparecer ante un tribunal eclesiástico. El 15 de septiembre, el capitán de guardias del duque de Bretaña se presentó ante el castillo de Machecoul. El terrible señor se entregó sin oponer la menor resistencia.Su juicio tuvo lugar en el castillo de Nantes. Duró todo un mes. Después de haber negado con vehemencia durante algún tiempo y tratado a los jueces del obispo con soberano desprecio, Guilles de Rais cedió. Alcanzado por la gracia, confesó haber asesinado a unos trescientos niños.

Su arrepentimiento fue absoluto; a pesar de la monstruosidad de los crímenes de los que era culpable, provocó la admiración. Su confesión hecha en presencia de una multitud gigantesca, tuvo lugar delante de una iglesia de Nantes el 22 de octubre de 1440.Durante un interminable monólogo, Guilles de Rais expuso, dando los detalles más sórdidos, el relato de sus inimaginables crímenes. Declaró, entre otras cosas: "Por mi ardor y deleite sensual he cogido y hecho coger tantos niños que no sabría precisar con exactitud el número. Los he matado y he cometido con ellos el pecado de sodomía lo mismo antes que después de su muerte, pero también durante ella". Y todo estaba a la misma altura; fueron unas confesiones inaudibles hasta el punto de que en mitad de la audiencia Jean de Malestroit se levantó y fue a volver cara a la pared el crucifijo colocado sobre el altar.El 26 de octubre de 1440, Guilles de Laval-Montmorency, capitán de Rais, fue ahorcado y estrangulado junto a sus dos cómplices. Bajo las horcas patibularias se encendió una hoguera purificadora que debía reducirlo a cenizas. Sin embargo, su cuerpo no fue quemado. En consideración a su alto rango, y sobre todo por su arrepentimiento, se cortó la cuerda y fue "sepultado por cuatro o cinco damas de alcurnia". Alrededor del ajusticiado, los curiosos eran abundantes. Todos lloraban y rezaban por la salvación de su alma. Su título de capitán general no bastó para salvarlo. La sombra de "Barba Azul", cubrió de manera estereotipada con un estigma a todos los pedófilos. ¿Es la paidofilia una enfermedad mental?.

La diversidad de las conductas sexuales en las diferentes culturas que han poblado nuestro planeta y aún las existentes hoy en día son muy amplias. Es posible que cada tipo de actividad sexual que ha sido aceptada por alguna sociedad o cultura sea rechazada posteriormente. La relación entre personas adultas y niños no es la excepción a esta regla de la diversidad sexual. Aunque en nuestra sociedad occidental actual sea condenada y fuera de la ley, han existido y aún existen sociedades que no comparten este punto de vista. En Inglaterra, por seis siglos, y hasta principios del siglo XX, la edad de consentimiento sexual se estableció a partir de los 10 años de edad. Antes de ese tiempo era de 7 años, no me refiero a una cultura aborigen, sino a la cultura que por muchas centurias tuvo mentes brillantes egresados de Cambridge y Oxford, y que en ese mismo periodo fue el prototipo de un Imperio. Entre las tribus Siwans (Valle Siwans de África del Norte), los hombres tienen relaciones sexuales con niños, y si alguno de ellos se niega a hacerlo es señalado como anormal. Entre los aborígenes Aranda, la pederastia es algo común, un hombre adulto, soltero tiene a un niño entre 10 y 12 años como compañero sexual y se considera que esto es parte de la preparación del segundo, para que logre la maduración sexual en su vida adulta. Otros ejemplos se citan en sociedades polinesias y de Oceanía. Este tipo de prácticas hace que seamos más cuidadosos al analizar el carácter de una conducta sexual, calificándola como anormal, desviada, o enferma, y pone de relieve que hay una conjunción entre aspectos legales y biológicos que marcan la diferencia entre lo que es moralmente aceptado y biológicamente correcto.

La humanidad ha evolucionado no solo en las características que permiten una mayor sobrevivencia, sino también en aspectos de convivencia y optimización de las nuevas generaciones. Las conductas sexuales tipo incesto, por ejemplo, fueron rechazadas por la frecuencia con la que nacían las crías con defectos genéticos. Entonces se desarrolla la "prohibición universal" para tener relaciones sexuales consanguíneas. Lo mismo ocurrió con otras prácticas con una connotación relacionada a la higiene y los alimentos que no se podían comer a riesgo de morir o enfermar. El caso de las llamadas parafilias ocupa un lugar interesante en el esquema evolutivo. Ya que no llevan a una optimización de la reproducción, algunas inclusive la bloquean. Parafilia, literalmente significa: "amor por lo que esta a un lado, amor colateral" En un sentido clínico son una serie de prácticas recurrentes, con una motivación sexual intensa, en donde están involucrados objetos, el sufrimiento o la humillación ya sea de la persona misma u otras personas a niños o animales. Algunas parafilias son el voyerismo, pedofilia (paidofilia), froteurismo, sadismo, masoquismo. No hay parafílicos puros, es decir, que únicamente sean fetichistas o sádicos, por lo general hay una mezcla de diferentes tipos. Algunas otras conductas sexuales como la masturbación compulsiva, dependencia a la pornografía, promiscuidad, no son consideradas parafílias pero si acompañan con frecuencia a las parafilias. La pedofilia o paidofilia, es el deseo de tener una relación sexual, o fantasías de tenerla con niños prepúberes. Esto es tener acercamientos sexuales con personas que están por debajo de la edad legal de consentimiento sexual. Esta edad, como se ha comentado se ha desplazado con el tiempo, de 7 años en la edad media, a 10 en el renacimiento y en el siglo XX, algo alrededor de los 18 años. El término preciso de esta actividad sería efebofilia, del griego efebo que significa adolescente. Se tiene la falsa impresión de que la paidofilia es más frecuente en nuestros días que en el pasado, sin embargo es todo lo contrario. La movilidad de la edad aceptada para ser actor en el área de la sexualidad se ha cambiado. En Inglaterra la edad fue modificada debió a la presión social por el desarrollo alarmante de prostitución infantil, más que por las implicaciones de otra índole. La costumbre inglesa, hasta el siglo XX, era casarse con niñas prepúberes y no tener relaciones sexuales con ellas, sino hasta después de que ellas presentaran su primera menstruación (menarca). La conducta de los hombres adultos, era básicamente parental, más que sexual en los primeros años de matrimonio, ellos dirigían la vida de sus esposas y las "moldeaban" (por no decir domaban) a su manera particular de ser. La actitud de escasa tolerancia en la actualidad a los parafílicos en general, se ha visto muy influida por la moral judeo-cristiana, que ha reprobado cualquier tipo de actividad sexual que no esté enmarcada en la finalidad de la reproducción. Lo anterior no ha limitado el que las personas, por lo menos en el mundo occidental, dejen a un lado este tipo de prácticas, por el contrario han aumentado como lo indica, por ejemplo el consumo de productos relacionados con esta práctica sexual y los canales en Internet que se dedican al tema de las parafilias. Las causas de la paidofilias son motivo aún de debate. Se han propuesto diferentes modelos para tratar de explicarla. Las más populares son la hipótesis del abusador-abusado en la infancia y la hipótesis del traslape entre las conductas parentales y las conductas sexuales. En la hipótesis del abusador-abusado, existe la propuesta de que los niños abusados sexualmente crecen para ser a su vez abusadores. En el terreno de la epidemiología, este tipo de explicación tiene poco apoyo. Sólo el 30 % de los abusadores convictos tienen ese perfil y por otro lado, las mujeres que son abusadas más frecuentemente que los hombres en la infancia, son pocas veces abusadoras sexuales infantiles ellas mismas.

La hipótesis del traslape de los "mapas" sexuales y parentales de los afectos, es más de carácter teórico, y se basa en observaciones como las ya descritas en Inglaterra y en otras sociedades en donde se dan los papeles alternos de cuidados paternos y de esposo

coexistentes. Otra hipótesis sostiene que los pedófilos tienen dificultades para tener relaciones sexuales con personas cercanas a su edad, padecen de ansiedad al hacerlo, y que por lo tanto prefieren tener las relaciones sexuales con menores de edad, en donde las relaciones de poder son a favor de los adultos. El temor y el deseo sexual son en general estados incompatibles, por lo que un tipo de práctica paidofílica resuelve en apariencia el problema. Sin embargo, en contra de esta hipótesis está el hecho de que no todos los hombres que son atraídos por niños, lo haces exclusivamente con ellos, de hecho la mayoría de los paidófilos son heterosexuales, casados con una vida sexual   activa.
El perfil de abusador infantil.

El abusador infantil, no es el extraño que deambula en el parque andrajoso, con una botella de algo en la mano y con la mirada turbia. El violador de niños ha entrado muchas veces a casa, se le ha estrechado su mano, se ha sentado a la mesa familiar. También ha sentado a la niña de sólo siete años en sus piernas, y enfrente de la familia entera ha puesto su mano por un tiempo exagerado en el área genital de la niña.

El violador sexual, entra y sale de las casas, porque vive en ella o es un visitante frecuente de la misma. Los abusos sexuales a los niños no implicas siempre la penetración, otras formas como las caricias, el manoseo o la manipulación psicológica sutil, para que se desnuden son todos ellos actos de abuso sexual. El abusador es una persona adolescente o adulto, conocida de la víctima: instructor, sacerdote, portero del edificio, persona relacionada a la escuela, al gimnasio, maestro, médico, psicólogo, enfermera. Pueden ser el compañero de la escuela. La razón de que la persona que comete el abuso sea una persona cercana, dificulta mucho la identificación y más la delación de la misma..

Las acciones se pueden dar en diferentes tenores, desde un acercamiento casual, una seducción, y sobornos. Pero también puede llegar a extremos como insultos, golpes y amenazas. El abusador sabe muchas estrategias, y las combina: chantaje (si me denuncias vas a pagarla), puede haber amenazas físicas e insultos, amenazas de lesionar a padres, a hermanos.

El abuso infantil implica un hecho de abuso de poder y confianza. El tipo de abuso difiere entre géneros: los niños varones son golpeados , maltratados, mientras que las niñas son abusadas sexualmente. El 97 % de los abusadores son hombres. El abuso puede ser aislado, es decir de tipo esporádico, o hacerse repetido y constante, esto va a depender de la facilidad con la que el abusador este cerca de la víctima, de la seducción, amenazas, dinero o regalos que este administrando en paralelo. Las amenazas juegan un papel muy relevante. Estas pueden ser directas sobre la víctima: "Si me delatas te mato" o indirectas sobre algún familiar: "Si me acusas tu madre morirá o tus hermanos serán desaparecidos". El engaño, es otra de las herramientas que emplean los abusadores: "Te acaricio tu colita para sacar los malos espíritus y que el diablo se vaya"; "Este masaje es bueno para que crezca alta y bella, todas las niñas lo reciben, pero no se lo dicen a nadie".

En el 75 % de los casos el ofensor es conocido por el niño y la familia. En el 40 % de los casos el abuso no fue un hecho aislado sino que se prolongó por un promedio de 7 años. Un elevado porcentaje de las víctimas de abuso sexual, no cuenta nunca lo que les sucedió.

El abuso sexual tiene un patrón característico que va en aumento. En un primer momento solo se presenta como un juego, el segundo paso se caracteriza por caricias sexuales más intensas, exhibicionismo, hasta llegar a alguna forma de penetración. La tercera fase es la del secreto. Este secreto puede ser por parte exclusiva de la víctima, o inclusive de los familiares o personas cercanas que al descubrir el hecho, conminan a la victima a mantenerlo oculto, siempre en secreto. El pensamiento distorsionado subyacente en la familia es:

"La gente no va a pensar que te forzaron sino que tú te lo buscaste"

El secreto es el que lleva más frecuentemente a las manifestaciones de ansiedad y trauma psicológico, en los niños, que la comunicación abierta. Las víctimas no comunican "su secreto" por tres tipos de factores:

No van a ser creídos por los padres, es más, las van a castigar por ese tipo de relatos, que atribuyen a una imaginación erotizada.

Van a crear muchos problemas en la familia, todos los cuales van a ser culpa de la víctima.

La amenaza constante del agresor sobre las repercusiones en la víctima, la familia y aún del descrédito de ellas ante la sociedad.

El abusador puede hacer creer a su víctima, que ella fue quien lo provocó a él, por lo tanto es ella la responsable de lo que sucede. Este aspecto lleva a un exceso de culpa

La familia descubre y se confronta con el abuso mediante diferentes caminos: la víctima presenta lesiones, resulta embarazada, cambios conductuales severos. La primera reacción de los padres ante las evidencias referidas, son de negación del abuso, se atribuyen a fantasías. Hay que subrayar que sólo el 2 % de los relatos de abusos y violencia de los niños, se relacionan con fantasías, el resto son situaciones reales y hay que prestar atención de inmediato.

Indicadores de violencia infantil

El cambio súbito de conducta del niño, después que llegó un día más tarde de lo acostumbrado, con desarreglos de ropa y datos de golpes, los cuales se atribuyen a diferentes causas, o que son minimizados por los niños, es el primer aviso de que algo le sucedió al infante. Los indicadores físicos del abuso sexual son:

inflamación en áreas genitales, desgarro de ropa interior, sangre en áreas genitales y anales. Los cambios en el comportamiento más frecuentes son: aislamiento, irritabilidad, depresión, ansiedad, problemas en la escuela, posición de autodefensa. Hay baja importante en el apetito, que puede llevarse a extremos de anorexia o bulimia. El sueño fragmentado e intranquilo con pesadillas, en donde tema de la violación o abuso sexual son el patrón característico. Pueden observarse episodios de enuresis nocturna (orinarse). En la higiene personal, hay una obsesión por la limpieza, por la meticulosidad. El niños se baña en exceso porque trata de quitarse la suciedad, se siente sucia, manchada. Esto se complica porque en las niñas con abusos sexuales repetidos, se desarrolla una ambivalencia, por un lado es el hecho de forzar su intimidad, pero después viene la erotización, esto crea una sensación incomprensible: "¿Cómo es posible que esto que hacen conmigo me guste?"

En el área sexual se presentan una serie de actitudes desproporcionadas para la edad de los niños: juegos sexuales con chicos de su edad, en donde incluso puede estar repitiendo lo que les sucede, como una forma de comunicar y de desensibilizarse de las experiencias traumáticas y dolorosas. Hay un aumento en la masturbación y aumento de la curiosidad sexual. Hay que recalcar que estas conductas son compensatorias y están siendo una forma de exploración que el infante utiliza para entender las serie de emociones que se agolpan en su cabeza cuando tiene esas experiencias.

¡¡El abuso sexual se da porque existe un abusador!!.

Esto significa que no son las características de la víctima (provocadora, tímida, de figura atractiva, etcétera) o de la familia (permisivos, tolerantes, con poco cuidado por los hijos), o las circunstancias sociales las que facilitan el crimen, esto retira la culpa de ambos: familia y víctima. Las violaciones y abuso sexual son obra de predadores, seres enfermos, que desconocen en su mayoría la destrucción que dejan a su paso por el mero acto de eyacular.

Una situación aparte es la del incesto, esto es el que un miembro familiar directo de la victima tenga relaciones sexuales con seducción amenazas o violencia. Los padres, hermanos, tíos, abuelos, primos, son las personas que más frecuentemente se ven involucrados en las relaciones incestuosas. Un aspecto fundamental del incesto es la coacción de la niña abusada con el fin de que guarde el secreto. Este hecho, es el que permite que el incesto permanezca oculto.

EL patrón común del incesto en las niñas pocas veces es el de la violencia física. La seducción, el engaño – generalmente se le hace pensar a la víctima que ella es la elegida entre el resto de las mujeres de la familia – el soborno, o chantaje. En las niñas se manejan más aspectos que tienen que ver con los sentimientos, los afectos y el amor. En un caso de incesto, había 4 hijas de diferentes edades, todas habían tenido relaciones sexuales con el padre por una temporada. Él les mencionaba que era normal esta situación, que promovía su desarrollo sexual, que era un secreto que todas las mujeres del mundo guardaban, como el secreto de la menstruación. Sólo hasta que la más pequeña de las hermanas impidió que la tocara su padre e hizo una gran escándalo una noche, fue que el resto de las hermanas se dieron cuenta de que habían permitido, cada una de ellas con su silencio que las otras hermanas fueran molestadas por el padre. En algunas ocasiones lo sabe incluso la madre, quien se vuelve cómplice del esposo, esto es más frecuente que ocurra, cuando el abusador es el padrastro o amante de la madre y por el temor de ser abandonada, permite que abusen de las hijas. El secreto en el incesto, le genera un gran poder al abusador, puede haber seducción y engaño para que guarde el secreto, pero también amenazas. El incesto puede ser negado por otros miembros de la familia, con la finalidad de no perder la estructura, cohesión y seguridad de la misma. Esto no quiere decir que la familia apruebe el que se cometa el incesto, simplemente no quiere que se haga público, por el descrédito que generará en ellos como familia.

Mitos y leyendas sobre los abusadores infantiles.

La opinión pública en los últimos 10 años ha generado sus conocimientos de los "talk-shows" y de la prensa llamada sensacionalista o amarillista. Esto ha dado como resultado que las concepciones que se tienen de fenómenos sociales como el que describimos sea distorsionado en la mayoría de los casos. A continuación se comentan algunas de los errores más frecuentes respecto a los abusadores.

Los abusadores infantiles son seres marginales con problemas psicológicos serios. Se han reportado que la mayoría de las personas que son detenidas y consignadas por este tipo de delitos presentan un patrón anormal de conducta, el cual está caracterizado por se disléxicos, problemas de ajuste social, privación en la infancia (negligencia o abuso), impulsividad y con frecuencia tienen asociación con alteraciones psiquiátricas que incluyen trastornos de la personalidad, alcoholismo y adicción a otras drogas. Sin embargo, el problema de este tipo de estudios es que la muestra de sujetos de las cuales se obtienen estos datos son solo las personas atrapadas o denunciadas. Si se parte de la base de que una gran mayoría de casos no son denunciados o atrapados legalmente, entonces es muy difícil hacer una generalización del perfil del abusador infantil, solo basándose en los que son condenados por la justicia.

Los abusadores infantiles son víctimas de abusos sexuales o físicos en la infancia. Esto se ha convertido en una especie de axioma, que en la práctica tiene poco apoyo, como ya se ha comentado anteriormente. Cuando se buscan evidencias epidemiológicas de lo anterior realmente tienen poco apoyo, por ejemplo, la afirmación de que los abusadores de niños fueron abusados en la infancia, en por lo menos dos estudios se encontró que los porcentajes de abusadores infantiles que presentaron ellos mismos el mismo patrón en su infancia, no difiere de aquellos que nunca fueron abusados de niños. Otras propuestas que se han estudiado en este sentido es que la edad en que fueron abusados de niños, corresponde a la edad de sus víctimas, o que el tipo de abuso sexual de los criminales es igual al que ellos fueron objeto, todos estos estudios no han dado como resultado una confirmación a la hipótesis de una posible "huella" o "cicatriz" en la infancia del abusador infantil. Esto último es muy importante, porque implica que existen mecanismos de compensación o de "cicatrización" mental, que salva de una especie de determinismo psicológico, en el cual no necesariamente se van a repetir los traumas del pasado, pero ahora en la posición de verdugo. En un meta-análisis Hanson y Slater (1988) estudiaron 18 trabajos con 1 717 ofensores sexuales, la relación entre abuso sexual en la infancia y que repitieran la pauta en la etapa adulta como abusadores no resulto significativa. Finalmente se apunta que las mujeres son con más frecuencia víctimas de abuso sexual en la infancia y el porcentaje de mujeres abusadoras infantiles es verdaderamente bajo.

Otro mito sobre los abusadores infantiles es que su problema se relaciona con la masturbación excesiva (¡No es broma! Es una de las preconcepciones más frecuentes aún hoy día, de que la masturbación es la causa de todos las llamadas "perversiones"). Sin embargo, en estudios controlados con abusadores sexuales detenidos, en donde a un grupo se prohibió la masturbación y a otro grupo se le promovió, se encontró que en los primeros aumento de manera significativa el deseo que realizar un ofensa sexual, en la evaluación de sus fantasías sexuales, mientras que el grupo con masturbación regular, el deseo de realizar delitos sexuales bajó notablemente. Más evidencias al respecto surgieron de una fuente de información no sospechada. Las personas que inician con una enfermedad motora denominada Corea de Huntington tienen una aparición significativa de parafilias. La enfermedad de Huntington, es hereditaria autosómica dominante, en donde unas estructuras cerebrales que regulan los movimientos finos, llamados ganglios basales, y en especial en núcleo caudado se degeneran. En un estudio con 39 pacientes con la enfermedad de Huntington, 32 presentaron alteraciones en su conducta sexual previa. La alteración en la función sexual que se observó en paralelo en estos pacientes fue la inhibición del orgasmo y al ocurrir esto se dispararon las parafilias. Esto sugiere que los hombres que son incapaces de tener orgasmo, o si este se da con dificultad, activa conductas parafílicas.. Otra alteración neurológica en donde también están involucrados los Ganglios Basales es la Enfermedad de Gilles de la Tourette. Los pacientes afectados por esta alteración presentan tics (movimientos repetidos y no controlados en áreas específicas), la emisión de sonidos y de groserías incontrolables. Estas personas tienen una alta frecuencia de parafilias. La conclusión en este punto es que la masturbación es tan saludable en los ofensores sexuales, como lo es en la comunidad en general, además de que se ha reportado que puede ser un factor que disminuya la frecuencia de cáncer de próstata. El hecho de que las parafilias y concretamente la paidofilila se den también como consecuencia de enfermedades neurológicas y psiquiátricas, debe de hacernos más cautos en los juicio condenatorios a este tipo de personas, no todos los paidófilos son "Barba Azul".

Otro mito con los abusadores infantiles es que tienen niveles altos de testosterona)la hormona sexual masculina producida en los testículos), esto ha llevado a utilizar sustancias que bloquean la acción de esta hormona en ofensores sexuales, sin que se encuentre que existan los resultados esperados. La única estrategia que ha dado resultado en esta área es la castración (retirar testículos), sin embargo una persona castrada aún puede tener relaciones sexuales y esto potencialmente implica que puede volver a delinquir. En estados Unidos de América desde 1996 se ha aceptado una ley para ofensores sexuales que consiste en la castración.

El siguiente mito sostiene que los abusadores sexuales y concretamente los abusadores infantiles no pueden ser rehabilitados o curados. Hay un meta-análisis que revisó 87 estudios en donde se muestra que los tratamientos actuales son efectivos. La principal crítica a los estudios que sostienen que este tipo de sujetos recae, radica en el cómo están definidas las recaídas. El pasar enfrente de una escuela primaria o estar sentados en un parque en donde asisten niños, es definido por algunos estudios como recaída y esto infla mucho las cifras en esta área. Los tratamientos combinados con antidepresivos inhibidores de la recaptura de la serotonina, anti-andrógenos, hormonas feminizantes, y terapia cognitivo conductual han mostrado sólo un 19 % de recaídas.

El gran problema por resolver con los abusadores infantiles es el de la prevención, es decir impedir que inicien o continúen con sus acciones. Los abusadores se dan cuenta en un punto de sus vidas que lo que hacen esta mal, pero no pueden evitarlo, no pueden tampoco acudir por ayuda por temor a las repercusiones legales, la única alternativa es dejarse atrapar, lo cual no siempre es aceptado. Por esta razón algunos grupos anónimos han surgido en algunos países, en donde se trabaja con el modelo de los grupos de auto-ayuda tipo "Alcoholicos Anónimos". En Estados Unidos de América esta legislado que se debe de reportar por parte de médicos, psicólogos, trabajadoras sociales, enfermeras, consejeros y maestros, la consulta que haga algún paidófilo, por arriba del secreto profesional. Esto lleva a que no se tengan canales adecuados para que una persona con este tipo de parafilia reciba tratamiento. En las prisiones, los paidófilos son tratados mal, inclusive por otros criminales y no existen programas de rehabilitación adecuados. Las estrategias de tratamiento, sin embargo están disponibles, medicamentos, hormonas y terapias de control de impulso, funcionan en un porcentaje importante de pacientes, logrando que estos sean capaces de controlar sus impulsos paidófilos, y con esto limitar el daño a los niños y a ellos mismos. El problema de paidófilo y de los niños violentados está ahí. Las estrategias persecutorias para unos y rehabilitadores o negadoras para los segundos no ha sido la mejor opción. Hay que enfrentar este tipo de problemas con la prevención y rehabilitación de los aquejados por esta parafilia y de esta manera romper en uno de los puntos la cadena de violencia reciproca en estos seres humanos.

RIO MISTICO (Dir: Clint Eastwood. EUA- 2003)

Las repercusiones que tiene el abuso sexual en los infantes no solo impacta a quien fue objeto de tal violencia, sino también a los amigos que se percibe eternamente, como las víctimas que pudieron ser, en caso de que ello y no su amiguito hubieran sido objeto de la violencia de los pederastas.

La película "Rio mistico), está basada en la novela homóloga del escritor Dennis Lehane, la cual ha recogido bastantes elogio, por la forma como este escritor de 35 años, ha sabido presentar el drama de una comunidad de los barrios bravos de la ciudad de Boston.

En una historia de crímenes y misterios. Tres niños de 13 años, juegan en una de las calles de su barrio: Sean, Dave y Jimmy. Pierden su pelota por una alcantarilla, y este hecho banal, los hace, lideriados por Jimmy, hacer un arto vandálico menor: grabar sus nombres en el cemento fresco del pavimento. El único nombre del cual hay solo dos letras es el de Dave. Dos pederastas adultos, que se hacen pasar por policís, pasan en ese momento y suben al auto sólo a uno de los chicos: Dave. Este es secuestrado y violado por 4 días hasta que logra escapar de sus captores. Veinticinco años después, Sean Devine (Kevin Bacon), es un detective de homicidios, cuya extraña esposa, se ha separado de él para tener a su hija, y lo llama diariamente sin decir una sola palabra. Jimmy Marcus (Sean Penn), es un excobvicto, que fue a prisión por una asalto a una licoraría y que a pesar de que mantiene una tienda de abarrotes él mismo, sigue vinculado a la mafia del barrio. Finalmente está la "bomba de tiempo" Dave Boyle (Tim Robbins), quien después de escapar de los pederastas, le fue negado cualquier comunicación sobre lo sucedido, y está de manera constante al borde de una escisión.

Una tragedia lleva a los tres hombres a unirse nuevamente. Katy Marcus es encontrada asesinada de un balazo, pero antes la tundieron a golpes. La noche en que fue asesinada, David regreso muy tarde a su casa y esta totalmente manchado de sangre, con heridas en su abdomen y mano. Celeste su esposa (Marcia Gay Harden), lo cura, y escucha la historia de Dave, respecto a un intento de asalto del que fue objeto, en donde mató finalmente a golpes a su asaltante.

Katy es una adolescente de 19 años que planeaba fugarse el fin de semana, con un novio oculto, que resulta ser el hijo mayo de un complica de Jimmy, aquel con el cual asaltaron la licorería, por la que solo él fue a la prisión. Sean Devine, es asignado al caso de la muerte de la hija de su amigo de la infancia. El principal sospechoso es David, situación que es reforzada por la delación de la esposa, que es prima de la esposa de Jimmy.

La película se resuelve de una manera inesperada, y dejando un rastro de víctimas inocentes. La dirección de Clin Eastwood, es también digna de mencionar, con un muy buen ritmo de narración, la película no se centra exclusivamente en el thriller policiaco de la búsqueda de los asesinos, sino en los conflicto de los personajes y de estos para con las personas que les rodean. El desfile del "4 de julio" al final de la película enmarca realmente el río de gente que fluye al parecer con actitudes de gozo y aplausos, pero en cada rostro hay un drama personal del cual los espectadores hemos tenido sólo una probadita.

MATILDA 1996 (Dir. Danny de Vito) – Estados Unidos de América

En esta película se combinan el maltrato por negligencia, y las fantasías que desarrollaría un niño víctima de esas circunstancias. Matilda es la segunda hija del matrimonio de Harry (Danny DeVito) él es un vendedor de autos usados, a los que mal arregla para venderlos a precios muy elevados. La madre (Rhea Perlman) es una jugadora compulsiva. Su hermano es igual al padre. La única diferente en la familia es Matilda (Mara Wilson).

Al nacer, se le llevan a casa y se les olvida la bebé en la parte posterior de la camioneta, ese olvido será emblemático de la cadena de negligencias, que se suceden a lo largo e los primeros años de vida de la niña, que da como resultado el que los padres nunca se percaten de la inteligencia precoz de la niña. Ella aprende a leer sola, a hacer cuentas, a valerse por si misma. A los 6 años asiste a la biblioteca pública e inicia la lectura de cientos de libros. Mientras ella lee, su familia de trogloditas ven en la televisión los típicos programas de concursos y demás otros espectáculos que no motivan en lo mas mínimo a la niña.

Cuando por fin consigue asistir al colegio, se encuentra que la directora Ágata (Tronchatoro, es la versión femenina de un ogro: fuete en mano, fornida casi obesa, insulta, maldice y lanza al aire a los chicos que a su juicio se portan indebidamente. Lo único que vale la pena es la maestra de Matilda, la señorita Honey. Ellas dos desarrollan una buena amistad. La señorita Honey, le confiesa a Matilda, que Tronchatoro es su tía, la cual fue traída a la casa paterna después de que Matilda quedó huérfana de madre.

Tronchatoro es lanzadora de jabalina, martillo y bala. En la casa de la familia de Honey, y que ahora habita en soledad Tronchatoro, Hay muchos recuerdos para la maestra Honey, uno de ellos son la caja chocolates y la muñeca de su infancia. Tratan de recuperar esta última, pero no lo logran ya que regresa súbitamente, Tronchatoro y las persigue por toda la casa sin atraparlas.

Matilda ha desarrollado un poder telecinético, es decir mueve cosas a distancia, que se manifiesta primero cuando la niña está enojada, y luego lo desarrolla en otras condiciones, Este don de telequinecia es lo que permite, primero recuperar la muñeca de la maestra Honey y luego linchar y expulsar a Tronchatoro. Al final, los madres de Matilda la dan en adopción a la maestro Honey , cuando ellos abandonan la ciudad de prisa al ser perseguidos por el FBI y la policía por sus reparaciones fraudulentas a los autos.

La película Matilda, se inscribe en un mundo fantástico, en donde los niños olvidados, son capaces de desarrollar ciertas capacidades mentales o mágicas, que les permiten lidiar cómodamente, con su situación de marginalidad y desesperanza. En ese sentido Matilda en un "bello cuento", en donde la niña heroína se despide y desprende de todos. El tema es común en otras historietas y leyendas: los niño maltratados, abandonas, y la redención de ellos, sobre todo a través de la magia o de un suceso extraordinario. En "Peter-Pan", hay un grupo de niños, llamados "Niños Perdidos" , que se cayeron de los carritos de sus nanas o madres y después de 4 días fueron a parar a la tierra de nunca jamás. El ejemplo mas reciente es el de Harry Potter, un niño huérfano de padre, que es recogido por uno tíos y un primo que lo maltratan, pero que finalmente Harry suele superarlos gracias a la magia.

LAS OSCILACIONES EXTREMAS DEL ESTADO DE ÁNIMO: LA ENFERMEDAD BIPOLAR.

El afecto de una persona puede ser visto como el tono emocional que enmarca el resto de las funciones mentales. Suele ser oscilante, cambiar a lo largo del día, y estar muy influido por una serie de eventos internos y externos. En estas variaciones diarias, se pueden distinguir estados de tristeza y de alegría, pero también estados de neutralidad afectiva, que técnicamente se denominan eutimia. Timos, es la etimología griega para connotar un estado de ánimo. Estar triste es entonces estar hipotímico y alegre hipertímico.

Hipócrates describió un estado de tristeza continua y pérdida de interés por las actividades placenteras, y le llamó "Melancolía". Él supuso que se debía a un problema en el funcionamiento de la llamada "bilis negra". Robert Burton, en el siglo XVII, escribió un tratado sobre la melancolía, y con este libro le dio legitimidad a la dolencia llamada depresión.

Los estado de manía, fueron por mucho tiempo mezclados en el ambiguo término de locura. Sin embargo, Emil Kraepelin en 1921, (psiquiatra alemán y director del servicio de psiquiatría en Heilderber), describió con certeza y acuciosidad las alteraciones que denominó Psicosis maniaco-depresivas y las separó del resto de las psicosis. Antes que él los doctores Jean Pierre Falret y Jules Baillarger,de Francia, habían propuesto a mediados del siglo XIX, que la manía y la depresión, podían ser manifestaciones de una misma enfermedad. Hoy se sabe que no todos los enfermos maniacos, desarrollan cuadros de psicosis.

La manía es un estado de euforia continua. Es difícil por tanto, que las personas que la padecen, sientan que están enfermos. Ese es el principal problema con ellos. Existe la fantasía, en estas personas, que pueden controlar su estado de ánimo a la alta, ya que es un estado continuado de exaltación, con actividad constante, parlanchines, infatigables, duermen poco, y su enfermedad los lleva a exponerse a situaciones temerarias: sexo sin protección y promiscuo, derroche de dinero, incapacidad para la vida social convencional, temerarios que en un abrir y cerrar de ojos inician empresas que no prosiguen y que finalmente los colocan en posiciones de quebrantamiento de leyes y convenciones sociales. En algunos casos se deslizan hacia la psicosis, y es entonces cuando escuchan voces y pierden el contacto con la realidad, con frecuencia con temas delirantes de tipo megalómanos. Por ejemplo, sentirse con poderes especiales, que los lleva a dilapidar su patrimonio económico o de salud.

Recuerdo una paciente, que en un estado de manía, llamaba por teléfono a todos lo hombres de una lista de solteros que se anunciaban en una publicación llamadas "Punto de encuentro", club que se dedica a hacer contactos entre parejas. Las cuentas telefónicas en su casa eran estratosféricas, pero ella no tomaba conciencia de eso. Luego llamaba a las llamadas "Hotlines", y se citaba a "ciegas", con los galanes de ese tipo establecimientos. Finalmente sostenía relaciones sexuales de manera promiscua y argumentaba que ella era la mujer más fogosa de la ciudad de México. Al pasar de su estado de manía a depresión, y recordar lo sucedido con su vida sexual, se sentía entonces la mujer más sucia del Universo. Un día no pudo soportar lo mal que se sentía, con una depresión severa y la culpabilidad de sus actos a cuesta se suicidó.

La enfermedad maniaco-depresiva, se conoce en la actualidad como trastorno bipolar. Es una alteración severa, de características hereditarias, y que ha terminado con las personas que lo padecen, principalmente por el suicidio. Uno de cada cinco pacientes con esta alteración se suicidan, si no reciben tratamiento.

La frecuencia de este padecimiento y su historia natural

La enfermedad bipolar se presenta en un porcentaje de 0.5 a 1.5 % de la población general. No hay diferencias de presentación en cuanto a género, lo cual hace una diferencia con las personas que solo padecen depresión mayor (enfermedad unipolar), en quienes se sabe, que las mujeres la padecen con mayor frecuencia, dos veces más que los hombres. La enfermedad bipolar debuta a edades más tempranas que la alteración unipolar (18 años contra 25 años), y la asociación con uso de drogas y sustancias adictivas es más frecuente en los pacientes bipolares. En un estudio realizado en Estados Unidos de América, se encontró que el 46 % de los enfermos bipolares eran adictos a las drogas. Mientras que las personas con depresiones unipolares las cifras están en 21 % y en la población general en el 13 %. Loa enfermos bipolares que son adictos al alcohol, lo hacen en la fase de manía, y se ha propuesto que es un tipo de automedicación poco efectivo, para contrarrestar los efectos de ansiedad de su enfermedad. La manía se caracteriza por todo tipo de excesos y el drogarse es uno de ellos. No solo beben más alcohol, sino que hacen más uso de droga como la cocaína y anfetaminas que empeoran su enfermedad, llevándola a la psicosis y la tienden a cronificar. Otra de las complicaciones serias de la enfermedad bipolar son los intentos de suicidio y los suicidios. El porcentaje de pacientes con depresión bipolar que se suicidan es mayor que el de enfermos unipolares. A esto hay que agregar las muertes en los estados de manía, atribuidas, casi siempre a la manera como estos pacientes se exponen a situaciones temerarias y al uso de drogas en forma de atracones desmedidos. "Los pacientes deprimidos no se suicidan, se matan", decía uno de mis maestros. Hay una ola gigante que los envuelve y que no les permite ver otra solución a sus vidas y a su enfermedad que el morir por su propia mano.

En la actualidad se conoce mucho acerca de los defectos bioquímicos del cerebro de estos pacientes. Cuando están deprimidos hay una disminución de dos sustancias la norepinefrina y la serotonina en su cerebro. Estos neurotransmisores se producen en un sitio llamado tallo cerebral y desde ahí conectan con diferentes áreas del cerebro. La serotonina y la norepinefrina, mantienen el estado de alerta y las motivaciones vitales, las neuronas que las producen solo están en reposo cuando dormimos, pero sobre todo cuando estamos en la fase del sueño llamada de movimientos oculares rápidos o sueño MOR. En la fase de manía hay el fenómeno opuesto, es decir una sobreproducción de norepinefrina y serotonina. Si el enfermo presenta además de manía un estado de psicosis, hay también una activación de otro sistema de neurotransmisores que produce dopamina. El resultado es similar al que se observa al ingerir estimulantes potentes como la cocaína o anfetaminas. La persona tiene un exceso de energía, se viste con colores brillantes, hay movimientos vigorosos y constantes. El lenguaje es constante, acelerado, pasan de un tema a otro de manera incesante. El mismo paciente se describe así mismo, como si tuviera el pensamiento acelerado, con cambios de atención constante, lo mismo está concentrado en una plática, que escuchando el sonido de un motor, y al mismo tiempo oye el radio y la televisión. Pareciera que tiene muchos canales de procesamiento de información, y a esa misma velocidad quiere contestar. El resultado suele ser grotesco y producir fatiga en las personas que lo rodean. Si bien, como comentamos antes, no hay una conciencia clara de enfermedad en los pacientes que padecen manía. Los familiares y seres queridos, están en una condición de tensión y malestar, producto de la conducta del enfermo.

Otro de mis pacientes, encendía el radio o el aparato de sonido a las tres de la mañana a todo volumen y se ponía a cantar, con repercusiones en el sueño de sus familiares y vecinos. Al tratar de contradecirlo, o de suprimir sus acciones, suele aparecer irritabilidad e incluso agresividad, que es causa de más fricciones.

La ciclotimia, es una forma menos pronunciada de variaciones del estado de ánimo. Algunos pacientes bipolares han sido ciclotímicos por muchos años antes de pasar a la fase más intensa de esta condición. Es importante mencionar, que los enfermos maniaco-depresivos, son personas normales y bien integradas, cuando no están en alguno de los extremos de su espectro anímico. El uso de los medicamentos estabilizadores del ánimo, como el litio, les permite estar más tiempo en la eutimia y con el conocimiento de si mismos y de su enfermedad mantener una existencia productiva.

Mr. Jones (Mr. Jones el irresistible seductor)

Esta película, sin ser cinematográficamente buena, nos proporciona una clara imagen de lo que sucede con los enfermos bipolares. Mr. Jones (Richard Gere), aparece un día en una zona en donde se construye una casa, y solicita que se le de empleo de carpintero, promete trabajar gratis un día, sólo para que puedan observar lo capas que es. Se muestra jovial, cálido, bromista y esto le sirve para ganarse al jefe y el empleo. Cuando trabaja en el techo de la casa en construcción, se siente con la capacidad de volar, al ver un avión que pasa por encima de él. Se sube a lo más alto del techo y realiza un acto temerario de equilibrio. Finalmente es sometido y se le envía a una clínica psiquiátrica, ahí se le hace un mal diagnóstico y se le egresa.

Al salir, retira todo su dinero del banco e invita a la joven y bella cajera a gastarse el dinero con él. Todo el tiempo sonriendo, seductor, regala propinas de cien dólares, y renta una habitación en un hotel de lujo, con la rubia cajera. Por la noche se van ambos a un concierto de música clásica, en donde se toca la "Novena Sinfonía" de Bethoven (¡Himno a la Alegría!). Al llegar a la sala de conciertos, Mr. Jones se extasía con la música y en un momento sube al escenario a dirigir la orquesta, porque como dirá más tarde, sintió que el tempo de la orquesta estaba muy lento. Esto hace que nuevamente sea confinado al hospital psiquiátrico en donde se le diagnóstica como enfermo maniaco depresivo.

Las Dra. Elizabeth Bowen (Lena Olin), es quien queda a cargo del paciente. Ella trata de crear conciencia de enfermedad en él, pero Mr. Jones se ríe de ella y trata de seducirla. Se le somete a un juicio de interdicción, para con ello lograr que se le interne aún en contra de su voluntad, pero Mr. Jones lo gana y no es internado, sin embargo se siente atraído por la doctora Bowen, y le pide que perdone su derrota, y salen juntos del hospital. Ella le insiste que debe de tomar el carbonato de litio, un estabilizador del estado de ánimo, pero él hace caso omiso de esta petición.

Pasan los días y va apareciendo la depresión. Entonces vemos que Mr. Jones deprimido es la caricatura melancólica, del Mr. Jones con manía. Entonces él mismo pide la ayuda psiquiátrica, siente que las cosas van de nuevo por el camino de la depresión y el suicidio. Ya hospitalizado, en una de las sesiones de terapia, Mr. Jones le dice a la doctora que él es un adicto a sus estados de manía, los cuales añora. Es en este estado depresivo, sale de alta voluntaria del hospital, y trata de suicidarse nuevamente, en el techo ce la casa cercana al aeropuerto en donde ya había querido lanzarse a volar. Algo sucede al último momento que se lo impide.

Esta película es dirigida por Mike Figgis (EUA), quién también dirigió "Adiós a las Vegas".Tiene de rescatable la buena actuación de Gere, quien nos muestra las dos caras de la enfermedad bipolar y lo difícil que es para él y los seres que lo rodean, el lidiar con un enfermo como él, poco predecible, cambiante, casi caótico.

THE HOURS (Las Horas). Dir Stephen Daldry

Esta es una película basada en la novela del mismo nombre, de Michael Cunninghm, ganador del prestigiado premio Pulitzer. La novela y por consiguiente la película, son un bello homenaje a Virginia Woolf a su vida, como escritora y como feminista y al peso que en su existencia ejerció la dolencia de ser una enferma con un trastorno bipolar.

Al inicio de la película, vemos a Virginia Woolf (Nicole Kidman), recogiendo unas piedras que guarda en los bolsos de su abrigo, y con la mirada extraviada, clavada en la corriente del rió Ouse, se sumerge en el mismo a la edad de 59 años, para morir ahogada. La novela se reconstruye sobre la base de dos cartas póstumas, que dejó a Leonar Woolf su esposo y a Vanessa Bell, su hermana. La dirigida a Leonard dice:

" Querido, siento con certeza que camino hacia la locura nuevamente. Siento que no podemos ir nuevamente por esos tiempos terribles. Y no me podré recuperar nuevamente. He comenzado a oír voces, y no me puedo concentrar. Me parece que hago lo mejor. Tú me has dado las más grandes alegrías. Tú has sido de diversas formas todo lo mejor que alguien puede ser. No pienso que dos gentes hayan podido ser más felices hasta que esta terrible enfermedad llegó. No puedo luchar más. Sé que he sido un peso en tú vida, que sin mí tú podrás trabajar y sé que lo harás. Como ves, ni siquiera puedo escribir esto con propiedad. No puedo leer. Lo que quiero decir es que debo toda la felicidad de mi vida a ti. Tú has sido totalmente paciente conmigo e increíblemente bueno. Esto es lo que quiero decir – todo el mundo conoce esto. Si alguien pudo salvarme de esto eres tú. Todo me puede haber abandonado, menos la certeza de tú bondad. No puedo seguir estropeando más tú vida. No pienso que otras dos personas pudieron ser más felices de lo que fuimos nosotros. V"

El 28 de marzo de 1941, a las 11:30 AM, Virginia salió de Monk's House, su hogar y se dirigió al río Ouse, en donde se ahogó. En la película "Las Horas" hay otras dos mujeres, que separadas en dos tiempos distintos pero paralelos se conectan a ese momento de desesperación y muerte de Virginia Woolf. Unas es Laura Brown (Julianne Moore) que vive en los suburbios, embarazada y con un hijo pequeño. Ella lee compulsivamente la novela de Virginia Woolf: "Mrs. Dollaway". Todo lo importante de la película sucede en un día, como la novela que lee Laura Brown. Ese día en particular, en que es cumpleaños Mr. Brown y que Laura, una especie de re-encarnación de Virginia Woolf, tiene una especie de arrebato intenso, lleva a su único hijo a casa de la vecina y ella se dirige a un hotel en donde se va a suicidar. Finalmente no lo hace, regresa por su hijo y celebra el cumpleaños de su esposo, para que al cabo de un tiempo, cuando nace la hija que espera, se marche de la casa y no vuelve jamás.

La tercera mujer es Clarisa Vaughn (Meryl Streep), que vive en el año 2000, en Geenwich Village, ella es una mujer liberada, que vive en una apartamento con una amiga como pareja. Tiene una hija que es producto de una inseminación artificial, no hay un hombre dominante o que la apoye en la vida. Sólo hay un hombre que ama, Richard y él esta muriendo de SIDA, un poeta homosexual que será premiado, y que resulta ser el hijo pequeño que Laura Brown abandonó junto con su padre y hermana recién nacida. Clarissa (como Clarissa Daloway de la novela homonima de Woolf) vive como una mujer plena, la mujer ideal a la que aspiró ser Virginia Woolf. La historia de Clarissa es la de construir en un día, una celebración, un homenaje para el poeta que agoniza, mirando la fotografía de su madre vestida de novia: Laura Brown, que presenta ya un gesto de tristeza, aún el día de su boda. La cena al poeta no se lleva a cabo, porque él decidió saltar desde su ventana enfrente de Clarissa, con quien estuvo muy unido en la adolescencia. Las novela y la película, "Las horas", están ambas bellamente estructuradas, con un sistema de vasos comunicantes, entre las tres mujeres, que están unidas por el amor y la tristeza, y que en un mundo interior, como los personajes de Virginia Woolf, miran el entorno aspero que las rodea, tienen ese monólogo interno, que las hace diferentes y únicas. "Las Horas", fue el título de trabajo, que Virginia escogió para la novela que finalmente se llamó "Mrs. Daloway", una novela de un día en la ivda de una mujer, que planea una celebración, y el peso de cada una de las acciones que desarrolla ese día, solo se ve compensado por el bálsamo de su suicidio cercano, el cual no ocurre, aunque si muere otra persona.

¿Es la locura el precio que debe pagar el artista?

Leonard Woolf recogió, en una serie de notas cronológicas que dejó su esposa, los 319 días previos a la muerte de Virginia. En mayo de 1940, los esposos comentaron entre ellos mismos y con amigos, sobre que acciones tomarían en caso de que Alemania invadiera Inglaterra. Los esposos Woolf no se hacían muchas ilusiones, eran intelectuales bien conocidos, él judío, activista de izquierda: "Nosotros estuvimos de acuerdo de que si llegaba el momento,- comentó Leonar en una entrevista de televisión 40 años más tarde a la muerte de Virginia - cerraríamos la puerta de la cochera y nos suicidaríamos". En junio de 1940, Adrian Stephen, el hermano psicoanalista de Virginia, les proporcionó a los Woolf dosis letales de morfina que utilizarían en caso de que los alemanes invadieran Inglaterra. Esta fue una decisión común que tomó la pareja, sin que existiera un ánimo depresivo en ellos. Sin embargo Virginia no utilizó esa dosis de morfina cuando por fin se quitó la vida.

En febrero de 1940, Virginia enfermo de "influenza", y pasó más de tres semanas de marzo recluida y en cama. Esos "ataques de influenza" la acompañaron por 20 años. Se piensa que esas gripes, era en realidad variaciones menores de su estado de ánimo, que ella ocultaba recluida en sus habitaciones. Ella era adicta al trabajo, como su padre Sir Leslie Stephen, cuando ella estaba sana, escribía constantemente, con turnos de trabajo de 16 a 18 horas. En noviembre de 1940, ella trabajaba en tres proyectos de manera simultánea. En diciembre de 1940 finalizó el primer borrador de su última novel "Entre Actos". Para fines de ese mes ella sentía que sus manos temblaban y que la depresión iniciaba nuevamente su aparición. Criticaba en exceso todo, pero sobre todo la última novela.

Leonard sabía que eran datos de alarma que ella no durmiera y que los dolores de cabeza se hacían insoportables, a eso se agregaba la falta de concentración y su incapacidad para leer. John Lehmann, que trabajaba para los Woolf en Hogarth Press, notó en marzo de 1941 lo siguiente: "Me di cuenta de que Virginia estaba inusualmente tensa y nerviosa, sus manos temblaban de vez en cuando, aunque aún tenía una conversación fluida y correcta". Cuando Lehmann leyó el primer manuscrito de la novela, notó que la redacción estaba más rara que de costumbre y que había numerosos errores en la escritura de la máquina, situación poco comunes en ella. Cada página estaba llena de correcciones, lo cual indicaba que habían sido escritos de una manera poco sana, distraída o apresurada.

La familia de Virginia, los Stephen, presentaban antecedentes bien marcados de alteraciones afectivas. El hermano Thoby, trató de suicidarse de joven, lanzándose desde una ventana de una edifico en la preparatoria. Su otro hermano Adrian, fue descrito con una variedad de alteraciones psiquiátricas no muy claras. Su querida hermana Vanessa Bell presentó un episodio de depresión mayor que le duró dos años. El abuelo Sir James Stephen, también es descrito como con una serie de alteraciones psiquiátricas no muy precisas. La figura de más influencia en la vida de Virginia fue su padre Sir Leslie Stephen, un hombre distinguido en la época victoriana que padecía de insomnio y episodios de depresión, pero nunca se comentó que hubiera tenido una enfermedad bipolar. Padre e hija tenían mucho en común. Ella sentía una admiración profunda hacia él, pero al mismo tiempo le reprochaba sus prejuicios hacia las mujeres, que hicieron por ejemplo, que las dos hijas: Vanessa y Virginia no fueran nunca a la escuela.

La doctora Kay Redfield Jamiso, ella misma maniaco-depresiva y psiquiatra, escribió un libro sobre el temperamento artístico de los enfermos maniaco-depresivos: "Marcados con fuego" (Fondo de Cultura Económica, 1998). En este libro, con verdadera erudición, describe los pasajes de poetas, literatos, pintores y otros artistas que padecieron y algunos de ellos sucumbieron a los embates de la depresión mayor o la enfermedad bipolar. Ella sostiene que ciertamente, hay una elevada frecuencia de estas afectaciones en los artistas, y se pregunta que si esta es una condición que favorece, en alguna medida la manera como esos seres especiales vieron el mundo y lo re-interpretaron. En un estudio, que se refiere en su libro, encontró que el 80 % de los artistas estudiados presentaban algún tipo de alteración del afecto (VG., depresión, alteración bipolar o ciclotimia), mientras que sólo el 30 % de la población control, que no se dedicaban a una actividad artística lo presentaron. Por supuesto, que la doctora Key Redfield no cae en extrapolaciones simplistas, ni todos los artistas son enfermos mentales, ni tampoco ocurre lo contrario. Sin embargo, cuando las conjunciones se dan, entre genialidad artística y enfermedad afectiva, los resultados suelen ser muy impresionantes para la obra que resulta. Vincent Van Gog, Ernest Hemingway, Robert Schunmann, Alfred Tennyson, William y Henry James, Herman Malville y otros mas, son comentados por la autora del libro mencionado, trazando el árbol genealógico de las familias de ellos y detectando la presencia de los antecedentes hereditarios en cada uno.

Tratamiento de los enfermos maniaco depresivos.

En 1949, un médico danés Mogen Schou, describió como la sustitución del cloruro de sodio, por cloruro de litio, mejoraba las oscilaciones del estado de ánimo en enfermos bipolares. Este tipo de hallazgo, revolucionó la manera como los enfermos maniaco-depresivos son tratados. En la actualidad este medicamento es el tratamiento de elección para enfermos bipolares. Esta sustancia regula o estabiliza el estado de ánimo, de tal manera que pude ser oscilar en los dos polos. Posterior al litio, se han desarrollado más fármacos con este tipo con menos efectos secundarios, algunos de ellos pertenecen a la familia de los anticonvulsivos, como la carbamacepina, lamotrigina, gabapentna, ácido valpróico. Otros son antipsicóticos como el haloperidol, olanzapina y risperidona. Finalmente también las benzodiacepina como el clonacepam, tienen un efecto coadyuvante en el mejoramiento del estado de ánimo.

¿Por qué los pacientes no usan estos medicamentos? Las respuestas puede ser diversas, destacan: el estigma del uso de medicamentos psiquiátricos, el desconocimiento de la enfermedad y lo caro que son algunos de ellos. Lo que resulta es que los cuadros de enfermedad bipolar, se van repitiendo cada vez con mayor frecuencia, duración y severidad. Lo cual ha llevado ha proponer que el tratamiento debe de iniciarse desde las primeras manifestaciones de la enfermedad, y de esta manera se puede prevenir un curso hacia la desconexión.

¿Qué sucede con una persona que rehuye al tratamiento médico para la enfermedad bipolar? Hoy sabemos que en la mayoría de los casos se tiende a acentuar y cronificar el problema. Robert M. Post, investigador y psiquiatra norteamericano, notó que si la primera crisis de manía ocurre a los 18 años, por ejemplo, la siguiente no tardará tantos años para manifestarse, en solo 2 o 3 años después el paciente tiene una recaída, y luego se va acortando el intervalo entre un cuadro clínico y otro, hasta hacerse casi continuos. Existen formas de la enfermedad conocidas como "cicladores rápidos", pacientes que presentan episodios de manía y depresión que se alternan en periodos muy cortos, de días, y que pocas veces llegan a la eutímia. Es pues importante que el paciente y sus familiares aprendan a vivir con la enfermedad y que desarrollen las herramientas para controlarla: medicamentos, terapia y pedagogía sobre el padecimiento, son los ingredientes básicos de una vida estable, y productiva. Ocultar el dedo con el sol, sobre todo en el caso de ls enfermedades, propias o de los seres queridos, finalmente resultará en quemaduras de tercer grado.

Kay Redfied Jamison. Marcados con Fuego: La enfermedad maniaco-depresiva y el temperamento artístico. Fondo de Cultura Económica, 1998.

Michael Cunningham. The Hours. EditorialPicador, 2000.

Rafael J. Salin-Pascual. Reflexiones sobre la psiquiatría en el siglo XXI, Edamex, 2003.

LA GRAN COMILONA DIARIA DEL ENFERMO OBESO.

A la memoria de mi amigo el Beto Canseco, Un gordo inolvidable
La obesidad es una enfermedad con múltiples caras, si bien también puede ser causada por diferentes mecanismos, desde anomalías de los genes, problemas en el procesamiento de los alimentos, y otro tipo de alteraciones médicas, cada vez hay más indicios de que un número importante de obesos, tienen problemas en los niveles centrales de procesamiento de la información del mundo externo e interno, es decir el cerebro, esto no quiere decir que el obeso este loco, como alguien pudiera extrapolar con facilidad y simpleza. Lo que voy a contarles es como el ingerir cantidades importantes de alimentos que produce la obesidad, no se debe a un problema de voluntad, ni a un vicio o debilidad, sino una enfermedad compleja, en donde el cerebro y la descompostura de sus mecanismos de control, desempeñan un papel central.

Los seres humanos, como muchos animales más, tenemos una serie de mecanismos que regulan la cantidad de alimento que ingerimos, esto comprende la frecuencia con la que se come y por supuesto la cantidad. Es muy poco probable que los animales que viven en estado silvestre o natural tengan exceso de peso, pero tan pronto son domesticados, esto cambia, se transforma y su alimentostato se descompone, como le sucede a los humanos.

El alimentostato, al igual que los termostatos y otros sistemas que se autorregulan, trabajan de manera eficaz bajo ciertas circunstancias. La demanda excesiva de control, por sobrecarga o el infringir los niveles de las señales que regulan a los sistemas de control del cuerpo, en personas vulnerables, lleva a una enfermedad. Este es el caso de la obesidad. Hay un nivel de funcionamiento óptimo de estos sistemas que regulan lo que se come, pero si se excede en alimento, por ejemplo en el caso del alimentostato, este deja de funcionar adecuadamente, porque esta es una situación que no se contempló a lo largo de la evolución. La abundancia de alimentos por periodos largos de tiempo, nunca fue una característica de los seres vivos llamados animales, por tal motivo desarrollaron sistemas motores complejos, un aparato visual diseñado para monitorizar a las presas, frutas o vegetales y un oído, que cual radar detecta situaciones a distancia. El alimentostato en el ser humano y en la mayoría de los animales está diseñado para trabajar con la restricción de alimento, no con el exceso. El desarrollo de la agricultura se detecta a partir de 8,500 AC, y esto ocurrió sólo en sociedades muy específicas de China, Egipto y Mesoamérica. El resto de los seres humanos siguieron siendo cazadores y recolectores. Hace aproximadamente 5000, ya estaban establecidas la agricultura y ganadería en la mayor parte del mundo, con lo cual se aseguro el abastecimiento de alimento. Sin embargo ambas actividades estuvieron con una tecnología muy pobre que pudiera contender con cambios climáticos y de la actividad bélica de los diferentes grupo y estados nacientes. La abundancia en el comer era más bien la excepción y fue incluso catalogada por la Iglesia Católica, específicamente por el Papa Gregorio Magno en el siglo VI, como un pecado capital: La Gula, (junto con la soberbia, la avaricia, la envidia, la ira, la lujuria, y la pereza. La gula se define como el comer sin apetito. Dante, en la "Divina Comedia" coloca a los afectados del pecado de la gula en el Purgatorio: "Sexto círculo: Donde se purga el pecado de la gula y se muestran algunos ejemplos de templanza". En tan corto tiempo evolutivo, el ser humano, se mantuvo con alternancias de periodos de ingesta masivas de alimentos y otros de ayuno prolongado. Esto explicaría, el porque el sistema que regula el equilibrio entre ingesta de alimentos y la saciedad es tan vulnerable a descomponerse por los excesos. La imposición de aspectos culturales a los biológicos, ha llevado con frecuencia al desajuste de los mecanismos con que la evolución nos ha dotado. El ingerir alimento de manera abundante, con intervalos cortos y por tiempos prolongados, mueve la línea base del alimentostato, de tal forma que aún cuando se tienen grandes reservas de alimentos en forma de grasa, ante una baja ligera de glucosa, no se obtiene nueva glucosa de las reservas, sino de comer nuevamente. Si a lo anterior se agrega el sedentarismo propio de ser humano contemporáneo, queda claro el porque del fenómeno de la obesidad. Sin embargo cuando me refiero a los seres humanos, no puedo generalizar, hay culturas en donde se practica la sobriedad en las comidas, a pesar de ser países de los catalogados como primer mundistas, este es el caso, entre otros de Japón y Corea. Japón mantiene una dieta básica de arroz y productos del mar. Los índices de obesidad, son los más bajos de sus contrapartes económicos, por ejemplo Estados Unidos de América, Alemania y Francia. La misma educación religiosa con una mezcla de budismo, shintoismo y religiones locales, han llevado a una cultura de la sobriedad a pesar de la abundancia económica. Si bien la obesidad no es un fenómeno sencillo de explicar, ya que puede ser mutifactorial, el resultado común es que el aporte de alimentos es mucho mayor a la que se requiere para que el cuerpo funcione en condiciones óptimas. El exceso de alimento o la falta de su utilización dentro del organismo, ocasiona que estos se almacenen en el tejido graso, el cual funciona como algo equivalente a una gran bodega, que se diseño evolutivamente, para los tiempos de carencia, de hambrunas, sin embargo en la actualidad, se ha convertido en una especie de basurero, que acumula grasa por décadas.

EL "ALIMENTOSTATO"

En el cerebro, en una porción conocida como hipotálamo, encontramos áreas que detectan la baja de niveles del principal combustible del cuerpo: la glucosa. La gran mayoría de los alimentos que comemos van a trasformarse en glucosa. Esta sustancia debe de mantenerse en niveles óptimos en sangre, si baja mucho, hay mareo, sensación de debilidad y hambre, que es la señal cognitiva de que están bajas las reservas de combustible. En caso que no se pueda comer, se inicia el fenómeno de extraer glucosa de otras moléculas del cuerpo, una fuente de este tipo de reservas son las formas de glucógeno (glucosa en cadenas largas), otra fuente de glucosa es la grasa. Este mecanismo evolutivo de las reservas de energía, fue muy importante para poder lidiar con las largas épocas de hambrunas que han azotado a nuestra especie desde siempre.

Si en el momento que se tiene hambre se ingiere alimento, o si se está comiendo con horarios de intervalos cortos que impida el hambre, el hipotálamo, sitio donde se ubica el alimentostato, recibe la señal de "glucosa en niveles adecuados", y se activa otra zona del alimentostatp que es la saciedad. En realidad la saciedad se activa antes de que los niveles de glucosa deficientes estén corregidos. Ya que recibe información por vía de cables (nervios) y correo humorales (hormonas), de que el alimento ya está entrando al molino triturador (estómago) y que este se esta distendiendo. Si esta señal no estuviera activa y en óptimo funcionamiento, se tendría que ingerir alimento por horas, por lo menos dos, antes de que llegara el freno de los niveles de glucosa al hipotálamo. Recientemente se descubrió que incluso el tejido graso envía señales de correo humoral, mediante unas hormonas llamadas leptinas. Las leptinas se producen en las células de tejido graso, los adipositos, cuando estos engordan de más. Es una señal de freno, o inhibitoria al centro controlador del hambre y activador de la saciedad. La gordura de lo adipositos, lanza al torrente sanguíneo leptinas para que frene la conducta de ingerir más alimentos. Hay animales que carecen de leptinas, por manipulación genética, y son obesos, estos animales se usan para investigar como se regula el alimentostato. Algunos obesos, quizás una minoría, carecen de leptinas y eso explica su enfermedad, esta es una forma de obesidad genética, la cual es muy rara, aunque se han descrito algunos pacientes con este problema. Los animales que hibernan, osos, ardillas, castores, tienen un tejido graso especial, llamado tejido adiposo pardo, que funciona ciertamente como una glándula, y que mantiene inhibido por largos periodos de tiempo al alimentostato, de esta manera, se quema la cantidad de grasa almacenada en primavera, verano y parte del otoño, además de que la baja en la actividad del cuerpo de los animales que hibernan, incluyendo el latido cardiaco (llegan a tener de 2 a 5 latidos cardiacos por minuto), la frecuencia de la respiración y la actividad cerebral, ayudan a conservar energía. Hay evidencias que apuntan a que en el obeso tiene descompuesto el alimentostato. La gran cantidad de tejido graso, produce leptinas de manera exagerada en ellos, pero no se activa en sistema de saciedad, y el resultado es que el patrón de ingesta de alimentos se mantiene a la alta, porque, paradoja de paradojas, los obesos tienen hambre, y digo que es una situación totalmente paradójica, porque con las reservas de alimento acumuladas disponibles, se sigue metiendo más alimento que se va directamente a la bodega. Se ha encontrado que el hipotálamo del obeso se vuelve insensible a los niveles de leptinas elevados, por lo que estas pierden su capacidad de notificar del exceso de grasa y por lo tanto esta se seguirá acumulando. En una época en que viví en la ciudad de Boston, a la que asistí como profesor invitado de la Universidad de Harvard, decidí hacer un experimento sobre saciedad y comida con las ardillas del jardín de mi casa. Todas las mañanas se paraban alguna en la barda y nos espiaban. Decidí comprar nueces y colocarlas en un plato. Primero puse dos. Las dos primeras ardillas que llegaron se las llevaron, luego colocaba montoncitos de nueces, los animales se comían una cada una y el resto... ¡Lo enterraban! Aumenté la dotación de nueces y noté después de un tiempo que ya no venían más ardillas. Yo había visto en que árbol almacenaban las nueces y descubrí que ya no venían a visitarnos porque comían de las nueces de su almacén, su ración diaria era solo una nuez.

Que diferentes son estos roedores a los humanos, para comprobarlo, hay que ir a algún almacén de estos que venden al mayoreo, y ver los grandes carritos de compras desbordándose de alimentos: cajas de cereales gigantes; paquetes con 25 pizzas, cajas de bebidas gaseosas, bolsas espectaculares de papitas y frituras, y la lista puede irse al cielo. Si se piensa que están comprando esa cantidad de comida porque se pronostico una catástrofe o baja en la producción de alimentos, se está en un error, lo que ocurre es que los humanos a diferencia de otras especies, como las ardillas, acumulamos alimentos en grandes alacenas, refrigeradores y congeladores gigantes y aún en el sótano, pero no para las épocas de carencias, sino porque son días de abundancia, la televisión se ha convertido en el gran distractor de alimentostato. Acumular alimento, se ha descubierto en una encuesta, es un dato de seguridad alimenticia, pero al mismo tiempo de estatus social: "Dime el tamaño de tu alacena y te diré quien eres"

LA OBESIDAD CONTEMPORÁNEA

En diferentes medios se ha alertado de los niveles de obesidad que se detectan en la actualidad en nuestras sociedades. Se suponía que esto sólo ocurría en los "países primer mundistas", sin embargo un buen día nos despertamos con la noticia de que México, ocupa el segundo lugar mundial, y en mujeres el primero.

Cuando realizaba mi segunda especialidad en medicina de los trastornos del dormir, en el "Sleep Disorders

Center" en el hospital "Henry Ford", en la ciudad de Detroit, Michigan, me enfrente al fenómeno de la obesidad masiva, o mórbida como se dice en medicina. Personas que pesaban arriba de 200 Kg, y que literalmente se estaban ahogando cuando dormían. Estos "Big People", como les decían en el laboratorio de sueño, en cada ocasión que se quedaban dormidospor la noche, su garganta, tan llena de grasa como su abdomen, se colapsaba y el resultado eran pausas respiratorias prolongadas, es decir apneas de sueño. En esa época fue cuando vi a una persona de aproximadamente 400 Kg, entrar a un establecimiento de comida rápida y pedir 50 bisquets, un tarro de mermelada y dos malteadas gigantes de chocolate, entonces no me quedó la menor duda de que algo estaba descompuesto en el cerebro de esas personas que impedía que el freno o la saciedad, se activara. Uno tras otro, los bisquets eran partidos a la mitad, untados de mermelada y deglutidos con apenas un par de mordidas. La cara de esa persona era algo especial, indicaba que estaba en una especie de auto-hipnosis, con placer y gozo, un "Nirvana" alimentario, en donde el resto del cuerpo actuaba de manera automática y todo era ya muy secundario para la experiencia vital de ese supergordo.

Yo pensé que la gente más obesa del mundo estaba en Estados Unidos de América, pero un buen día me enfrenté a una realidad diferente, en el Instituto Nacional de Ciencias Médica y Nutrición "Salvador Zubirán", ya que de pronto, lo obesos de todo México, aparecieron por los pasillos de mi hospital, con su caminar lento, doloroso, asistido, asfixiándose, con las rodillas deformes y las piernas hinchadas. "Gente Gigante", de más de 100 kilos, que asisten al Hospital de la Nutrición, con la esperanza de la cura milagrosa, del remedio rápido, solo para enterarse que no hay tal, y que se tienen que someter a dietas, ejercicios y aún a cirugías, una de ellas llamada bariátricas, en donde se reduce el tamaño del estómago (para activar en forma más potente la señal de la saciedad), y se dan tratamiento psiquiátricos y psicológicos encaminados a que el paciente se haga conciente y responsable de lo que come y que se adhiera a sus tratamientos.

¿Por qué es importante que el obeso se haga consciente de lo que come? Porque ante la pregunta inicial en la entrevista con un paciente obeso: ¿Por qué piensa que está obeso? La respuesta que dan el 98 % de ellos es: "¡No sé doctor! Porque no como tanto". En un principio se puede pensar que hay un cinismo o ganas de manipular, pero hay estudios que apoyan el hecho de que el gordo no percibe todo lo que se come y que además por mucho tiempo tiene una distorsión de su imagen corporal. Esto es, no-se auto perciben obesos, o si acaso se describen como "llenitos". Esto pudiera interpretarse como algo de auto conmiseración, sin embargo hay evidencias que apoyan que efectivamente, en el obeso hay una distorsión real, entre como se perciben y lo que el resto de las personas ven. Algo similar ocurre con las mujeres con anorexia nervosa. Aún cuando su peso este muy por debajo del peso ideal, ellas se siguen percibiendo como gordas y continúan en esa serie de prácticas dietéticas extremas que llevan a control absoluto de lo que comen, y de actividades como son el vomitar, el purgarse y hacer ejercicio compulsivo. Un neurocientífico Hindú V.S. Ramachandran, ha descrito lo que él llamó "Fantasmas en el cerebro" (Pahntoms in the brain. V.S. Ramachandran, Sandra Blakeslee. Quill, William Morrow, 1998), para describir un fenómeno en el cual no reconocemos como propias a partes de nuestro cuerpo: Anasognosia, es el término médico. La zona del cerebro que falla cuando tenemos ese problema de reconocimiento de "mi mismo", esta en el hemisferio cerebral derecho y concretamente en el llamado lóbulo parietal. Ahí, el cerebro integra nuestra imagen corporal, con modelos de nosotros mismos y con los espacios que nos movemos. Este concepto, bien vale un artículo aparte, que vendrá más adelante.

La distorsión en la imagen del cuerpo en obesos llega a extremos en que también minimizan lo que se comen, aduciendo siempre que comen poco o que las raciones que ingieren son mínimas. Cuando uno le pide que lleven un registro diario de lo que comen, los primeros asombrados son los obesos: ¡No puede creer que coman tanto¡.

COSTUMBRES DE ALIMENTACIÓN EN OTROS SIGLOS

Las comidas que efectuamos a diario hoy en día, con botanas, entradas, sopas, guisados de carne, pollo, pescados, frijoles, postre y fruta, eran el equivalente, aún en el siglo XIX, al de una festín o el de una celebración importante, es decir a verdaderos banquetes. Las personas sólo comían en abundancia en fiestas o celebraciones, bodas, funerales, pero no cotidianamente. El resto del tiempo, la comida era más bien escasa y repetida. Las posibilidades de almacenamiento eran pocas, por lo que la salazón, el cocimiento, el uso de hielo o deshidratación de los alimentos era la regla para mantener estos productos lo más posible. La comercialización muy local de los alimentos llevaba a producción sólo de lo que se consumía o vendía, la comida era siempre escasa, y eso mantenía al termostato en optimas condciones.

El desayuno en la edad media, por ejemplo, se acostumbraba con algún tipo de sopas de alguna raíz, cebada, papa, pan y cerveza o vino (el agua no se bebía mucho porque la gente que lo hacía frecuentemente moría por episodios de cólera u otro tipo de infecciones), la comida o la cena eran pocas veces acostumbradas de carne y la principal fuente de proteínas, eran hongos, caracoles, aves y granos del tipo del trigo, y centeno. Las hambrunas era comunes y la costumbre de los pobres de asistir como observadores a las comilonas de los ricos era el equivalente a los "Reality Shows" contemporáneos. Al poder conservar más tiempo los alimentos y con la llegada de sistemas de refrigeración más eficientes, y conservadores y aditivos proporcionan la posibilidad de almacenar y distribuir a más personas esos alimentos. El comer banquetes de manera cotidiana estuvo al alcance de las mayorías sólo hasta el siglo XX y ya en tiempos más recientes los alimentos de rápido consumo detonaron el problema de la obesidad a gran escala.

CONSECUENCIAS DE SER OBESO

El aumento en el peso corporal, y sobre todo la grasa como tejido más abundante es a lo que se le conoce como obesidad, esta llega a ser equivalente a tener múltiples enfermedades, cuando rebasa ciertos porcentajes de peso, por lo cual se le denomina mórbida (equivale a decir gordura "enfermiza"). Las alteraciones médicas más frecuentes del obeso mórbido son diabetes mellitus, alteraciones en corazón y pulmones, en articulaciones como rodilla y cadera, trastornos en piel y el desarrollo de cáncer de colon, hígado y próstata. Una de las alteraciones que frecuentemente se omiten en el obeso es la apnea del sueño. Esta es una alteración que también puede verse en personas que no tienen sobrepeso, por tumores en garganta, desviación de tabique nasal u otras alteraciones que dificulten el paso libre del aire por las vías respiratorias, Sin embargo en el obeso, masculino, de cuello corto y con aumento de la presión arterial este tipo de alteración es la regla. Hay somnolencia diurna Quedarse dormidos de día), cuando la persona se sienta o está inactiva se queda dormida. En las formas más severas, aún cuando este activo, se quedará dormida, y es esto la causa con mucha frecuencia de accidentes automovilísticos. La causa de la somnolencia la constituye la gran fragmentación del sueño por las noches. El sueño nocturno de los obesos apnéicos, está caracterizado por ronquidos intensos, de varios decibeles, que llega a ser disruptivo no solo para la pareja, la cual hace varios meses duerme en el otro extremo de la casa, sino para el resto de los habitantes de la casa y tal vez de casas a la redonda. Si bien el roncar intensamente no es sano, el problema de fondo es que se deja de respirar por más de 10 segundos, entonces la persona hace sonidos semejantes a estertores, en donde se lucha por que se abran las vías aéreas ocluidas, estas se abren pero se requiere de un pequeño despertar. Si esto ocurre muchas veces en la noche, el resultado final será el de un sueño fragmentado, poco profundo y poco restaurador. La imagen del carretero de una de la historias de Charles Dickens en el "Club de Pickwick", ilustra muy bien el caso de este tipo de personas, que de hechos, por mucho tiempo se conoció como "Síndrome de Pickwick" en medicina: el carretero era obeso, de cara roja, cuello corto y cada vez que esperaba en el carruaje que conducía, se dormía sentado. Los apnéicos obesos desarrollan una serie de pautas compensatorias a su ahogamiento cotidiano: aumento de glóbulos rojos para compensar la falta de oxígeno en sangre. Las caras rubicundas, que no indican salud, como algunas madres pueden extrapolar, sino todo lo contrario. Otras alteraciones que presentan la personas con apnea, son que al dejar más de 10 segundos sin respirar, hay una disminución de oxígeno en la sangre y un órgano que es sensible a esta baja repetida de oxígeno es el corazón. Este tiende a latir menos eficazmente y luego se sale de tiempo (arritmia), para finalmente temblar sin contraerse, fenómeno que se le conoce como fibrilación. Muchos pacientes obesos con apnea de sueño mueren dormidos, esto que pudiera ser consuelo, al decir: "¡Que bueno! Se murió dormido", en realidad es terrible, porque la persona murió ahogado en sus tejidos grasos. Un aspecto igual de importante a los que he mencionado es la apariencia de la persona con obesidad. La gente obesa es sujeta a burlas, señalamientos y chistes. Se tiene el prejuicio de que el ser obeso es un tipo de debilidad de carácter y que es pecaminoso que coman tanto (Gula), por lo que la agresividad de la que son objetos es una forma de discriminación de las personas que son ignorantes al drama real que viven los obesos. El resultado de toda esta marginación social, es el aislamiento, el desarrollo de ansiedad y depresión y finalmente el mantener la única conducta gratificante que pueden hacer ellos solos: comer. El modelo médico que mejor explica la administración de comida para obtener tranquilidad, se ha desarrollado con la comparación de la obesidad a un esquema de adicción a las drogas, es decir la obesidad como adicción al alimento. Hay una obsesión significativa por guardar y atesorar alimentos de alto contenido calórico. Se esconden barras de chocolate, hay litros de helados en el congelador, galletas y pasteles en la alacena. Es frecuente que el gordo trate de justificar ese almacenamiento diciendo que tiene con frecuencia la visita de personas y que compra todo ese alimento para poder ofrecer comida. La conducta de la obesidad por atracones, es otra de las actitudes similares a las que tienen algunos drogadictos cuando están en disposición abierta a su droga. Por ejemplo, este es el caso de los cocainómanos. Si existe cocaína, el estilo de consumo es por atracones, es decir hasta que se termine la droga o hasta que sobrevenga una serie de efectos secundarios que impidan que se siga administrando la sustancia. Lo mismo se observa con algunos pacientes obesos, ingieren grandes cantidades de alimentos, en periodos relativamente cortos de tiempo, por ejemplo dos horas, hasta que se termina la comida, o hasta que presentan dolor abdominal intenso.

COMER HASTA MORIR

Marco Ferreri en "La grande bouffe" (1973) nos muestra a cuatro burgueses Marcello (Marcello Mastroianni) Michel (Michel Piccoli) Philippe (Philippe Noiret) y Ugo (Ugo Tognazzi), que se encierran en una vieja mansión, la casa de Philippe. a morir de todos los excesos, comida, bebida y sexo, aunque al final lo que los mata es sólo el comer desmedido. El comer desmedido, casi sin poder parar, pero sobre todo cierto tipo de alimentos ricos en carbohidratos, se ha relacionado con cambios en la bioquímica cerebral. Un chocolate o un helado, hacen subir los niveles de serotonina y dopamina en el cerebro, fenómeno que indica placer, pero que al mismo tiempo mejora el estado de ánimo. Cuando le pregunto a un paciente obeso: ¿Qué le hace comer tanto? Una respuesta común es: "los nervios, tener nervios". Al desglosar ese "tener nervios" surgen muchas cosas: estar triste, ansioso, enojado, frustrado y solo. La comida a fin de cuentas tiene funciones no solo de nutrición, sino muchas otras más. Es deleite, es un símbolo de múltiples significados en donde se entrelazan recuerdos de la infancia, buenos momentos de la vida, disipación de malos ratos, camaradería, familia, amores, refugio, placer, conocimiento y muchas cosas más. La imagen del gordo feliz es real, aunque sea por un instante. La realidad es que las personas obesas son rechazadas y se les considera como transgresores del modelo idealizado de belleza actual: la delgadez. El obeso no es responsable de estar, en esa situación de descontrol de su alimentación, hay algo más haya de la voluntad. En un estudio que efectuamos en el Instituto donde laboro, se detectó que una de las modificaciones en la personalidad que se adquirían con la obesidad era la fobia social o ansiedad social, esto es el miedo intenso para hablar con gente extraña, leer en público, comer frente a personas desconocidas, todo lo cual indica la sensibilidad que adquiere el obeso ante el rechazo social.

La fantasía de todo gordo es ser flaco, sin dejar de comer por supuesto y por eso están todos esos "remedios" sin dietas ni ejercicios, que modelados por esculturales individuos invitan a la compra y al consumo de un ser humano que no puede detenerse en comer. Lociones, fajas, algas, vendas de yeso, masajes reductores, píldoras que impiden la absorción de alimentos, estimulantes del sistema nervioso que quitan el hambre, pero con rebotes en donde se duplica el peso previo. Finalmente el gordo sigue teniendo hambre, el obeso se somete a cirugías, en donde hay una baja de peso porque se le produce una descompensación en el tubo digestivo, se llena rápido, y se vacía de igual forma. La cirugía llamada bariátrica, consigue reducción de peso importante, pero sigue siendo un recurso extremo, porque se le produce un mal menor al mal mayor que es la obesidad, sin embargo y a pesar de todo, el gordo sigue teniendo hambre, solo que ahora no puede comer tranquilamente, porque vomita o le da diarrea. El cambiar de estilos de alimentación, es casi como cambiar de religión, una especie de iluminación y un cambio fanático hacia la contención de todo lo que engorda. Con frecuencia he tratado ex gordos, que ahora aparecen ante mi como flacos bofos, con la tristeza reflejada en el rostro, están deprimidos y sin mucho sentido en sus vidas, dedicadas por mucho tiempo solo a comer, como un estilo de estar en este mundo. Al cabo de cierto tiempo después de operados, descubren que pueden comer alimentos de alto contenido calórico: helado de chocolate con galletas; malteadas y pastelillos, y nuevamente, en un lapso de cinco años, aproximadamente, después de la cirugía, vuelve la obesidad en un porcentaje alto de estos pacientes Ellos han conseguido dilatar la bolsa, que a fin de cuentas eso es el estómago y la sonrisa re-aparece en sus caras. En ese momento es cuando pienso nuevamente en la película de Marco Ferreri y sé que algunas de esas personas obesas van a morir comiendo, succionando un gran seno blando y lechoso como un flan. La obesidad es entonces una enfermedad crónica, en donde diversos mecanismos biológicos y psicosociales se interrelacionan y que al saber esto nos capacita para brindar todo el apoyo y comprensión a estas personas, para las cuales será de vital importancia, para el control de su enfermedad y el parchado del alimentostato.

CANIBALISMO O EL TEMOR ANCESTRAL A SER COMIDOS.

En estos días se ha avivado la discusión sobre el tema del canibalismo o antropofagia. Esto a raíz de la noticia del llamado "Caníbal de Rotenburgo". Resulta que Armin Meiwes, de 42 años, bisexual y solitario. Por alguna razón, aun no muy clara, un buen día decide construir una carnicería en su casa, y se aficiona a los foros sadomasoquistas de Internet. Pero continuo su búsqueda de tendencias extremas, hasta que entró a los foros de caníbales, ahí puso un anuncio en el cual solicitaba la presencia de un hombre joven que estuviera dispuesto a ser sacrificado y comido.

Bernd Jurgen Brabdes, berlinés, se ofrece voluntariamente para esos menesteres, se presenta en la mansión de Rotenburg, en donde Armin le cercena su pene, y entre ambos se lo comen. Al poco rato Bernd se desangra y muere, no sin antes haber grabado un video en donde autoriza a su recién amigo-verdugo-desgustador a matarlo y comérselo. Armin comió 20 kilos del berlinés, en diferentes ocasiones y acompañó sus guisos con vino tinto.

Cuando estaba ya por terminarse su ración de carne humana, vuelve a poner un anuncio en Internet, pero ahora describiendo lo que había hecho con Bernd, para que no quedara lugar a dudas de sus intenciones. Un estudiante de Inssbruck, Austria ve el mensaje, y lo reporta a las autoridades, el 10 de diciembre del 2002, detienen a Armin Meiwes y ahora está a punto de recibir una condena, que si se le declara culpable no será muy severa, ya que no está asentado en la jurisdicción alemana este tipo de crímenes como severos, es decir el de comerse a otra persona

Los psiquiatras que examinaron a Meiwes, tampo encontraron que tuviera una alteración seria que lo llevara al hospital psiquiátrico o que sirviera para atenuar su responsabilidad. ¿Qué sucede entonces en la mente de una persona que quiere comer carne de un ser humano? Y ¿Qué impulsa a una persona a querer ser comido? Al parecer, ambos individuos de la presente historia tenían un buen nivel cultura, económico y ciertamente no estaban en condiciones de no poder adquirir otro tipo de alimentos. Entonces, pudiera ser que estas personas estuvieran en el mundo de las ideas llamadas "Ideas Sobre Valoradas", estas son creencias, con distinto grado de verdad, que están emocionalmente cargadas y que tienden a preocupar a las personas y aún dominar muchos de sus actos. La principal diferencia de estas y los delirios, es que en las primeras si hay un grupo de gente que por consenso piensan que podría haber algo de cierto, mientras que las creencias de los delirios, sólo son ciertas por quien las padece. Por ejemplo la "Idea Sobre Valorada" de la Comunión católica. Existe un grupo de creyentes que están convencidos de que el cuerpo o la esencia de Cristo, está simbólicamente en la eucaristía y nadie piensa que ellos estén fuera de sus cabales. No se si una persona de una isla, que no hubiera visto nunca una ceremonia religiosa católica, pensaría lo mismos, creo que no.

En el caso de Bernd hay la idea de la prolongación de la existencia, de algún tipo de existencia al ser comido por otra persona. Este pensamiento, aunque reconocido como absurdo, es sostenido por muchos individuos en el mundo, no sólo caníbales, sino aquellos que reciben la comunión católica, en donde por el acto de la transubstansación, la ostia se transforma en el cuerpo de Jesucristo. El caso de Meiwes, parece ser el de un parafílico, u otro tipo de alteración en el objeto de la sexualidad. En donde los componentes sádicos, el infligir dolor, y el caso extremo de asesinar, proporcionan un tipo de placer sexual. Armin comenta: "Lo que experimenté no lo puedo describir con palabras: una mezcla de odio, furia y alegría a la vez. Era lo que siempre había deseado: tener como parte de mí a una persona a través de su cuerpo: era como recibir la comunión".

¿POR QUÉ HAY UNA FASCINACIÓN POR EL CANIBALISMO?

En numerosas culturas han existido y aún hoy en día persiste la práctica de comer carne humana. Esto pareciera aberrante, pero aún ese sentimiento de rechazo a la sola idea de comerse al de junto, parece que se explica a raíz de un temor ancestral de ser comido, de ser devorado, no por las bestias, sino por los mismos congéneres. La palabra caníbal, surge de la observación, por Cristóbal Colón y los primero exploradores, de los aborígenes del Caribe, quienes comían carne humana y le daban a esta práctica el nombre de caribi, esta palabra se generalizó.   En la actualidad, los antropólogos distinguen dos formas de canibalismo: el ritualizado y el de sobrevivencia. El canibalismo ritualizado, esta relacionado con alguna forma de práctica religiosa, en donde sólo se comen determinadas partes del cuerpo, por ejemplo el pene es comido por mujeres para aumentar la fertilidad, el corazón de guerreros para aumentar el valor, las piernas de un corredor, para asimilar su velocidad. Como se puede ver, en cada uno de estos fenómenos hay un aspecto simbólico y hasta espiritual que impulsa a un dividuo a comerse a otro.

Algunas etnias han practicado el canibalismo político, comiéndose a prisioneros de las tribus vecinas, con lo cual aumentaban el temor hacia ellos y pagan a tiempo sus tributos. Otras formas de canibalismo que se han descrito son el canibalismo medicinal (algunas partes del cuerpo), canibalismo religioso, canibalismo gastronómico y de sobrevivencia.

En el siglo XXI aún persisten etnias que practican diferentes formas de canibalismo, por ejemplo en Nueva Guinea los Asmat, como parte de sus ritos de paso, tienen la "Caza de Cabezas", en África, algunas tribus comen carne humana y esto es lo que explica enfermedades del sistema nervioso, que se transmiten por partículas más pequeñas a los virus, llamadas priones, como son el Kuru.

El mito de que el canibalismo es exclusivo de sociedades poco desarrolladas, se comprueba con la sociedad Azteca. Los sacrificios humanos eran parte de la cultura religiosa de ellos, y se llevaban a cabo básicamente con prisioneros de guerra, con lo cual se aumentaba el temor de las tribus sometidas. Los sacerdotes era expertos en la extracción del corazón aún palpitante del sacrificado, y ofrendarlo al dios Sol, que era una deidad del movimiento y el cambio, por lo que un órgano aún en movimiento era la mejor ofrenda. Que hacían con el resto del cuerpo, de los miles de cuerpos que se obtenían de los sacrificios periódicos: se los comían. Los sacrificios humanos realizados por los aztecas tenían funciones bien precisas: proporcionar ofrendas a los dioses; proporcionaban un estatus de poder a los guerreros que más víctimas llevaran, el comer determinadas parte de los sacrificados, proporcionaban atributos especiales, por ejemplo el corazón de un guerrero intrépido, transmitía esa misma cualidad a quien comiera de él. Es posible que además este tipo de alimentos complementara en alguna medida la carga proteica de origen animal, que se supone no era muy abundante.

El ritual del sacrificio era elaborado, primero se extraía el corazón, en una maniobra de duraba menos de un minuto, después de cortada la cabeza y se recogía la sangre así derramada. El resto del cuerpo era aventado por las escalinatas, y después llevado a un sitio en donde se desmembraba. Se dice que los miembros eran para consumo de los guerreros y familiares, que habían capturado a la víctima, mientras que el tronco era para las clases inferiores y animales.

CANIBALISMO EN LITERATURA Y CINE

La figura del caníbal ha estado presente en diferentes obras literarias, especialmente desde que los Europeos irrumpen en África y América. En "Robinson Crusoe" (1719) Daniel Defoe, relata el miedo que su personaje siente ante la posibilidad de ser comido por los caníbales, cuyas huellas ha visto en la arena. Cuando conoce a Viernes, este miedo se disipa gradualmente, hasta el episodio en que contemplan como un grupo de aborígenes devoran a un persona y otra espera su turno atado en la arena. Jonathan Swift, primero en "Los Viajes de Gulliver (1726) y "La propuesta modesta" (1729), en donde Swift propone que los irlandeses pobres se coman a sus propios niños, con lo cual evitarán que sean abusados y solucionaran su hambruna.

I shall now therefore humbly propose my own thoughts, which I hope will not be liable to the least objection. I have been assured by a very knowing American of my acquaintance in London, that a young healthy child well nursed is at a year old a most delicious, nourishing, and wholesome food, whether stewed, roasted, baked, or boiled; and I make no doubt that it will equally serve in a fricassee or a ragout.

Charles Dickens, también hace constantes alusiones al canibalismo en diferentes novelas, al parecer fomentado por las amenazas que recibió en su infancia por su nana, quien les contaba de in "Capitan Murder", que solía comerse a los niños. También Gustav Flaubert, en Salambó, nos cuenta de un tipo de canibalismo en Cártago del siglo IV: En el siglo XVIII y XIX, la figura del caníbal se sublima en un contexto gótico y romántico por la del vampiro. Estos seres no comen carne pero beben sangre y de esta manera se consolida el temor a ser comido a ser bebido o chupado.

En los cuentos infantiles, los gigantes se comen a los niños (Pulgarcito), las brujas también los paladean (Hansel y Gretel), Los lobos se comen a Caperucita y a la abuelita, aun cuando después son rescatadas intactas de la panza de la bestia y hay más, toda una serie de desgracias que les suceden a estas criaturas, sobre todo si se portan mal. El terror es utilizado por los adultos, con fines de castigo. El temor a ser comido, no viene sin embargo de estas historias fantásticas, sino de hechos reales, de épocas de hambrunas, en donde los niños eras vendidos como alimento y los ejércitos de los cruzados, en su camino a "Tierra Santa", saqueaban los graneros y las cunas en donde se encontraban los bebes. Los niños, en esos tiempos no eran espantados con el "Coco". Sino con el señor cruzado que te va a devorar.

En las películas, también tenemos una serie de obras en donde el canibalismo desempeña un papel especial. Peter Greenaway en "El cocinero, el ladrón, su mujer y el amante" (1989), nos muestra una escena en donde se le sirve, en charola de plata, al amante de su mujer. En "El Silencio de los Inocentes" (Harris, 1988), de las escenas más comentadas, destaca aquella en donde Aníbal narra como se comió a una persona, y como degustó el hígado con una copa de vino, y remata con un silbido y movimiento reptante de la lengua, que en una entrevista, Anthony Hopkins contó que ese acto con la lengua fue improvisado para bajar la tensión y solemnidad sin que desapareciera del todo, y de hecho le da un toque cínico. En "La noche de los muertos vivientes" (The night of the living dead) George A. Romero (1968), resucita a los muertos, como resultado de un fenómeno astronómico, y estos deambulan por los campos devorando personas. Existen temores colectivos, productos de la carga cultural o arquetípica, como por ejemplo miedo a las arañas, víboras, alturas, etcétera, pero también existe un miedo a ser comido por el otro, aunque en la actualidad el ser comido sea simbólico, sea similar a poseer, dominar, tener bajo control. Es común que en la relaciones amorosas se utilicen expresiones como: "Te quiero comer a besos" "Esta de chuparse los dedos" o me la comí ayer, como equivalente a tuvo relaciones sexuales. El mismo acto de besarse en la boca, esta expresando un acto simbólico de meter en el interior, algo simbólico y espiritual del otro, del objeto amado.

Lo interesante de estas concepciones caníbales, es que es un fenómeno que esta subyacente, en nuestro inconsciente colectivo, y que eso explica por un lado el temo, la curiosidad, el desasosiego de este tipo de actividad, que está sepultada evolutivamente, pero que de vez en cuando hace irrupción.

LO QUE DEBEMOS SABER DE HIPNOS PARA ALEJARNOS DE TANATOS.

¿Acostumbra preguntar a su pareja por el cómo durmió cuando despiertan? Y ¿Le pregunta sobre lo que soñó? ¿Trata de hacerse esas mismas dos preguntas a usted mismo, en esos momentos de soledad matutinos en el baño?

Cada noche estamos sumergidos en una serie de fases o etapas en las que se descompone nuestro sueño. El mismo fenómeno del soñar, ha sido comparado a estar en un episodio de psicosis (locura), con alucinaciones visuales, a veces auditivas y otras menos táctiles. Pero al despertar, es casi un milagro el estar nuevamente, más o menos cuerdos. Cada noche nos adentramos en nuestro cerebro y tenemos instantes de locura transitoria y luego despertamos. Lo que sucede en ese lapso es de suma importancia para el mantenimiento de nuestras capacidades mentales superiores.

El escuchar las señales de nuestro cuerpo, es una sabiduría que nunca a estado de más. Definitivamente, si yo no despierto con la sensación de descanso, de que mi sueño fue bueno, que restauré las energías gastadas durante el día, algo esta ocurriendo en mi sueño que no satisface las funciones del dormir. Pongamos el ejemplo más cercano de la comida como paradigma de cómo se regulan la mayoría de nuestras funciones: bajan mis niveles de glucosa en mi organismo, tengo una señal que me dice que debo de comer, esa señal la conocemos como hambre, y después de que como, aún antes de que se me corrijan mis niveles de glucosa en sangre, yo ya no tengo hambre. Ese es el mecanismo de saciedad respecto a la comida. En algunas personas con obesidad, es claro que no funciona adecuadamente.

El sueño tiene sus formas de comunicarnos que hay problemas y cual mecanismo indicador de alarma sistémica, informa de aspectos del mal funcionamiento, dentro o fuera del cuerpo. La forma de avisarnos es sencilla: por la deficiencia de sueño, también conocido como insomnio o por el exceso de mismo, que llamamos hipersomnia (hiper = mucho).

El insomnio entonces, no es solo la falta de sueño, o el que este sea insuficiente, también es la sensación de que el dormir, no restablece nuestra condición diurna de estar alerta. Evolutivamente, está es una de las causas por las cuales han prevalecido los animales que duermen mejor y eficazmente, que aquellos que no lo hacen. El sueño efectivo, prepara para estar bien despierto es decir, en un periodo de vigilancia efectivo: "Camarón que se duerme se lo lleva la corriente". En épocas prehistóricas este dicho pudo parafrasearse: "Neandertal que se duerme se lo come el dinosaurio". En los últimos cincuenta años, un grupo de investigadores del sueño o somnólogos, han estado enviando un mensaje al mundo: "El dormir es tan importante como el estar despierto". Pero tengo la impresión de que el mensaje no se ha escuchado, o de que el mensaje no se ha entendido. Si pasamos la tercera parte de nuestra vida dormidos y si la calidad de nuestro estado de vigilia es directamente proporcional a nuestra calidad de sueño: ¿Vale la pena saber que es el sueño?

EL SUEÑO COMO UN PROCESO PASIVO

El acto de dormir, no es un proceso pasivo para nuestro cerebro, como parece indicar el sentido común: se apagan las luces, se crea una atmósfera agradable, templada, las cerraduras de la casa cerradas, calefacción o aire acondicionado, mi pareja a un lado.

Cierro los ojos y ¡Pum! Se apaga el cerebro, como si fuera un foco, al disminuir la información sensorial, el cerebro-foco se duerme. A la mañana siguiente, según mi reloj despertador, se enciende, primero poquito (fluyen menos Watts) y luego a toda su capacidad. Esta manera de pensar, estuvo presente en la mayoría de los seres humanos hasta la década de los años treinta del siglo XX. Quizás esta es la razón por la cual el dormir como tal llamaba tan poco la atención a los investigadores, mientras que el fenómeno del soñar era más del interés de los filósofos, poetas y adivinos. Nicte, la diosa de la noche griega, tuvo dos hijos gemelos Hipnos, dios del sueño y Tanatos dios de la muerte. Las similitudes aparentes de los dos estados ha sido más que evidente. En los dos yacemos horizontales, más o menos sin responder y ajenos al mundo que nos rodea. La principal diferencia entre ambos es la reversibilidad, despertamos del sueño, pero no de la muerte.

Empedocles, quien vivió en el siglo V A.C., fue el primero que propuso que el sueño pudiera deberse a una disminución del riego sanguíneo al cerebro. Si la sangre no regresaba al cerebro al amanecer, significaba que el gemelo de Hipnos, Tanatos había ganado la partida.

Aristóteles dedica dos extensos escritos al sueño: De somno et vigilia y De somniies, en el libro Parva naturalia. Él escribió que el sueño y la vigilia estaban relacionadas con la percepción. El centro de ambas actividades estaba en el corazón. Él propuso que el sueño ocurría por la inhibición de la percepción y que esto era debido entre otras cosas por la alimentación.

Esta visión del dormir como un proceso pasivo en donde la retirada de sangre, oxígeno o estímulos sensoriales fue la que predominó en las diferentes hipótesis que se hicieron sobre el dormir hasta el siglo XX. En ese siglo una epidemia de encefalitis viral, secundaria a una pandemia de la llamada "Gripa española", empezó a dar pistas de que existían sitios en el cerebro que actuaban manteniendo el estado de despierto e iniciando el sueño, estos centros se encuentran en el hipotálamo, un sitio localizado en la zona central e inferior de los hemisferios cerebrales. Constantin von Economo (1876–1931) fue quien describió a los enfermos con secuelas de la encefalitis que habían presentado hipersomnia o insomnio total (Agripnia), y que al morir y hacerles autopsias encontró lesiones en la parte posterior y anterior del hipotálamo respectivamente. En 1929, Walter Hess (1881–1973) en la Universidad de Zurich, demostró que la estimulación eléctrica de ciertas zonas en el tallo cerebral hacía que los animales, que recién habían despertado de un periodo largo de sueño y que podían estar por lo tanto saciados del mismo, volvieran a dormir. Fue la primera vez que se demostró, que el sueño podía ser un proceso activo generado internamente por las propias estructuras del cerebro.

En los últimos años, los investigadores han aportado datos que confirman que el sueño, en sus diferentes etapas es regulado por estructuras cerebrales y que esta regulación es vital para el buen funcionamiento de los organismos. Existen dos tipos de etapas de sueño, una que es conocida como sueño de ondas lentas y que en el ser humano se descompone de cuatro etapas y el sueño de movimientos oculares rápidos. Estas dos etapas del dormir, tienen diferentes estructuras nerviosas que las controlan y que las organizan a lo largo de la noche, con un trabajo fino de coordinación y acoplamiento a otras funciones, como son la regulación de la temperatura corporal y la producción de hormonas.

¿PARA QUE SIRVE DORMIR?

Las funciones que se han adjudicado al dormir son múltiples. Restablecer los niveles de energía cerebrales, sobre todo en lo referente al combustible que utilizan las neuronas, es una de estas funciones, quizás la más evidente. Durante el periodo de estar despiertos, las células nerviosas consumen glucosa, su materia prima energética y aún las reservas de energía que van en forma de glucógeno. Un producto paralelo a la "quema" de la glucosa es la adenosina. Esta sustancia es un neurotransmisor y cuando se acumulan, sus efectos son los de inducir sueño. El botón activador del sueño, que se encuentra en el hipotálamo anterior, es encendido por la adenosina. Los seres humanos hemos aprendido a combatir la somnolencia inducida por la acumulación de adenosina con varias sustancias, la principal se llama cafeína.

La cafeína, principio activo del café, bloquea el botón de encendido del sueño, y nos despierta o impide que iniciemos el sueño. Esto se ha comprobado no solo por la experiencia común y corriente de los que bebemos café, sino del estudio controlado de los animales de laboratorio. La administración de cafeína o sustancias análogos en las zonas del hipotálamo anterior, producen despertar aún en animales privados de sueño. Lo opuesto ocurre con la inyección de adenosina o sus análogos, el animal duerme por periodos prolongados.

La importancia de estar bien despiertos en nuestra vida cotidiana queda de manifiesto por la existencia de cafeteras en oficina, laboratorios, hospitales, etcétera. Lo cual ha sido interpretado como si estuviéramos crónicamente privados de sueño en las sociedades contemporáneas.

Otra de las funciones del dormir es la de restaurar los tejidos. La hormona del crecimiento, se produce y libera a nuestro organismo, en las primeras horas de nuestro sueño, que es cuando dormimos en el llamado sueño de ondas lentas. Los niños crecen con esta hormona, pero los adultos revitalizamos nuestros tejidos, hay movilización de grasas en nuestro cuerpo, y se forman proteínas, los ladrillos del andamiaje y funcionamiento del cuerpo. La analogía que podrimos hacer con las funciones del sueño, son que cuando dormimos laboran una serie de artesanos, ingenieros y servicio de limpia, que actúan en nuestro cuerpo cuando este se encuentra en reposo, en tranquilidad.

Pero no todo es reparar y reponer, en cuanto a las funciones del sueño. Específicamente hay una fase del sueño, conocida como sueño de movimientos oculares rápidos o sueño MOR, en donde hay un trabajo creativo, ahí se consolida la memoria, se olvidan las cosas irrelevantes, se establecen nuevas sinapsis (conexiones entre neuronas) y se hace una calibración entre los sistemas generadores de emociones y los mecanismos vinculados al estrés. Es por eso que el sueño MOR se ha vinculado a los procesos de aprendizaje y que se incremente de manera significativa cuando estamos ante situaciones vitales estresantes. En el sueño MOR, tiene lugar un tipo de ensoñaciones. La actividad onírica no ocurre única en las fases de sueño MOR, también se tienen ensoñaciones en las fases de sueño de ondas lentas. A fin de cuentas el cerebro no deja de tener un monólogo interno, al que llamamos conciencia y esta sólo cambia de calidad. En el sueño de ondas lentas la actividad onírica tiene la estructura de un pensamiento obsesivo: apague la luz de la sala – no apague la luz de la sala – apague la luz de la sala. Esta muy relacionada a la cotidianidad, a lo vivido el día previo y suele ser poco recordada, sin embargo en esta fase recordamos eventos olvidados, como puede ser el sitio en donde dejé las llaves perdidas. La actividad mental durante el sueño MOR, es muy intensa, hay alucinaciones, principalmente visuales y auditivas. Se modifican las leyes de la lógica, temporalidad y física: Volamos, atravesamos las paredes, encontramos personas ya muertas, nos vemos aún niños, dos más dos no son cuatro, etcétera.

La actividad onírica a fascinado de siempre al ser humano, por sus características ya descritas. Sin embargo en la actualidad se ha visto como un fenómeno de "ruido" a las funciones de edición y consolidación de memoria del sueño MOR. Owen Flanagan en "Dreaming souls: sleep, dream, and the evolution of the concoius mind" (Oxford Univesity Press, 2000), hace el símil de soñar con el que tendrían los ruidos cardiacos o los gástricos. Ambos existen, cualquiera con un estetoscopio puede oírlos, no tienen un significado especial para el funcionamiento en si del corazón o del estómago, sin embargo han sido utilizados por los seres humanos para conocer si estos órganos funcionan bien o mal, adjudicándoles un valor de signos. Lo mismo ha ocurrido con la actividad onírica. Se le ha dado una interpretación diversa por cierto, dentro del cuerpo teórico de varias escuelas psicológicas, que se engloban como "psicologías profundas". Los sueños, para ellos, están diseñados para expresar o revelar nuestros pensamientos, sentimientos, deseos y necesidades más profundos. Sin embargo se tiene el problema de tipo evolutivo, de cual fue la utilidad, al nivel de transmisión de genes en las siguientes generaciones, tuvo el tener actividad onírica clarificante de los sentimientos y emociones. Como comenta Owen Flanagan: " No existe una evidencia conocida – ni puedo imaginar que haya una evidencia desconocida – de que los humanos dedicados a cumplir las máximas socráticas: 'Conócete a ti mismo' y

' La vida sin autoexámen no vale la pena vivirse' se las arreglen mejor en el terreno de la idoneidad genética que aquellos a quien el conocimiento de sí mismos los tiene sin cuidado". Sin embargo Flanagan acepta que la idea de Freud de que los sueños liberan un tipo de deseos inconscientes reprimidos y socialmente inaceptables, si pudiera ser algo que explique una ventaja evolutiva del acto de soñar. Es decir manifestar deseo disfrazados en los sueños es más económico y evolutivamente más adecuado que el expresar los deseo al estar despiertos y morir antes de reproducirse. En la actualidad se tienen claras evidencias de que las variaciones en el soñar (Vg. Mayor intensidad, frecuencia, ansiedad), es un indicador del nivel de estrés o ansiedad que aqueja a un ser humano.

Las personas que han sido sometidas a una tragedia, o que han vivido situaciones apremiantes, como asaltos, violaciones, pérdidas de seres queridos, desarrollan sueños relacionados a esos episodios. En una forma extrema se presenta la alteración conocida como Trastorno por estrés Postraumático, en donde uno de las manifestaciones cardinales es tener sueños que reviven la situación o episodio que desencadenó la enfermedad ¿Por qué? Es parte de nuestro sistema de "cicatrización cerebral". La exposición repetida y gradual a una misma situación, produce un fenómeno de extinción de la respuesta y finalmente cierto grado de falta de reactividad a la misma. La exposición se hace dentro de la actividad onírica, que tiene siempre algo de controlable, esto es, podemos despertar en el peor de los casos. Ocurre el mismo fenómeno que cuando vamos a ver una película de terror, nos da miedo, pero siempre sabemos que podemos apagar los aparatos de viedeo o salirnos del cine. Las pesadillas o como se conocen en la jerga de los trastornos del dormir: sueños generadores de ansiedad, son otro ejemplo de la relación entre estrés y ensoñaciones. Las pesadillas se hacen más comunes en niños o adultos sometidos a tensiones extremas y desaparecen cuando el sujeto tiene tranquilidad. Las funciones del dormir, van cambiando a lo largo de la vida. Al nacer el sueño MOR o su equivalente fisiológico se encarga de madurar y afinar la vía visual, y otras áreas sensoriales y motoras. En la adolescencia, el sueño en general se ve influenciado por la marea hormonal, específicamente de hormonas sexuales y es cuando hay un repunte en el tiempo requerido de sueño, que llega a ser hasta del 50 % de un día. Finalmente en la senectud el sueño baja en cuanto a sus requerimientos de cantidad, pero sigue teniendo un papel primordial en el restablecimiento de los tejidos, del sistema inmune y en el control de la temperatura corporal.

ENFERMEDADES DEL DORMIR

Las enfermedades que directa o indirectamente afectan al sueño son numerosas. En la última clasificación internacional de trastornos del dormir se redondeaban en noventa. Las más comunes son el insomnio, la apnea del sueño, las parasomnias y enfermedades médicas, psiquiátricas y neurológicas que frecuentemente afectan el dormir. Algunas de estas enfermedades pueden incapacitar e incluso ser mortales. El insomnio crónico, por ejemplo, es una condición que hace que las personas se vuelvan adictas a sustancias (alcohol y medicamentos para dormir), y hay un claro deterioro de la calidad de vida. La apnea del sueño, condición en donde la gente deja de respirar cuando duerme, por más de 10 segundos, durante muchas veces en la noche, puede ser mortal, ya que en cada episodio de apnea, de los cientos que se suceden en la noche, el corazón entra en un estado de arritmia (fuera de ritmo) y puede ser causa de muerte durante el sueño. Los pacientes apnéicos a menudo son obesos, con cuellos cortos, con sueño durante el día y roncadores con pausas.

También están las personas que mueven las piernas o brincan en la noche, y con cada salto fragmentan su sueño, y los que mojan la cama, los sonámbulos, los que tienen terrores nocturnos y una serie de más tipos de trastornos.

Con ese exceso de alteraciones durante el sueño, se puede pensar que hay una información basta en los jóvenes médicos sobre el tema. La verdad es totalmente opuesta, no se recibe información sobre medicina de los trastornos del dormir a lo largo de la carrera de medicina. Este fenómeno no solo ocurre en nuestro país, sino en muchos otros. En Estados Unidos de América, recién se ha conseguido (en los últimos años) que se impartan temas referente a la medicina del dormir en los cursos de psiquiatría, neurología y neumología.

En nuestro país, recién se ha estado implementando la detección de los niveles de alcohol en los conductores de automóviles. Esta medida tiene lustros que se aplica en otros sitios, y se entiende que es por el beneficio de los ciudadanos y no se soborna a los policías para que indiquen los sitios de ubicación de retenes de detección. Los accidentes por somnolencia o quedarse dormidos al volante son en frecuencia mayores que los que se imputan al uso de alcohol. Hay estudios que demuestran que los horarios de mayor frecuencia de accidentes automovilísticos tienen que ver con las horas del día en que los seres humanos tenemos mayor propensión a dormir. Los accidentes ecológicos como el Exxon Valdes y Chernobil, han sido atribuidos a somnolencia de los encargados de vigilar las alarmas de los sistemas de detección de riesgos. No existen, aún aparatos que nos permitan detectar niveles de somnolencia fácilmente en la calle con los conductores, tipo alcoholímetro, pero si hay la posibilidad de considerar cambios en los turnos laborales, y una serie de medidas encaminadas a garantizar un nivel óptimo de sueño, sobre todo en personas que tienen responsabilidades de transporte público, pilotos, médicos, enfermeras, etcétera.

Volviendo a nuestras preguntas iniciales: ¿Cómo dormiste? Y ¿Qué soñaste? El poder reflexionar u evaluarnos en ellas, nos da un marcador de salud y de optimización del funcionamiento de nuestro centro de toma de decisiones y controlador de la información que es nuestro cerebro. Despertar cansado, tener dificultades para despertar, estar agotados o somnolientos por más de tres días continuos o con frecuencia debe de hacernos sospechar que algo no esta funcionando normal en nuestro cuerpo. Las mismas implicaciones tienen el tener dificultades para iniciar nuestro sueño. El tener pesadillas frecuentes, o el no soñar, puede también estar dando información de que hay problemas con el "Disco duro".

El tener la temperatura de nuestro cuerpo elevada (hipertermia), es un dato que nos alarma y buscamos ayuda médica para tratar las causas del desperfecto. Eso es exactamente lo que debemos hacer ante un mal funcionamiento de nuestro sueño, teniendo en cuenta siempre que de no hacerlo, Hipnos el hermano gemelo de Tanatos, puede mandarnos al sueño eterno.

LA VISIÓN CONTEMPORÁNEA DE LA ENFERMEDAD MENTAL

La gran mayoría de nuestra población no tiene idea de que existen alteraciones mentales severas, que no necesariamente son equivalentes a estar loco (piscótico). Este desconocimiento se observa no solo en la gente que tiene un acceso limitado al proceso de escolarización, también se observa en profesionistas e inclusive en médicos no psiquiatras. Es común que los pacientes con problema psiquiátricos sean referidos al especialista en salud mental, sólo por un fenómeno de exclusión, es decir, después de que ya fue valorado por otros especialistas y no se encontró la causa "orgánica", de su enfermedad.

La visión que se tiene de los problemas mentales como algo diferente a los problemas de salud de otras áreas de nuestro cuerpo, es muy antiguo en la historia de la humanidad, sólo que llama la atención, el que se siga pensando que mente y cerebro son dos entidades diferentes en el siglo XXI. Esta forma de pensamiento lleva a suponer que las enfermedades de la mente o psiquiátricas, son alteraciones del alma o de una entidad poco conocida, y por lo tanto se les envuelve en un halo oscurantista.

En la publicación de la "Encuesta Nacional de Salud Mental", que se hizo en el Instituto Nacional de Psiquiatría (Jornada 19 de noviembre 2003), además de mencionar lo elevado de la frecuencia de presentación de alteraciones psiquiátricas como depresión mayor, ansiedad, trastorno obsesivo-compulsivo, esquizofrenia y dependencia a sustancias, se puntualizó la falta de conciencia que existe entre la población encuestada, de lo que padecen es una alteración psiquiátrica, susceptible de ser tratada, curada o controlada, en la mayoría de los casos.

 Pero como ejemplifica la viñeta que abre este artículo, la mayoría de las personas que sufren estos trastornos, no piensan que son enfermedades, sienten que es una nueva forma de ser, que así les toco ser, y esto deviene en una vida llena de limitaciones y carencias. En sufrimiento para la persona que esta enferma, los familiares y amigos.

Gran parte de este problema de desconocimiento de las alteraciones psiquiátricas y de los avances que hay en su tratamiento, esta dado por los mismos psiquiatras, psicólogos y otros profesionistas de la salud mental.

La poca divulgación, a nivel de los medios de comunicación, de este tipo de alteraciones, la escasa educación que reciben los médicos en sus carreras sobre el tema (cinco semanas en la Facultad de Medicina de la UNAM), y el empleo de lenguajes crípticos y rebuscados, hacen que se siga contemplando a estas alteraciones como terreno difícil de comprender, al que solo los especialistas en esta rama de la medicina tienen acceso. A todo lo anterior hay que agregar el estigma, es decir el miedo a ser diagnosticado como enfermo mental, porque esto tiene aún hoy en día, repercusiones en todas las áreas de la vida de una persona.

Las familias esconden a sus enfermos mentales, las historias sobre antecedentes de enfermedades mentales en la familia, son consideradas áreas vedadas al escrutinio público. Este es un fenómeno mundial. Cuando Francoise Truffaut, estaba en pláticas para hacer la película "Adela H.", en donde se narraba una parte de la vida de la segunda hija de Víctor Hugo, Adela, se encontró con la obstinación de un miembro de la familia Hugo, para que se hiciera pública la vida de una de sus antepasados, que murió después de 40 años de estar recluida en una institución psiquiátrica en Francia.

El estigma hacia la enfermedad psiquiátrica, es producto de la intolerancia y el miedo. Lo anterior lleva a la marginación y negligencia. El retardo en el tratamiento oportuno, la cronificación del proceso y el uso de formas alternativas de tratamiento, y finalmente al uso de sustancias sin prescripción médica, algunas de las cuales pueden llevar a dependencia y adicción de estas sustancias o en forma más aguda a estados tóxicos.

Hoy sabemos que las enfermedades mentales o psiquiátricas, son enfermedades del cerebro. Este órgano se descompone muy a menudo, hay fenómenos en su funcionamiento que lo llevan a un auto ajuste o plasticidad cerebral, pero si esto falla o es insuficiente, tendremos problemas en su funcionamiento, síntomas y enfermedades, que requieren de intervención médica, que implica la prescripción de medicamentos específicos, que regule los efectos secundarios de los mismos, que proporcione psicoterapia, educación para la salud y prevención, pero sobre todo que desmitifique a la enfermedad del cerebro, llamada psiquiátrica y que le de una aceptación como tal por el paciente y sus familiares, sin culpas ni vergüenzas. ¿Por qué no sentimos pena de tener deficiencias en la producción de insulina en nuestro páncreas y somos diabéticos? ¿Por qué no nos decimos que hay que echarle ganas para que aumente más la producción de insulina y salir de la diabetes? De este mismo modo no podemos pedirle a un enfermo con depresión mayor o con ansiedad generalizada que le eche ganas y que con esto aumente la producción de ciertas sustancias en su cerebro, como la serotonina y la norepinefrina que se encuentran disminuidas.

Como se puede apreciar, al darle un contexto más biológico y terrenal, a las enfermedades del cerebro llamadas mentales, le quitamos la culpa y le vergüenza a los enfermos y a sus familiares y esto redundará en atención médica más oportuna y una mejor calidad de vida.

Referencias

Salin-Pascual RJ. Reflexiones sobre la psiquiatría en el Siglo XXI. Editorial EDAMEX, 2003.

LA EXPERIENCIA MÍSTICA DE ALUCINAR

"Había estado varios días sintiéndome intranquilo, con una especie de presentimiento de que algo malo me iba a suceder. Salí a correr esa mañana y entonces fue que escuches las voces por primera vez. Las voces sonaron de manera natural dentro de mi cabeza, aunque en un primer instante no me percaté de ese hecho en particular, es decir si las voces provenían del exterior o del interior de mi cabeza. Sólo me percaté de que eso hacía una diferencia importante, hasta que me lo preguntó el médico que me examinó por primera vez.

¡Fíjate en el sonido de los motores de los automóviles! – Fue una orden que se repetía una y otra vez de manera constante - ¡Fíjate en el sonido de los motores de los automóviles!

En efecto, después de un momento en que escuché atento los motores de los vehículos que circulaban por el periférico, me percaté de que un mensaje en clave surgía de ellos: ¡El chaparro los va a asesinar a todos! ¡El chaparro los va a asesinar a todos! ¡El chaparro los va a asesinar a todos! No me cuestioné en ese instante de la verosimilitud de mis percepciones. Solo me interesaba ponerme a salvo de la ira del chaparro"

El anterior relato de Joel un hombre joven de 22 años con una esquizofrenia paranoide, muestra dos fenómenos interesantes del procesamiento de nuestro pensamiento: las alucinaciones y la llamada "interpretación delirante de la realidad". Ante la presencia de voces que le ordenaban escuchar atentamente el sonido que provenía del motor de los automóviles, Joel no se pregunta del porqué escuchas voces, por el contrario las obedece y descubre, mediante un proceso de distorsión del ruido de los motores, que hay un mensaje terrible: la venganza del chaparro. Joel no sabe quien es el chaparro y entonces desarrolla una actitud de vigilancia ante todo individuo que tenga estatura baja.

La lógica de las alucinaciones, para quien las experimenta es contundente sólo con la inserción del delirio, esa creencia absurda, para el contexto que rodea al individuo. Lo era quizás mas en otras épocas de la humanidad, en donde el marco mágico religioso les daba un sentido de avisos, de comunicación con lo divino o con los maligno, según fuera el caso. Si se tiene la impresión de que somos ajenos a las experiencias, que acabo de mencionar, basta y sobra que recordemos el último sueño de la noche previa, la actividad onírica mas reciente, ahí encontraremos las alucinaciones, visuales e su mayoría, pero también auditivas, las cuales se desarrollas en un contexto de tipo delirante (Ver: Rafael J. Salin-Pascual. "En el centro de la noche, cerca de los sueños". La Crónica Cultural, sábado 31 de enero del 2004). Yo estoy convencido, en mis sueños, de que estoy rodeado de bellas mujeres en un harem de Estambul, al cual he llegado después de cruzar la puerta de mi estudio de todos los días. Cuando me dispongo a recostarme en medio de las féminas, me percato de que son muñecas de plástico que se ríen de manera burlona. Doy un salto y llego al jardín de mi casa, en donde creo sentirme a salvo, pero al escuchar un ruido veo que las odaliscas cruzan la puerta, ahora si son mujeres que llevan batas blancas. Entonces despierto. Me río de mi sueño, pero sobre todo de que lo soñado fuera solo un fenómeno onírico. Tengo la sensación de estar saliendo de una sala de cine, en donde acabo de ver una película de terror, y me digo a mí mismo: "¡Que bueno que sólo fue una película!" . Al despertar de nuestras ensoñaciones, la mayoría de las veces, si estas fueron relevantes, tenemos la misma sensación: "¡Fuiii que bueno que no tuve que mantener a las cien odaliscas!:¡Todo fue un sueño!" Sin embargo ha sucedido algo asombroso, porque al despertar cada mañana, podemos constatar, en la mayoría de los casos, que tenemos autocrítica y enjuiciamos el contenido de nuestro soñar (Calderón de la Barca "...y los sueño, sueños son"). Al hacer esa reflexión, cada mañana recobramos la cordura, salimos de un estado momentáneo de psicosis nocturna.   Gregorio Samsa, el personaje de la Metamorfosis de Kafka, no corrió con tan buena suerte ("Una mañana, tras un sueño intranquilo, Gregorio Samsa se despertó convertido en un monstruoso insecto") como tampoco le ocurrió a Joel, el paciente que dialogaba con los automotores. La historia de la humanidad, está llena de pasajes célebres de hombres y mujeres alucinando y alucinados, que cambiaron sus vidas y las de gran parte de la humanidad. Juana de Arco, la "Doncella de Orleans" oía voces. "Yo estaba en mis trece años, cuando escuche la voz de Dios quien me ayudo a gobernar mi conducta"; "Escuche la voz a mi derecha, en la dirección de la Iglesia, y de forma extraña, escuche la voz con la presencia simultánea de una luz. La luz venía del mismo lado que la voz... a mi me pareció que esa voz era enviada por Dios"; "Escuche la misma voz por tres veces más, entonces supe que era la voz de un Ángel". La voz le indica a Johanne, que debería de ir a lo qu entonces se conocía como Francia, y que era únicamente el territorio que estaba aún gobernado por la monarquía, con el Delfín Carlos como cabeza. "La voz me dijo que debería levantar el sitio de la ciudad de Orleáns". Después tiene Juana alucinaciones visuales, en donde ve al Arcángel San Miguel, Capitán General de los ejercitos celestiales, y lo reconoce como el poseedor de la voz (Micael del hebreo, "Quien es como Dios Dios").

Akenaton, ("Símbolo vivo de Atón"; "Aquel que sirve al dios Aton, nombre que adoptó después, su nombre original fue Amenotep IV"). El décimo Faraón egipcio, de la 18ava Dinastía se declara monoteísta, cuando alucinaba después de las crisis convulsivas, un disco luminoso le anunció el advenimiento de esa deidad única: Aton, el disco solar, y ordena a sus oficiales destruir todos lo que representa a Amon, situación que finalmente resultaría en una masacre de sacerdotes politeísta, la guerra civil y finalmente la destrucción de Akenaton y la "Ciudad del Horizonte" (La novela histórica del escritor finlandés Mika Waltari [1908–1979] "Sinuhé el Egipcio", narra con detenimiento este evento).

Reyes, profetas y santos han alucinado, algunos inclusive han tenido verdaderos cuadros psicóticos, y con ello la masa de seres humanos que los rodeaba, sin tener juicio de realidad y criticaran lo que se les ordenaba adoptaron los delirios de los líderes ¿Por qué? ¿Será que alguna vez, en el pasado remoto de la humanidad tener alucinaciones fuera normal? Entonces el resto de las personas que no alucinaban perdían su capacidad de líderes, de conductores o de mensajeros divinos y se volvían en rebaño. Cualquier semejanza entre las modas, estilos y costumbres que imponen los medios de comunicación masiva, no es casual ¿Es posible que eso que ahora llamamos conciencia, es decir ese monólogo interno que no nos abandona jamás, fuera antes como oír la voz de los dioses? Algunos autores han propuesto esta hipótesis como válida, argumentando un proceso evolutivo del lenguaje. Julian Jaynes, en el libro: "El orígen de la conciencia en la ruptura de la mente bicameral (Fondo de Cultura Económica, 1987), sostiene esa posibilidad,"La Civilizaciones Bicamerales", para este autor tenían alucinaciones auditivas como la forma con la que sus dos hemisferios se comunicaban. Jaynes, psicólogo de la Universidad de Princenton, basó sus propuestas en narraciones como la Iliada, en donde los dioses se mantienen dialogando con los humanos, lo cual es explicado por conexiones poco evolucionadas entre ambos hemisferios cerebrales. Esta tesis ha sido apoyada más recientemente por Antonio Dimascio (The feeling of what happens: body, emotion and the making of the conciusness, 2000). Las zonas cerebrales del lenguaje, están situadas en una zonas amplias que corresponde a los lóbulos frontal y parietal. En las personas diestras, las áreas del lenguaje, encargada de los aspectos receptivos y de emisión se localizan en el hemisferio izquierdo, esto lo descubrió el anatomista francés Broca, quien estudió a un individuo con dificultades para articular palabra, por una enfermedad neurológica, pero que entendía todo lo que le decían, ante lo cual respondía con el monosílabo: "Tan", razón por la cual pasó a la historia como "Monsieur Tan", cuando murió, su cerebro fue analizado por Paul Broca, quien localizó una zona de lesión en la porción inferior del lóbulo frontal, que se conoce ahora como el "'Área de Broca", zona que ejecuta la articulación de las palabras. El neurólogo alemán Wernicke, localizó otra región en el lóbulo temporal izquierdo que se encargaba de la recepción de los sonidos con connotación de ser un lenguaje, porqué los pacientes con lesiones en esta zona, podían emitir palabras, aún cuando no entendían lo que se les estaba diciendo. Si todo lo relacionado al lenguaje estaba en el lado izquierdo,¿Que sucede entonces con el hemisferio contra lateral? Ahí, en las áreas homólogas, ocurre el procesamiento de la entonación, ritmo, pronunciación y melodía del lenguaje hablado. Estas zonas son tan importantes como su contraparte, ya que la pronunciación de una misma palabra, con diferentes entonaciones y acentuaciones, tiene un significante diferente. Por ejemplo, las diferencias entre el significado de la palabra "Lastima y Lástima". En el primer significado nos referimos a que algo está produciendo dolor, mientras que en el segundo es una expresión de desaliento. Los hombres bicamerales, según Lulian Jaynes, estaban en una etapa evolutiva previa al desarrollo de lo que llamamos hoy conciencia y lo que permitía un dialogo entre ambos hemisferios, eso es tal vez, el equivalente de lo ahora llamamos: "pensamiento sonoro" o "alucinar auditivamente". En el curso de nuestra existencia, es probable que sin desarrollar estados de psicosis, de niños hayamos tenido ese tipo de diálogos, con los amiguitos imaginarios. Yo recuerdo, que un día mi padre me pregunto por "Piri" y el "Sr. Limón". Me asombre de que me preguntara por dos personajes que yo suponía habían estado solo en mi imaginación y juegos infantiles. Pero resultó que no era así, alrededor de cinco años yo dialogaba vívidamente con ese par de sujetos, y a veces me recuerdo teniendo esos diálogos con mi imagen reflejada en el espejo, es decir con la versión de Rafael reflejada ahí. La gente diestra con alteraciones de las áreas del lenguaje del hemisferio cerebral opuesto manifiestan una falta de entonamiento en su discurso y a esto se le conoce como aprosodia, son personas desentonados al cantar, con dificultades para reconocer o recordar una melodía, y no distinguen cuando en el discurso de su interlocutor hay preguntas o admiraciones. Este fenómeno de la complementariedad del lenguaje, es el que ha dado pie a la hipótesis de Jaynes ¿qué tal si en el pasado filogenético de la humanidad, no había tal diferenciación de funciones cerebrales por cada hemisferio? ¿ Podría ser que si ambas mitades del cerebro tuvieran capacidades paralelas para generar lenguaje, que se tuviera una especie de diálogo en la conciencia, en vez del monólogo interno? ¿Esta posibilidad podría explicar la frecuencia con la que las personas, en los orígenes de la humanidad, escucharan más la voz de seres espirituales, que lo que observa en la realidad? Algunas personas ven en esa suposición el origen neurobiológico de las creencias religiosas, el diálogo sostenido que los antiguos tenían con los dioses, las presencias de las divinidades en la tierra, las premoniciones, y otros fenómenos que se experimentan, aún hoy en día en sujetos sanos y enfermos, como resabios del dialogo entre las dos mitades del cerebro.

COMO ALUCINAR Y LUEGO ATERRIZAR SIN LASTIMARSE

Algunos estudiosos de las neurociencias han propuesto un sistema anti-alucinatorio. Así como hay sistemas que nos protegen de convulsionar, del exceso de estrés y del dolor, hay evidencias que apoyarían el que el mismo sistema nervioso, en el curso de la evolución, desarrollo una serie de mecanismos que modulan las sensaciones y percepciones, eso que Aldos Huxley llamó "Las ventanas de nuestro cuerpo". Estas ventanas son reguladas por conexiones nerviosas que desde lso centros cerebrales y de la médula espinal, a manera de compuertas de represas, regulan la entrada masiva de información sensorial. Estos mecanismos, además modulan la fidelidad y la veracidad de lo que ingresa a nuestro cuerpo, y nos permiten que las ventanas de la percepción no se activen sin estímulos sensoriales y que tampoco iniciemos procesos perceptivos desde dentro de nuestro cerebro, endógenos, de la nada, a menos que estemos dormidos y específicamente en la fase de sueño de movimientos oculares rápidos, mejor conocida como sueño MOR. Luego entonces en esta fase del dormir, ese mecanismo anti-alucinaciones desaparece. ¿Será esta una mas de las funciones del sueño MOR? Estar entrenando y calibrando el sistema que nos protege de la irrupción en nuestra conciencia de fenómenos perceptivos que no existen en el exterior? Esa es una posibilidad que tendrá que ser evaluada en el futuro.

La administración de sustancias que facilitan los procesos alucinatorios ha sido y aún es hoy en día una práctica común en los rituales mágicos y de adivinación. Los griegos utilizaban el cornezuelo de centeno y las culturas de mesoamérica empleaban el peyote, la mariguana, el tabaco salvaje, los hongos. Los estados alucinatorios eran ritualizados, y se utilizaba el auxilio de los chamanes y sacerdotes, quienes cual farmacólogos modernos, dosificaban el alucinógeno, preparaban a la persona antes del trance y le ayudaban, como Virgilio con Dante, a pasar por los diferentes inframundos, el infierno y la gloria. Platón fue un asiduo visitante de los ritos de Eleusis en Grecia, y se ha comentado que parte de su visión filosófica partió de esas experiencias.. Las sustancias con capacidades de inducir alucinaciones tienen, como parte de sus principios activos, moléculas que interfieren o modifican el funcionamiento de la comunicación entre dos o mas neuronas. La serotonina, un neurotransmisor con el que se comunican células nerviosas, se afectada por alucinógenos, como la psilosibina, la dietil amida del ácido lisérgico (LSD), y el éxtasis, solo para mencionar algunos. Una lista grande de hongos también poseen sustancias que modifican a la serotonina, pero la Amanita Muscarida, modifica el sistema de receptores de acetilcolina, que se ha bautizado con el nombre en su honor como muscarínicos, y al hacer esto producen también estados alucinatorios y de confusión mental (desorientados en tiempo, espacio y persona), efecto que se conocen con el nombre de "Cognodisléptico" (defecto en el funcionamiento de la conciencia).

LA ÉPOCA DE LA PSICODÉLICA Y SUS CONTRIBUCIONES ALUCINANTES

Los fabricantes de las drogas de la calle, personajes con carrera de químicos, que juegan a ser alquimistas inversos, sintetizaron un compuesto, en la década de los años setenta, que se denominó "Ángel Dust" (Polvo de ángel), y cuyo nombre farmacológico es fenciclidina. Esta sustancia es un alucinógeno potente, que tiene una característica peculiar, que consiste en que las personas después de un tiempo de haber dejado de tomar la última dosis de fenciclidina, sin mas y de la nada, alucinan nuevamente. A este fenómeno se le conoce en el argot de los usuarios de drogas como "Patada de Mula". Esto no hubiera pasado de ser un fenómeno curioso, sin embargo pronto se descubrió que el sitio en las neuronas donde actúa el "Polvo de ángel", es un receptor que se involucra, nada más, ni nada menos, con fenómenos de aprendizaje, de memoria (Receptores NMDM = N-metil D-Aspartato).

¿Por qué se presenta el fenómeno de "Patada de Mula" al dejar de usar fenciclida? Al parecer, porque las neuronas que poseen NMDA, "aprenden a alucinar", por la activación de este tipo de receptores. Recientemente, algunos de los nuevos medicamentos que se emplean para el control de la psicosis, como son la clozapina y la olanzapina, se confirmó que actúan ambos, en le sitio del receptor NMDA, y con estas evidencias, el simple trabajo mercenario de químico de la calle que sintetizaba venenos, se convirtió involuntariamente, en una herramienta para el estudio de las alucinaciones y de los medicamentos que ayudan a potenciar el sistema contra las alucinaciones, no cabe duda que como decía Rebeca mi abuelita francesa: "¡Dios actúa por diferentes caminos, todos ellos misteriosos". La práctica de las flagelaciones, el ayuno, el no dormir, los estados de meditación profunda, modifican también los sistemas del tallo cerebral (en donde están las células con serotonina y noradrenalida) y los sistemas de analgésicos endógenos (proteínas que fabricamos y que activan los receptores que bajan el dolor, al igual que el opio y la morfina, por lo que se les llama neuropéptidos opioides). En la novel de Farabneuf, de Salvadro Elizondo..... hay una única ilustración, un hombre que es descuartizado vivo, y sin embargo su rostro muestra una total disociación al dolor, mostrando una expresión de euforia. Santa Teresa del Niño Jesús, se martirizaba aplicando en sus llagas clavos y demás estímulos lacerantes, sin embargo, su rostro es descrito con gozo pleno, mas haya de que se pudiera esforzar en ocultar su dolor, la cantidad de áreas lesionadas era abrumadora, por lo cual era difícil que esto se hubiera podido hacer. Es posible que estas figuras místicas hubieran desarrollado un estado disociado, a través del suplicio, el ayuno y el castigo del cuerpo, cantidades masivas de estímulos sensoriales paralizarían los sistemas anti-alucinatorios, los harían insuficientes, y entonces el cerebro escoge por el nirvana, por el estado de éxtasis que a la luz de los que rodeaban a esos seres especiales, los haría aparecer como iluminados, individuos mas halla del bien y del mal. Los druidas, sacerdotes – profetas celtas, tenían un rito muy especial para la iniciación de sus discípulos. Se les preparaba con ayuno y agripnia (privación de sueño total), para luego darles un brebaje con alucinógenos, se les llevaba a alguno de sus bosques sagrados y en un abismo específico, sobre una roca designada al borde del mismo, se les hacía permanecer en un pie alucinando, comunicándose con los dioses y teniendo visiones del futuro. Los que lograban pasar con vida la noche, eran aceptados como aprendices por los druidas. Alucinar se convirtió en "la moda" de los años setenta, Maria Sabina, en Oaxaca siguió los ritos que pasaron sus antepasados. El LSD, descubierto por accidente por el químico Albert Hoffman, en Suiza se hizo el símbolo de la era psicodélica, el mismo Aldos Huxley ("Las puertas de la percepción"), recibió una dosis de LSD para que lo acompañara al momento de fallecer, también el antipsiquiatra David Cooper promovió el uso de este sustancias para entender la realidad, y con todo este movimiento alucinante, las alucinaciones volvieron al centro de nuestra existencia.   ¿Es real la realidad? ¿Qué tanto la distorsionamos o enriquecemos con la disposición del cableado y filtros de nuestro cerebro y los órganos de la percepción? El estudio del fenómeno de las alucinaciones, nos proporciona una puerta a la metafísica. Las alucinaciones no son del todo irreales. Los hermanos Lumiere, creadores del cinematógrafo, descubrieron que la velocidad a la que pasaban los fotogramas, daban una sensación de movimiento. Posteriormente se comprobó que este tipo de fenómeno era posible sólo por una propiedad de la capa de la retina del globo ocular que permite la permanencia de las imágenes por unos segundos. Una serie de conexiones entre las 10 capas de la retina, permiten que las imágenes reverberen en la retina y este tiempo es el suficiente, para que el paso de los fotogramas, nos den la ilusión de movimiento real. Las ilusiones son pues, primos hermanos de las alucinaciones, pero en estas últimas no hay objeto en el mundo externo que las active, mientras que en las ilusiones, el estímulo externo existe, solo que en algún segmento, entre el sitio de llegada de recepción del estímulo y las áreas de llegada cortical algo pasa, que modifica el resultado final: una mancha es un murciélago, las carreteras presentan charcos de agua a la distancia y en el cine vemos la "realidad".   Las salas cinematográfica son recintos alucinatorios en donde un ojo es rebanado por una navaja de barbero por un dios llamado Buñuel; un poeta mira al espectar y nosotros vemos la imagen sintética en donde él, su perro, las ruinas de una catedral católica medieval, y una "Dacha" se contienen como "Matruskas" visuales, mientras el ojo único que es la cámara, hace un movimiento lento de retirada con los copos de nieve lo salpican todo. Esa es la visión que nos ofrece el "Divino" Tarkovsky, en el final de la película "Nostalgia". Las comparaciones entre lo que ocurre en la exhibición de una película en "La pantalla de plata" y las ensoñaciones durante el sueño MOR son obvias. ¿Serán las alucinaciones la proyección de la película del sueño MOR en el estado de despierto? Esta pregunta se la trató de contestar hace 30 años, Vogel en Atlanta, Georgia. EL y su grupo midieron el sueño MOR de los esquizofrénicos, y lo compararon con el que estudiaron en voluntarios sanos de la misma edad y género. No se encontró que hubieran diferencias entre ambos grupos. Pero cuando se suprimió al sueño MOR, despertando a ambos grupos, cuando iniciaban los episodios del sueño MOR, encontraron que ahí si había algo diferente. Los personas sin esquizofrenia, cuando se les permitía dormir libremente después de haber estado varias noches con supresión de esta fase de sueño, mostraban un aumento del tiempo de la misma. A esto se le conoció desde entonces como "rebote" o recuperación del sueño MOR. Pero en los esquizofrénicos, a pesar de que se les suprimió el sueño MOR de manera equivalente a los voluntarios, ellos no presentaron un periodo de recuperación. Si bien este estudio no se ha repetido aún, por las dificultades metodológicas de trabajar con enfermos psicóticos sin medicamentos, por tiempo prolongado, de ser verdadera, nos estaría indicando que la fase normal de alucinar nocturno de las seres humanos, tiene un problema de regulación en este tipo de enfermos. La mayoría de los seres humanos tienen miedo de alucinar, y el soñar en exceso les molesta. "Doctor, me la paso soñando toda la noche, veo difuntos, me veo de niño, luego me veo triste, y a veces me corretean en la noche. Total que no descanso bien ¡Deme algo para no soñar!". Me comentaba un paciente anciano una día. Otros pacientes, que toman medicamentos que suprimen esta fase del sueño, con el tiempo desarrollan tolerancia a la supresión y se observa un aumento en su expresión, el resultado es soñar, y soñar. Curiosamente las culturas antiguas y contemporáneas, que están cerca de las tradiciones mágicas, no le temen al soñar. Por ejemplo en las etnias Tarahumaras,la narración de lo soñado es parte de la conversación cotidiana. Son pueblos que siguen utilizando también la ritualización de trances y uso de sustancias con fines adivinatorios o de comunicación con sus antepasados.

LOS ESQUIZOFRÉNICOS COMO NUEVOS SERES BICAMERALES.

La esquizofrenia es una enfermedad del cerebro, que aparece en la 2ª y 3ª década de la vida, con mayor frecuencia. Las causas de esta psicosis no se conocen aún, pero hay muchas pistas que están proponiendo un problema del desarrollo del sistema nervioso. Los cables de nuestro cerebro no se conectan bien, porque algún problema viral, de estrés, ambienta o algo aún desconocido, modificó de manera fina, el cómo se conectan las diferentes regiones del cerebro, y sólo hasta que se supone que ya está completamente maduro, es cuando se descompone. Las manifestaciones de la esquizofrenia son alucinar, interpretar la realidad de manera diferente, estar ensimismado, el desconfiar de los demás, tener la sensación de que la mente se queda en blanco, etc. Hoy sabemos que hay regiones del cerebro, como regiones de los lóbulos frontales que no funcionan bien, lo mismo ocurre con el tálamo, especie de central telefónica central, al que llega, entre otras cosas toda la infamación de nuestros sentidos, con excepción del olfato. Es posible entonces, mientras no se demuestre lo contrario, que el cerebro de los enfermos con esquizofrenia maneje la información en un estilo de pensamiento antiguo, de la época cuando los dioses se sentaban a platicar con los seres humanos, utilizando la misma silla.

LAS RELACIONES DE PAREJA

"Las relaciones de pareja están en crisis"

"La familia como institución está mermada"

"¡Es la decadencia!"

Este tipo de afirmaciones se han lanzado reiteradamente desde hace años. Pero cabe matizar, que son ahora las mujeres, a diferencia de los políticos, teólogos, juristas, moralistas, las que lanzan estas advertencias, ahora sí, desde una perspectiva de una emancipación biológica casi completa. Y sin embargo en el casi, está todavía el océano de incertidumbre.

Me explico:

El control de la fertilidad y/o de la decisión de continuar con una gestación es, ahora más que nunca, femenino. Y que bien que sea así. Sin embargo, como lo ha planteado Erich Fromm, la libertad o la libración de algo, nos coloca de frente al conflicto de decidir, esto ocurre porque el llamado "libra albedrío" es muy estrecho, casi siempre irracional, de inmediato les brinca la duda del que hacer, y la responsabilidad del hacerlo lo mejor posible. La mujer propensa a relaciones difíciles es exitosa en otras áreas de su vida, por ejemplo a nivel profesional.

Los hombres, seguimos teniendo una idea victoriana de las mujeres, aún cuando racionalmente, pensemos que somos de avanzada, diferentes y otro tipo de calificativos, que son más bien etiquetas, emocionalmente queremos una mujer en casa, que se encargue de los hijos, que nos reciba todas las noches cariñosamente, es decir algo que se identifica con un Pacha o Sultán árabe. Milenios de relación desigual, por decir lo menos ente hombres y mujeres, no ha sido en balde y han creado prejuicios, dogmas y otros problemas por el estilo. Lo peor de todo, es que lo anterior está montado sobre el instinto sexual, varias veces más intenso en los hombres en relación que las mujeres (con sus variaciones de más o menos, pero siempre elevado). Añadamos a esto la presión cultural de reconocer el avance de las mujeres y la igualdad e incluso superioridad en ciertas áreas y una falta de desarrollo de los aspectos emocionales en el hombre (Vg., se bloquea el que expresen las emociones, con frases como: "los niños no lloran"; y se menosprecia todo lo femenino, con fases peyorativa, "el que llegue al último es vieja"; "Yo no me rajo como las viejas", etc.

 Esto hace que el hombre no entienda aspectos emocionales de las mujeres. Po ejemplo de púberes se tiene la falsa impresión de que el deseo sexual es igual de intensos en las niñas, y entonces se hacen propuestas inexpertas. Las niñas por otro lado suponen que los niños se enamoran tan intensamente como sucede con ellas, hasta que se dan cuenta de que no están en el mismo canal de sintonía.

En mi consulta diaria, cosa inusual hasta hace unos años, las mujeres jóvenes de entre 20 y 35 años que asisten por depresión, ansiedad, insomnio o por "no sé qué pasa conmigo ha ido en aumento. Una encuesta personal en librerías de la Ciudad de México (Nada más con 25 millones de habitantes, y con un promedio de lectura anual de 0.5 libros al año), es que los libros con temas vinculados a las rupturas de relaciones sentimentales como. "No se obsesione con el amor" de Susana Forward; "Las mujeres que aman demasiado"; "Los hombres son de Marte las mujeres de Venus " ¡Están agotados!

Hay entonces un problema de selección de un lado (las mujeres) y de adecuación al nuevo papel de igualdad y trabajo de equipo por el otro. Por ejemplo: ¿Cómo se puede saber que el hombre es controlador o propenso a relaciones destructivas? La Psicóloga Lundy Bancroft, que trabaja con prisioneros masculinos que son ofensores de mujeres, publicó un libro y un cuaderno de trabajo con el título Why does he do that? (¿Por qué él hace eso?) y añado, y se mantiene haciéndolo hasta que las cosas pasan a mayores. A continuación un resumen de la mencionada obra creo que será útil para ambas partes de una pareja.

A ÉL NO LE GUSTAS TANTO

Ben Affleck, Jennifer Aniston, Drew Barrymore, Jennifer Connelly y Scarlett Johansson recrean diversas maneras de relacionarse con el sexo opuesto en la comedia romántica "A él no le gustas tanto", con fecha de estreno a nivel nacional del 6 de marzo.Basado en el popular bestseller "Simplemente no te quiere", de los escritores Greg Behrendt y Liz Tuccillo, mismos de "Sex and the City", el filme dirigido por Ken Kwapis cuenta las historias de un grupo de jóvenes entre 20 y 30 años, habitantes de Baltimore. Ya sean solteros o poseedores de la sortija de matrimonio, todos ellos intentan entender al sexo opuesto, en espera de ser la excepción que confirma la regla.

TE UGLY TRUE (La fea realidad)

Abby Richter (Katherine Heigl) es una productora de televisión en Sacramento, California. Cuando regresa a casa tras un día de trabajo, por casualidad ve un programa en la televisión local, "La cruda realidad", presentado por Mike Chadway, cuyo cinismo al hablar de las relaciones mueve a Abby a llamar al programa en directo para discutir con él. Al día siguiente se entera que la cadena en la que trabaja amenaza con cancelar su programa por las malas cifras de audiencia, por lo que el dueño de la cadena contrata a Mike para volver a mejorar la quota de espectadores.

Al principio su relación fue áspera, Abby cree que Mike es repugnante y Mike opina que Abby es una obsesionada por el orden. Sin embargo, cuando ella conoce al hombre de sus sueños, un médico llamado Colin (Eric Winter) Mike le convence para que ella siga sus consejos para conquistarle.

CLOSSER – LLEVADOS POR EL DESEO

Dir. Mike Nichols (EUA. 2004)

Se trata de cuatro vidas conectadas entre si por el deseo, aunque las flechas que los enlazan no sean recíprocos, Dan Wolf (Jude Law), ve un rostro en la multitud y ocurre el flechazo del amor a primera vista. Alice (Natalie Portman), se distrae con la cara bonita de Dan y se olvida que en Londres, hay que voltear hacia el lado opuesto en la calle y es aventada por un taxi, al despertar de su breve desmayo y ver la cara de Dan alcanza a pronuncia: "¡Hola extraño!", frase de bienvenida, pero que al mismo tiempo connota que en toda relación de pareja hay esa ambivalencia, ante el otro.

Dan es un escritor de segunda, que sobrevive en la página de un periódico de obituarios, Alice, es una recién llegada a Inglaterra, desde New York, en donde trabajaba como stripper. La otra pareja la forman Anna (Julia Roberts) y Larry (Clive Owen). Ella es fotógrafa profesional y él un dermatólogo, a quien una broma de "Cupido", en la forma de Dan Wolfe, reunió a través de un chat en Internet, en un acuario.

Sin embargo, Dan está enamorado de la fotógrafa, quien a su vez sabe de la existencia de Alice, con quien vive Dan, y entonces mete distancia aunque también se siente atraída por el escritor de obituarios. La relación clandestina primero y luego abierta, entre Anna y Dan, es el motor del drama que cual tsunami gigantesco, arrastra a Alice y Larry, y los vuelve seres marginales, aunque cada uno lleva su dolor de diferente forma.

La infidelidad y los celos, parecen estar en los extremos de una recta, ambos producen dolor, la primera es la acción que puede ser frenada, pero que ciega el deseo, la segunda emoción, los celos, es la reacción normal que se tiene ante la pérdida del objeto amado. Las mujeres en esta obra, y también en la realidad, la llevan mejor que los hombres, Estos se comportan, como atinadamente dice Larry en uno de sus diálogos desesperados, en cavernícolas y añade "Las mujeres no entienden nada de territorios... porque ellas son los territorios". Para los hombres la mayor de las ofensas es la relación física, y esto explica el porque tanto Dan como Larry, preguntan desesperadamente por los detalles de la relación física, sobre los orgasmos que han tenido con sus rivales, los lugares n donde ellas fueron poseídas, A los mujeres, por otro lado, no les importa ese tipo de destalles, les basta saber que su pareja está enamorado de otra. No les importa mucho el mero contacto carnal, y por esto Anna no duda en aceptar a la propuesta de Larry, con tal de que este firme el divorcio, después de todo lo que a ella le importa es el amor de Dan.   Closser, es una obra teatral del inglés Patrick Marber, llevada al cine por el veterano director Mike Nicols, con excelente películas previas, como "¿Quién le teme a Virginia Woolf? (1966)"El graduado" (1967)- Oscar a la Dirección; "Carnal Knowledge" (1971) "Primary Colors" (1998) "La Jaula de las Locas" (1996). Las cuatro estrellas cinematográficas están excelentemente dirigidas y aún cuando la obra parte del teatro, hay un peculiar cuidado de llevar el ritmo cinematografico, el cual se cuida puntualmente.   Nicols, nació en Berlín Alemania en 1931, y emigró a Estados Unidos, en donde estudió en la Universidad de Chicago.

CHABROL Y EL INFIERNO

Hay muy poco escrito en la red acerca de esta película. Enriquecer las impresiones de su visionado con las opiniones de otros, seguramente más leídos y conocedores del espíritu Chabrol, puede resultar una misión imposible. Poco sabemos más allá de la anécdota circunstancial que rodea a la creación de " El infierno" (L'Enfer, 1994). La idea principal sale de la película maldita que comenzó a rodar Henri-Georges Clouzot en 1964. No llegó a ver su fin debido a varias desavenencias que nadie esperaba: enfermedad del actor principal e infarto del director. Clouzot, que no moriría hasta 1977, desistió sin esperanzas convencido de que su película jamás vería la luz de una sala de cine. En 1992, la viuda del director se puso en contacto con Claude Chabrol facilitándole así el guión que su marido intentó llevar al cine. Con el mismo título que había elegido Clouzot, pero treinta años después, L'Enfer era por fin una realidad.

Claude Chabrol es, a comienzos del siglo veintiuno, uno de los directores más prolíficos del cine francés. Tiene sus inicios vinculados a la Cahiers du cinema, es un nombre clave de la nueva ola francesa, y lleva su cine atado a las influencias de grandísimos directores de la talla de Fritz Lang y Alfred Hitchcock. Junto con nombres tales como Resnais, Varda, Rohmer, Godard, Truffaut, revolucionó a finales de los cincuenta el cine europeo, creando escuela y llamando la atención de aquellos que no creían poder concebir otra forma de ver y hacer cine. Pero quizá quien con mayor fuerza ha conquistado el gusto de los más variopintos espectadores -aunque no necesariamente se corresponda éste con el más popular- ha sido Chabrol. Se distanció de la supuesta pedantería que tanto molesta a algunos y decidió que en sus películas tenía que haber una historia contundente de fondo, y si podía añadirle intriga, mejor. El aval de Mr. Hitchcock le nutre a diario de grandes halagos, pues, deudor de muchas secuencias y del halo de misterio y thriller que impregnaban todas las películas del cine del inglés, Chabrol ha adaptado situaciones e ideas que, si Alfred estuviera vivo, tomaría para sí mismo.

El Infierno no es una excepción. La trama general gira en torno a un joven matrimonio convencional que acaban de tener un adorable niño. Paul, el marido (François Cluzet), regenta un hotel a las afueras de la ciudad. Nelly (Emmanuelle Béart), que ama profundamente a su marido, no puede evitar conquistar los suspiros de algún huésped. Es una mujer jovial, alegre, bellísima y despreocupada que en ningún momento piensa en la opción al coqueteo o mucho menos, la infidelidad. No así Paul, que pasa día y noche con el concepto en cuestión bullendo en su cabeza. Ya no duerme, no puede vivir en paz. Celoso hasta la médula, cree firmemente que su mujer le está engañando con otro y no contento con martirizarse por dentro, acaba contagiando su enfermedad a su pareja, y al hotel por completo. Todos tratan de evitar un mal mayor, pero a Paul el tiempo se le agota y la obsesión no parece tener un final feliz. Cree ver engaños donde simplemente hay coartadas y toma por flirteos un simple gesto amable.

La atmósfera enferma y decadente nos traslada desde la alegría de los primeros minutos en los que creemos empezar a conocer a una pareja feliz y contenta con lo que tiene en transición hacia el más alicaído de los desenlaces. La apatía que se crea entre los dos personajes y la incomodidad a la que se ve sometida Nelly, producen una sensación de angustia contenida en el espectador, incapaz de contemplar un happy-end. Ayuda considerablemente a este aspecto la música que alimenta el film. Matthieu Chabrol, hijo del director y que además, se ha ocupado de todas sus bandas sonoras desde Les Affinités électives (1981), nos ayuda a comprender lo que se cuece dentro de la cabeza de Paul. Unos ritmos lunáticos y desquiciados que elevan a la potencia la fuerza de la ira de un marido enfermo de celos y que ha perdido, ahora ya del todo, el amor que una vez le unió con su mujer.

Sea cual sea el final de la historia, el destino de la pareja se ve oscuro bajo la sombra del infierno que se cierne sobre ellos: una vez perdida la confianza y cuando uno ha sucumbido a la llamada hipnotizante de los celos, poco queda esperar más allá de la agonía lenta y despiadada de los sirvientes de Satanás.

PARA ENTENDER EL DESEO SEXUAL HUMANO DESDE LA PERSPECTIVA EVOLUTIVA Y SACUDIRSE LAS TELARAÑAS DEL ROMANTICISMO MERCADOTÉCNICAMENTE INDUCIDO..

¡Pues bien! Yo necesitodecirte que te adorodecirte que te quierocon todo el corazón;que es mucho lo que sufro,que es mucho lo que lloro,que ya no puedo tanto al grito que te imploro,te imploro y te hablo en nombrede mi última ilusión.

(Nocturno a Rosario – Manuel Acuña)

Las conductas reproductivas humanas, se han complicado desde siempre. Una de las razones, es que es una función placentera, que no queda circunscrita a los aspectos meros de la reproducción. El simbolismo que implica, lo mismo que los aspectos de la paternidad y otros, hacen que las complicaciones sean a todas luces notorias, y para quien aún lo dude, ahí está la lista de parafilias (alteraciones sexuales en donde el objeto sexual no es necesariamente el convencional).

En todas las culturas humanas, pocos aspectos generan mas número de leyes, discusiones y conflictos serios, que inclusive llevan a la muerte. Mujeres y hombres, con mucha frecuencia seleccionan parejas que abusan física y psicológicamente de ellas o ellos. Los esfuerzos para atraer pareja son inmensos, comparado, por ejemplo, con lo que se hacen para otras funciones, y muy a menudo se ven frustrados. La traición, el dolor y el engaño, son factores comunes a todas las relaciones humanas, con lo que se contrastan aspectos que tienen que ver con el amor romántico, supuestamente el ejemplo a seguir en estas relaciones de pareja.

Se ha generado una cultura, en donde el amor es visto como el fin de muchas cosas, por ejemplo, si una persona nos atrae, la cortejamos, nos enamoramos, y finalmente nos casamos en el mejor de los casos enamorados. La creencia popular, es que ese enamoramiento es para toda la vida, o por lo menos hasta que la muerte nos separe, sin embargo, la taza de divorcios está en un rango de 30 a 50 %, sin contar las relaciones extramaritales. El pensar que las fallas en una relación de pareja se deben a problemas de personalidad, inmadurez, poco juicio, u otro tipo de elemento, es una posición equivocada, lo normal es que la gente se divorcie o se separe, por lo menos eso es lo que se observa en nuestras diferentes sociedades. La norma es el reciclar entre las personas, los hombres más que las mujeres, de eso no hay duda, pero la igualdad que las mujeres han logrado en muchas áreas, aún cuando limitada, si se observa que en el de las relaciones fuera del matrimonio, hay un despegue exponencial. ¿Estamos desarrollando una forma diferente de esquema de relación sexual? O ¿Volvemos a nuestros orígenes?.

La idea del amor romántico como un elemento central a nuestras culturas, ha generado complicaciones en nuestra existencia, porque este sentimiento se tiende a idealizar, ciertamente tiene poco de natural, no es que se niegue la existencia del amor como afecto y altruismo extremo, pero hay una gran brecha entre esa posición y las posiciones desarrolladas en el paradigma del amor romántico. Este nació y se desarrollo en la edad media, y desde ahí, encendió todo en los dominios de la poesía, música, literatura, telenovelas, y películas. El éxito de este tipo de relación fue sin duda, el que sintonizaba algunas de las necesidades de una parte de la pareja humana: la mujer, a expensas relativas de la otra parte, el hombre. Si bien, a fin de cuentas no hubo víctimas ni ganadores, el saldo de las relaciones entre una mujer y un hombre, entre hombres homosexuales y lesbianas, no es lo que se tenía en mente. Quizás una excesiva idealización de lo que esperamos del otro, obnubilados por las canciones de José Alfredo Jiménez, Consuelito Velásquez, y Juan Gabriel, sea en gran parte lo que nos hace no darnos cuenta de por donde se alza la verdadera naturaleza de las relaciones de pareja.

Yo quiero que tu sepasque ya hace muchos díasestoy enfermo y pálidode tanto no dormir;que ya se han muerto todas las esperanzas mías,que están mis noches negras,tan negras y sombrías,que ya no sé ni dóndese alzaba el porvenir.

(Nocturno a Rosario – Manuel Acuña)

La pregunta central en este tipo de temas es: ¿Por qué las personas sacrifican o consumen años de sus vidas en la búsqueda y mantenimiento de las relaciones de pareja? La respuesta a esta pregunta servirá para entender el cómo nos relacionamos y los costos sociales, económicos y personales, que van unidos a esto. La propuesta que voy a desarrollar tiene la intención de desmitificar y aclarar las capas de cultura (religión, educación, prejuicios), que impiden vernos y hacer objetivo, quienes somos y porque sentimos ese tipo de "comezón" que llamamos deseo.

Darwin propuso, que el desarrollo de una serie de características físicas y habilidades, que no estaban directamente vinculadas con la sobre vivencia, lo estaban ciertamente involucradas con un mejor apareamiento sexual, y por lo tanto les denominó selección sexual. Esta se manifiesta de dos formas: (1) Competencia entre animales del mismo género, para que sólo él más apto pueda tener mas oportunidades de reproducirse con más hembras; y (2) El otro género, el cual tiene capacidad de seleccionar dentro de los machos disponibles para aparearse, por algunas características que permitan una mejor descendencia. Los animales derrotados o que no posean las características "ideales" para su apareamiento con las hembras, pierden la posibilidad de continuar transmitiendo sus genes. Estas dos manifestaciones se pueden resumir como preferencia por la pareja, o competencia por la pareja. Este enfoque evolucionista ha sido negado por los científicos del sexo masculino, desde le siglo XIX al XXI, porque de esta forma se les cierra la posibilidad de selección a las mujeres, y porque se ha pensado que la cultura es un factor determinante en los seres humanos y que los factores heredados en la evolución, como los instintos, pueden ser totalmente suprimidos (Vg. Talibanes y Feminicidas).

Pero a pesar de que se quiera tapar el sol con un dedo, en nuestra especie, las mujeres son la parte que ha llevado el ritmo de los cambios en los estilos de aparearnos, aunque ellas no se han percatado del todo, porque ciertamente, los programas evolutivos están adaptándose al entorno.

Para empezar pronto, les comento que la forma como los seres humanos buscamos pareja no es al azar, hay una serie de estrategias que consciente o inconscientemente desplegamos. Además, en el caso de las mujeres, está el activar otras estrategias para conseguir el apoyo del macho en la crianza. Si por un instante pensamos, hipotéticamente, en una mujer, que seleccionara a un hombre, sólo por sus atributos físicos, y no tomara en cuenta, lo laborioso, activos, energético, afectivos, y otros atributos para apoyarla. Nos encontraríamos, con que ellas se puede topar con un sujeto que no trae comida, haragán, irresponsable y que además la puede estar golpeando. La mujer que hace eso, no se reproduce satisfactoriamente, o sus hijos no tienen una buena sobre vivencia, por lo que evolutivamente son un fracaso. Lo anterior implica que las mujeres han desarrollado estrategias para tratar que su selección de pareja no sea sólo por lo externo, en el sentido de lo aparente, sino en una serie de atributos, que son factores que pueden predecir la conducta de paternidad adecuada o disfuncional.

El atraer una pareja, entonces, no sólo implica desplegar un plumaje (ropa de marca), o un buen nivel de apoyo económico (automóvil deportivo. Eso es importante para el primer momento, pero una mujer va a tratar de predecir sobre la base de la conducta que el muchacho desarrolla, si le conviene o no, y esto último, en la mayoría de los casos, se da en un plano no consciente.

Las mujeres prefieren a los hombres que puedan proporcionar bienes materiales y apoyo afectivo, esto en gran parte surge por la inmadurez con la que nacen sus crías, y lo que implicaba dejarlas a merced de los predadores, al tener que salir y dejar desprotegido el nido. Entonces, el nido, la cueva, la casa, se transforma en un sitio especial para la mujer, y para las hebras de muchas especies. Por ejemplo, algunas aves hembras, inspeccionan los nidos recién fabricados por los machos, con el objeto de dar el visto bueno al sitio a donde van a empollar. Si varias aves hembra no seleccionan un determinado nido, el macho lo destruye y vuelva a elaborar uno nuevo. Este es un ejemplo de cómo la hembra busca un sitio seguro para tener a sus crías.

Otro ejemplo de selección de pareja, se observa entre los leones marinos. Entre los machos, compiten por el acceso al harem, el vencedor, después de un combate a cabezazos con los rivales, que pueden durar horas y hasta días, ahora tendrá la tarea de ser elegido por las hembras, y una vez que ellas lo eligen, él sigue con las labores de patrullaje y cuidado de su harem, entre otras cosas, por la posibilidad de que algún perdedor, pueda copular con alguna de sus hembras en un descuido.
En todo el reino animal, los machos compiten más que las hembras para llamar la atención de estas, y los seres humanos no somos la excepción. Sin embargo esto no quiere decir que las hembras en general sean pasivas, de hecho es todo lo opuesto.

El mantener la fidelidad de la pareja ha sido otra de las metas que la evolución ha perfeccionado; sobre todo porque las crías al nacer muy inmaduras, requieren una mayor atención materna postnatal, por lo cual se hizo necesario una división del trabajo, entre hombres y mujeres, entre la crianza y la manutención, que en las sociedades primitivas estaba fundamentada en la caza. La permanencia de la pareja, puede tener funciones más específicas, como por ejemplo, en una especie de escarabajos conocidos como "escarabajos amorosos" (Plecia nearctica), se observa que el macho sujeta a la hembra durante el coito, y no la suelta por días, hasta que asegura la fecundación de sus espermatozoides, y con esto impide que otros machos que vuelan en la vecindario la fecunden. La ocupación del canal de copulación, hasta el momento de la concepción, le asegura la paternidad a este escarabajo.

Me canse de rogarle me canse de decirle,que yo sin ella de pena muero,ya no quiso escucharme si sus labios se abrieron,fue pa' decirme ya no te quiero.Yo sentí que mi vida se perdía en un abismo profundoy negro como mi suerte, quise hallar el olvido al estilo Jaliscopero aquellos mariachis y aquel tequila me hicieron llorar.

(Ella – José Alfredo Jiménez)

En los seres humanos no hay este tipo de conducta, pero si se ha desarrollado algo equivalente: los celos. El tener celos es una experiencia cotidiana y universal. Margaret Mead, reportó que los adolescentes en la cultura de Samoa, en una isla de Pacífico no presentaban celos, sin embargo cuando otro antropólogo quiso reproducir las observaciones de Mead, pero ahora estudiando el lenguaje de la gente de Samoa, descubrió que si existían los celos, que eran emociones muy fuente, capaces de generar serios problemas interpersonales y que las mujeres por ejemplo, desfiguraban a mordidas la cara de sus rivales de amores.

Los celos cómo la ansiedad, desempeñan una función normal en el entretejido de las relaciones de pareja. Esta consiste en el conservar la relación, sin embargo, no son equivalentes en el hombre y en la mujer. En un estudio en donde se comparó a hombres y mujeres respecto a de que rival se sentirían más celosos, en cuanto a las características físicas y de personalidad, las mujeres seleccionaron que percibían más amenazadora a una mujer joven y bella, aunque esta fuera poco lista; mientras que en el caso de los hombres, el resultado fue diferente: el rival al que más miedo tendrían, era el de un hombre con una personalidad asertiva, triunfador en el área económica o con prestigio, más que a un hombre guapo. Este estudio nos indica que tanto hombres como mujeres intuyen que es lo que los otros y las otras buscan en una relación de pareja.

Un chiste popular entre los hombres dice así:

"Un hombre se dio a la tarea de buscar una esposa. Después de varias entrevistas, seleccionó a tres mujeres a las cuales les puso un solo problema. Les dio diez mil pesos y les preguntó como emplearían ese dinero. La primera, se lo gastó en ropa, lencería, masajes, y artículos de belleza, su explicación de ese dispendio fue que ella quería verse muy bonita para agradarle. La segunda mujer le dijo que había gastado el dinero en una serie de muebles y equipos electrónicos para el mejor confort de la casa de ambos, con la finalidad de que él descansara y estuviera tranquilo con ella. La tercera mujer, le comunicó que había invertido el dinero en la bolsa y que había obtenido ganancias respetables, con lo cual se podría ir de vacaciones. ¿A cuál de las tres mujeres escogió el hombre? ¡A la más nalgona!"

La respuesta deja a más de uno atónito, pero la sabiduría popular es contundente. En efecto, en el momento en el que el hombre elige una mujer, por ejemplo en una fiesta, en una reunión, cuentan más los atributos físicos, que los de laboriosidad, economía, inteligencia.

Los celos sirven para mantener la exclusividad con nuestras parejas, que a fin de cuentas redunda en los compromisos que se adquieren con la paternidad. El hombre no permite que su compañera tenga muchas parejas sexuales, porque va a dudar respecto a sí el niño o la niña que resulte, serán de él. La mujer por su parte no comparte a su marido con otras, porque de esa forma asegura que los recursos destinados a su prole no estén siendo repartidos entre otras mujeres y otros hijos que no son sus hijos. Esta es la explicación que se ha dado en términos de sociobiología. Sin embargo, la misma teoría evolutiva, apunta a que el macho de la mayoría de las especies, tiende a la promiscuidad, entre otras cosas, para diseminar su carga genética, situación que explica en parte, las diferencias de conducta sexual, entre los hombres y las mujeres.

Celos patológicos.

Las exageraciones o extremos de celos se les conocen como celotipias, que llegan a tener un trasfondo delirante. ¿Cuándo se convierten los celos de normales a patológicos?

Los celos son patológicos, cuando se desbordan, cuando se les invierte más tiempo del debido, cuando se convierten en nuestra razón de vivir. En psiquiatría los celos patológicos, están en una categoría que se denomina trastorno delirante, esto es, en donde la persona desarrolla un delirio (suposición sin fundamento real, al cual no se le somete a una autocrítica), casi siempre monotemático. Los temas más frecuentes son de persecución, celotipia, somáticos, erotomaniacos, de grandiosidad, etc. Una de las características de los celos patológicos es que son infundados, exagerados y la mayoría de las veces fuera de control. El tema principal de la estructura delirante, tiene que ver con la creencia anormal de que la pareja le es infiel. Puede hacerse muy elaborado, como que el paciente es o va a ser víctima de un complot. Existen características personales que hacen que un individuo tenga una muy baja autoestima. Estas personas pueden ser muy peligrosas, sobre todo contra la esposa, los hijos y la persona que detectan o sospechan como sus rivales de amores.

Tu, que me dejabasYo que te esperabaYo que tontamente siempre te era fielDesgraciadamente, hoy fue diferenteMe tope con alguien, creo que sin quererTres veces te engañéTres veces te engañéTres veces te engañéLa primera por corajeLa segunda por caprichoLa tercera por placer

("Tres veces te engañé" – Paquita la del Barrio)

¿QUÉ BUSCAN LAS MUJERES EN LOS HOMBRES?

Al tener una parte muy importante en el proceso reproductivo, las mujeres han heredado un pasado evolutivo que las lleva no sólo a tener un apareamiento, sino a ser selectivas con respecto a con quien lo hacen y sobre todo, que esa persona sea capaz de proporcionar los recursos necesarios para la crianza de los nuevos seres. Los patrones de selección de pareja de las mujeres con respecto a los hombres, son mucho más complejos que su contraparte. Las explicaciones van desde el nivel celular, hormonal, y cerebrales, pero a fin de cuentas en su conjunto, crean una amalgama compleja, difícil de descifrar.

La célula femenina reproductiva es muchas veces mayor que las masculinas, estas a su vez, literalmente compiten y muestran una especie de "selección natural". Sólo la más capaz, es decir con mejor movilidad y potencia de una sustancia enzimática (la hialuronidaza) que destruye las capas que cubren al óvulo, podrá llegar a fecundar a la gran célula madre: "El óvulo".

Para un hombre la relación sexual le lleva unos cuantos minutos, para la mujer además de esos minutos, puede ocurrir que se embarace y las consecuencias se prolongaran por nueve meses y por años después del nacimiento de su hijo. Las mujeres primitivas fueron adaptando sus necesidades de reproducción a las demandas inherentes al proceso de gestación y crianza. En un primer tiempo, decidir entre un hombre generoso y uno restrictivo en cuando a prodigar bienes, hizo que la mujer fuera seleccionando a aquel que le daba recursos de alimentos, protección contra las agresiones de otros. Pero los hombres primitivos, como los actuales, varían, no sólo en sus características externas, sino también en su manera de ser, los hay atléticos, generosos, tacaños, empáticos, antipáticos, con estabilidad emocional, inteligentes, tontos, tímidos, con habilidades sociales, sentido del humor, flojos, con gusto por el trabajo, mediocres, o con posición social y económica elevadas. A lo largo de los siglos, se ha confeccionado un programa de selección en las mujeres que permite descubrir a la pareja ideal, sin embargo, hay muchos errores por parte de ellas, y también entre los hombres, quise han perfeccionado las estrategias de engaño e histriónicas para seducir y abandonar.

De los rasgos mencionados anteriormente, cuales son los que motivan a las mujeres.

La capacidad económica, con mucho es una de las "cualidades", que las mujeres seleccionan respecto a los hombres. Esto ocurre no solo en nuestra especie, hay numerosas evidencias de que este es un patrón casi universal. Una vez que la distribución de bienes se hizo diferente en la historia del hombre, se hizo evidente que las mujeres seleccionaban, con más frecuencia a aquellos que eran capaces de prodigar o compartir esos bienes con ellas, a cambio de acceder a favores reproductivos. Esta cualidad, por si misma, fue un factor que favoreció la monogamia como condición primordial más para las mujeres que para los hombres. El estar con un solo proveedor fue más seguro, que con varios hombres, en donde la inseguridad estuviera presente. La posesión de territorios y herramientas para trabajar esos territorios fueron las condiciones que llevaron a la diferenciación de hombres ricos de los pobres. En estudios recientes, entre mujeres de los cinco continentes, se ha demostrado que la fortaleza económica, actual o futura, es muy apreciada para la selección de una pareja, para una mujer.

El nivel social, el cual es sinónimo de bienestar económico, es también otro bien apreciado por las mujeres universalmente. Las mujeres desean a los hombres que tienen puesto de alta jerarquía social, ya que esto equivale al control de recursos, es decir, mejor grado de comida, bienestar, cuidados de salud, casas en diferentes zonas con mejor calidad de vida. En una reunión de bellas mujeres en edad de casarse, en una cafetería, estas se quejaban de no encontrar hombres elegibles para desposarlas, a pesar de que estaban rodeadas por meseros jóvenes. Los comentarios vertidos ahí, eran una clara muestra, de que lo que ellas pedían eran parejas de nivel socioeconómico alto. En este sentido, vale recalcar que a diferencia del hombre, la belleza física, puede ser un factor muy secundario a la elección de una pareja para las mujeres.

En lo que respecta a la edad, las mujeres buscan, en su mayoría, hombres de tres a cinco años más grandes que ellas. En algunas tribus, esto llega a ser extremo, ya que las mujeres jóvenes prefieren a los ancianos, situación que puede explicarse, porque son estos últimos los que detentan los bienes y lo niveles jerárquicos más altos. En este punto convendría subrayar que el que las mujeres opten por los bienes naturales y de rango social, no es equivalente a un tipo de ambición malsana, nada de eso, son los "programas" que se han diseñado a lo largo de la evolución, en ese sentido, los que optan por este tipo de factor de selección. Otra aclaración pertinente, resulta de la observación de que, aun cuando los hombres después de los cuarenta y cincuenta años serían los más idóneos para parejas, las posibilidades de muerte, y de incompatibilidad en muchos aspectos son claras. Por lo anterior, la mayoría de las veces se selecciona hombres ligeramente mayores a las mujeres, en los que se puede ya perfilar o detectar, las posibilidades de destacar.

En ocasiones ocurre, que mujeres maduras se unen a hombres adolescentes. Esto ocurre porque en ambos casos no hay probabilidades de mejores posibilidades. El hombre joven aún no tiene capacidad económica, o nivel jerárquico, y la mujer madura detecta que ya no puede atraer a una figura masculina ideal, por haber pasado su edad reproductiva. En algunas tribus, la primera esposa de los muchachos es una mujer madura, como una especie de "maestra", para su futura relación matrimonial con una mujer joven con la cual si habrá descendencia (Ejemplo, la tribu Tiwi). También se observa esto entre mujeres muy poderosas, artistas o empresarias contemporáneas, que pueden atraer a hombres jóvenes en una relación de conveniencia de ambos lados (En México, se tienen los ejemplos de María Félix y de Irma Serrano. Pero están los casos de la cantante norteamericana Cher, y más recientemente el caso de Demi Moore, en general se trata de poseer a jóvenes atractivos a los que materialmente le dan un trato de mascotas). La mujer, que sin embargo selecciona hombres sólo un poco de años más grandes que ellas, buscan perfiles que tengan un valor predictivo. Nuevamente, esto de "buscar", no es un acto consiente, o deliberado, vaya no hay una estrategia, simplemente es un resabio heredado en los genes y en las tradiciones de las diferentes culturas. En este sentido la ambición y el ingenio laboral, así como el empeño para ejecutar acciones en pos de un futuro mejor, son los mejores afrodisíacos que hay en el mercado matrimonial. También están los factores que tienen que ver con la salud mental de la futura pareja. Sin ser necesariamente psicólogas, las mujeres intuyen aspectos básicos, para ver la estabilidad emocional, la cual es sinónimo de madures. Esa es una de las explicaciones por las cuales a la mayoría de las mujeres les atraen los hombres mayores a ellas, en comparación e sus compañeros o varones jóvenes, en quienes detectan un nivel de infantilidad.

La estabilidad emocional, es después del amor que puedan profesar los hombres por ellas, una de las cualidades universales, que las mujeres buscan en los hombres. Esto es evaluado como la capacidad para enfrentar situaciones difíciles, crisparse, evitar trabajo que se tiene que hacer, dificultades para el manejo del estrés, dependencia. La mayoría de las mujeres prefieren a hombres afirmativos, asertivos, seguros de sí mismo, y que tengan control sobre si mismos. Una serie de aspectos que son requeridos por la mujer son la inteligencia, en varios de sus aspectos, la compatibilidad es ciertos aspectos de la vida, así como la fortaleza física y la buena salud. Ante todos estos requisitos que plantea la selectividad de la mujer, qué puede hacer el hombre. Tratar de llenarlos, lo más completo posible, en su mayoría, si se quiere tener la opción reproductiva. Sin embargo, en este intercambio o conflicto de atracción sexual hay también una serie de indicadores de que los hombres compiten por ciertas mujeres más que por otras, en lo que algunos estudiosos del tema han denominado "El mercado de valores del matrimonio", para hacer un símil con la bolsa de valores.

Para los hombres un atributo de valor sexual es la juventud, ya que la capacidad reproductiva declina con la edad, las mujeres jóvenes son las que más cotización tienen en la bolsa de valores del matrimonio. Aún cuando la intención consiente en un hombre, no sea la de reproducirse, sólo el tener una relación física, los programas sexuales desarrollados evolutivamente, no diferencian entre estas dos posibilidades: Reproducción y placer.

La belleza física, es junto con la juventud un valor altamente apreciado por los hombres. Los estándares de belleza han cambiado a lo largo de la historia, y aún puede que las sociedades difieran en algo al respecto, sin embargo, es ya un lugar común el decir, que hay cada vez más, un patrón de belleza en las mujeres es uniforme y hasta cierto punto universal. La belleza denota salud reproductiva, y esto no sólo reside en el rostro, sino que también lo encontramos en la atracción que los hombres sienten por algunas regiones del cuerpo femenino: caderas y senos, como zonas erógenas por excelencia, mismas que tienen un papel vital en la reproducción. Las caderas anchas y glúteos prominentes, son un estímulo sexual universal. Las primeras, implican una buena capacidad para la gestación, ya que se podrá acomodar al bebé y este podrá salir con facilidad y sin lesiones. Caderas estrechas y planas, son equivalentes a trabajos de parto difíciles, y la posibilidad de secuelas físicas en el niño. Por lo menos eso era lo que se observaba en las mujeres primitivas, además de la mortandad que entre ellas mismas se daba, lo que hizo que en algunas sociedades, como entre los naciones indígenas de mesoamérica, las parturientas que fallecían eran consideradas al mismo nivel que las almas de los guerreros que caían durante las batallas.

Los glúteos prominentes, implican reserva de grasa, además de formar parte de la circunferencia de la cadera. En la mayoría de las culturas, los hombres son atraídos por los senos, de regular tamaño y firmes. En cuanto al peso corporal, hay un efecto paradójico. En las culturas en donde la comida es escasa y de difícil obtención, las mujeres rubicundas son las más atractivas, mientras que en sociedades, como la occidental, en donde la comida, en sus diferentes modalidades es abundante, se prefiere a mujeres delgadas. Esto sin embargo ha llegado a extremos. En un estudio en el cual se pidió a mujeres norteamericanas que seleccionaran de una serien de figuras corporales de mujeres, cual era la ideal para ellas, y la que ellas suponían le agradaba a los hombres, su selección estuvo hacia las formas más delgadas del promedio, mientras que los hombres que fueron evaluados con las mismas preguntas respecto a las mujeres ideales, escogían formas de mujeres promedio. Este estudio da una información de la disociación que hay entre las mujeres, en cuanto a que se perciben atractivas, sólo cuando son muy delgadas. El que los hombres busquen mujeres atractivas, no tiene sólo implicaciones reproductivas, por lo menos de manera directa, sino que también implica una mejor valoración de su jerarquía y poder económico. En este sentido, las mujeres bellas de hombres poderosos, se convierten en "esposas trofeo", mismas que tienen que mostrarse a todos, para evidenciar su poderío a todos los niveles.

Uno de los problemas que el hombre tiene respecto a la fertilidad de la mujer, es la característica biológica de tener una ovulación críptica. En otras especies animales hay cambios en las coloraciones de la piel en las región de los genitales, olores y actitudes, que son detectados por los machos, los cuales, es especial durante esos días, luchan por tener un acercamiento sexual con la hembra en fase de estro. Pero en nuestra especie, las mujeres son atractivas a los hombres, no sólo durante la ovulación, sino durante todo el ciclo menstrual. La ovulación críptica de la mujer, pone al hombre en el predicamento acerca de la paternidad de los hijos de su pareja. La solución a esta condición biológica resultó ser el matrimonio. Los hombres que se casan pueden aumentar la certeza de que los hijos de su esposa, son también los suyos. Los contacto sexuales frecuentes a lo largo del ciclo menstrual proporcionan mayor posibilidad de embarazar a su esposa. La institución del matrimonio tuvo un reforzamiento extra, por los familiares de ambas ramas, con un fundamento netamente económico: "Proveer bienes materiales a los hijos de ella que son mis hijos". Por parte de las mujeres, también resulto ser una solución satisfactoria: "Concentrar los recursos de ese hombre, sólo en mis hijos que son también los suyos".

La fidelidad fue entonces el valor central del matrimonio, porque era la razón de su existencia. Lo anterior se reforzó aún más en sociedades estructuradas por la obligación de la castidad a las mujeres y la lealtad durante el matrimonio.

Sin embargo, hay una serie de evidencias contundentes, que apuntan en la dirección de que el llamado "sexo casual", es el más antiguo a lo largo de la evolución en los seres humanos y la mayoría de los primates, y que las formas de relación de pareja de vanguardia, por ejemplo "el amor libre" de los años setenta del siglo XX, o el actual "free", para connotar una relación sexual sin compromiso, no son sino el afloramiento de los programas mas primitivos de apareamiento sexual, que desarrollamos en las primeras etapas de nuestra humanidad, sin querer significar con esto, ninguna posición ética, moral o retrógrada.

Pongamos por ejemplo el caso de una mujer joven, que ve acercarse aun hombre atractivo, el cual le dice que es muy bella y que la invita a tener una relación sexual con ella. En un 100 % de las veces, la respuesta será no y además la mujer se sentirá ofendida ante la propuesta. Si ocurriera lo opuesto, esto es una mujer bella frente a un hombre, y que ella ofreciera la posibilidad de una relación sexual inmediata, la respuesta sería de aceptación, es decir de una relación sexual casual, la cual se estima sería positiva en el un 75 % de los casos, aún en los tiempos del SIDA. Hay una serie de datos antropológicos que apoyan el hecho de que el sexo casual era una práctica común entre nuestros ancestros. Uno de estos hechos es el tamaño de los testículos de los hombres con relación a otros primates. No se piense que los tenemos grandes sólo en proporción de nuestro tamaño. No ocurre lo mismo con otros primates, por ejemplo, en comparación con los orangutanes, y los gorilas, muchas veces más grandes que el "Homo sapiens", este posee en proporción al peso de su cuerpo mayor tamaño de testículos, sólo en chimpancé tiene mayor peso, con relación a su cuerpo. La conducta promiscua del chimpancé está bien documentada. Una posible explicación es la competencia entre los diferentes machos por la fecundación, en función del volumen y actividad de sus respectivas eyaculaciones. La mujer por su parte, expulsa gran parte del semen después del coito, pero este permanece más tiempo si se presentó el orgasmo, con lo cual la mujer logra ser fecundada. Al parecer la función central del orgasmo en la mujer es facilitar el avance del material reproductivo depositado en su interior.

Otra estrategia con la que la evolución nos ha dotado es la llamada lujuria, esto es un apetito intenso por las actividades relacionadas con el sexo, como se verá, esta tiene una razón de ser y nada de pecaminosa. Se tienen evidencias, basándose en las encuestas entre estudiantes de preparatoria y universidades, que en el caso de los varones, los pensamientos respecto al sexo, están con una frecuencia de por lo menos cada cinco minutos, y en las mujeres dos o tres veces al día. Es claro entonces que hay una diferencia abismal entre los géneros en el nivel del deseo de apareamiento. La lujuria, el primero de los siete pecados capitales, es lo que hace la diferencia entre el deseo sexual de un hombre y de una mujer. Las raíces de la palabra son latinas: Luxuria (abundancia o extravagancia); Luctari (luchar). Se le utiliza en el contexto cotidiano como el apetito carnal.

El hombre primitivo desarrolló de manera evolutiva, una necesidad de actividad sexual elevada por dos razones: (1) La necesidad de sostener relaciones sexuales frecuentes con su pareja, debido al problema de la ovulación críptica, como ya lo hemos comentado, a mayor frecuencia de estas relaciones, mayor posibilidad de fecundación. (2) Por una necesidad biológica de tener mayor descendencia, en la medida que fecundaba a muchas mujeres. En una encuesta, en la que se preguntó, sobre cuantas parejas se aspiraba a tener en un año, o a lo largo de la vida, que se aplicó a jóvenes de ambos géneros. La respuesta en los varones fue de seis veces más alta siempre que las mujeres, para el lapso de un año y de 18 parejas a lo largo de la vida más en los muchachos que en las chicas. Sin embargo, los hombres en esta encuesta, mezclaban parejas duraderas, con las de corta duración.

Una evidencia más respecto al sexo casual como parte central del programa reproductivo en el hombre, es el llamado efecto de la novedad. En la mayoría de las especies de mamíferos, se ha estudiado el fenómeno de la saciedad sexual. Es decir el número de montas que el macho ejerce sobre la misma hembra. Si esto se hace por ejemplo con un toro, este sólo producirá una monta con la misma vaca, pero si se le exponen diferentes vacas a lo largo de una sesión de inseminación, su respuesta sexual será idéntica con cada una de las hembras, con montas vigorosas y de igual cantidad de eyaculación. El cambio de hembra, como factor estimulante de la actividad sexual es un fenómeno observado en las diferentes etnias, lo cual explica el fenómeno del harem o de los conglomerados de mujeres que sirven sexualmente a un hombre poderoso. Alfred Kinsey comento: "Parece que no hay dudas al respecto, el varón sería del todo promiscuo en la elección de sus parejas sexuales, a lo largo de su vida, si no fuera por las restricciones sociales y legales".

Las diferencias en el grado de pasión carnal o lujuria entre hombres y mujeres, quedan más claramente evidenciadas cuando se estudia la conducta homosexual masculina y la femenina. Las personas homosexuales masculinos tienen un número elevado de relaciones sexuales ocasionales por año con personas extrañas. En algunos casos hasta 500 por año. Esto es, que cuando no hay la restricción de una pareja convencional, se da rienda suelta al deseo. En el caso de las mujeres lesbianas, estas siguen conservando la misma conducta que las mujeres heterosexuales, es decir un compromiso de más larga duración.

Si nos dejanBuscamos un rincón cerca del cieloSi nos dejanHacemos con las nubes terciopeloY ahí juntitos los dos cerquita de dios será lo que soñamosSi nos dejan te llevo de la mano corazón y ahí nos vamos

442

ATRÁPAME SI PUEDES. La información sobre lo que una mujer debe de saber que debe buscar en un hombre y lo que estos necesitan de las mujeres en un punto de partida importante, pero no lo es todo, ya que ambos no viven aislados en una isla paradisíaca. El siguiente problema en la selección de una pareja es la competencia con los otros miembros del mismo género. Si se tiene la fantasía de que esa competencia es más o menos limpia, hay que decir que efectivamente, eso es sólo una fantasía.

"En el amor y en la guerra, todo se vale". Nada hay mas cierto que esto. Las estrategias que se emplean en el combate para lograra una pareja, están llenas de trampas, engaños, pero sobre todo de devaluar al oponente. Esta táctica tiene éxito porque utiliza los mecanismos psicológicos que subyacen en la persona a la que se manipula. Por ejemplo, si para una mujer, una valor que busca en un hombre es la fidelidad, por lo que un rumor mal intencionado, o el destapar una relación previa de un posible candidato, puede ejercer un efecto devastador en las aspiraciones del aspirante.

Pero el devaluador, tiene que tener mucho cuidado en el tipo de estrategia que utiliza. Si en el ejemplo previo, la devaluada es una mujer, a la cual, la otra chicas intenta poner mal ante los ojos de un hombre, pero resulta que para este, el que la mujer en cuestión se "fácil", es un valor apreciado porque a él sólo le interesa el sexo casual. El resultado puede ser que la manipuladora le salga "el tiro por la culata". Las mujeres guapas y que no niegan el tener facilidad por el sexo casual, tienen una gran ventaja en el mundo actual, ya que pueden escoger entre los varios hombres que las van a asediar, por lo que a la larga, se convierten literalmente en "catadoras" de varones, con los aspectos positivos de esta actividad.

En ambos casos, esto es tanto en hombres como en mujeres, las conductas de exhibición de sus atractivos son un factor que se pone en juego en el mercado de valores del matrimonio. Los hombres, como los pavorreales, los bisontes y gorilas, hacen alarde en primer lugar de su capacidad económica. Esto, en sus diferentes modalidades, como son el tipo de ropa, el automóvil, el abrir una cartera abultada y con tarjetas de crédito doradas, todo lo cual causa un efecto que se ha calificado como afrodisíaco. Pero nuevamente esto tiene sus variaciones, dependen en gran parte de si se busca sexo casual o una relación a largo plazo. Por ejemplo en un bar, es frecuente que los hombres busquen relaciones casuales, y la táctica puede ser invitar tragos caros, ostentosos, raros, dar la impresión de ser catadores con doctorado. Las primeras citas con estos hombres, son en todo un alarde de lo mejor de ellos mismos y aún más. Pero si la estrategia está encaminada a una relación a largo plazo, entonces, algunos bienes terrenales, como casa, auto, estudios y jerarquía social y económica son la clave a demostrar. Aunado a estos aspectos, en el caso de las relaciones a largo plazo, la mujer buscará indicios de compromiso, perseverancia, tenacidad, y sentimientos pro paternales en el hombre. El mostrar amor, ya sea en forma de actos, gestos o simplemente diciéndolo, es una necesidad que buscan satisfacer más las mujeres que los hombres: "¿Por qué nunca me dices que me quieres?" Una señal clara de compromiso, es el cortejar por largo tiempo a una mujer. Esto consiste en verla a ella más tiempo que a otras mujeres, o en algunos casos de manera exclusiva, hablarle por teléfono, enviarle correos electrónicos, en una palabra, estar al pendiente de ella. En este tipo de relaciones prematrimoniales a largo plazo, que popularmente se conocen con el nombre de noviazgo, la mujer busca evaluar los diferentes aspectos que para ella son importantes. Por supuesto que mucho de este periodo de escrutinio es inconsciente, y que las mujeres tienen muchos "ruidos de fondo", que pueden interferir a la larga en una elección adecuada. Un ejemplo de esto, para deleite de los psicoanalistas, es el estado de las relaciones con el padre. La idealización de padres ausentes, es común que lleve a mujeres a buscar hombre una o dos décadas mayores y compensar lo que no se tuvo. Igual, si el patrón de imagen paterna es débil o agresiva, se evitará repetir ese tipo de molde, y el tipo de hombre que se buque es aquel que se deja dominar fácilmente o con poca autoridad. El despliegue de buenos modales, de educación y respeto es igual de importante para una chica. El hombre intuye esto, y puede mostrarse durante la relación de noviazgo, muy interesado por los problemas de la mujer, lo mismo que si esta tiene hijos de un matrimonio previo, una actitud que califican muy bien las mujeres divorciadas, es el que el pretendiente sea cariñoso con su hijos.

En el caso de las mujeres, las tácticas que despliegan son muy diferentes a las referidas al hombre, y curiosamente promueven la imagen del sexo casual, como una especie de anzuelo que busca atrapar a una pareja. Una de las estrategias universales es el mejorar y rejuvenecer, si es el caso, su apariencia. Ya que el hombre busca la belleza y juventud en su pareja, las mujeres dedican mucho tiempo de sus vidas en pos de esos logros. Las compañías de cosméticos lo saben, y refuerzan este tipo de actitud modificando sus líneas de producción, creando modas, estilos y fragancias. El perfil de una mujer moderna es claramente predecible. Delgadas, pero no planas, senos de preferencia turgentes, caderas amplias, con nalgas respingadas, rubor en las mejillas, labios rojos y anchos, paro lo cual es bien válido el uso de inyecciones de colágena. Las cabelleras sedosas y lustrosas, la piel suave, sin vello, y de preferencia con un bronceado uniforme. Las zapatillas de tacón alto, producen un pronunciamiento de la curva de las caderas, y los sostenes para los senos los levantan y separan. La ropa pegada, el despliegue de piel, el caminar con una cadencia especial, que muchas de las veces remeda los desfiles de pasarela de modas.

Todo ese despliegue de sensualidad y al mismo tiempo de sexualidad promisoria, tiene como principal finalidad atraer y escoger. Las tácticas de difamación hacia sus rivales, van a ir directamente a los sitios débiles o flacos, de la anatomía, vestimenta y arreglo en general de sus rivales. "¡Ya te fijaste como se le ven las lonjas! ¡Esta chica no sabe de combinaciones de ropa, parece caja fuerte de tantas combinaciones disparejas! ¡Qué feo peinado!"

El costo que pagan las mujeres en el arreglo personal, no es nada despreciable, y este aumenta en la medida de que los estándares de belleza se idealizan. Las modelos, son mujeres seleccionadas, que son representantes de modelos únicos y restringidos de belleza. El que una mujer se obstine en parecerse a una de estas chicas puede llevarle a un estado de frustración.

A lo anteriores agrega el despliegue de señales con connotación sexual, que se dosifican y reparte con el o los sujetos seleccionados, Algunas de estas señales son contundentes en cuanto a su efectividad. Pegar o unir la pelvis, recargar los senos, miradas incesantes y provocativas, abrazar al hombre alrededor del cuello, acariciar su cabello, enviar besos, doblarse y mostrar las caderas, todas estas y más son señales altamente efectivas y que sin embargo, si son empleadas por un hombre hacia una mujer produce un estado de malestar. Por ejemplo, si un hombre percibe el golpeteo del pubis de una chica, la respuesta de agrado y deseo es muy alta. Pero ocurre lo opuesto, la mujer reaccionara ofendida y con enojo. Este ejemplo nos da una idea de lo diferente que son las formas de acercamiento entre un lado y otro.

El despliegue de este tipo de estrategias, refuerza lo dicho previamente, en relación a una apariencia de querer un sexo casual, aunque en la mayoría de los casos se busca seleccionar a una pareja para una relación más duradera. La razón de esta estrategia en apariencia paradójica es simple y sencillamente, que ella despliegan el tipo de conducta que atrae a los hombres. El sexo casual, es la meta dorada de cualquier hombre que asiste a un bar, y para esto despliega estrategias que aparentan exactamente lo contrario, es decir la búsqueda de una esposa, sino vean el siguiente diálogo.

¿Te puedo invitar una copa?

Sí, claro.

Tienes cara de estar preocupada, ¿Te puedo ayudar en algo? Soy muy bueno para escuchar. Me equivoqué de trabajo, en vez de empresario, debí de estudiar para psicólogo.

No, me pasa nada gracias, estaba distraída.

Ya probaste el vino tinto de Australia, es un poco caro, pero sino es para estos pequeños gustos, para qué es el dinero ¿No?

¿Y qué haces tan solito?

Estoy hospedado en este hotel, vine a una junta de negocios, y pesé que me quedaría una noche más, de todas formas a un hombre divorciado, no hay quien lo espere en casa.

¿Hace cuanto que te divorciaste?

Hace un par de años. Pero mi matrimonio ya no funcionaba desde hacía más tiempo. Sólo viví con mi exmujer por mis hijos, a los que adoro, para mi los hijos son lo primero. Eso si, en paternidad responsable no hay quien me gane.

Una estrategia más que despliegan las mujeres, es aquella que tiene que ver con al fidelidad. Esta señal es muy importante, sobre todo para las relaciones de larga duración. El recordarle a su pareja que le es fiel, y que es él el único en su vida, tiene un alto aprecio entre los hombres y es una de las zonas, en donde se desprestigia a las rivales. EL llamar livianas, fáciles, de poca moral a otras mujeres con potencialidad de ser rivales, es claramente una de las formas de devaluación mas empleadas por las mujeres hacia otras oponentes. .

EL ENAMORAMIENTO Y SUS TRASTORNOS.

Por supuesto que el amor, el enamorarse y el tener una serie de problemas con la persona que es objeto de nuestro amor no forma parte de las alteraciones psiquiátricas como tal, sin embargo es frecuente que alguna de las etapas de este proceso se vea repercutiendo o teniendo un impacto más serio en nuestra vida.

La doctora Dorothy Tennov, escribió un libro que denomino "Love and Limerance: the experience of being in love" (1979), que con el tiempo se ha revalorado como una de las primera aproximaciones desde el punto de vista de una psicóloga conductual, al fenómeno del enamoramiento, para el cual ella inventó la palabra: limerance. La razón de este neologismo fue la de tratar de poner en el terreno neutro, la descripción de este fenómeno, el enamorarse, y que no tuviera la carga teórica de las descripciones interpretativas (VG., psicoanálisis), con que se había abordado el problema previo a su libro.

Existen componentes básicos del fenómeno de limerance:

Pensamiento intrusivos, es decir casi automáticos, acerca de la persona, que es objeto de nuestro amor (el objeto de limerance).

La persona en este estado de limerance, aspira a tener una respuesta recíproca, aun cuando no siempre sucede así.

El estado de ánimo del objeto de limerance.

Incapacidad para tener más de un objeto de enamoramiento.

Temor a ser rechazado por la persona por la siente ese estado de limerance

Hay un malestar físico, que se ubica en la región correspondiente al corazón cuando hay incertidumbres respecto a ser correspondido, o cuando hay rechazo.

Sensación de euforia y caminar como entre nubes, cuando se tiene la seguridad de ser correspondido. Idealización de la persona de la cual se está enamorado.

En la mayoría de los casos, existe un sentimiento de atracción sexual, pero este puede no ser el sentimiento o meta primaria de la relación. Simplemente el estar con la persona de la que nos enamoramos es suficiente. Hay el deseo de contemplar, de estar cerca, y dificultades para separase de esa persona.

Uno de los aspectos trágicos de la conducta de enamoramiento o limerance, consiste en la falta de respuesta, o cuando nos abandona el objeto de nuestro amor. Este fenómeno es semejante a una reacción de duelo que desarrollamos cuando perdemos a algún ser querido. Primero hay negación o incredulidad, pensamos que va a ser algo pasajero, que es muy probable que luego ella o él, cambien de opinión ("no pueda vivir sin mi") y nos busque y se hagan las paces. El segundo evento en este proceso surge, cuando nos damos cuenta que las intenciones de nuestra expareja iban en serio, que no nos busca más o inclusive ya empezó a salir con otra persona. La segunda etapa se caracteriza por enojo, reclamos, agresiones. La tercera etapa es la de indiferencia y finalmente, después de varios meses sobreviene la idealización y compensación del objeto del limerance .

Cuando alguna persona de la pareja, manifiesta no estar segura de seguir o no en la pareja, Susan Forward y Craig Buck en "No se obsesiones con el amor", proporcionan una serie puntos que se deberán de verificar para detectar si nuestra pareja ya terminó con nosotros, o si no podemos esperar ya más de esa relación:

Si sólo tú eres el que toma la iniciativa para que se den las cosas.

Si tú pareja te ha terminado varias veces.

Si tú pareja rara vez responde a los recados por teléfono

Si después de tener y pedir una relación exclusiva contigo ahora tú pareja sale con otras personas.

El tener que motivar o provocar sentimientos de culpa para que salgan contigo.

Si tus celos o tú conducta posesiva, disgustan o atemorizan a tu pareja.

Si el sexo es la única actividad que disfrutan juntos.

Tú amante está casado y a pesar de las promesas no hace nada por separarse.

Irresponsabilidades financieras

Tú pareja tiene problemas con el alcohol, o con otro tipo de sustancias adictivas.

Algunas de las películas que comento aquí, son ejemplo de algunos de los problemas que se enfrentan los amantes por pérdida de su amor o el no ser correspondido en el afán.

"La Historia de Adela H." (Francia) (Director: Francois Truffaut – 1975)

Esta película está basada en un personaje histórico la hija de Víctor Hugo (Los Miserables), los escritos de Adela ("Le Journal d'Adele Hugo), son la fuente primaria de la película. La cual le valió a Isabelle Adjani la nominación al Oscar, a la mejor actriz extranjera.

Adele está perdidamente enamorada de un capitán inglés Pinzon (Bruce Robinson). Este no corresponde al amor de la joven, que se obsesiona al grado de inventar una serie de historias, que la llevan a imaginar que esta casada con el capitán, para luego aceptar que todo es mentira y finalmente adoptar un estado disociativo constante, que la hace regresar a Francia en donde es mantenida en un asilo por el resto de su vida, la cual fue hasta la edad de 80 años.

Aún cuando el personaje no es tan estereotipado dentro de la personalidad limítrofe, si existen algunos elementos claros para el diagnóstico de esta alteración. Por un lado la obsesión y el aferrarse a ese amor a pesar de que se le dan muestras de que no es aceptada; llegar a la humillación de dar dinero a su amado, el llevarle una prostituta con una carta suya como regalo; tener una especie de altar con la foto del capitán; tener impulsividad, la cual lo lleva a espiarlo. Y finalmente a ese estado disociativo, que le impide darse cuenta de que él, Pinzon, está a su lado en la Isla de Barbados, cuando ella deambula con la mirada perdida por las calles terrosas de esa colonia inglesa.

La principal diferencia, con el resto de las otras películas de personajes limítrofes, en donde son temidos, y se les enmarca en el terreno de perfiles de asesinos o monstruos, en Adela H. es todo lo contrario, aquí ella es un personaje tierno, y luce tan bella y radiante, que los espectadores se van del lado de la mujer que sufre por la falta de amor. Esos eran un poco los prototipos, el perfil de las mujeres del romanticismo del siglo XVIII y XIX, abnegadas y sufridas, en pos del hombre que las ama un instante y luego las desprecia.

Blanco (Dir. Krzystof Kieslowski – Polonia, 1994)

Esta película forma parte de la trilogía: "Tres colores" (Rojo, Blanco y Azul).   Blanco es la historia de un matrimonio, ella francesa Dominique (Julie Delpy) y él polaco, Karol (Zbigniew Zamachowsky), se están separando, al iniciar la película. La razón: incapacidad de Karol para consumar el matrimonio, es decir tiene una disfunción eréctil psicológica, ya que él le explica al juez, que en Polonia si fue capaz de tener relaciones sexuales con Dominique, pero no puede tenerlas, ahora en París, después de que se han casado.

El juez decide que la separación es correcta, y lanzan a la calle a Karol, su ex –esposa, le cancela la cuenta bancaria que tenían en común, con lo cual expropia el dinero de Karol, no solo eso sino que ella quema las cortinas de su peluquería para poder inculpar a Karol y ponerlo de esta manera en una situación de indocumentado, fugitivo, que termina en una estación del metro de París, haciendo música con un peine y un papel.

Mikolai, un compatriota polaco le hace plática en la estación del metro, al cabo de la cual deciden que Karol tendrá que ir de regreso a Polonia, pero dentro de su baúl. Con tan mala suerte que esa maleta en donde viaja escondido y entumido, es robada por los maleteros, quienes en un paraje nevados, descubren que en la maleta va Karol. Lo golpean y lo dejan semiconciente.
Como puede, llega a la peluquería de su hermano, en donde él vuelve a trabajar de peluquero, sin embargo, al poco tiempo ingresa como guardaespaldas, de un prestamista de dinero. En una de las salidas con su nuevo jefe, él se hace el dormido, pero alcanza a escuchar que los terrenos que fueron a visitar, en las afueras de la ciudad, con el tiempo van a valer mucho, porque una firma los quiere comprar para hacer bodegas.

Esa tarde Karol cambia sus ahorros de moneda polaca a dólares y se va con una botella de vodka para hacer negocio con los campesinos de los terrenos que piensa comprar. Cuando se enteran sus patrones, de que se adelantó en la compra de los terrenos, lo quieren matar, sólo que Karol ha dejado un testamento en donde si muere todo irá a parar a la Iglesia Católica, uno de los poderes con los que ni la mafia puede lidiar.

El resultado es que tienen que acceder a comprarle a Karol los terrenos, 10 veces el precio que él pagó

Karol se convierte en un millonario, con chofer, con una oficina y con su socio el amigo Mikolai. Pero sigue él pensando en Dominique, sigue empeñado en hablar bien francés, y aún intenta comunicarse con su fría esposa desde Varsovia, pero ella le cuelga. Por esto él se decide a actuar. Cambia su testamento, dejando ahora a todo a su ex esposa, Dominique, para sorpresa del notario, y de ahí en adelante con la complicidad de su amigo Mikolai, su chofer, y su hermano, montan una estrategia para atraer a Dominique. Fingen que Karol muere, y le avisan a Dominique, que se le ha dejado una fortuna, ella acude al sepelio, y de hecho él, Karol la ve llorar desde los lejos, con ayuda de unos prismáticos. Han conseguido un cadáver de un hombre ruso que murió con la cabeza destrozada, lo cual hace muy difícil que puedan ise sona.

Después del sepelio, Dominique regresa al hotel, y para su sorpresa encuentra en su cama a Karol. Él le dice que la quiere, hace el amor, y son felices. Solo que a la mañana siguiente Karol desaparece, cuando Dominique lo busca, llega la policía y la acusan de haber asesinado a Karol para heredar. Ella va a la cárcel, entiende que Karol se ha desquitado y acepta su castigo. Él va a la cárcel a llevarle comida, y ella le hace señas de que la libere y ella volverá a casarse con él- Karol, que la observa desde abajo con unos "gemelos", se los retira de la cara y llora amargamente.

En esta película, la falta de amor por parte de la esposa, sublima, hacia un esfuerzo de superación al marido. Él está atrapado por el amor hacia ella, pero él la atrapó a ella en una celda, él demostró su ingenio, a partir de que se suspende el amor de ella hacia él.

Kieslowsky fue uno de los directores más importantes de Polonia, junto con Andrej Wajda. Inicio su carrera haciendo documentales y pronto se le identificó con el llamado movimiento "Cinema de la ansiedad moral" Su obra cinematográfica más conocida es la conocida como "Tres colores" de la cual "Blanco" obtuvo el premio al mejor director en el festival de Berlín en 1994, "Rojo", la nominación para el Oscar en 1995.

Paris,Texas (Win Winders, 1984. USA)

La historia de centra en un re-encuentro entre una familia, que de vivir una vida feliz se separaron. Travis (Harry Dean Stanton), aparece en el desierto de Arizona, después de que se le dio como muerto, estuvo en México y ahora camina sin cesar. Su hermano acude un día en la puerta de su casa, al parecer fue llevado ahí por Jane (Nastassia Kinski), de la cual no se sabe mucho.

Travis perdió control de la relación al sentirse inseguro, y por lo tanto que no perecía el que una mujer más joven lo quisiera, Jane no supo que hacer con un hijo sin el amor de Travis y Hunter está sin saber porque ocurrió todo esto.

Su hermano de Travis (Dean Stockwell) y la esposa (Aurora Clemet), han sido unos buenos padres para Hunter, pero ahora saben que tienen que dejar que las cosas tomen su curso natural. Padre e hijo, se van en búsqueda de Jean, a quien encuentran en un negocio de tipo voyeurista, en donde hay que introducir unas monedas para que se abra una cortina y se pueda activar la línea telefónica.

Es hasta el segundo intento que Travis se atreve a ser el mismo y encara el conflicto de su relación en donde él no puede continuar en ella, pero le pide a Jane que vaya por el niño Hunter que la espera en un hotel, después de la reunión de madre e hijo Travis vuelve a desaparecer.

En esta película se observa el como la inseguridad de uno de los elementos de la pareja, lleva a una incapacidad para entender como puede ser querido, si él o ella son poco merecedores del ese afecto del otro. Esto es lo que Erich Fromm llamaba el quererse primero uno mismo, al no haber eso, difícilmente se puede dar amor. Y el afán de ser amado lleva a crisis de cómo nos relacionamos con los demás.

Lecturas recomendadas

Tennov D. Love and Limerance: The experience of being in love. Sarborough House, 1979.

Forward S, Buck C. No se obsesione con el amor. Grijalbo 1984.

Halpern HH. How to break your addiction to a person. Bantam Books, 1982.

OJOS BIEN CERRADOS (EYES WIDE SHUT)

Director: Stanley Kubrick 1999.

"Eyes wide shut" constituye la última película de Sir Stanley Kubrick (1928-1999), de la cual él mismo se expresó una semana antes de su muerte, como la mejor de sus películas. La película está basada en la novela "Traumnovelle", del escritor y médico austriaco Arthur Schnitzler (1862---1931), amigo de Sigmund Freud. Scnitzler desarrollo un interés por la psiquiatría, que plasmó en sus diferentes novelas cortas.

Schnitzler narra en su novela, el paralelo que puede existir ente las fantasías y la vida real. El doctor en la Traumnovelle (1925) se llama Fridolin, y su esposa Albertine, esta lee narra su esposo un sueño con contenido sexual. El doctor Fridolin encuentra que la confesión de su esposa le produce una inquietud y le genera una necesidad de vengarse buscando la manera de visitar una casa en donde está a punto de participar en una orgía. Posteriormente es el doctor Fridolin quien cuenta la historia de la casa a su esposa, y sobre esta base se restablece el equilibrio en su matrimonio.

El libro opone las aventuras reales del doctor, y las fantasías de la esposa, y nos lanza la pregunta en la novela: ¿ Hay una diferencia entre soñar una aventura y tener realmente una dentro de la dinámica de una relación de pareja?

Esta se inicia con la bella y espigada figura de Alice Harford (Nicole Kidman) desnuda, despojándose de un vestido negro, el cual se desliza al suelo, para mostrar la figura delicada y sensual de Alice. Los esposos Hardford, se están preparando para ir a una cena. William Hardford (Tom Cruise), es un doctor bien establecido en la ciudad de Nueva York, y su posición le permite tener amigos adinerados como Victor Ziegler (Sidney Pollak). En la fiesta, la pareja se dispersa y Alice, que está ligeramente intoxicada por el Champagne, baila con un hombre de nacionalidad húngara, que intenta seducirla, cuestionando los valores del matrimonio. Bill, por su parte es asediado por un par de modelos, quienes tienen la fantasía de acostarse con el doctor.

 Un asistente del señor Ziegler, le pide al doctor Hardfor que acuda con Victor Ziegler, que tiene un problema con una modelo llamada Mandy (Julienne Davis), que al parecer combinó cocaína con morfina y esta en un estado confuso en donde sólo balbucea. Después de que Bill reanima a la modelo, su amigo Víctor, le pide discreción sobre el evento que acaba de ocurrir.   La noche siguiente, la pareja se dispone a pasarla en casa y utiliza mariguana y amor, pero resulta que casi de la nada, surge una discusión en la pareja, que por momentos tiene tintes absurdos y que seguro fue motivada por una mala reacción a la mariguana. Alice cuestiona la fidelidad de su esposo, ya que se la hace sospechoso que este se haya esfumado por un tiempo durante la fiesta previa, después de que lo vió escoltado por las dos modelos. Bill, no comenta el incidente de Victor, y prolonga su comentario dando a entender que una de las causa por las que él no le fue infiel es porque la quiere, porque es la madre de su hija, porque la ama. Pero a Alice no escucha que él diga que no las deseara, y eso suscita la discusión que termina en la confesión de Alice acerca de una fantasía que tuvo en unas vacaciones a Cape Code, ahí ve a un hombre, con uniforme de oficial de marina, que apenas voltea a mirarla, y esto es suficiente para que en ella se desencadenen una serie de fantasías, una de las cuales es dejar todo, a su marido y a su hija, si el marinero se lo pide. En ese momento de derrumba la imagen que el doctor Hardford tenía de su esposa, como un ser sin pasión. Una de las frases contundentes en la discusión es cuando ella le pregunta: ¿Por qué soy hermosa todos los hombres quieren cogerme?

Aún no sale el doctor de su asombro, cuando suena de manera insistente el teléfono. Uno de sus pacientes ha muerto, Bill se marcha y llega a donde aún se encuentra el difunto, ahí la hija del difunto, Marion, le confiesa que lo quiere y que dejaría todo en ese momento sólo porque él le permita estar cerca, le pide que no la rechace.

William sale de esa situación y decide irse caminando a su casa. En todo momento que se encuentra solo, su imaginación solamente es ocupada por imágenes de Alice teniendo relaciones sexuales con el marino. En la calle se encuentra a una prostituta hermosa, Domino. que lo invita a pasar a su departamento, Cuando están a punto de besarse, suena el celular de Bill y resulta que es Alice que trata de ubicarlo. Ya no continua con la mujer, aún cuando si le paga sus s honorario.

Al salir del departamento de la sexoservidora, se topa con el sitio e donde su antiguo compañero de la escuela de medicina toca el piano, Nick Nigtingale, a quien había se había encontrado en la fiesta de la noche anterior. Nick le comunica que a las 2 AM tiene un trabajo pendiente, que es una situación rara, porque le llaman una hora antes para decirle el sitio en donde tocará, y que cada vez es un sitio diferente. Además toca los teclados vendado. Pero una noche, en que la venda de los ojos no esta bien ajustada, pudo ver que había unas mujeres preciosas. Bill insiste en ir, y en eso suena el celular de Nightingale, en donde le informan del sitio y de la contraseña para ingresar: Fidelio. Bill insiste en asistir y se le comunica que esas reuniones las personas asisten con máscaras y un atuendo especial de smoking y capa negros.

Después de rentar el atuendo adecuado, Bill Harford, se dirige a la mansión que se localiza en las afueras de Nueva York en taxi, una vez en la entrada, proporciona a dos guardias, la contraseña e ingresa. Lo que observa adentro le deslumbra y cautiva. Efectivamente hay mujeres muy bellas y desnudas. Bill es advertido por una de esas enmascaradas mujeres, que su vida corre gran peligro si continua ahí. A pesar de ir también cubierto con la máscara y la capa, es reconocido como un intruso y se le pide que se quite la máscara y que se desvista. La mujer que lo acompañó hasta hace un rato, pidiéndole que se marchara, aparece a lo alto del patio, pidiendo ser ella quien redima al médico. Se acepta su propuesta y el doctor se va, no sin antes ser advertido, de lo que le puede ocurrir a él y a su familia si habla de más o si prosigue en sus investigaciones.

Al llegar a su casa e ir con su esposa, esta, a pesar de estar dormida, se rie, al ser despertada y ver a su esposo, le comunica que ha tenido un sueño horrible. Ellos pierde sus ropas y no las encuentran, luego aparece el marinero, el cual sale de unos arbusto, y le hace el amor a Alice, ella hace además el amor con otros muchos hombres, y se burla de su esposo que la observa.

Al día siguiente Bill trata de reconstruir los sitios que recorrió en su aventura de la nocge previa. Encuentra que la bella prostituta ya no está en su departamento, porque esa mañana le dijeron que HIV positiva. Luego va a donde trabaja Nightingale, y al encontrar cerrado el bar, pregunta en el café de junto por su amigo. La mesera le informa sobre el hotel en donde se hospeda Nick Nightingale. Sin embargo, cuando el doctor llega al hotel Nick ya se ha marchado. El recepcionista le informa que su amigo llegó en la madrugada, acompañado por dos hombres y que además traía un moretón en una de las mejillas. Bill se siente vigilado, y más tarde ve a la persona que lo sigue. Ya noche compra un periódico, en donde se encuentra la noticia de la hospitalización, por sobredosis de Mandy, la cual se llamaba Amanda Curron, finalmente cuando llega al hospital, le comunican que ha fallecido. Acude a ver su cuerpo y a constatar que era ella, en efecto quien salvó su vida.   Victor Ziegler le llama y le pide que se reúna con el en su casa, ahí le cuenta que él estuvo en la mansión de la orgía. Le plantea la posibilidad a Bill de que todo fuera actuado, y que nadie salió lastimado. Esa noche cuando vuelve a casa, las máscara que había perdido está a un lado de Alicia, descansando en la almohada que le corresponde a él. William Harford no puede más y se suelta llorando al mismo tiempo que le dice a su esposa que le va a narrando la historia.

A la mañana siguiente acompañan a su hija a comprar los regalos navideños, y cuando están solo Alice y Bill, se replantean nuevamente la relación, en donde los celos y las fantasías les jugaron una mala partida.

LOS NORMOPATAS DESDE LA PERSPECTIVA DE UN CUENTO CONTADO EN UNA PELÍCULA

"LA INVENCIÓN DE LAS MENTIRAS" EN UN MUNDO DE FÁBULAS.

Edward Gibbon (1737-1794) en su libro "La historia de la decadencia del imperio Romano   anota lo siguiente: "Los varios modos de adoración que prevalecieron en la Roma fueron considerados como verdaderos por el pueblo; falsos por igual en el caso de los filósofos; y útiles por los magistrados". Esto referente a la utilidad que la cultura da a los hechos.

No podemos admitir que todas las opiniones sean ideología, que la razón sea el único instrumento de conocimiento y que no exista la verdad como una entidad operativa. En relación a la verdad y la mentira existen posiciones filosóficas encontradas: absolutistas vs. Relativistas: Tradicionalistas Vs. Postmodernistas; Realistas   Vs.   Idealistas;   Racionalistas   Vs. Irracionalistas etcétera. En este grupo de contrarios se encuentra el dogmatismo. Este lleva situar a una serie de pseudo ciencias o prácticas mágicas al nivel de la ciencia. La astrología, el psicoanálisis, la homeopatía, en Feng shui, las teorías de las conspiraciones, el voodoo, las flores de Bach, los ángeles protectores e incluso los extraterrestres, pertenecen a este grupo del cual millones de seres humanos creen al extremo de morir por esto.

Las religiones que explican y consuelan míticamente son casos aparte y como se verá, menos deletéreas que las posiciones filosóficas encentradas. David Hume decía que dentro de los miles de errores que pueda tener una creencia religiosa y que lleven a situaciones peligrosas, nada se compara a las aseveraciones ridículas de esas pseudo ciencias.

En ese sentido la película "La invención de las mentiras" es una obra provocadora, que se instala desde el género de la comedia, pero cuyas propuestas me recuerdan a "Being John Malcovich" (Spike Jonze, Escritor: Charlie Kaufman)1999. En este caso, la pregunta sería: ¿Qué pasa si estoy en el cerebro del actor? Esto en mucho una contrapuesta al dualismo cartesiano. Y de otra obra "The Truman Show (Peter Weir, Escritor, Andrew Niccol 1998). En donde un eterno programa de televisión, un "reality show", se estructura sobe una vida en donde todo es una gran mentira.

En el caso de "La invención de las mentiras", la utopía se desarrolla en un mundo paralelo al nuestro, en donde la verdad es la norma. Mentir y vivir en el engaño o sobrevivir ante los embates de la verdad, con la agresividad a todo freno, porque aunque faltos de diplomacia, lo que se dicen es la verdad, y puede no gusta pero así les tocó vivir. De esto va la película de Ricky Gervais y Matthew Robinson (2009) "The invention of lying". En un mundo hipotético, la gente no miente, incluso no hay una palabra que connote esta acción, o tampoco que califique la verdad. Las personas llaman a su trabajo, no para decir que están enfermos sino para decir la verdadera causa por la cual no van: "¡Odio ir a trabajar!". Un comercial del refresco Cola, habla de los defectos nutricionales y que sólo hace el comercial por el dinero. Un autobús despliega un eslogan que dice "Pepsi el refresco que se bebe cuando no hay coca". Los camareros saludan diciendo que se avergüenzan de trabajar en el sitio en donde lo hacen y las chicas dicen que han ido a hacer una de las más grandes cacas, para luego decirle a su acompañante que si ya ordenó la comida.

Mark (Ricky Gervais) es un guionista de un estudio cinematográfico llamado: "Lecture Movies"en donde en efecto lo que se exhibe no es ficción, sino conferencias de un actor que habla frente a la cámara. El guionista va de mal en peor, está a punto de ser despedido.

Tienen una cita a ciegas con una secretaria ejecutiva, que cuando lo ve llegar tempranos, al abrirle la puerta, y sin más le confiesa que se estaba masturbando, que pase mientras ella termina de arreglarse y masturbarse. Po supuesto que Mark le dice que lo pone caliente ese tipo de comentarios pero ella le dice que lo siente, pero que no es su tipo, no pose la carga genética para hijos bellos, sanos y emprendedores. No quiere tener hijos rechonchos y con la nariz de Mark, claro que lo anterior no impide que vayan a cenar.

Una de las cosas que uno descubre en este mundo hipotético, es que decir la verdad, incomoda, pero nadie mata al otro. Por otro lado que las personas son totalmente manipulables, porque no hay un concepto de engaño o mentiras. Es este, a mi juicio, el mejor de los temas de la película. "Creer a pies juntillas todo", sin cuestionar, eses el tipo de mentalidad imperante. Incluso para nuestro amigo Mark.

Y sin embargo, una mañana se le junta todo. Su casero le dice que le debe la renta, lo han corrido de su empleo porque sus guiones sobre "La Peste Negra" aburren (o infiltran miedo), y la secretaria Anna (Jennifer Garner), lo ha rechazado. Totalmente derrotado, nuestro anti-héroe, va al banco y pide cancelar su cuenta. Él sabe que sólo tiene trescientos dólares, pero no hay sistema bancario en los ordenadores. La cajera, sin embargo y sin dejar de sonreír, le dice que confía en la cantidad que él le diga que tiene en el banco. Y es entonces que ocurre una suerte de epifanía cerebral. De hecho en la escena la toma nos introduce en el cerebro de Mark, en donde algo tuvo que cambiar, para que el diga una mentira. Entonces dice tener ochocientos dólares. En ese momento llega la red a los ordenadores y la cajera ve el monto de la cuenta del cliente que es de trescientos dólares. Sin embargo, de inmediato responde que si Mark dice que eran ochocientos, debe de haber un error en la máquina.

Entusiasmado más que avergonzado, Mark se da cuenta de que eso que hace es innovador, y se lo comunica a sus amigos del Bar. Pero no sabe como ejemplificarles lo que ha sucedido. Usa el ejemplo de cambiarse el nombre, el color de la piel, dice ser esquimal.
Es como si les dijera que mi nombre es Dug

¡Hola Dug!

O como decirles que mi color es negro

Es extraño, porque te ves blanco pero puede ser.

O que soy esquimal

¡Eres el primer esquimal negro que conozco!

Quienes contestan son el barman (Philipe Seymur Hoffman de barba) y su amigo, quienes se lo creen todo, literalmente "a pies juntillas". Para ver hasta qué punto se puede manipular a sus conciudadanos con mentiras, Mark sale a la calle y a la primera mujer rubia y guapa que pasa le pide hacer el amor, añade que recién recibió la noticia de que el mundo está por acabarse. La mujer primero indiferente y hasta molesta, se voltea y le dice que si lo quiere hacer que si van hacerlo ahí en la calle o en un motel. Finalmente en el motel, Mark se da cuenta de que esa desconocida se lo ha creído todo, se inventa una llamada persona, sin alarma de teléfono, en donde se vuelve a inventar que no era verdad que el mundo se iba a terminar, una especie de contra-noticia. A lo que la mujer más tranquila, le dice bueno, pues ya que estamos aquí, y se acuesta con un suspiro en la cama, pero él no se aprovecha y sale despavorido.

La película sube de tono filosófico, cuando al estar Mark en el lecho de muerte de su madre. En donde previamente, los médicos le han dicho la cruda verdad de la muerte inminente, Al verla llena de angustia, dolor y desesperación, al fin escritor, desesperado él mismo, le habla de un algo después de la muerte en donde estará en paz y se terminaran todos sus malestares. Finalmente fallece su progenitora con una sonrisa en los labios y al levantar la mirada, se percata de que hay un público entre enfermeras, doctores y secretarias que lo miran extasiados y que le piden que les cuente más de ese otro mundo.

Por la noche de regreso a casa, hay una multitud que lo espera, cámaras de televisión, reporteros, gente que quiere oí de ese otro mundo después de morir.

Él que está en reacción de duelo y aturdido, no recuerda bien lo que le dijo a su madre y que le salió tan espontáneo, pide que lo dejen recordar y reflexionar. Es hasta que llega Anna, que se ha enterado de la repentina fama del pretendiente, cuando él se pone a hilar esa historia. La multitud espera, toda la noche en vela. Al despuntar la mañana, Mark sale, apoyando las dos hojas que ha escrito por la noche, en dos cajas vacías de pizzas, causando con esto que parezcan una versión postmoderna de las Tablas de la Ley o Los Diez Mandamientos. Y en efecto, lo que lee se parece mucho a estos. El primero es "Hay un hombre en el cielo que controla todo..." Por supuesto la multitud se extrémese y pregunta: ¿Cómo es él? ¿Es el Hombre en el Cielo el responsable de la muerte de mi madres?- dice uno – otro del cáncer de su familiar, de los tsunamis, a todo lo cual Mark responde que sí. Peo añade, cuando la multitud está por linchar al Hombre de los Cielo." ¡Pero también es responsable de todas las cosas buenas que nos suceden!"

La película está con un buen planteamiento y estructurada en una comedia con momentos memorables, me parece que será con el tiempo una película de culto. Ampliamente recomendada. Hay una historia de amor, otra de infelicidad aún cuando sea casi un mesías, y de lo relativo de nuestras vidas.

Mentimos y nos mentimos, la realidad es tal elusiva, que la fabulación repetida es nuestro sistema operativo cerebral, como el Windows. El cerebro evolucionó entre otras cosas, para leer la mente de los demás a través de lo que dicen como lo dicen y el lenguaje corporal que se despliega. Las mujeres con muchas veces más capaces que los hombres para este tipo de meta-comunicación, siempre ven de frente y decodifican al otro. El buscar la mentira es su meta primaria, saber si es cierto que el señor que les gusta está divorciado, si la quiere mucho, si va al trabajo. Si le es fiel. Las mujeres son en términos evolutivos, detectores de mentiras y sin embargo no es difícil engañarlas, cuando las ciega el amor.

LAS VIDAS PRIVADAS DE PIPPA LEE (The Private Lives of Pippa Lee – Dirige Rebecca Miller, 2009)

Pippa Lee (Robin Wrigth Penn) es una mujer atípica a la que le suceden cosas en apariencia típicas. Por ejemplo nació cubierta de pelo, que luego perdió (es el lanugo con el que nacen algunos bebes), su madre tenía un pequeño secreto, que de alguna manera contribuyó a eso, era adicta a las anfetaminas, para conservarse en su peso. Su padre era un pastor y hacía como que no se daba cuenta que su esposa trabajaba como licuadora. Aunque en algunas otras ocasiones estaba totalmente abatida, como sin energía.

Pippa narra en dos tiempos su vida privada, en donde se agregan algunos elementos que aumentan su atipicidad. Es sonámbula, con una conducta de alimentarse sobre la noche, aún cuando puede viajar en automóvil hasta un supermercado. Luego, tiene una capacidad para leer la conducta de los demás de manera ágil y certera (Teoría de la mente). Está casada con un hombre varias décadas mayor que ella. Herber Lee (Alan Arkin), que se muda a los suburbios, y se mantiene en un talante de enojo perene, y trata de Pippa como su ama de laves.

Las dos historias de la misma persona, van mostrando la capacidad de adaptación vital, que coloca al personaje Pippa en una cronista de su vida, y de la vida de los demás. Los otros la saben de alguna forma fuerte e intuitiva que no es lo mismo que adivina, y se acercan a pedirle apoyo. Bastó que Herber expresara su deseo de una oficina fuera de su nueva casa, para que Pippa se la consiguiera, amueblándola.

Un día aparece en la casa de la vecina, Chris (Keanu Reeves) hijo separado y hay un nuevo acomodo en sus sentimientos. Es más joven que ella y además es sincero y no puede decir mentiras, de hecho su vocación era la de sacerdote católico, pero no fue aceptado en el seminario. Una película excelente, de buen ritmo y que tiene como motivo central a una mujer cronista de su propia vida, tolerante, comprensiva pero con claros límites para con los demás.

LAS MUJERES PUEDEN SER ALGO MÁS QUE ESPOSAS Y MADRES, POR EJEMPLO PAPISAS

LA PAPISA (DAS PÄPSTIN) Directora: Sonke Wortman (2009)

En la Alta Edad Media, entre 855 y 857 DC, Johanna Anglicus, quien ha vivido por razones de su necesidad de conocer, y sobrevivir a los embates de la misoginia, escondida en la identidad de un hombre–, se eleva al Trono del Vaticano, después de ser consejera y médico del previo Papa León IV, a quien cura de un ataque de gota. Lo suyo es un triunfo de un movimiento político al que ella es ajena, pero no por eso deja de ser utilizada.

La película lleva una narrativa sobria, tratando de ilustrar como era el vivir en esas épocas para los campesinos asediados por los temores a todo y el terror a la condenación, desnutrición, enfermedades, mientras que los señores feudales. Nobles y reyes, se hacían la guerra, masacrándolos de pasada.

El padre de Johanna, un monje sádico, la desdeña desde su nacimiento. Él es un anglo que llega a las tierras Sajonas a evangelizar y le resulta que la mujer, con al que se une es conocedora de la herbolaria, es decir punto bruja y blasfema al mismo tiempo (conocer se ha vedado desde siempre para con esto depender de la mano del verdugo). Es solo el temor al castigo físico y por supuesto, además del castigo eterno, lo que mantiene la línea de dominación de este ser tiránico (como casi siempre suele suceder).

El Don o virtud de Johanna, amén de la inteligencia, es su capacidad inagotable para aprender, la rapidez con que lo hace, y lo facilidad que emplea lo aprendido. Además, de que supuestamente las mujeres carecían de "La lógica". Se verá más delante como uno de los consejeros papales, en oposición a la propuesta de Johanna siendo ya Papisa, a que las niñas asistan a la escuela, argumenta que el aprendizaje reduce el tamaño del útero y por lo tanto la capacidad femenina para reproducirse. Aunque resulta que la hermana de ese consejero, una mujer que sabe leer y hacer cuentas, tiene algo en el rango de 12 hijos.

Uno de los Maestros del padre, acude al pueblo para buscar al hijo primogénito para llevarlo como alumno a la catedral. Pero este hombre sabio insiste en que no es sacrilegio que una mujer aprenda, que si se ve a la naturaleza a través de la obra de Dios, no existe ninguna contradicción. Es sublime el momento fílmico, en el que habiendo encontrado el padre un libro en griego, debajo de la cama de su hija, le obliga a borrarlo con la hoja de un cuchillo, pero ella prefiere recibir el castigo físico, antes que borrar lo que su maestro ha traducido y copiado a mano al griego.

Las mujeres como Johanna, se han ido comunicando una historia que las sostiene, la de Santa Catarina, hija de un Rey que al igual que ellas estaba llamada por el saber. Mujeres, que han podido detenerse y marginarse al llamado de la maternidad, por muy biológico que este sea. Porque lo otro debe de ser más fuerte. Esta es de la sabiduría filtrada por los ojos de las hijas de Isis. Hipatia, Sor Juan Inés de la Cruz, Marie Curie y la pléyade de artistas y científicas, vienen de esa extirpe.

Eso le sucede a Johanna que va creciendo en el terreno de las lenguas, copista, herbolaria, griego, latín, y arameo, para luego, en un asalto de hordas de los mismos feudales cristianos, desaparecer para resurgir ya como joven en un monasterio. Ahí asiste a supuestos enfermos de lepra, que en realidad tienen ulceras por desnutrición y por las condiciones de vida. Cualquier péquela mejoría en esto, da resultados "milagrosos". Todo el tiempo, sin embargo ella se mantiene en guardia, ante la posible develación del secreto. En una epidemia de "fiebre" en el convento, la mayoría de las veces era tifo, por piojos. Ella es amenazada con desvestirla para bajar la fiebre y es médico y monje, otra mano comprensiva, que le pide que se vaya, pues no tardaran en saber su secreto.

La corte Papal es como cualquier otra, y cuando Johanna llega, ya es legendaria por su dedicación en el arte de curar, pero más que nada en la compasión por el doliente. No hay grandilocuencia, ni tampoco la tentación de presentar a esa mujer Papa, como triunfadora. Son las mismas imperfecciones de la política, el estar en el lugar correcto, y el contar con una inteligencia privilegiada lo que la lleva al trono de San Pedro. Algunos argumentaran que es una leyenda, pero espero que algún día se haga realidad, pues si de alguien se sostiene la Iglesia Católica Apostólica Romana, es del poder femenino. Por la enseñanza de las madres, la asistencia masiva de las mujeres y por los donativos económicos que de ellas emanan.

¿Se imaginan un boicot de mujeres al Vaticano para presionar? ¿A dónde hay que firmar?

LOCURAS DE AMOR: LA CELOTIPIA Y SUS VÍCTIMAS

EL DRAMA HUMANO COTIDIANO: SOBRE EL ORIGEN DE LAS RELACIONES DE PAREJA

Pocas áreas de las actividades humanas generan tanta conmoción e inversión de energía, tiempo y bienes materiales como el relacionarse con una pareja. El esfuerzo es tremendo, y sin embargo un poco más de las parejas que se forman se separan o divorcian en la actualidad.

Las relaciones de pareja tienen una idealización, matizada por el deseo sexual. Lo que enseña en las escuelas, en los medios de comunicación, en la literatura, música y cine: que el amor es eterno; que una vez que encontramos a nuestra pareja, es por siempre: "Hasta que la muerte nos separe". Las traiciones, infidelidades, violencia verbal y física, indiferencia, y lucha por el control de la relación, hacen que las relaciones matrimoniales se vuelvan difíciles y eso explica el porcentaje elevado de divorcios.

Los problemas de pareja, no son como se piensa comúnmente, el resultado de problemas de personalidad o de otro tipo de trastornos mentales que hacen incompatible la vida de pareja. Todos los seres humanos tenemos problemas de pareja, esto es independiente a nuestras preferencias sexuales, nivel socioeconómico, escolaridad, o aún del éxito que tengamos en la vida.

La selección sexual, propuesta por Charles Darwin, ha sido el marco de referencia sobre el cual se ha construido lo que ahora llamamos psicología evolutiva de la conducta de acoplamiento. La selección sexual se apoya en dos estrategias: la competencia de los miembros del mismo sexo, generalmente machos, por el acceso a las hembras y la selección de ciertas características en las parejas que promueven reproducciones exitosas. Lo que han promovido los psicólogos evolucionistas en este sentido es que en la lucha de los machos por el acceso a las hembras, hay un proceso de selección primario, que conduce a que sólo los vencedores tengan acceso a la hembra deseada. En el proceso de selección de la hembra, se incluyen aspectos como la fuerza del macho vencedor, pero también otros aspectos exteriores, como son: el colorido del plumaje, en el caso de las aves; el tamaño de la cornamenta, si se trata de alces; la armonía de las facciones y estabilidad emocional, si se trata de mujeres. Los aspectos que se seleccionan, tienen un especial significado para la pareja: material genético adecuado.. La competencia y preferencia de las parejas, han sido los elementos, que conforman la teoría de la selección natural. Por supuesto, que este tipo de teoría, causó una gran controversia, para la época en que Darwin la publicó, ya que se argumentaba que convertía a los seres humanos en meros seres esclavos de los instintos; se cuestionó el papel de al cultura y costumbres; las reglas impuestas por las religiones etcétera.

La conformación de la humanidad a través de las estrategias de apareamiento y el amor romántico que generó la mujer.

Then it all crashes down   And you break your crown   And you point your finger   But there's no one around   Just want one thing   Just to play the king   But the castle's crumbled   And you're left with just a name   Where's your crown   King Nothing?
Where's your crown?

Metallica "King of nothing" album: "Load"
Hemos tenido la fantasía de ser los dueños de nuestro destino y de creer que las costumbres de hoy, han existido desde los inicios de la humanidad. En el campo de los sentimientos, el amor romántico, es un ejemplo, de que algo tan fuerte, que motiva gran parte de nuestra vida, es esta una invención que matiza a la biología y sicología de los afectos. Sin embargo por muy matizado que esté una función biológica, como es el apareamiento entre dos individuos con fines reproductivos o de placer, al final, los adornos

desaparecen cuando se acaba la pasión primero y luego el amor.

Los seres humanos hemos vivido en un engaño constante respecto a las relaciones de pareja. Esto tiene que ver en gran parte por el adorno del amor romántico, el cual nace en una época concreta de la humanidad en occidente, en la región de Provenza, Francia en el siglo XII, y es impulsado por los poetas, trovadores y escritores de las mujeres de la corte, todo lo cual dio como resultado un tipo de literatura en donde se enaltecía primero al amor y luego a la mujer como una diosa y además se enaltece como héroe romántico al hombre adultero, el amor romántico surge entonces, como una forma de sublimación, ante el encierro, metafórico y real, que resultó ser el matrimonio, la mayor parte de las veces convenido por razones de políticas y de expansión territorial. La mujer ha sido a lo largo de la evolución, quien ha dirigido los cambios en pos de consolidar los rasgos altruistas de los seres humanos, y también una posibilidad asertiva en la crisis del matrimonio.

Un adultero en cada hijo te dio.

"Todos los adúlteros en este auditorio, ¿se pueden poner de pie? ¿Esto significa que todos ustedes engañan a sus esposas, coquetean con otros hombres, y han jugueteado con diferentes parejas en el pasado, presente y lo harán en el futuro?" Este es parte del párrafo inicial del libro: "Against Love: a polemic", de Laura Kipnis (Pantheon Books, New York, 2003), en donde se desarrolla la tesis de la hipocresía de la sociedad occidental contemporánea respecto a las relaciones de pareja. Por una lado, - puntualiza la autora, - hay un estado de promoción de la sexualidad y por el otro persiste el puritanismo, que sanciona con normas estrictas. Esta situación ha llevado a un porcentaje elevado de matrimonios, en donde se acepta que se han llevado a cabo aventuras sexuales fuera de la pareja, las cuales apuntan en un 70 %; mientras que las cifras de divorcios están, para los primeros siete años de matrimonio, cerca del 50 %.

Laura Kipnis, propone que el matrimonio o las relaciones de parejas llamadas estables, no son sino un tipo de "Gulags domésticos" y el adulterio una forma de protesta o escape de las restricciones de libertad propias de todo Gulag (Campos de concentración del régimen soviético, también llamados por ellos: "Campos de la democracia"). La infidelidad es practicada ampliamente, pero aún persiste el escándalo al ser descubierta, por la hipocresía de la sociedad, y el ejemplo más representativo es del ex Presidente norteamericano Bill Clinton, cuyo comportamiento repetido de relaciones extramaritales lo llevó a no poder reelegirse y a su desprestigio político.

La tragedia doméstica del amor.

Al presentarse las series de sentimientos y experiencias que llamamos genéricamente amor romántico, surge un estado como de trance o hipnosis, si la persona no está enamorado busca estarlo. Dorothy Tenno, llamó a esta condición anímica Limerance ("Love and Limerance : The experience of being in love"). Existen componentes básicos del fenómeno de limerance:

Pensamiento intrusivo, es decir casi automático, acerca de la persona, que es objeto de nuestro amor (el objeto de limerance).

La persona en este estado de limerance, aspira a tener una respuesta recíproca, aun cuando no siempre sucede así.

El estado de ánimo del objeto de limerance.

Incapacidad para tener más de un objeto de enamoramiento.

Temor a ser rechazado por la persona por la siente ese estado de limerance

Hay un malestar físico, que se ubica en la región correspondiente al corazón cuando hay incertidumbres respecto a ser correspondido, o cuando hay rechazo.

Sensación de euforia y caminar como entre nubes, cuando se tiene la seguridad de ser correspondido.

Idealización de la persona de la cual se está enamorado.

En la mayoría de los casos, existe un sentimiento de atracción sexual, pero este puede no ser el sentimiento o meta primaria de la relación. Simplemente el estar con la persona de la que nos enamoramos es suficiente. Hay el deseo de contemplar, de estar cerca, y dificultades para separase de esa persona.

La pérdida del amor, como fenómeno cultural, se trasmina a la poesía, literatura, cine, pintura y canciones populares. Las telenovelas, constituyen la apoteosis del amor romántico. Pareciera que no hay otra actividad, a la que se dediquen los personajes de este tipo de teledramas que el enamorarse, y el impedir que otros se enamoren.

El amor romántico, tuvo en parte su desarrollo, por lo menos en la forma actual en las novelas románticas de la alta edad media, sin embargo el amor tiene una historia previa localizada en los albores de la humanidad. El amor como sentimiento positivo, tiene una serie de elementos importantes, como son el compromiso, la ternura, la pasión y el altruismo. El enigma central que motiva el presente ensayo, está relacionado con lo paradójico que resulta el amor del ser humano, en término del costo social y psicológico. ¿Por qué las personas sacrifican los mejores años de su vida en búsqueda de una relación de pareja?; ¿Por qué una vez que se forman las parejas se desencadena una lucha constantes entre ellas? La contradicción entre ambas preguntas es más que obvia y de esa divergencia vamos a partir.

Lo que buscan las mujeres es sexo y algo más.

La selección de un hombre por una mujer no es al azar, es un proceso en el que se tiene la influencia de las fuerzas evolutivas, de manera relevante. La selección natural y sexual, propuesta por Charles Darwin, ha sido el marco de referencia sobre el cual se ha construido, lo que ahora llamamos sicología evolutiva de la conducta de apareamiento. La selección sexual se apoya en dos estrategias: la competencia de los miembros del mismo sexo, generalmente machos, por el acceso a las hembras y la selección de ciertas características en las parejas que promuevan reproducciones exitosas. Nótese en este punto que las mujeres son las que eligen y las que han ejercido la dirección de los rasgos que se heredan. Lo que han encontrado los psicólogos evolucionistas en este sentido, es que en la lucha de los machos por el acceso a las hembras, hay un proceso de selección primario, que conduce a que sólo los vencedores tengan acceso a las hembras deseadas. En el proceso de selección de la hembra, se incluyen aspectos como la fuerza del macho vencedor, pero también otros aspectos exteriores, como son: el colorido del plumaje, en el caso de las aves; el tamaño de la cornamenta, si se trata de alces; la armonía de las facciones y estabilidad emocional, si se trata de mujeres seleccionando hombres. Los aspectos que se seleccionan, tienen un especial significado para la hembra y se resumen como un material genético adecuado. La competencia y preferencia de las parejas, han sido los elementos, que conforman la teoría de la selección natural. Por supuesto, que este tipo de teoría, causó una gran controversia, para la época en que Darwin la publicó, ya que se argumentaba que convertía a los seres humanos en meros seres esclavos de los instintos; se cuestionó el papel de la cultura y costumbres; las reglas impuestas por las religiones, etcétera. Lo que determina, en cada especie que se reproduce sexualmente, quien escoge a quien, tiene una relación con aquel que invierte más tiempo en el cuidado de los recién nacidos o crías, mientras que el otro sexo, el que tiene una participación más reducida con las crianza de los hijos, es quien será más competitivo para poder tener acceso a mayor número de seres del sexo opuesto. Pongamos una situación hipotética: Una mujer trata de decidir a quien escogerá como pareja entres dos hombres. Uno de ellos es muy generoso hacia ella, mientras que el otro es tacaño. El hombre generoso comparte, por ejemplo su alimento y bienes con la mujer, lo cual lleva a que ella tenga una mayor sobrevivencia, lo mismo que sus crías. El hombre generoso va a dar a su pareja hijos más satisfactorios, puede sacrificar energía y bienes a favor de sus crías, con lo cual optimiza la viabilidad de estas y las labores de crianza de los hijos, este tipo de hombre tendrá mas posibilidades de ser seleccionado por la mujer, que el que es tacaño. Si se considera un escenario más real, los hombres difieren en algo más que su generosidad. Otros factores que las mujeres prefieren son: aspecto atlético, habilidades manuales, ambición, laboriosidad, amabilidad, empatía, estabilidad emocional, inteligencia, habilidades sociales, sentido del humor, posición y estatus jerárquico elevados. A lo largo de miles de años de evolución, son las hembras o mujeres, quienes han seleccionado estos rasgos en el hombre o macho, porque son adecuados para que el apareamiento sea óptimo, pero sobre todo, para que las apoyen en el proceso de embarazo y crianza de los niños, productos de su unión.

La duración de nueve meses de embarazo, y el que los niños al nacer tengan un pobre desarrollo del sistema nervioso, hace que la permanencia del hombre con ellas sea una necesidad, más que un privilegió, por lo tanto la mujeres han desarrollado lo que se ha llamado "Estrategias de apareamiento de larga duración", por ejemplo el matrimonio.

Las mujeres, al seleccionar a sus parejas, han creado un perfil del hombre ideal. La "Estrategia de apareamiento de larga duración en el hombre", está de hecho condicionada a la mujer, solo que el hombre tiene además "Estrategias de apareamiento de corta duración", que no son el resultado de las necesidades de las mujeres, sino más bien, de la biología de los hombres. Sin embargo, recientemente, también se han descubierto las estrategias de la mujer de corta duración. Las primeras, las de larga duración, tienen que ver con el acceso sexual que la mujer permite al hombre y que es limitado, debido a las repercusiones que conlleva esto. El coito en la mujer, hasta antes de la píldora anticonceptiva, llevaba un alto riesgo de embarazo. Para el caso del hombre, si están presentes algunos de los atributos que busca la mujer, también significa el compromiso con esa mujer que lleva a una relación de pareja con todas sus variedades (matrimonio, unión libre, concubinato, etcétera). Los beneficios que tiene el hombre con las "Estrategias de apareamiento de larga duración", son: tener acceso a una mujer sexualmente, si es que ella detecta que las intenciones del hombre son adecuadas y congruentes; la siguiente ventaja para el hombre es la de la compañía, ayuda y cuidados que la mujer brinda al hombre, que muestra los rasgos ideales para la relación duradera, en este sentido la fidelidad, es en muchas sociedades un carácter primordial, esto podría explicar, en parte la aparición de los celos. La tercera ganancia para el hombre, de tener una relación estable con una mujer, es que aumentan las posibilidades de que los hijos de ella, sean también de él. En este punto se establece una paradoja, que explica la infidelidad más frecuente en el hombre que en la mujer. Si el hombre establece una relación de larga duración, podrá tener la seguridad de su paternidad, pero no podrá tener otras mujeres con otros hijos, - como lo demanda la presión biológica -, sin embargo esto no implica que no lo pueda hacer a escondidas, es decir que sea infiel. La cuarta ventaja de la relación duradera con su pareja, para el hombre, es la de promover y ver crecer a sus hijos. El hombre, al igual que lo que mencionamos previamente en el caso de la mujer, ha desarrollado a lo largo de la evolución, la capacidad de detectar en una mujer la fertilidad, la capacidad reproductiva y la crianza de los hijos. La meta final de la elección en el hombre, es la de estar seguro de que la mujer esta en condiciones óptimas para ser fértil. Estos rasgos observados son: características de la piel y pelo, la primera suave y el segundo maleable, y dócil. La juventud de la mujer, las caderas anchas, las cuales permitirán el descenso y salida del bebé, la salud física, belleza, ausencia de manchas en la piel y dientes saludables, son más de los atributos que se buscan en una mujer para con esto inferior su fertilidad. Para el hombre la belleza física y juventud son sinónimo de fertilidad. Para probar lo anterior, en el hombre contemporáneo, se han realizado estudios de preferencias para responder a los anuncios de tipo citas a parejas en revistas, periódicos e Internet. Los hombres responden con más frecuencia a los anuncios de mujeres, en donde estas resaltan sus características de belleza y juventud; los hombres se casan con mujeres más jóvenes que ellos y este es un patrón universal, para un primer matrimonio, las diferencias de edad son de 3 a 5 años, para un segundo matrimonio en promedio de 8 años y para un tercer matrimonio de 10 años. Las mujeres invierten mucho de su tiempo en promover su apariencia física, lo cual dará como resultado el atraer a hombres, de los cuales ellas puedan escoger uno Finalmente, las mujeres también compiten por el hombre que ellas suponen será la pareja ideal. Las mujeres se atacan entre si como rivales, con adjetivos que descalifican entre otras cosas: la belleza y edad de su adversaria o que resaltan la promiscuidad de su competidora.

Lo que buscan los hombres es sexo y nada más.

En el hombre se ha desarrollado un poderoso deseo para el sexo casual. Un hombre que tenga relaciones sexuales con una docena de mujeres en un año, podrá tener varios hijos, mientras que, si lo miso ocurre con una mujer, solo podrá tener un hijo, esto en relación con la duración del tiempo de embarazo. Esta diferencia de capacidad de reproducción, y transmisión de los genes, tiene ventajas y desventajas. Las ventajas de tener la "Estrategia sexual de corta duración" en el caso del hombre, llevan al aumento del número de hijos, con diferentes mujeres. Los hombres han logrado un éxito relativo al tener más hijos, con la estrategia de tener varias mujeres, no por el hecho de tener muchos hijos, lo cual como es obvio, conlleva un aumento en la dificultades para la crianza de los mismos, sino por la razón de tener muchas mujeres.

Esta estrategia de sexo casual, sin embargo no ha resultado ser muy adecuada a la larga, por una serie de factores: (1) Mayor posibilidad para contraer enfermedades de transmisión sexual; (2) el impacto negativo en su reputación social, como el ser un "mujeriego", lo cual le impedirá desarrollar una estrategia de larga duración en el futuro con alguna otra mujer; (3) Disminución en el número de hijos que sobreviven, debido a problemas con la alimentación y otro tipo de apoyo; (4) Es común que la persona con este patrón promiscuo, sufran de violencia física por parte de padres, hermanos, y el esposo o familiares hombres de la mujer seducida y abandonada; (5) Estar expuesto a problemas legales o aún de violencia física, por parte de las mujeres que se sienten abandonadas o desplazadas.

Y las mujeres también.

La revisión cuidadosa de las costumbres sexuales en algunas culturas, ha dado como resultado, datos que apoyan que las mujeres también han empleado "Estrategias de apareamiento sexual de corta duración". Por supuesto que esto va en contra del papel que se suponía tendrían las mujeres para asegurarse el apoyo económico y de protección de los hombres, sin embargo, cuales serían las ventajas de que las mujeres presenten también este patrón de relaciones sexuales de corta duración. Cuando se propuso que los hombres tienen mayor número de parejas sexuales que las mujeres, se hizo a un lado lo evidente, esto es, que debe de haber también mujeres que están participando en la actividad sexual promiscua de los hombres. Si las mujeres prehistóricas no hubieran tenido un patrón de relaciones sexuales de corta duración, el hombre no hubiera podido desarrollar el poderoso deseo sexual que manifiesta por la variedad de parejas. El orgasmo en la mujer, se pensó hace algún tiempo, que tenía el propósito de inducir sueño, de esta manera el depósito de semen, tendría menos posibilidades de salirse de los fondos de saco vaginales. Esta suposición, ha sido superada por la constatación de que el orgasmo, crea una serie de movimientos de la musculatura vaginal, para que el semen sea aproximado al cuello uterino y con esto se logre la fecundación.

En la inseminación, sin orgasmo se descarga el 35 % del semen en treinta minutos, mientras que si el orgasmo ocurre, se retiene mayor cantidad de semen, que tendrá como consecuencia una mayor posibilidad de fecundación. ¿Qué tiene esto que ver con la posibilidad de que el sexo casual eleve la frecuencia de embarazos?

En un estudio realizado en Inglaterra, se pidió que mujeres de edad reproductiva, llevaran el registro de sus ciclos menstruales, y de sus relaciones sexuales con sus esposos y amantes, si es que los tenían. Se encontró que las mujeres tenían relaciones sexuales con los amantes en épocas cercanas a la ovulación, más que con los esposos, esto al parecer de manera inconsciente, o por lo menos no de manera deliberada. Las mujeres presentaban mayor número de orgasmos con sus amantes que con sus esposos. El resultado demostró que las mujeres del estudio, resultaron con más frecuencia embarazadas por sus amantes que de sus esposos. Es posible entonces que la estrategia de apareamiento de corta duración lleve a la fecundación de mujeres con menos posibilidades de embarazo. Las hembras de los homínidos, tenían estrategias menos complicadas para las competencias relacionadas al apareamiento y lo que resultaba de este. Lo que se piensa que ocurría era que ponían a competir a los espermatozoides de varios machos entre si. Ellas sostenían relaciones sexuales con varios machos, y dentro del canal vaginal y el útero, eran los espermatozoides de diferentes parejas, los que competían entre si, y sólo el más fuerte, ágil y genéticamente más adecuado, el que llegaba hasta el fondo del cuerpo uterino.

¿Cuáles son los beneficios que la mujer tendría, desde el punto de vista evolutivo, para el sexo casual? Las respuestas son variadas: (1) Hipótesis de los recursos. Un aumento en el número de pretendientes, de los que recibe bienes materiales y de otro tipo de servicios, es una posibilidad viable. La paternidad de los hijos de esa mujer, podría estar oscurecida también, mediante la estrategia de múltiples parejas sexuales, obteniendo recursos de dos o más hombres. Esta posibilidad es conocida también como: "Hipótesis de la paternidad confusa".

Las tareas de cazar, encomendadas al hombre en las culturas primitivas, llevaban implícitas la posibilidad de muertes o ausencias prolongadas de los esposos. La necesidad de protección de la mujer y sus crías, pudo se la causa de que se tuvieran parejas cercanas alternativas, que tuvieran la función de ser parejas sustitutas. Finalmente es esta serie de propuestas para apoyar la hipótesis de acopio de los recursos, está el hecho del ascenso social, que logran las mujeres a través de tener relaciones de corta duración, con hombres de estatus social y económico cada vez más importante. Este fenómeno se ve hoy en día en cierto medios de gran competitividad entre mujeres bellas, como es el de las artistas, modas, medios de comunicación, y política.

La hipótesis del beneficio genético, sostiene que si la pareja habitual de una mujer, amante o esposo, es estéril, el beneficio de un coito extramarital, puede llevar al embarazo a esa mujer. Otra propuesta en este mismo contexto, es aquella que propone el concepto de "genes superiores", relaciones de corta duración con hombres poderosos o guapos, podrán dar como resultado hijos e hijas bellos, que tendrán más pasibilidades de un mejor nicho reproductivo, y el producto final, los nietos, consolidaran la estirpe genética de esa abuela.

La hipótesis del cambio de pareja, propone que en el caso de que el esposo resulte un abusador, que maltrate y golpee a la mujer, que le genere más problemas que satisfacciones, siempre habrá la posibilidad de que una infidelidad llevará a un divorcio y esto constituye una vía legal para salir del problema matrimonial inicial. Está hipótesis también contempla la posibilidad de conocer hombres con rasgos de personalidad y de educación mejores a los de su actual pareja.

Finalmente esta la hipótesis de la manipulación de los hombres. Las mujeres pueden tener una relación de corta duración, con la finalidad de poner a competir a su esposo con otra pareja, o de que el esposo aumente su compromiso y fidelidad hacia ella, lo cual se puede lograr, cuando el esposo ve que su mujer esta bien cotizada entre los varones.

Las consecuencias que una mujer adquiere por las relaciones sexuales transitorias, son más elevados que los que adquiere el hombre en iguales condiciones. La mujer tiene la posibilidad de desarrollar una fama de promiscua, que entorpecerá futuras relaciones de larga duración, porque el hombre exige fidelidad e inclusive virginidad en sus futuras esposas, aunque no ofrecen lo mismo.

Las mujeres que únicamente adoptan un patrón de relaciones de pareja transitorias, están en un alto riesgo de sufrir violencia física y sexual. En nuestra sociedad occidental, las mujeres casada no están inmunes a la violencia e inclusive a ser violadas por sus esposos, sin embargo, las estadísticas sobre abuso y violación sexual, nos indican que las mujeres solas, o con patrones de relaciones sexuales transitorias, son victimas de este tipo de crímenes 15 % más veces que las mujeres en relaciones estables. Para las mujeres solteras, el riesgo de embarazo, como resultado de una relación sexual transitoria y sin compromiso por parte del hombre, lleva al problema de las madres solteras, estos niños al nacer están expuestos a enfermedades, desnutrición y problemas de crianza en general, por arriba de lo que se observa en la población en general. El número de madres solteras responsables de infanticidio es elevado y ocurre en diferentes culturas, sin embargo aún el infanticidio no cancela el costo de los nueve meses de gestación, daños a la reputación de esa mujer, y las oportunidades de nuevos hijos en el futuro.

Una mujer casada que se arriesga a una relación extramarital, tiene la posibilidad de perder el apoyo económico del esposo; hay una inversión de tiempo y esfuerzo en la nueva relación, que desde el punto de vista reproductivo únicamente, desperdicia parte del tiempo que se pudo invertir en preparar y educar a sus hijos. Los hijos de esa madre, en caso de que ella se separe del padre, pueden tener dificultades de interacción social y tener desventajas adaptativas. Finalmente, al igual que en el caso del hombre, las relaciones sexuales transitorias elevan las posibilidades para contraer enfermedades de transmisión sexual, que para el caso de la mujer, las posibilidades son más elevadas para adquirirlas, en relación con la frecuencia de contacto sexuales.

Otros factores que afectan o modifican la posibilidad de tener relaciones transitorias, tanto en hombres como en mujeres son los vinculados a las diferentes etapas de la vida, el índice o relación entre el número de mujeres y hombres y la auto estima de las personas.

En el caso de la edad, en la adolescencia hay una gran actividad sexual transitoria, que tiene diferentes metas, por ejemplo experimentar con diferentes grados de estrategias, el conocer el nivel de demanda que son capaces de generar, entre las personas del sexo opuesto, identificar las preferencias sexuales, desarrollar habilidades de tipo sexual. Diferentes culturas a lo largo del mundo, promueven este tipo de experiencias pre-matrimoniales. Situaciones especiales como divorcio o separación, aumentan nuevamente la demanda de este tipo de actividades sexuales de corta duración, se ha propuesto que esto se debe a una necesidad de mejorar su imagen, de búsqueda de nuevas parejas, y de mantenerse sin compromisos matrimoniales que llevan a situaciones traumáticas del tipo del divorcio o separación.

En cuanto a la relación entre número de hombres y mujeres, esta se inclina con mucha frecuencia a favor de más mujeres que hombres. Actividades humanas como guerras, homicidios, y tazas de nacimiento, explican esa diferencia entres número de miembros de cada género. A esto hay que agregar que se tienen más homosexuales masculinos que lesbianas, situación para la cual no hay número absolutos que lo prueben, por la misma naturaleza oculta y de negación del fenómeno.

La autoestima, sobre todo en lo relacionado a la capacidad que perciben los individuos para considerarse buenas parejas es muy importante. En una serie de estudios, se ha comprobado, por ejemplo, que las mujeres que califican alto en ls escalas de evaluación de autoestima como parejas sexuales, tienen una mayor número de parejas sexuales desde etapas tempranas, y un número abundante de parejas a lo largo de sus vidas, con las cuales desarrollan todas las estrategias de apareamiento de larga y corta duración.

EL AMOR Y OCCIDENTE

Denis de Rogemont, escribió el libro "El amor y occidente" cuando tenía 32 años de edad. Rougemont nació en Suiza, y estudió letras y filosofía, posteriormente se marcha a París en donde se dedicó a trabajar en compañías editoriales, en ese tiempo se interesó por la filosofía alemana, en especial Heidegger y Kierkegaard, en lo que sería un preludio del pensamiento existencialista.

 El libro de Rougemont sobre el amor cortés, nos proporciona la crónica del nacimiento de la pasión de amor. El amor intenso por el que se sufre, por la imposibilidad o dificultad para que sea completo. El obstáculo y el secreto, son dos de los elementos claves de este tipo de narraciones. El mito de "Tristán e Isolda" que se analiza a partir de la versión de Béroul, sirve de estructura central a la tesis del libro de Rougemont.   Tristán es el sobrino del rey Marcos de Cornuelles, quien a su vez es hermano de Blancaflor, la madre del joven. Tristán desarrolla una serie de proezas antes de ser enviado por su tío a buscar a una doncella con la que se va a casar. Isolda, la hija de la reina de Irlanda es la futura novia. Tristán es herido en una batalla contra un dragón y por este motivo recibe los cuidados de la princesa. Ella descubre que el joven fue el verdugo de su tío el gigante Morholt, y por tal motivo intenta matarlo con la propia espada del héroe, sin embargo él comunica sus intenciones y la misión que se le ha encomendado, ella que quiere ser reina, lo perdona.

Mientras navegan de regreso a Cornuelles, el viento cesa, aumenta la temperatura y la sirviente Brangania prepara un elixir, al que por equivocación, le agrega una sustancia que produce un enamoramiento intenso y pasional, el cual durará tres años.

Tristán esté locamente enamorado de Isolda, sin embargo, sabe que su deber de caballero y sobrino del rey Marcos es llevar y entregar su amada Isolda a su tío, y así lo hace. La historia prosigue con una serie de episodios de adulterio y el intento de caballeros leales al rey, llamados "felones" por los narradores, quienes tratan de desenmascarar la traición de los amantes, son lograrlo. Los tres años han pasado y el poder del elixir mágico se desvanece. Marcos perdona a Tristán, quien continua por la vida luchando y en más aventuras, cuando piensa que su amada lo ha olvidado para siempre, decide casarse con otra Isolda, esta apodada "la de las manos blancas", mientras que la reina es Isolda "La Rubia". Herido de muerte Tristán pide antes de morir ver a Isolda "La Rubia", pero la rival, lo engaña diciendo que su amada no viene en el barco, que despliega la señal acordada en caso de que ella si navegara hacia el encuentro con Tristán, él muere y cuando llega Isolda "La Rubia", también muere abrazando a su amante. Para Rougemont, esta y otras leyendas de la baja Edad Media, en las regiones de Champagne y Provenza, fueron los motivos para que cancioneros y trovadores hicieran una apología de este amor-pasión. La monotonía de las relaciones convencionales, la imposición de matrimonios con fines de tierra y poder, así como de alianzas políticas, hicieron que más veces las mujeres tuvieran que soportar, la carga de sus relaciones matrimoniales estoicamente. Fue pues este, el "caldo de cultivo", en donde se genera el amor romántico, o amor novelado. En estas historias, leyendas y posteriormente novelas y canciones, se celebra al amor, como una deidad, y se modifica la relación que hay entre el señor feudal, el caballero y la amada, siendo esta última el objeto de una adoración, en donde toma el lugar del señor feudal. "Las cortes de amor", fueron eso, la idealización del amor cortés, que es sólo transitorio y doloroso. Chrétien des Troyes , escritor del siglo XII, proporciona la versión arturiana de la leyenda de "Tristan e Isolda" en "Lancelot, el caballero de la carreta". Chrétian escribe para la condesa Maria de Champagne, hija de Leonor de Aquitania y Luis VII.

Este tipo de fenómeno cultural de la baja Edad Media, puede ser interpretado bajo el conocimiento que se tiene en la actualidad de la psicología evolutiva. Las estrategias sexuales transitorias de la mujer y hombre, se ven enaltecidas, y adornadas por la idealización excesiva de un sentimiento amoroso, que se ve como la razón de ser y culminación de la vida de las mujeres. Aunque el amor cortés desapareció y fue ridiculizado por La Novela "Don Quijote de la Mancha", de Don Miguel de Cervantes Saavedra, quedo en los instrumentos de memoria extendida, que llamamos libros, discos y ahora discos duros, la información necesaria para seguir encumbrando un sentimiento culturalmente construido y por lo tanto artificial como es el amor romántico. No hay en eso nada de malo, si se entiende así, como algo transitorio, que es fomentado y cultivado con diferentes intenciones, sobre todo ahora, por los mercaderes, quienes han incluso creado el "Día del Amor y la amistad".

El resultado tangible es que al terminarse la pasión, se da la guerra, se termina el efecto del elíxir, y de pronto descubrimos que ella ronca como ferrocarril y que a él le apestan los pies. La fase de enamoramiento, de amor pasional, del romance, es el equivalente al despliegue que hace el pavo real, cuando abre su plumaje , algo como un canto. El joven llega por la chica con un automóvil deportivo, el pantalón de mezclilla y saco de marcas de moda, el autoestéreo a todo volumen, que no suena como el canto del guajolote, pero cumple las mismas funciones. Al igual que la "Macaca Mulata", que presenta al macho su región glútea para que este examine en ella su fertilidad, las jovencitas, se entallan los pantalones, usan tangas, se ajustan la cintura, muestran el ombligo y se pronuncian con esto las caderas, los labios rojos y prominentes, senos turgentes. Ellos cantan serenatas, van al gimnasio, y estudian lo mínimo para heredar el negocio de papá, o para entender que es eso de la "Bolsa de Valores", o como hacer billetes lo más rápido posible, sin videocámaras de por medio. Por fin se casan como Dios manda - ¡No faltaba más! – y en un lapso de 3 a 7 años, tiempo que nos dice la leyenda se acaba el efecto de elixir, ¡Se acaba el amor!. Ella pasa ahora el tiempo entre la escuela de los niños y tomando café con las amigas. Él, en el trabajo, con los amigos y una que otra aventurilla. Un buen día se cansan y descubren: ¡Que ya no se conocen!

Se ha cuestionado entonces, la valides de matrimonio, se han intentado formas alternas, pero que a fin de cuentas recuerdan un poco a la unión sagrada. El matrimonio que se basa en una utopía de corta duración, como es el amor romántico, no funciona porque su base desaparece, y entonces se convierte en un verdadero Gulag, en donde el deber ante la sociedad, los hijos, la religión, la familia y el banco en donde está hipotecada la casa, es lo que los sostiene.

Algunos investigadores en el campo de pareja y matrimonios, han encontrado que los matrimonios duraban antes, porque la relación hombre – mujer era totalmente desigual, de tal manera que ella era una especie de secretaria o ama de llaves de su marido, aunque también se daban los casos opuestos. El caso es que era una asociación rígida y autoritaria. La presión de las mujeres por su igualdad, ha cambiado las reglas del juego matrimonial. Ahora, los matrimonios que perduran, con más o menos un nivel adecuado de armonía, son aquellos en donde hay una serie de factores básicos: amor, fidelidad, confianza, comunicación y proyectos en común. En donde el hombre entiende, conoce y acepta las necesidades y aspiraciones de su esposa y ella hace lo mismo con su esposo. El papel de la mujer en el matrimonio es relevante, si se conceptualiza a la pareja y aún más a la familia, como una empresa, la visión femenina de las relaciones interpersonales, de los sentimientos, de lo que es mejor para sus hijos, es en la mayoría de los casos superior al que tenemos los hombres. Si el cerebro masculino está diseñado para el combate, las abstracciones filosóficas, y el sexo compulsivo ¿porque nos hemos puesto como jefes de familia, si nuestra función evolutiva ha sido la de proveedores y guerreros? La explicación radica en que el poder de la fuerza nubla la razón. "King nothing", la rola de "Metallica", me parece en ese sentido que describe el sentido de mi propuesta, de que si la experta en sentimientos y relaciones duerme a nuestro lado, se le podría escuchar y dejar que decidiera sobra más asuntos, que lo que se permite. Los reyes de modernidad, que aún existen, dejan el gobierno en sus primeros ministros, sin dejar de ser reyes. ¿No podría ocurrir lo mismo con las mujeres? ¿Que opina Mr. King Nothing?.

Woody Allen, dijo en una entrevista para la televisión, que las pareja se llevan bien, solo cuando hay sicopatología compartida. Esto es una mujer obsesiva, es excelente pareja de un hombre poco ordenado, una mujer moderadamente tímida, podría llevarse bien con un hombre que fuera ligeramente extrovertido. Sin embargo, habría que agregar a lo que dice Allen, que el límite de esas relaciones en donde se comparte la psicopatología, es donde no se toleren los defectos. Una persona honesta, si descubre que su novio en un pillo, quizás le cueste mucho trabajo aceptarlo al principio, pero al final, si de verdad es honesta, sobre todo consigo misma, lo deberá de alejar. Pero aquí es donde el dicho popular sale triunfante: "Hormona mata neurona" y a lo mejor no lo deja y se casa con él ¡Qué le vamos a hacer!

CASO DE LA VIDA REAL

MISOGINIA

LA MUERTE Y LA DONCELLA: Sobre el "Cold case" de Chandra Levy

Había pasado más de un año, cuando el 22 de mayo del 2002, Philip Palmer quien se ejercitaba en el Rock Creek Park, detectó algo que a primera vista lucía como un caparachón de tortuga cubierto por hojas secas. Sin embargo, cuando se acercó lo suficiente, pudo mirar en detalle algo que lo espantó, se alejó bruscamente, pero antes dejó su chamarra para marcar el sitio y ató a su perro cerca para alejar a los intrusos. Llegó hasta la primera casa habitada y ahí marcó el teléfono de emergencia 911. El cadáver, se supo después de examinar los moldes dentales, correspondía a Chandra Ann Levy, una mujer de 24 años, que había desaparecido el 1 de mayo del 2001, sin dejar rastros.

Chandra había sido Interna en "Federal Bureau of Prisions". Una dependencia oficial que vinculada al FBI. Las aspiraciones de esta mujer eran llegar a ser una agente del FBI o de la CIA.

Originaria de San Joaquín Valley en California, pertenecía a una familia de clase media acomodada. Su padre médico oncólogo, con una práctica privaba bien remunerada. El caso escaló proporciones de circo romano, cuando se descubrió al poco tiempo de su desaparición, que Chandra tenía una relación amorosa con un congresista de 52 años, casado y con hijos, que representaba la misma zona en donde vivían los padres de ella, en Modesto California.

Además, de que su desaparición en si invitaba al misterio. Sin evidencias de violencia en su departamento, con las maletas casi listas para regresar a su casa en California para su graduación el 11 de mayo del 2001, y con una serie de consultas que hizo esa misma tarde de su desaparición por internet, sobre vuelos, museos y un mapa en donde finalmente aparecieron sus restos, todo esto, le daba un ingrediente de película de terror o de extraterrestres que secuestran a un terrícola. Algunos cinéfilos incluso han detectado similitudes con la serie de televisión "Tween Peaks" cuya primera temporada dirigió David Lynch.

La noticia seguida por los medios de comunicación, destacando sobre todo la cobertura de uno de los periódicos más dedicados a labor de investigación criminal, sobre todo a políticos corruptos en exceso como Richard Nixon (Ricky "Tricky"). El Washington Post.

Dos Editores del mencionado periódico, hicieron en el 2007 un recuento de todo lo sucedido en un serie de varios capítulos que ocuparon la primera plana de su diario, Finalmente este año han publicado un libro. "FINDING CHANDRA: A TRUE WASHINGTON MURDER MISTERY. " por Scott Hinham and Sari Horwitz (Scribner, Hard Cover. 2010).

El libro está dedicado a Chandra, mujer capaz, entusiasta, esforzada, inteligente, pero con una "punto ciego", que le impidió ver que el Congresista demócrata conservador, Gary Condit, estaba jugando con sus sentimientos. Hay una cita en el libro "Finding Chandra", de uno de los jóvenes de la edad de Chandra, a la que pretendía y que acude al baile de la toma de posesión de Baby Bush en su segundo periodo. Las entradas eran obsequio de Gary Condit para su amante. Chandra se niega a revelar la identidad del mismo y todo el tiempo, pide a su acompañante que este con ella desde una de leas escaleras del salón de baile. Después en casa del chico Kurkjian, ella le dice que se va a marchar de Washington porque se ha terminado su beca como Interno. El chico la pregunta, que si su amante es tan influyente en Washington, como es que no le da trabajo. Ella le dice que Gary tiene que cuidarse pues es casado y no puede llevársela a trabajar a su despacho. Pero más adelante y algunas cervezas de lubricantes emocionales, ella se confiesa por completo con Kurkjian y le dice que lo que más le duele es dejar a su novio.

Ella vuelve a insistir en que Gary le ha dicho que va a dejar su puesto de Senador en el Congreso, también va a abandonar a la esposa, dos hijos, que se va a convertir en asesor en las cámaras de representantes, y que se va a casar con ella para formar una segunda familia. El muchacho no sale de su asombro, sobre todo viniendo de ella, compañera en el FBI y que tiene un perfil brillante. Pero, como dicen mis alumnos médicos:" hormona mata neurona".

Kurkjian se atreve a decirle a la chica que ese congresista está jugando malsanamente con ella. Que se dé cuenta, que no es una relación sana. Pero nada de lo que él le dice tiene resonancia en Chandra. El muchacho no volverá a verla después de esa noche.

Por supuesto, cuando desaparece la interna, lo primero que sale es la relación entre ella y el Senador, que no era un secreto para Susana Levy, la madre de la chica y una tía que vivía cerca de Washington. El 16 de mayo del 2001 los Levy acuden a Washington y dan las primeras conferencias de prensa, en donde la madre Susana todavía le pide a Chandra que regrese, o que si alguien sabe de ella que les avise.

Un día después Janet en San Frasciso CA, quien ha tenido una relación con Gary Condit y ha cumplido la promesa de guardar silencio, al detectar que es el mismo patrón que pudo haber ocurrido a la chica Chandra, decide no guardar más el secreto y habla al FBI. Ella no cree en o que los abogados y agentes del Senador han dicho, negando la relación con la chica. Janete teme lo peor, que como a ella le sucedió la chica haya intentado suicidarse, o que esté escondida, llena de miedo, esperando que pase todo el revuelo que ella misma ha provocado. Janete describe un patrón de hostigamiento sexual en el Senador, en donde a pesar de que ella se aleja, él la busca y le inste en que es un error el que trate de alejarse, que no conteste sus llamadas, pero sobre todo que quiera divulgar su secreto. Es decir no les permite hablar sobre él, no les permite alejarse, y quiere tener un control sobre su vida.

Al poco tiempo aparece otra mujer. Anne Marie Smith, una sobrecargo, a la que el Senador ve al mismo tiempo que Chandra. Al entregar su diario personal al FBI, se observan cartas que nunca envió al Senador y que están llenas de cariño y confianza sobre un personaje que la traicionaba todo el tiempo.

Si a estas alturas de lo descrito están pensando cómo es posible que las mujeres se dejen engañar tan fácilmente. Les diré que había más de esas mujeres engañadas por el carismático Gary, y que la combinación de poder, dinero, en un personaje atractivo y/o simpático, que dice simplemente lo que las mujeres quieren oír, es un elemento letal de seducción. Las mujeres que embobó Condit no eran "tontas de baba" eran mujeres enamoradas del amor (o del espejismo de este)

Las cosas se le complicaron aún más al Senador, ya que en la ropa sucia que se decomisa en el departamento de Chandra, en uno pantaloncillos de licra se localizan huellas de semen. Se obtiene con muchos trabajos una muestra consentida de saliva de Gary y resultan que el DNA de ambos especímenes biológicos es del mismo individuo Gary Condit. Por supuesto, esto no implica que él mato a Chandra.

Un tercer personaje está por aparecer. El Predador Ingmar Adalid Guandique.

LA MUERTE Y LA DONCELLA: El inmigrante que decía mentiras y aprobó la prueba del polígrafo

En Estados Unidos de América (EUA), tienen la idea delirante de que sólo los malvados mienten. Utilizan muy frecuentemente manuales, técnicas de procedimientos, y reglamentos estrictos y obsoletos, que les funcionan, pero que en la mayoría de los casos limitan la creatividad y espontaneidad de algunas personas.

En el caso del asesinato de Chandra Levy, el seguir el manual, el no ver más lejos, el ruido de la prensa y medios, todo eso y más hicieron que se linchara a un Senado cachondo, mujeriego, vamos algo casi habitual en ciertas latitudes como Italia, México, España, y hasta en los flemáticos ingleses. Alguna ocasión se me comentó que el ex presidente Bill Clinton, en vez de enjuiciarlo le hubieran puesto una estatua en Las Vegas Nevada. Pero la mojigatería se paga. Mientras todos los reflectores estaba encendidos apuntando al Senador Condit. Un inmigrante salvadoreño, era detenido por ataque con una navaja a mujeres que corrían ejercitándose en el Rock Creek Park. En todos los casos documentados y denunciados el modo de operación era el mismo. Ingmar Guandique acechaba a sus víctimas. Todas ellas mujeres jóvenes, entre 20 y 30 años, que usaban auriculares, y que se alejaban del resto de los corredores y visitantes. Ingmar asestaba su ataque cuando ellas estaban debajo de un montículo, con lo cual él ganaba una velocidad considerable. El elemento sorpresa, la fuerza del choque al ir él de bajada, además de no oírlo hasta que se impactaba a sus víctimas eran sus principales armas. Así, atacó a Halle Shilling, Christi Wirgand, Amber Fitzgerald y Karen Mosley. Es posible que esa fuera esta la misma forma con la que terminó con la vida de Chandra.

El lapso de atacadas ocurre entre abril y mayo del 2001. EL último ataque el 14 de mayo del 2001- a Halle Smith. La confesión que obtienen de Guandique es ejemplar, por los métodos utilizados. No le preguntan si atacó a la mujer, se disfrazó el interrogatorio. Se le sugiere que chocó con la mujer y que ella interpretó eso como un ataque. Además, no ha sido la única vez que le ha pasado eso, otras veces ha tenido el mismo problema. Las mujeres no le aceptan las disculpas y los agreden. Esto es se utiliza la confabulación. En un sociópata funciona, se le tienden las vías por las cuales elaborar mentiras. En esa semana ya estaba las fotos de Chandra como desaparecida. Se le muestran esas fotos a Guandique y el acepta que la vio hace algunos días, niega haber chocado con ella. Los policías del parque no reportan ese caso a la policía de la ciudad y cuando Ingmar va a la cárcel no se hace de momento ninguna conexión. En prisión Ingmar tiene problemas con los otros internos. Se trasladado a varias cárceles. En una de ellas conoce a Ramón Álvarez, también del Salvador. Ambos están acusados de asalto sexual. En una ocasión Guandique le comenta a Ramón que el congresista Condit le pagó para que asesinara a Chandra (Ojo, Ingmar no hablaba nada de inglés, el senador no habla español, no hubiera sido práctico usar un intérprete para ese tipo de negocios en dado caso el interprete sería el que ejecutara el trabajo).

El salvadoreño insiste en que le pagaron veinticinco mil dólares por el trabajo y que no sabía quién era su contacto hasta que lo ve en la televisión. El dinero del trabajo lo envió a su familia en el Salvador. Es entonces que en el FBI se enteran del guardia de los parques que detuvieron a Guandique. Personas que viven en el sitio en donde pernoctaba Ingmar comentan que el día de la desaparición de Chandra, él no fue a trabajar y que se le vio con el labio inflamado, marcas e uñas en el cuello y que todo lo explicó por una pelea con su pareja hispana.

A lo largo del tiempo en que ha estado en cárceles, Gaundique ha cambiado tantas veces las versiones de las historias, que lo menos que podrían sospechar, es que fuera mitómano. Un personaje producto de la destrucción por la guerra civil, que tiene antecedentes de trato brutal a sus parejas y que se ufana de ser de la Mara Salvatrucha. Un individuo que entre los presos, sus iguales alardea de sus crímenes cometidos, y que aparenta estar arrepentido, que hace fábulas en donde él es exculpado de crímenes, un subhumano de este tipo... ¡Aprobó el detector de mentiras!

Aunque los resultados del polígrafo no se pueden tomar en cuenta en un juicio como evidencias, si hicieron que la policía desistiera de incriminar a Ingmar. Detalles técnicos serios fueron omitidos. El técnico del polígrafo no hablaba castellano, y se utilizó un intérprete. El sociópata pasa además todas las pruebas poligráficas, que se basan en la respuesta vegetativa aumentada ante la posibilidad de ser descubiertos o equivocarse. A sujetos asesinos confesos se les muestran escenas "surf" de cabezas decapitadas, o niños destrozados, y aun cuando dicen estar horrorizados, no hay muestras de malestar empático. En México, un famoso secuestrador conocido con el sobrenombre del "Mocha Orejas", quien iba enviando partes de sus secuestrados hasta que recibía el rescate, ante la pregunta de que si estaba arrepentido, cuando se le capturó, dijo con cinismo que no lo estaba. Que si hubiera sabido más joven que se podía haber hecho rico con ese método, habría iniciado antes.

En la batería de pruebas neuropsicológicas Guandique resultó estar dos percentiles por debajo del promedio. Es decir una persona dañada neurológicamente, sin elementos para frenarse ante los instintos primarios. Las evidencias circunstanciales parecen apuntar hacia él. Pero no hay hasta ahora nada que lo incrimine directamente. Los restos de Chandra, estaban tan deteriorados y al aire libre, no muestran las causas de la muerte de la mujer. Finalmente con estos datos Guandique es el primer sospechoso, y será juzgado por asesinato en octubre de este año, casi 10 años después del asesinato de la Doncella.

CASO DE LA VIDA LITERARIA

##

LIZBETH SALANDER

CASO DE UNA MUJER SABIA DESTRUIDA POR LA BARBARIE CATÓLICA

LA PASIÓN DE HYPATIA EN UNA EDITORIAL DE LA REVISTA SCIENCES, SOBRE LA PELÍCULA DE ALEJANDRO AMENÁBAR "AGORA"

Pocas y contadas veces se puede ver en la revista "Science" (The American Association for the Avancement of Science), que se escriba sobre cine. Pero en el número dl 18 de junio del 2010 (Vol. 328.

no. 5985, pp. 1482 – 1483), me encuentro una reseña de la película del Director español Alejandro Amenébar y su película "Ágora". Y no es para menos, Pocos investigadoras e investigadores, saben de Hypatia, de su martirio a manos de los fanáticos cristianos que tenían en Alejandría una orden monástica equivalente a los talibanes del Islam, los parabolanos, que comandados por el Obispo elevado a la santidad Ciro, hacían intimidación a los poderosos mediante el terrorismo, Esto explica en parte el por qué Hypatia de Alejandría fuera salvajemente asesinada y que también su memoria, reconstruida y manipulada.

En la misma Editorial de Science, se hace mención de que hay dudas sobre las verdades históricas al y sin embargo Amenábar contó con la asesoría histórica, Carlos García Gual, erudito en historial medieval.

Hyatia es recordada como una heroína de la causa científica, convertida en bandera anticatólica, según la idea de que el catolicismo frenó el desarrollo de la ciencia, como hace Bertrand Russel, o en los muchos usos del que ha sido objeto, según Dzielska. Incluso se ha llegado a colocar a Hipatia al frente de la Biblioteca de Alejandría, confabulando su incendio –ocurrido veinticinco años antes, en realidad: aunque no es el caso de Amenábar, que sabe distinguir el Serapeo o biblioteca auxiliar del gran templo de la Sabiduría tolemaica– y el asesinato de Hypatia con un mismo significado; el fin de la sabiduría, la hecatombe de la mujer y de los libros.

Tras la muerte del obispo Teófilo, también un talibán católico, al frente de la creciente feligresía cristiana en la ciudad de Alejandría se sitúa Cirilo, un hombre temperamental y sanguinario, visceral y camorrista, inmisericorde y cruel, un iluminado que se apoyaba en una banda de matones, los monjes parabolanos, para ejecutar sus fechorías y sus crímenes enarbolando la cruz en clara contradicción con la doctrina de Jesucristo. Si la versión recreada por el cineasta español se ajusta a la realidad, cuesta mucho trabajo entender como el Vaticano mantiene en el santoral y considera doctor de la iglesia a Cirilo, la antítesis de lo que debería ser el buen pastor.

En el siglo IV se dio en Alejandría un pequeño renacimiento científico, iluminado por la más famosa de todas las mujeres de ciencia hasta Marie Curie. Durante quince siglos se pensó que Hypatia era la única mujer de ciencia en la historia. Aun hoy en día, por razones que están más emparentadas con una visión romántica de su vida y su muerte que con sus verdaderos logros, es frecuente que sea la única mujer mencionada en las historias de las matemáticas y de la astronomía.

Es la primera mujer de ciencia cuya vida está bien documentada. Aunque la mayoría de sus escritos se han perdido, existen numerosas referencias a ellos. Y además, murió en un momento conveniente para los historiadores. Fue la última científica pagana del mundo antiguo, y su muerte coincidió con los últimos años del Imperio romano. Como no hubo adelantos significativos en matemáticas, astronomía ni física en ninguna parte del mundo occidental durante los mil años siguientes, ha llegado a simbolizar el fin de la ciencia antigua. La decadencia ya existía desde hacía varios siglos, pero después de sólo existieron la barbarie y el caos de los años de oscurantismo.

Entre los historiadores no se ponen de acuerdo en diferentes aspectos de su vida, siendo uno de ellos el momento de su nacimiento, unos en el 370 D.C..., mientras otros defienden que era una mujer mucho más vieja en el momento de su muerte (alrededor de 60), estableciendo su nacimiento en el año 355 D.C.

Al nacer, la vida intelectual de Alejandría se encontraba sumida en una peligrosa confusión. El Imperio romano se estaba convirtiendo al cristianismo, y era muy frecuente que los cristianos celosos sólo vieran herejía y maldad en las matemáticas y la ciencia: "los 'matemáticos' debían ser destrozados por las bestias salvajes, o bien quemados vivos". Algunos de los padres del cristianismo resucitaron las teorías sobre una tierra plana y un universo en forma de tabernáculo. Los violentos conflictos entre paganos, judíos y cristianos fueron azuzados por Teófilo, patriarca de Alejandría. No era una época propicia para ser científico ni filósofo.

El asesinato de Hypatia está descrito en la obra de un historiador cristiano del siglo V, Sócrates el Escolástico: "Todos los hombres la reverenciaban y admiraban por la singular modestia de su mente. Por lo cual había gran rencor y envidia en su contra, y porque conversaba a menudo con Orestes, y se contaba entre sus familiares, la gente la acusó de ser la causa de que Orestes y el obispo no se habían hecho amigos. Para decirlo en pocas palabras, algunos atolondrados, impetuosos y violentos cuyo capitán y guía era Pedro, un lector de esa iglesia, vieron a esa mujer cuando regresaba a su casa desde algún lado, la arrancaron de su carruaje; la arrastraron a la iglesia llamada Cesárea; la dejaron totalmente desnuda; le tasajearon la piel y las carnes con caracoles afilados, hasta que el aliento dejó su cuerpo; descuartizan su cuerpo; llevan los pedazos a un lugar llamado Cinaron y los queman hasta convertirlos en cenizas.Los hechos ocurrieron en marzo de 415, justo un siglo después de que los paganos hubieran asesinado a Catalina, una erudita alejandrina cristiana. Los asesinos eran parabolanos, monjes fanáticos de la iglesia de San Cirilo de Jerusalén, quizá ayudados por monjes nitrios. No se sabe si Cirilo ordenó directamente el asesinato, pero por lo menos creó el clima político que hizo posibles tan atroces hechos. Más tarde Cirilo fue canonizado (¡¡¡!!). Orestes informó del asesinato y solicitó a Roma que se iniciara una investigación. Luego renunció a su puesto y huyó de Alejandría. La investigación se pospuso repetidas veces por "falta de testigos" y más tarde Cirilo proclamó que estaba viva en Atenas. El brutal asesinato de Hypatia marcó el final de la enseñanza platónica en Alejandría y en todo el Imperio romano. . Amenábar prosigue el mito de Hypatia, tal como cautivó a Voltaire, Gibbon o Kingsley. la filósofa que muere mártir a manos del oscurantismo religioso. Octavio Paz la compara con sor Juana Inés de la Cruz sometida al arzobispo de México por "la soberbia que saca a la mujer de su estado de obediencia". Un aspecto a resaltar es cómo las mujeres han sido vistas de forma paradójica por la iglesia católica, una de las instituciones más perversas y de mayor influencia en la historia de la humanidad. Lo paradójico es que la persistencia de esta institución político religiosa, sigue estando sostenida por las mujeres. Son ellas las que enseñan a sus hijos la religión que las oprime; ellas las que asisten en mayoría a los servicios religiosos, las que contribuyen económicamente a sostenerla, y no solo no son consideradas como nocivas, brujas o sexo servidoras por la curia, sino que además son impuras para ejercer el oficio del sacerdocio.

En la Editorial de Science, se aconseja ver la película, llevar a sus alumnos, profesores y hasta la abuela de todos ellos. Porque es un documento de la capacidad de las mujeres y del miedo de los hombres ante ellas. Anexo el documento Editorial de Science en su idioma original.

EL ANTICRISTO DE LARS VON TRIER LA TENTACIÓN DE LA PROVOCACIÓN PERPETUA DE UN GRAN DIRECTOR

Lars von Trier, es un director danés extremadamente dotado en la parte artesanal de cada una de sus películas, y sin embargo, el mundo no parce hacerle mucho caso. Esto podría ser una razón de su aparente provocación, de sus necesidades de espantar a los burgueses, a las buenas conciencias o a quienes sean tan impulsivos como para caer en sus redes.

¿Es el título de la película, El Anticristo, la primea provocación? La respuesta correcta es SI, y también es No. Lo es, porque se espera con ese nombre ver una película de terror, de suspenso, de horror. Pero no lo es, por lo menos en su planteamiento formal. Por lo que se aprecia, lo que se ve y se escucha, es una película de dolor, pérdida, tristeza, y todo al natural. Por eso los dos personajes casi únicos del film, puede ser Adán y Eva viviendo en el Jardín del Edén, como se llama el bosque, a donde van.

Lars von Trier provoca de nuevo. La escena inicial de un coito casi suspendido en instantes atemporales y envolventes, es una de las mejores escenas del film. Los personajes se mueven casi sin hacerlo, además de ir todo enmarcado en una coral de George Federich Handel "Lascia ch' io piange" (Deja que yo llore) de la ópera Rinaldo (1711). Es, en un sentido trágico, que se va por la libertad existencial de un inocente, que sin más motivo que la curiosidad, asciende al quicio de la ventana abierta por la ventisca, para precipitarse de completo al vacío y morir.

"¡Déjame llorar mi destino cruel,

Y suspirar por la libertad!"

La pareja marcha devastada atrás de la carroza fúnebre, y ÉL que es William Defoe se gira por completo al escucha, que su esposa ELLA (Charlotte Gainsbourg), cae desmayada al piso. Pasa un mes, el asiste al hospital con un ramo de flores. ELLA está confusa, pero una vez que es ubicada en el tiempo y el especio, aparece un dolor insoportable. No creíble para la mayoría de los padres. Que como EL, se mantiene "fuertes", porque no saben lo que es traer el cuerpo con un agujero en medio del pecho y doliente, al mismo tiempo que la asfixia.

Los tres mendigos, de una constelación que recién se ha formado en sus vidas se llaman: Duelo, Dolor y Desesperación. Es en ese diálogo en la orilla de la cama de hospital, en donde queda planteada la trama y quien es quien.

EL es William Defoe, y Cristo (De hecho, en la película de Martin Scorsees "La última Tentación de Jesucristo", el actor hace este papel. Por favor no pensar que se blasfema, hay en todo el film una serie de metáforas que irán aflorando lentamente, si no os gana la impaciencia. Por lo tanto, EL escucha con asentimientos, como ha sido distante, como no le importaban ella y el niño. Y su respuesta es que el duelo no es una enfermedad. Es un proceso, no habrá nadie mejor en esa posición, porque él la quiere, porque la conoce, porque la quiere ayudar, y porque su amigo el psiquiatra, le ha recetado más medicamentos de los que debía.

Ella es sin duda alguna el anticristo, en los carteles el nombre anticristo lleva un signo de mujer. El argumento está centrado ahora en que fue primero, el Anticristo o el Cristo.

ELLA ha pasado sus vacaciones del verano previo, en el bosque del Edén a donde va a investigar temas relacionados a la brujería, ese otro holocausto que la Iglesia Católica realizó con mujeres y hombres (un 40 % de las brujas, eran brujos). La mayoría de ellos curanderos y practicantes de religiones paganas, de hecho lo que hace el Imperio Católico Romano fue consolidarse en el poder "espiritual "a través del miedo. Ese gusano terrible, como un Alíen de culpa, que en los cerebros epilépticos, con pelagra y otras avitaminosis, de seguro eran presas fáciles de inducción de alucinaciones colectivas, lo mismo que linchamientos y quemas de brujas.

EL, por otro lado es un ente redentor, que trata de evitar que ella se sigas castigando, por haber dejado que su hijo común muriera cuando ambos estaba follando. Es el dolor de la des-maternidad lo que la hace no cuestionarse su papel de víctima, de enferma, de loca. La misma actitud claudicante que han mantenido millares de millones mujeres, que yacen enterradas en los campos de Europa, y que en varios planos aéreos no son "radiografiadas", transparentadas,   visualizadas.
El mensaje es el medio y el paisaje natural el agente catalizador de la bestia que llevamos dentro. Un aviso para el cinéfilo atento, nos permite detectar que la locura acecha. El auto avanza en una carretera rodeada de árboles, y desde las alturas, unos tambores son heraldos de insanidad mental.

Somos, los seres humanos citadinos, entes híbridos,. Como el perro de casa es al lobo, los humanos en el bosque estamos desamparados. Lo natural y cotidiano se decodifica como misterioso, malévolo, dañino. Después de una lluvia de esporas de los árboles sobre el techo de la cabaña en el bosque, los eventos sensoperceptivos se magnifican. Ella escucha el llanto de su hijo, y sin embargo, al abrir una puerta, le mira tranquilo. Él ve animales que le comunican situaciones sólo perceptivas por él, un zorro, un cuervo y un venado. A los pocos días, los abrazos y juegos cariñosos se tornan agresivos y al mismo tiempo, con un tipo de sexualidad que se acerca a hastío.

Antes de irse al bosque del Edén, EL tomo un sobre de papel manila, en donde vamos a saber ya en la cabina del bosque, va el resultado de la autopsia. Nada sorprendente, excepto por el hecho de una deformidad en uno de los pies. Se percata entonces El de que en todas las fotos que aún conservan del niño. La madre le pone los zapatos al revés, sin importarle que el niño llore. Las mujeres son un sistema muy complejo de detección de eventos musculares y faciales, y de inmediato se da cuenta que hay un malestar, sobre todo cuando le pregunta por ese artículo. En un descuido de EL, la esposa lo golpea y desmaya. Aún con una necesidad de posesión total, le taladra la pierna y le pone un contrapeso de una pesa atornillada a esa pierna. Estos últimos momentos de la película son de una violencia desmedida por ambos lados. En donde se activa la violencia femenina, letal y ritual, porque sirve a un propósito, mismo que solo conoce ella

Los rituales femeninos, de defensa y agresión han sido hasta ahora orientados a la sumisión en lo posible del hombre, para conseguir a través de esto la descendencia, pero a la largo son fallidos. La lectura de esta OBRA MAESTRA – OBRA ABIERTA, son varias, pero se centran en los orígenes terrestres y en como los hombres hemos sojuzgado a la mujer a través de lo ideológico y religioso, imponiendo la idea de un Dios masculino, cuando las persona que escribieron el Viejo Testamento fueron mujeres; ocultando a través del oprobio, la calidad y calidez e la Primera Discípula de

Jesús de Nazaret su esposa María Magdalena, y sin embargo es tan fuerte la identidad que se tiene con las deidades femeninas, que en un pese sincretismo religioso, se tiene a la Virgen, a la Madre de Jesús como una figura de adoración y resguardo. El anticristo es la mujer nuestra de cada día, a la que por desgracia de nuestra raza, seguimos asesinando.

Eso es en mi caso particular, porque Lizbeth Lizander, la anti heroína de la magnífica novela Millenium tiene que vivir y persistir en sus empeños. Lástima que no le pudo venir a Ciudad Juárez México, como ya la apuntalaba Stieg Larsson, antes de morir. Pero la estafeta la pueden recoger, por ejemplo el trió de Carlos Zafón, Paco Ignacio Taibo II y Arturo Pérez-Reverte, que bien vale la pena que los ojos del mundo estén en ese sitio de seres miserables que matan a nuestras mujeres (De toda la humanidad).

HOMO RAPACIOUS, DELIRANTE Y NARCISISTA

La coartada perfecta de las religiones modernas fue el afirmar que éramos a imagen y semejanza de Dios; luego que este era infalibrel, que era varón, y que un grupo de nuestros congéneres eran sus herederos y/o ministros (especie de administradores e interpretes de la palabra divina, que solo ellos escuchan).

Lo siguiente fue el poder sobre los demás. La agricultura, por ejemplo, crea la ilusión de dominar los productos de la tierra. Se extrapola de ahí, fácilmente, a otros recursos naturales: el agua, el carbón, el petróleo, el aire, la energía solar y atómica. Sin regulación alguna, o remedando que se rehabilita el planeta, sembrando árboles, que cada diciembre se arrancan para celebrar un mito. Y luego tirarlos al contenedor de la basura.

Los capitales se mueven de un lado a otro, y los esclavos de hoy son las masas de pobres, que generan toneladas de basuras. La minoría de millonarios, se siente bien. Pero eso también es una idea delirante, a menos que ya tengan el destino planetario al cual se fugaran, cuando el caos que están provocando, los alcance. La igualdad añorada por todos no durara muchos días o meses.

Seguimos siendo primates. Una variedad especial, que ha dominado el planeta en el que vivimos, pero nuestra ignorancia sobre nosotros mismos no tiene límites. Hasta hace muy poco, menos de 100 años, no sabíamos nadad de cómo nos reproducíamos, de cómo los alimentábamos correctamente, o de los ciclos de dormir y despertar. Hasta hace muy poco tiempo, nos percatamos de que los recursos naturales que dilapidamos, no son renovables. Pero seguimos inmóviles.

La última cruzada que denemos luchar es contra los que persisten en el engaño, en pos del poder. Porque de lo contrario no habla vencedores, ni vencidos.

www.ingramcontent.com/pod-product-compliance
Lightning Source LLC
Chambersburg PA
CBHW071840200526
45167CB00016B/15